NEANDERTHAL

collection tempus

Marylène PATOU-MATHIS

NEANDERTHAL

Une autre humanité

PERRIN
www.editions-perrin.fr

A
Cet amour
Si violent
Si fragile
Si tendre
Si désespéré

Jacques Prévert
Paroles

ISBN : 978-2-262-02844-2

tempus est une collection des éditions Perrin.

Préface

A l'heure où la question de notre destinée face aux changements sociétaux et environnementaux nous occupe si fort, les causes de la disparition de Neanderthal il y a environ 29 000 ans renvoient à notre propre actualité. Les plus récentes données archéologiques montrent qu'il n'y a pas eu une extinction massive mais, au contraire, une disparition progressive résultant probablement de la conjonction de plusieurs facteurs. Certaines hypothèses causales sont actuellement rejetées comme le changement climatique (un fort refroidissement aurait eu lieu à cette période) ou encore des maladies congénitales. Leur disparition semble coïncider avec l'arrivée en Europe de groupes d'hommes modernes, il y a environ 45 000 ans. Ils ont « cohabité » pendant environ 12 000 ans. D'autres suppositions comme une pandémie liée à une infection virale apportée par ces nouveaux migrants ou leur extermination par ces derniers ont également été proposées, mais cela paraît peu probable.

Parmi les théories les plus convaincantes, on opte aujourd'hui pour celle d'un « stress », engendré par l'arrivée d'hommes différents (mais qui leur ressemblent), induisant chez l'homme de Neanderthal un comportement d'évitement, une baisse de la natalité en même temps qu'une augmentation de la mortalité : c'est cette chute démographique qui leur fut fatale. Ces nouveaux migrants seraient donc plus une conséquence qu'une cause d'une rupture, biologique et culturelle, déjà engagée entre les trois grandes populations régionales néanderthaliennes (occidentales, méridionales et orientales[1]).

Depuis peu, des études génétiques renforcent une seconde hypothèse, celle d'une dissolution génétique d'une partie de la population néanderthalienne dans celle des hommes modernes par accouplement fécond, même si nous n'avons toujours pas découvert de métis. En effet, depuis plusieurs années, des généticiens allemands et américains travaillaient sur le séquençage du génome des Néanderthaliens pour, entre autres, savoir s'ils appartenaient à la même espèce que nous (*Homo sapiens*). Les résultats étaient contradictoires : pour certains chercheurs, il n'y a aucun indice de contribution des Néanderthaliens à l'ADN mitochondrial des premiers hommes modernes (l'analyse de cet ADN situé dans les nombreuses mitochondries, sortes de petites centrales énergétiques des cellules, dévoila environ 27 différences avec notre ADN mitochondrial ; on compte en moyenne 8 différences entre les hommes actuels[2]), tandis que, pour d'autres, le génome néanderthalien pourrait représenter 5 % de celui des humains modernes. Dans l'ADN nucléaire (présent dans le noyau des cellules), les gènes FOXP2 et MC1R ont été trouvés dans le génome de Neanderthal par les généticiens. En effet, fin 2007, ils ont identifié un équivalent de notre gène MC1R impliqué dans la synthèse de certains pigments de la peau et des cheveux ; les résultats attesteraient que certains Néanderthaliens avaient la peau claire et les cheveux roux[3]. Le langage, lui non plus, n'est plus notre exclusivité : depuis longtemps on savait qu'aucune donnée

---

1. V. Fabre, S. Condemi, A. Degioanni, *Genetic Evidence of Geographical Groups among Neanderthals*, PLoS ONE, 4(4) :e5151, 2008.

2. D. Serre *et al.*, *No evidence of Neandertal mtDNA contribution to early modern Humans*, PLoS Biol., 2, ES7, 2004.

3. C. Lalueza-Fox *et al.*, « A melanocortin 1 receptor allele suggests varying pigmentation among Neanderthals », *Science*, 2007.

anatomique de Neanderthal n'allait à l'encontre de la possibilité d'un langage. La découverte, fin 2007, dans son génome de « notre » gène FOXP2, parfois appelé « gène du langage », le confirme [1]. Par ailleurs, une étude de l'université de Chicago avait permis d'identifier un gène lié à la croissance du cerveau qui aurait été transmis à l'Homme par les Néanderthaliens (présent chez 70 % des humains actuels [2]).

Puis le 7 mai 2010, une nouvelle extraordinaire est tombée. Une équipe internationale de chercheurs, menée par Svante Pääbo de l'Institut Max Planck d'anthropologie évolutionniste (Leipzig, Allemagne) et Richard Green, professeur à l'université de Californie, a mis en évidence l'existence de croisements entre des Néanderthaliens et des premiers Hommes anatomiquement modernes [3]. Ils ont montré que génétiquement, leur génome était à 99,7 % identique, comme celui de l'homme actuel l'est à 98,8 % de celui du chimpanzé. Cette découverte signifie que certains d'entre nous possèdent quelques gènes néanderthaliens, en moyenne moins de 4 % du génome. Mais seuls les Européens et les Asiatiques sont concernés, ce qui signifie que ce croisement a eu lieu hors d'Afrique, probablement au Proche-Orient, il y a entre 50 000 et 80 000 ans.

Cette découverte est une vraie révolution, car, considérés comme une espèce inférieure, les Néanderthaliens ont été victimes d'une sorte de racisme durant plus d'un siècle et demi. En tant que « sous-hommes », comme les peuples dits « sauvages » et les indigènes colonisés, ils alimentaient un imaginaire populaire qui permettait de glorifier la supério-

1. J. Krause *et al.*, *The derived FOXP2 variant of the modern humans was shared with neandertals, Current Biology*, 17, 21, 1908-1912, 2007.

2. P.D. Evans *et al.*, « Evidence that the adaptative allele of the brain size gene microcephalin introgressed into Homo sapiens from an archaïc Homo lineage », *Proc. Nati. Acad. Sci. USA*, 10, 18178, 2006.

3. R.E. Green *et al.*, « A draft Sequence of the Neandertal Genome », *Science*, 328, 5979, 710-722, 2010.

rité de l'homme moderne, en particulier européen, et de justifier l'esclavage et la colonisation. Perçus comme des brutes à l'apparence simiesque, ils suscitaient l'opprobre d'une humanité bien pensante, aucune parenté n'était donc concevable avec ces êtres proches des singes. Sorte de maillon faible de la chaîne des Hominidés, les Néanderthaliens donnaient libre cours à toutes les craintes projetées sur la figure de l'Autre. Archétype idéal du concept de race, objet parfait d'une taxinomie féroce entre hominidés inférieurs et hommes modernes « civilisés ». Aujourd'hui, cette découverte a modifié le regard porté sur eux par beaucoup de chercheurs car, faisant désormais partie de notre patrimoine génétique, les Néanderthaliens ne peuvent être que des humains, comme je l'écrivais en 2006.

Physiquement différent, mais doté d'une vraie culture et d'une pensée symbolique développée, *Homo neanderthalensis* serait-il finalement un *Homo sapiens neanderthalensis* ? Mais il faut rester prudent : n'ayant que des ossements à analyser, on connaît mal la notion d'espèce en paléontologie. En outre, selon notre histoire et notre culture, nous interprétons différemment les résultats des analyses ADN. La question qui persiste est : qu'est-ce qu'un humain ? C'est là que se situe le véritable débat.

Alors que Neanderthal est, en quelque sorte, réhabilité, et que les chasseurs-cueilleurs reviennent à la mode par notre intérêt renouvelé pour leur cosmogonie et leur parfaite intégration à la nature – si éloignées de nous –, il faut désormais se garder d'un autre écueil, qui consisterait à le considérer comme un être supérieur. Neanderthal n'était ni inférieur, ni supérieur à nous : il était simplement différent, ni une brute épaisse, ni un « bon sauvage » !

Paris, le 4 juillet 2010

Préambule

Chacun d'entre nous est à la recherche de ses origines. Cette quête dépasse souvent notre propre histoire et s'étend à la connaissance de nos lointains ancêtres. Tous ces hommes qui nous ont précédés au sein de civilisations à jamais disparues nous troublent. Qui étaient-ils ? Comment vivaient-ils ? Pourquoi ont-ils disparu ? Que reste-t-il dans nos cultures de leurs savoirs, de leurs émotions, de leurs peurs ? Tout homme venant au monde dispose *a priori* de l'expérience de ceux qui l'ont précédé ; c'est la conscience collective, la mise en commun de toutes les expériences individuelles présentes, mais aussi passées. Cette fameuse mémoire collective enfouie au plus profond de nous, quelle influence exerce-t-elle sur nos comportements ? Quel rôle a-t-elle joué dans la mise en place de nos sociétés dites modernes ?

Comme nous, Neanderthal appartient à la grande famille des Hominidés, en cela, il fait partie de notre mémoire collective. Parce qu'il est à la fois si proche et si différent de nous, parmi tous nos ancêtres c'est sans doute le plus fascinant. Depuis vingt ans, je traque, décortique, interprète les indices matériels qu'il nous a laissés. J'essaie de comprendre comme fonctionnait son esprit. Dans ce livre, j'ai tenté de ramener sa pensée à la vie. Au fil des pages, il m'est devenu familier, je l'ai appelé Neanderthal, comme si c'était le prénom d'un ami, qui, durant trois cent mille ans, a évolué physiquement et modifié son comportement. J'ai souhaité dépasser la simple énumération de données archéologiques et opter pour une démarche à la fois inductive (historico-culturelle) et déductive (strictement anthropologique). Comme l'a écrit le mathématicien René Thom, en 1965 : « Là où il n'y a pas de réflexion théorique, la science n'est plus qu'une collection d'archives. » Mon séjour chez les !Kung (San du Kalahari, Botswana) m'a permis de me familiariser avec les techniques et comportements sociaux de ce peuple de chasseurs-cueilleurs. Il m'a aidé, notamment, à comprendre la complexité des rapports sociaux au sein du groupe, entre groupes et avec le monde environnant, et à les dissocier du développement technique. Seule la transmission orale assure la pérennité de certaines de leurs traditions sociales et culturelles. On ne peut donc pas évaluer un groupe humain uniquement par son degré technologique ni par les produits qu'il a créés. Il faut oser aller au-delà et voir les implications au niveau du comportement psycho-social. Les études ethnologiques m'ont aidée à formuler des hypothèses relatives aux comportements de Neanderthal, mais celles-ci reposent en permanence sur la réalité archéologique et sont toujours confrontées à l'expérimentation et aux analyses archéométriques.

Les thèses développées ici ne font pas toutes l'unanimité dans la communauté des préhistoriens et paléoanthropologues. Certains seront d'accord avec mes hypothèses, d'autres les réfuteront. Il n'y a pas d'histoire « brute » indépendante de ce que nous sommes aujourd'hui. Notre propre histoire et le contexte social dans lequel nous vivons influencent, voire orientent, nos interprétations. La question qui se pose à nous est : comment accepter une humanité plurielle ? Peut-être ne pouvons-nous pas interpréter les témoins laissés par Neanderthal parce que nos sociétés modernes ne sont plus capables désormais d'imaginer un autre mode de vie, une autre conception du monde que les nôtres. Contrairement aux peuples traditionnels, nous n'aspirons qu'à dominer les êtres et les choses qui nous entourent. Nous ne sommes plus en symbiose avec la nature, nous sommes, comme l'a écrit Vercors, « des animaux dénaturés ». Pour être capable de connaître le mode de fonctionnement des sociétés passées, il faut accepter de comprendre comment les choses se font. Malheureusement, la perte, et ici plutôt l'absence, de la connaissance et du ressenti des pratiques symboliques, qui n'ont laissé aucune trace matérielle, entraîne la perte du sens. Comme l'a dit dans un entretien, donné en 2001, l'anthropologue Maurice Godelier, tous les passés n'ont pas eu d'avenir. Il nous faut essayer de tout reconstituer, sans oublier ce qui n'est pas arrivé jusqu'à nous ; tâche immense !

Les recherches entreprises pour mieux connaître et cerner la personnalité de Neanderthal ont soulevé plus de questions qu'elles n'ont apporté de certitudes et beaucoup parmi ces questions, notamment celles relatives à ses comportements sociaux et symboliques, demeurent, aujourd'hui encore, sans réponse. Existait-il une hiérarchie, Neanderthal avait-il un chef ? Avait-il fait le rapprochement entre sexualité, naissance et paternité ? Vivait-il en bande, où régnait une certaine promiscuité, ou existait-il déjà un ordre familial, restreint ou étendu ? Le rituel, dans la plupart de nos sociétés, fabrique le tissu social ; c'est lui qui, par exemple, exige la coopération des individus et des groupes, et le partage de la nourriture et du travail. La vie des hommes est ainsi jalonnée de rites – de naissance, d'initiation, de mariage, de mort – voire de meurtre rituel ou de sacrifice. Totémisme, animisme, chamanisme sont des croyances anciennes aux racines profondes. Qu'en était-il dans les sociétés de Neanderthal ?

Actuellement, l'interrogation qui suscite le plus de débats porte sur la disparition de Neanderthal, alors qu'apparemment il avait tout pour réussir. Les seules variations écologiques ne sont pas directement à l'origine de sa disparition. « Neanderthal a disparu victime du libre-échange ; il n'avait pas la bosse du commerce », peut-on lire dans une revue américaine d'économie ! Ou bien, à l'instar de l'oncle

Vania du roman de Roy Lewis, *Pourquoi j'ai mangé mon père*, Neanderthal, refusant d'« aller de l'avant », aurait rejeté le progrès. Plus probablement, c'est sa relation à la nature qui l'a conduit à disparaître. Neanderthal a perduré durant plusieurs millénaires grâce notamment à ses capacités d'adaptation à l'environnement. Pour lui, il n'y a pas d'opposition entre nature et culture ; il n'était pas existentialiste ! Dans cette stabilité, pourquoi inventer de nouvelles techniques ou changer de comportements sociaux ? L'équilibre était maintenu. Puis, soudain, cet équilibre fut rompu par l'arrivée des hommes modernes (les *Homo sapiens*) en Europe, où il vivait seul jusque-là. Confiné dans des traditions transmises de génération en génération, Neanderthal ne put réagir suffisamment vite. Après s'être cru l'enfant unique de la terre, il découvrait soudain qu'il avait des frères, aussi forts et intelligents que lui. Cependant, il n'eut pas recours à la force pour expulser ces intrus de son territoire. Peut-être dédaignait-il l'usage des armes contre un autre humain, le meurtre étant dans sa culture un tabou inviolable. Le progrès exige l'interrogation, a dit André Malraux. La présence d'autres êtres humains a suscité cette interrogation, d'où peut-être l'accélération des innovations constatée à la fin de la culture de Neanderthal. Mais il était sans doute trop tard. Psychologiquement, Neanderthal n'a pas su s'adapter aux nouvelles circonstances ambiantes. Sa trop grande spécialisation, due à sa parfaite adaptation à l'environnement, l'a conduit à sa perte. Il n'a pas modifié son comportement alors que le monde changeait. Il en est ainsi de sa conception du monde animal : en n'utilisant pas les défenses naturelles du gibier comme armes, il affaiblit ses capacités cynégétiques face à de nouveaux chasseurs qui, eux, n'ont pas cette même tradition. Neanderthal ne veut pas « meurtrir » la nature, contrairement à l'homme moderne qui emprisonnera son image et ira jusqu'à la dominer totalement en la domestiquant.

J'ai voulu partager avec vous la vie quotidienne de cet homme singulier, à la fois si proche et si éloigné de nous. De très nombreuses recherches ont permis de mettre en évidence ses comportements, mais demeure une part d'ombre. C'est peut-être elle qui nous attire, que nous voulons à tout prix révéler au grand jour. Dans ce livre, j'ai essayé de montrer les nombreuses capacités cognitives de Neanderthal. S'il n'a pas réalisé toutes les choses que fera l'homme moderne, il était aussi « intelligent » que lui, car il ne faut pas confondre réalisations et capacités. Comme l'a si bien écrit, en 1962, le grand ethnologue Claude Lévi-Strauss dans *La Pensée sauvage* : « Il n'y a pas de civilisation "primitive", ni de civilisation "évoluée", il n'y a que des réponses différentes à des problèmes fondamentaux et identiques. »

Neanderthal a-t-il été victime d'une forme de « racisme » ? Son apparence physique a probablement influencé la vision portée sur lui. On le trouve laid. Or ce marqueur naturel, comme la couleur de la peau, peut être, surtout dans notre culture, l'indice visible de différences invisibles synonymes de qualités inférieures ou supérieures. Le refus d'admettre une continuité phylogénétique entre Neanderthal et l'homme moderne, ou l'existence de métis, inconsciemment sans doute, provient de la non-acceptation de ces différences. Il y aurait eu alors transmission héréditaire de l'infériorité intellectuelle et morale, sous la supposition qu'un peu de gènes néanderthaliens suffit pour que notre lignée soit irrémédiablement « souillée ». Au cours de l'histoire, en se fondant essentiellement sur la couleur de la peau, les « races » humaines ont été, par de grands naturalistes et anthropologues, hiérarchisées, pensées comme des variétés de l'espèce humaine. Dans la dixième édition de son *Système de la Nature* (1758), Linné distingue ainsi l'homme européen (blanc), l'homme américain (rouge), l'homme asiatique (jaunâtre) et l'homme africain (noir). La couleur de la peau continuera de jouer le rôle d'une caractéristique somatique fondamentale dans les systèmes racialistes du XIXe siècle. Gobineau, dans son ouvrage *Essai sur l'inégalité des races humaines* (1853-1855), corrèle la blancheur de la peau à la beauté physique, la supériorité intellectuelle et la moralité ! Pour reprendre le titre du célèbre ouvrage d'Albert Jacquard, je souhaite faire ici l'« éloge de la différence ». Car, pour moi, être différent ne veut pas dire être inférieur, comme bien souvent ce fut l'opinion répandue, et l'est encore aujourd'hui. D'aucuns diront que c'est une position « politiquement correcte » ! C'est au contraire l'hypothèse de la supériorité de l'homme moderne sur Neanderthal qui est intellectuellement confortable. Et, actuellement, comme au XIXe siècle au sujet des chasseurs-cueilleurs, il est de bon ton de nous croire supérieurs, perception qui repose essentiellement sur notre savoir-faire technologique. De même, si l'évolution de l'homme est aujourd'hui admise par la majorité, même par la hiérarchie des Eglises, certains voient dans les capacités de l'homme moderne l'intervention de Dieu ; c'est Lui qui lui aurait insufflé de nouvelles capacités cognitives, le différenciant ainsi, et à jamais, de ses prédécesseurs. Cette hypothèse, relevant de la foi et non d'une démarche scientifique, est infirmée par de nombreuses données archéologiques et, comme beaucoup de chercheurs, je la réfute.

Neanderthal était différent de nous, mais il était notre égal, le représentant d'une autre humanité. Certains penseront alors : pourquoi a-t-il disparu ? A quoi je répondrai : Neanderthal a vécu près de trois cent mille ans, et nous, combien de temps vivrons-nous ?

1

Bête ou homme ?

> « On ne connaît pas complètement une science tant qu'on n'en sait pas l'histoire. »
>
> Auguste COMTE,
> *Cours de philosophie positive.*

Premier homme fossile reconnu, premier être humain différent de l'homme actuel, Neanderthal joua un rôle fondamental dans l'établissement de l'ancienneté de l'Homme et de son évolution. Néanmoins, durant près d'un siècle, les hypothèses émises à son encontre ont reflété les préjugés du moment plus qu'elles n'ont fait progresser la science.

En effet, Neanderthal, avec son front bas, sa visière sus-orbitaire et son gros crâne, a d'abord été considéré comme un être aberrant ou pathologique. Puis il a été rapproché, dans la vision coloniale en vigueur au XIXe siècle, des « types humains inférieurs », avant d'être à nouveau relégué, au début du XXe siècle, du côté de la bestialité. Longtemps considéré comme un être fruste et grossier, il était représenté velu, voûté, penché en avant, avec un gros orteil vaguement préhensile. Le bâtiment de l'Institut de paléontologie humaine à Paris [1], achevé en 1913, est une parfaite illustration du sort qui lui était réservé. Sur la façade principale, au-dessus de la porte d'entrée sous le blason des Grimaldi, on peut voir la sculpture du crâne néanderthalien de La Chapelle-aux-Saints[2] (étudié et reconstitué par Marcellin Boule, premier directeur de cet Institut) et, du côté de la porte de service[3], au-dessus de représentations de grands singes, celle de Neanderthal, comme on le voyait alors. Face aux préjugés du XIXe siècle et du début du XXe, il fut victime à ces époques d'une sorte de racisme rétrospectif lié probablement à l'image mentale que l'on se faisait des « races » humaines. Cette vision persiste encore, mais dans une moindre mesure, à travers de nombreux ouvrages scientifiques ou de vulgarisation. Comme l'exprime si bien Claudine Cohen, spécialiste de l'histoire des sciences de la vie et de la terre, « Comment définir un "Rubicon cérébral" qui marquerait l'avènement de la pensée humaine ? ».

Jusqu'au début du XIXe siècle, en Occident, les fossiles étaient interprétés dans le cadre préétabli d'un passé connu, antique ou biblique. En effet, le thème fondamental de la cosmologie judéo-chrétienne est la création par Dieu du monde et des êtres vivants (*ex nihilo*), selon un processus chronologique. La Bible a donc été pendant des centaines d'années interprétée littéralement. Le livre de la Genèse (le Livre I du Pentateuque) est clair sur ce sujet : « Au commencement Dieu créa le ciel et la terre [...] Il façonna l'homme à son image à partir de la poussière du sol. » Cette théorie, le créationnisme, demeure indiscutée jusqu'au début du XIXe siècle[4]. Dans ce contexte, les premières découvertes de Néanderthaliens passèrent inaperçues. En effet, les fossiles humains trouvés, en 1829, dans la deuxième grotte d'Engis (province de Liège, Belgique) et, en 1848, à Gibraltar, ne furent pas reconnus comme Néanderthaliens. A Engis, site fouillé de 1829 à 1830 par le médecin naturaliste belge Philippe-Charles Schmerling, furent exhumés plusieurs restes humains dont deux calottes crâniennes : Engis 1, qui appartient à un *Homo sapiens*, et Engis 2, attribuée à un enfant âgé de cinq ou six ans. Mais ce n'est qu'en 1936 que ce dernier sera identifié, par Charles Fraipont[5], comme Néanderthalien. Plus au sud, sur le rocher de Gibraltar, un crâne humain féminin fut extrait de la carrière de pierres Forbe ; on ne sait précisément ni par qui, ni quand. Ce crâne, dit « de Forbe's Quarry », est le premier crâne complet de Néanderthalien découvert en Europe. Présenté, en 1848, par le zoologiste George Busk à la Gibraltar Scientific Society, il ne suscita aucun commentaire et fut rangé dans un tiroir. Plus tard, en 1864, Busk et Hugh Falconer, le réétudièrent. Ce dernier déclara, lors d'une communication à la British Association for the Advancement of Science, que ce crâne appartenait « à un type d'humanité – très inférieur, très primitif et d'une extrême ancienneté – mais néanmoins un homme, et non à un être à mi-chemin entre l'homme et le singe ». Pour ce géologue, il n'était pas le « chaînon manquant ». Il suggéra alors à Busk de l'appeler *Homo calpicus,* nom qui ne fut pas retenu. Calpe est l'ancien nom arabe de Gibraltar, ainsi que le nom d'un grand rocher et d'un village situés dans la région d'Alicante[6].

Homme moderne pathologique ou homme ancien ?

Entre-temps, en 1856, la découverte d'un squelette humain avait fait l'effet d'une véritable bombe dans le milieu scientifique. Des carriers avaient découvert des os humains fossiles dans la petite grotte allemande de Feldhofer qui surplombe la rivière Düssel, aujourd'hui vallée de Neander, située à treize kilomètres à l'est de Düsseldorf. Celle-ci fut vidée de son contenu par les exploitants de la carrière de calcaire et le squelette incomplet[7] envoyé pour analyse à Johann Karl Fuhlrott, professeur au lycée Elberfeld et naturaliste. Il reconnut qu'il s'agissait d'ossements appartenant à un être humain très ancien, disparu. Il les montra au biologiste Hermann Schaaffhausen qui confirma ses dires. A Bonn, le 4 février 1857, celui-ci présenta les premiers résultats de son étude à la Société de médecine et d'histoire naturelle du Bas-Rhin. Puis, avec Fuhlrott, le 2 juin de la même année, devant l'assemblée générale de la Société d'histoire naturelle de Rhénanie prussienne et de Westphalie réunie à Bonn, il fit un rapport plus détaillé sur cette découverte. Pour eux, cet homme appartenait à une « race » humaine disparue, dernier représentant d'une peuplade nordique qui avait combattu les Romains. Les membres présents à cette communication contestèrent cette interprétation, mais Schaaffhausen maintint sa position et publia ses idées en 1858 [8]. Cet « incident » provoqua la division du monde scientifique en deux clans. Le clan opposé à Schaaffhausen était mené par le professeur August Franz Mayer et par un des plus grands pathologistes du XIXe siècle, Rudolf Virchow. Pour eux, l'homme de Feldhofer était un homme moderne pathologique. Mayer dit qu'il s'agissait d'un cosaque mongol de l'armée de Tchernitchoff qui avait campé dans les environs, en 1814, lors des guerres napoléoniennes. Pour Virchow, c'était un homme âgé rachitique et perclus de rhumatismes. Les partisans de ce clan refusaient d'admettre l'ancienneté de cet homme et réfutaient, par ailleurs, l'existence d'hommes avant l'homme moderne. En 1859, Charles Darwin publia *L'Origine des espèces*. Le biologiste anglais Thomas Henry Huxley adhéra immédiatement à cette nouvelle théorie, qui prônait l'évolution des espèces [9], et soutint, avec énergie, l'hypothèse de Schaaffhausen. Dans son livre *La Place de l'Homme dans la nature*, publié en 1863 [10], il rattacha l'homme de Feldhofer, et aussi celui d'Engis, aux « types humains inférieurs » ; un type intermédiaire entre l'homme et le singe, semblable aux aborigènes australiens ! Cet ouvrage eut un grand retentissement. La même année, l'Anglais William King, professeur au *Queen's College* de Galway en Irlande, proposa lors d'une communication à la *British Association for the Advancement of Science*, de créer pour ce fossile, une nouvelle espèce, celle d'*Homo neanderthalensis*, d'où le nom de Neanderthal [11]. La découverte de

Fuhlrott acquit ainsi une reconnaissance internationale. Ce clan, contrairement à l'autre, était composé des défenseurs de la théorie darwinienne selon laquelle les espèces vivantes dérivent les unes des autres, une sélection naturelle entraînant l'apparition des mieux adaptées. Cette querelle dura trente ans, jusqu'à ce que l'idée d'évolution de l'Homme s'impose et que de nouveaux fossiles, comme ceux de Spy en Belgique, viennent la renforcer.

A partir des années 1860, les découvertes de restes d'humains vont se succéder. En Belgique, dans le Trou de la Naulette, grotte située sur la rive gauche de la Lesse, près de Dinant (province de Namur), le géologue belge Edouard Dupont découvre, en 1866, associée à des restes de mammifères dont certains éteints (mammouth, rhinocéros laineux), une mandibule fracturée [12]. Elle fut attribuée par Paul Broca, grand spécialiste du cerveau, à un Néanderthalien. Broca admit que c'était « le premier fait qui fournisse un argument anatomique aux darwinistes. C'est le premier anneau de la chaîne qui doit, suivant eux, s'étendre de l'homme au singe [13] ». Entre 1867 et 1873, l'anthropologue Gabriel de Mortillet, s'appuyant entre autres sur cette découverte, proposa dans différents articles et ouvrages une synthèse sur la période préhistorique. Il mit en parallèle l'évolution climatique (phases glaciaires et interglaciaires), l'évolution culturelle (fondée sur les industries lithiques) et l'évolution biologique. C'était encore un schéma linéaire de l'évolution humaine. En 1874 et 1876, quelques ossements de Néanderthaliens, découvertes passées inaperçues à l'époque, furent trouvés à Pontnewydd (nord du pays de Galles) et à Rivaux, dans le sud de la France. Ils ne seront réexaminés que cent ans plus tard ! De 1879 à 1883, l'instituteur puis préhistorien Karel Maska fit des fouilles soignées dans la grotte de Sipka (Moravie, République tchèque). En 1880, il exhume, au milieu d'outils moustériens [14] et de foyers, la mandibule d'un enfant néanderthalien âgé d'environ neuf ans. Cette découverte fit sensation, car elle était, d'après Paul Topinard – l'« héritier » de Broca – semblable à celle trouvée quelques années plus tôt au Trou de la Naulette[15]. Lors des fouilles de 1886 dans la grotte belge de la « Betche-Al-Rotche[16] », qui s'ouvre dix-huit mètres au-dessus de l'Orneau[17] près de Spy (province de Namur), l'archéologue Marcel de Puydt et le géologue paléontologue Max Lohest trouvèrent dans le niveau inférieur de la terrasse, en position stratigraphique, deux squelettes de Néanderthaliens. Ces restes humains étaient associés à une industrie moustérienne et à des ossements d'animaux (mammouth, rhinocéros laineux, ours et hyène des cavernes). L'anatomiste Julien Fraipont étudia les deux crânes (appartenant à un homme et à une femme) et les os du squelette post-crânien d'adultes. D'après la position des corps, quasiment en connexion anatomique, Lohest et Fraipont suggérèrent que ces deux Néanderthaliens avaient été délibérément ensevelis. C'était une nouveauté qui fit grand bruit ; se pouvait-il que ces hommes anciens aient enterré leurs morts ? Les mandibules de la Naulette et de Sipka et les squelettes de Spy furent les premiers Néanderthaliens découverts en contexte archéologique, associés à des outils taillés et des restes d'animaux. Ils jouèrent un rôle majeur dans la reconnaissance de l'existence de la lignée néanderthalienne. Topinard écrivit en 1886 que les Néanderthaliens correspondent, non pas à des hommes modernes pathologiques comme l'avait suggéré Virchow, mais à une forme de transition entre deux espèces humaines. Deux nouvelles découvertes, en Espagne et en France, renforcèrent ce point de vue. En 1887, P. Alsius et L. Roura dégagèrent, à Banolas (Catalogne), la mandibule d'une Néanderthalienne âgée d'environ cinquante ans. Trouvée dans une cuvette lacustre, elle était associée à des os de cerf et de cheval. Dans l'abri Malarnaud (Ariège), on exhuma, en 1888, une mandibule appartenant à un adolescent ; c'était le premier reste de Néanderthalien découvert en France.

A la fin des années 1880, Neanderthal était enfin reconnu comme étant un homme fossile plus ancien qu'*Homo sapiens*. Entre 1901 et 1906, les fossiles de Néanderthaliens européens furent comparés aux fossiles de Pithécanthropes découverts à Java (Indonésie), en 1891 et 1892, par l'anatomiste néerlandais Eugène Dubois. Pour le paléontologue allemand Gustav Schwalbe, ces Néanderthaliens étaient différents à la fois des Pithécanthropes et des hommes modernes, « même sauvages » ! On devait donc, comme certains l'avaient suggéré, les considérer comme appartenant à une espèce distincte et éteinte et les appeler *Homo primigenius*. Cette appellation, initialement proposée par Schaaffhausen pour désigner les Néanderthaliens, était déjà couramment utilisée en Allemagne.

Grossier et peu cultivé !

Au début du XXe siècle, les fouilles s'intensifient ; un grand nombre d'ossements de Néanderthaliens est trouvé. Leur étude conduit cependant à considérer Neanderthal comme un être se rapprochant plus du singe que de l'homme moderne.

La découverte d'une mandibule, remarquablement bien conservée avec presque toutes ses dents, à Mauer près de Heidelberg dans le Bade-Wurtemberg (Allemagne), eut un énorme impact sur la communauté scientifique de l'époque. Exhumée en 1907, par Joseph Rosch, de sa carrière de graviers, elle fut étudiée par le professeur Otto Schoetensack. Elle lui parut plus ancienne que celle des Néanderthaliens précédemment découverts. Il en fit une nouvelle espèce fossile, *Homo heidelbergensis* [18]. En Croatie, la grotte de Krapina, découverte en 1899, fut fouillée jusqu'en 1905 par le paléontologue Dragutin Gorjanovic-Kramberger [19]. Des restes osseux appartenant à plusieurs dizaines de Néanderthaliens, dont de nombreux jeunes, y ont été découverts, associés à quelques outils moustériens et ossements d'animaux. La présence sur des os humains de stries, de traces de calcination et leur fragmentation ont suscité de nombreux débats, voire des controverses. Pour Gorjanovic-Kramberger, les Néanderthaliens de Krapina étaient des cannibales. La pratique de l'anthropophagie durant la préhistoire avait déjà été discutée trente ans avant cette découverte, notamment à propos de la mandibule brisée de la Naulette. Dès 1871, Edouard Piette abordait cette question, suivi quelques années plus tard par Emile Cartailhac et Gabriel et Adrien de Mortillet. Ces préhistoriens français ne croyaient pas beaucoup au cannibalisme et parlaient déjà de pratiques funéraires particulières pour expliquer la présence de telles marques sur des os humains [20]. Cette question suscite aujourd'hui encore de vifs débats. Mais, suite à la découverte de Krapina, l'image d'un être grossier, peu civilisé et de surcroît cannibale, s'enracina. En Allemagne, entre 1908 et 1925, des ossements humains, d'au moins six adultes et un enfant, furent découverts dans les travertins inférieurs de plusieurs carrières d'Ehringsdorf près de Weimar. Ils étaient associés à des horizons charbonneux, à des ossements d'animaux (éléphant antique, rhinocéros des steppes) et à des outils taillés. L'anatomiste et paléoanthropologue allemand Franz Weidenreich étudia, en 1928, les premiers restes exhumés et conclut qu'ils appartenaient à deux Néanderthaliens.

C'est à cette même période qu'en France, les découvertes de sépultures se succèdent, dont celles du Moustier (Dordogne), de La Chapelle-aux-Saints (Corrèze), de la Ferrassie (Dordogne) et de la Quina (Charente). En 1908, le Suisse allemand Otto Hauser découvre, dans l'abri inférieur du Moustier, le squelette d'un adolescent masculin. Il suggéra que ce Néanderthalien avait été volontairement enseveli [21]. En 1909, il fouille la grotte de Combe-Capelle (Dordogne) où il trouve la sépulture d'un homme moderne (un Cro-Magnon) associée à des coquillages et à des outils aurignaciens. Son collaborateur, l'anthropologue allemand Hermann Klaatsch, utilisa ce squelette pour bâtir une nouvelle théorie polygéniste particulièrement raciste. En effet, pour lui, les races n'avaient pas toutes le même ancêtre, elles n'étaient donc pas toutes issues de la même espèce. La souche négroïde remontait aux Néanderthaliens qui, eux, descendaient d'un ancêtre ressemblant à un gorille ! La mauvaise image de Neanderthal va être confortée par l'étude, réalisée par le grand paléontologue français Marcellin Boule, du squelette de La Chapelle-aux-Saints. Ce squelette fut découvert, en 1908, en contexte sépulcral, par les abbés Jean et Amédée Bouyssonie et Louis Bardon. Après sa reconstitution [22], Boule conclut que c'était un être intermédiaire entre les grands singes et l'homme actuel, qui ne possédait pas totalement la maîtrise de la bipédie et n'avait aucun lien avec *Homo sapiens*. Il fut suivi par G. Elliot Smith qui décrit, en 1928, Neanderthal comme étant un être peu gracieux, à la face vulgaire et aux poils hirsutes, donc, brutal et grossier !

Cependant, la découverte de sépultures néanderthaliennes à la Ferrassie va contredire cette image. Dans ce grand abri, Denis Peyrony et le docteur Louis Capitan exhument, en 1909 et en 1910, deux squelettes humains déposés dans des fosses creusées dans le sol, des outils moustériens et des restes d'animaux. Le premier de ces squelettes appartient à un sujet masculin adulte et le second à une femme également adulte [23]. Le docteur Henri-Martin, qui fouillait, en 1911, la station amont de la Quina, découvrit également une sépulture [24]. En 1912, une commission réunissant les plus grands préhistoriens français de l'époque, dont les abbés Henri Breuil, Bouyssonie et Hugo Obermaier, déclarait que les sépultures, notamment de la Ferrassie, étaient la preuve absolue que les Néanderthaliens enterraient leurs morts. Ce propos secoua la communauté scientifique dans son ensemble et bouscula les idées reçues d'alors. Déjà, pour certains chercheurs de l'époque, comme l'anatomiste écossais Arthur Keith et surtout Ales Hrdkicka, spécialiste américain d'anthropologie biologique, Neanderthal correspond à un stade, ou une phase, morphologique de l'évolution qui mène à l'homme actuel. Il représente le stade qui précède immédiatement celui de l'homme actuel. Cependant, vers les années 1940, cette hypothèse sera remplacée par celle prônant l'existence, non pas d'une mais de deux lignées indépendantes.

Contemporain des *Homo sapiens*

Après la Première Guerre mondiale, l'image de Neanderthal se modifie, « s'humanise ». Les fouilles se multiplient en Europe, puis au Proche-Orient, et de nombreuses découvertes de Néanderthaliens sont faites. Certains ossements humains trouvés en Afrique orientale et en Asie du Sud-Est leur sont même faussement attribués. Ce sont les fouilles menées au Proche-Orient qui vont apporter de nouvelles données.

En 1925, la grotte de Mugharet el-Zuttiyeh, située dans les gorges de l'Ouadi Amoud au nord-ouest du lac de Tibériade (Israël), livre à Turville Petre une portion de crâne[25] et des outils moustériens. L'homme de Galilée, ainsi nommé par son découvreur, fut le premier mis au jour en Palestine. Il est étudié, en 1927, par sir Arthur Kish, qui le rapproche de celui de Gibraltar, donc de Neanderthal. De 1929 à 1934, Miss Dorothy Garrod, professeur à Cambridge, et l'anthropologue américain Theodore Mc Cown fouillèrent deux grottes du mont Carmel (Palestine, actuellement Israël), au débouché d'une petite vallée, sur la plaine côtière, à environ vingt kilomètres au sud d'Haïfa : El Tabun et Skhül. Dans la vaste grotte de Tabun (grotte du Four), Garrod exhuma dans la partie supérieure de la couche C, associé à du Moustérien, le squelette presque complet d'une Néanderthalienne (Tabun I) et, quatre-vingts centimètres plus bas, une mandibule d'homme (Tabun II) proche d'*Homo sapiens*[26]. Dans l'abri de Skhül (grotte du Chevreau), sorte de nécropole, Mc Cown découvrit, associés à du Moustérien et à de la faune, des ossements d'au moins dix individus (sept adultes et trois enfants). Ceux-ci furent considérés dans un premier temps, en 1937, comme des *Homo sapiens* archaïques, puis, en 1939, comme les plus anciens Néanderthaliens classiques[27]. Ces découvertes bouleversèrent la vision qu'on avait alors des peuplements du Proche-Orient. Des Néanderthaliens, aux caractères néanderthaloïdes peu marqués, avaient vécu dans cette région, alors que l'on pensait à l'époque qu'ils n'étaient qu'européens. En outre, des hommes modernes archaïques y vivaient déjà lorsque que ces Néanderthaliens arrivent.

Puis, d'autres découvertes, comme celles de Qafzeh et d'Amud en Israël, de Shanidar en Irak, vont confirmer la contemporanéité, au Proche-Orient, des Néanderthaliens, venus d'Europe, avec les premiers hommes modernes, et leur non-filiation directe. En outre, les études de certains squelettes, comme ceux exhumés à Tabun, mais aussi à Shanidar et à Amud, vont permettre de dégager des critères anatomiques caractéristiques des Néanderthaliens du Proche-Orient, les différenciant ainsi des Néanderthaliens classiques d'Europe. Le gisement de Qafzeh, situé à deux kilomètres de Nazareth, comporte une grotte et une terrasse séparées par une zone dénommée vestibule. Il est connu dès 1930, lorsque des religieux y recueillent quelques silex taillés. De 1933 à 1935, l'archéologue René Neuville, alors consul de France à Jérusalem, y entreprend des fouilles. Il recueille, dans les niveaux moustériens, une masse considérable de vestiges dont des restes humains d'au moins cinq individus[28]. La guerre marque un arrêt des recherches. L'étude de ce matériel est reprise en 1958 par F. Clark Howell. Pour cet anthropologue de l'université de Chicago, ces ossements appartiennent tous, comme ceux de Skhül, à des Proto-Cro-Magnons. Entre 1953 et 1960, la vaste grotte de Shanidar fut fouillée par l'archéologue américain Ralph Solecki. Des restes humains, appartenant à neuf individus[29], furent exhumés au milieu et au sommet de la couche D, riche en outils et en ossements d'animaux, attribuée au Paléolithique moyen. Cinq de ces individus avaient été inhumés et quatre étaient morts, probablement, à cause des éboulis qui s'étaient produits à différentes périodes dans la grotte. Ils furent identifiés par le paléoanthropologue américain Eric Trinkaus comme Néanderthaliens de type proche-oriental. En 1961 et 1964, une équipe japonaise dirigée par H. Suzuki fouilla le site d'Amud (Kineret, Israël) proche de celui de Mugharet el-Zuttiyeh [30]. A l'entrée de la grotte, associé à une industrie moustérienne et à de la faune, il découvrit les restes de cinq individus dont un en contexte sépulcral, un Néanderthalien âgé d'environ vingt-cinq ans (Amud 1). De 1965 à 1975, les paléoanthropologues français Bernard Vandermeersch et Jean Piveteau reprirent des fouilles à Qafzeh. Dans le vestibule, associés à des outils moustériens et à des ossements d'animaux, plusieurs squelettes de Proto-Cro-Magnons (adultes et enfants, dont l'âge varie de la naissance à l'adolescence) en contexte sépulcral sont exhumés [31]. De même, en 1970, de nouvelles fouilles eurent lieu dans la grotte de Mugharet el-Zuttiyeh. L'industrie découverte correspond à de l'Acheuléen supérieur (Yabroudien) et à du Moustérien, posant ainsi le problème de l'âge de l'homme de Galilée. Réétudié en 1981 par Vandermeersch, il est alors classé parmi les Proto-Cro-Magnons. D'après les dates obtenues par la méthode uranium/thorium, il aurait 150 000 ans et serait, si la date est confirmée, le plus ancien Proto-Cro-Magnon du Proche-Orient. L'idée que Neanderthal ait vécu, durant un moment, en même temps que les Proto-Cro-Magnons, ancêtres des *Homo sapiens*, est dorénavant admise. Avant que les squelettes de Mugharet el-Zuttiyeh, Skhül et Qafzeh soient attribués à des Proto-Cro-Magnons, certains chercheurs avaient proposé pour ces sujets l'hypothèse d'hybridation. Selon eux, ils étaient le résultat d'un métissage entre des Néanderthaliens et des hommes modernes ; Neanderthal et *Homo sapiens* appartiennent donc à la même espèce (*Homo neanderthalensis* devient *Homo sapiens neanderthalensis*) [32].

Au lendemain de la Seconde Guerre mondiale et malgré les nombreuses découvertes et les centaines d'études, la vision de Neanderthal comme être « primitif » persista encore des années à travers de nombreux ouvrages scientifiques ou de vulgarisation. Par exemple, dans le roman *The Inheritors*, publié en 1955, William Golding imagine la rencontre entre des Néanderthaliens aux savoir-faire rudimentaires et des hommes modernes, évidemment culturellement plus évolués. Aujourd'hui, grâce aux centaines d'ossements (d'enfants, de jeunes et d'adultes) exhumés de sites archéologiques [33], l'anatomie de Neanderthal est mieux connue. Par ailleurs, le nombre croissant de découvertes de sites néanderthaliens a enrichi considérablement les informations relatives à ses comportements. Le regard porté sur Neanderthal a donc changé. Cependant, sa place au sein de notre histoire fait encore débat. Actuellement, d'une manière un peu schématique, on peut dire que les scientifiques se répartissent en deux groupes. L'un considère Neanderthal comme biologiquement, mais surtout socialement et culturellement, inférieur à nous. C'est la tendance majoritaire chez les chercheurs anglo-saxons ; l'homme moderne ne serait apparu qu'avec les premiers *Homo sapiens sapiens*, il y a environ cent mille ans. L'autre groupe, dont nous partageons la position, voit en Neanderthal une forme humaine différente et l'intègre à l'ensemble de l'humanité. Ce nouveau regard porté sur Neanderthal témoigne de notre refus à considérer en termes hiérarchiques la diversité de l'humanité passée et présente. Quoi qu'il en soit, aujourd'hui, grâce, notamment, aux informations comportementales tirées des analyses de matériels archéologiques et aux nouvelles reconstitutions faites à partir de son squelette [34], Neanderthal est devenu présentable. Il peut donc être, au moins, notre cousin !

2

Par tous les temps

« L'eau ainsi est le regard de la terre,
son appareil à regarder le temps. »

Paul Claudel,
L'Oiseau noir dans le soleil levant.

Nous sommes à Spy, il y a deux cent quatre-vingt mille ans. Il fait froid et humide. Sur les versants abrités du vent glacial, poussent quelques saules, de rares bouleaux, et s'épanouissent lichens et mousses. Les bouquetins sont à la recherche d'un peu de nourriture. Des plantes voisines des graminées, les cypéracées, ont envahi les plaines de la vallée ; dans l'Orneau, petit affluent de la Sambre, se reflètent bouleaux et saules et viennent s'abreuver de lourds chevaux et des bisons. Quatre-vingt mille ans plus tard, le froid est toujours rigoureux mais sec, les glaciers se rapprochent ; ils sont aux Pays-Bas et dans la vallée du Rhin. Les rennes sont descendus du Nord. Le temps passe, la forêt a repoussé, bouleaux, pins, épicéas, chênes et charmes recouvrent les versants de la colline. Les chamois s'y réfugient à l'approche de l'hiver. Dans les sous-bois, des noisetiers cherchent la lumière et les sangliers des glands. Les plateaux se couvrent de graminées et de bruyères. Des chevaux graciles y pâturent. Dans la vallée s'étend une vaste prairie humide remplie de cypéracées et de composées. Au bord de la rivière poussent des aulnes, des bouleaux et des saules. Sous ces couverts forestiers, les chevreuils se mettent à l'abri des panthères et des grands lynx. Puis, il y a cent mille ans, Neanderthal arrive ; c'est la première fois que des hommes s'installent dans cette vaste grotte de la Betche-Al-Rotche. Ils taillent des outils typiques d'une industrie appelée Moustérien de tradition acheuléenne. Le climat devient instable, des épisodes froids succèdent à des épisodes plus tempérés. Neanderthal voit la flore et la faune s'adapter ; les cerfs, les mégalocéros, les aurochs, les bisons, les chevaux, les ours et les hyènes des cavernes, les renards, les loups et les cuons occupent leur niche écologique et délimitent leur territoire au gré de ces changements de temps. Après une phase de grand froid, le climat redevient plus modéré, des périodes humides alternent avec des périodes sèches. Cinquante-cinq mille ans plus tard, d'autres Néanderthaliens viennent à plusieurs reprises s'abriter dans la grotte. La forêt a presque totalement disparu avec le retour du froid. Sur les versants abrités et les plateaux, la végétation est clairsemée de graminées et de bouquets d'artémises, quelques bouquetins et marmottes tentent de survivre. Sur le plateau, des chevaux et des rhinocéros laineux sont à la recherche de nourriture. Au pied des collines poussent des graminées, des bruyères, des renonculacées ; quelques bouleaux et saules nains abritent une petite harde de rennes et des lièvres variables. Dans la plaine se développe une prairie de cypéracées et de composées ; des aulnes et des saules nains sont dispersés çà et là. Des mammouths sont arrivés. Lors du dernier séjour de Neanderthal à la Betche-Al-Rotche, deux de ses compagnons trouvent la mort. Ils y sont enterrés. C'est de nouveau le départ, il sera cette fois définitif[1] *!*

Au cours du temps, Neanderthal a vécu sous différents climats. Durant le Quaternaire[2], plusieurs épisodes climatiques de nature différente ont eu lieu, des phases glaciaires et des phases de réchauffement. Après 2,8 millions d'années, ces oscillations climatiques, de fortes amplitudes, ont lieu environ tous les 41 000 ans. Les paysages se modifient, en Afrique, la savane gagne du terrain sur la forêt. En Europe, quatre glaciations ont été identifiées[3]. Elles sont séparées par des périodes de réchauffement dites interglaciaires, si elles sont de longue durée ou de forte intensité[4], ou interstadiaires, si elles sont plus courtes et moins fortes. Lors des phases glaciaires, le Groenland, l'Europe septentrionale, le nord de l'Asie et de l'Amérique du Nord étaient recouverts de glace, jusqu'à trois mille mètres d'épaisseur pour les régions les plus septentrionales. Par ailleurs, les glaciers, alpins et pyrénéens en France, également plus étendus, descendaient plus bas dans les vallées. Les territoires habitables par l'homme étaient donc restreints. Ces glaciations ont également entraîné la baisse du niveau des mers et des océans, ce qui a facilité le peuplement de certaines régions ; ces passages à « pied sec » ont été favorables aux migrations et au peuplement de certaines îles, comme les îles Britanniques. Les bouleversements climatiques se traduisent différemment au Proche-Orient. Vers 120 000 ans, au moment où probablement les Pré-Néanderthaliens arrivent d'Europe, une transgression marine a lieu, le climat est alors relativement humide. Puis, au début de la dernière glaciation, entre 115 000 et 73 000 ans, se produit une aridification avec des fluctuations d'amplitude plus ou moins fortes (les plus anciennes occupations moustériennes datent de cette période). Lors du premier grand refroidissement du dernier glaciaire, entre 73 000 et 61 000 ans, a lieu une forte régression marine, et le niveau des lacs diminue. Puis de nouveau, entre 61 000 et 40 000 ans, on observe le retour de conditions climatiques plus modérées, avec des fluctuations humides et sèches. A la fin de cette période, on constate une augmentation importante de l'humidité. La faune varie peu du point de vue spécifique, seuls les pourcentages relatifs de chacune des espèces présentes fluctuent en fonction des phases climatiques. Les trois espèces dominantes sont la gazelle, le daim de Mésopotamie, surtout durant les radoucissements, et l'aurochs. Le cerf élaphe et le sanglier ne sont abondants que durant les phases humides[5].

Les primates, autres que l'homme, ont vécu soixante-cinq millions d'années en forêt ; c'est peut-être l'expansion d'environnements plus ouverts (forêts claires et savanes) qui a entraîné l'individualisation de l'espèce humaine. L'Europe « glaciaire » n'était donc pas *a priori* un continent favorable à l'homme né en Afrique, cependant, la grande diversité de ses biotopes a permis aux migrants d'y vivre et de s'y développer. En Europe, Neanderthal a connu trois périodes climatiques majeures : deux glaciations (l'avant-dernière et la dernière) entrecoupées d'une phase interglaciaire (la dernière). Comment a-t-il pu survivre aux grands froids qui régnaient lors des périodes glaciaires ?

Une morphologie adaptée ?

Les ancêtres de Neanderthal sont arrivés en Europe durant une phase de réchauffement, soit lors de l'interglaciaire cromérien, soit durant un épisode de réchauffement de la glaciation de l'Elster[6]. Les glaciers reculent, la forêt et les plantes thermophiles réapparaissent. Puis, vers 300 000 ans, ils vont être confrontés au grand froid de l'avant-dernière glaciation[7]. Au cours du peuplement de l'Europe, Neanderthal est monté jusqu'à 50 ° de latitude nord[8]. Il pouvait donc supporter des climats rigoureux et très secs. Sa petite stature et les proportions relatives de son tronc (large et court) et de ses membres (avec des avant-bras et des jambes courts) sont celles que l'on rencontre aujourd'hui chez les Esquimaux et les Lapons[9]. Si sa masse corporelle est moyenne, sa surface corporelle, de 240 à 244 centimètres carrés par kilo, est faible, ce qui caractérise une adaptation anatomique au froid[10], comme par ailleurs la grande taille de son cerveau. Les Inuit ont une capacité crânienne élevée par rapport aux autres hommes actuels. Mais un gros cerveau peut aussi résulter d'un investissement maternel plus long lié à un sevrage tardif[11]. La morphologie de la face de Neanderthal, avec ses grandes cavités nasales et ses sinus hyperdéveloppés et complexes, dénote une spécialisation des voies respiratoires supérieures, ce qui peut être, également, une réponse adaptative à un climat rigoureux[12]. Cette région anatomique aurait une fonction isolante car, plus l'espace entre l'air et le cerveau est vaste, moins ce dernier risque d'être gelé par un air trop froid[13]. De même, sous un climat froid et sec, l'air inhalé envoyé dans les poumons est mieux réchauffé et humidifié si le nez est gros et saillant, c'est la théorie dite du radiateur[14]. Cette hypothèse est en contradiction avec ce que l'on constate aujourd'hui. En effet, l'adaptation au froid se traduit actuellement plutôt par un rétrécissement de l'ouverture des fosses nasales. Un nez gros, saillant et recourbé permet surtout de dissiper la chaleur corporelle excessive qu'engendre une activité intense[15]. De même, pour Jean-Louis Heim, la face de Neanderthal, avec sa pneumatisation importante qui témoigne d'un système thermorégulateur quelque peu différent du nôtre, résulterait plutôt d'une adaptation à l'attitude bipède et non au froid[16].

Aujourd'hui encore, il est donc difficile de savoir si l'anatomie de Neanderthal est due ou non à une adaptation à un climat froid. Celui-ci a probablement joué un rôle, mais celui d'un isolement géographique entraînant un isolement génétique paraît tout aussi, voire plus, important. Sous un climat froid, les protéines animales sont indispensables. D'après les analyses des comportements de subsistance, Neanderthal était un grand consommateur de viande. Culturellement, il a donc su parfaitement s'adapter aux variations climatiques et aux divers environnements.

Le paysage a varié selon les périodes. En Europe, durant le dernier interglaciaire, le climat est tempéré mais plus continental que le nôtre. Dans les régions les plus septentrionales se développent des forêts[17], à charmes, ormes, ifs, buis, et, dans les parties plus méridionales ou dans les endroits protégés, des chênaies mixtes [18] bordées de noisetiers. Le début de la dernière glaciation s'individualise par la disparition des espèces les plus thermophiles et l'installation de steppes, à graminées et herbacées steppiques, de forêts le long des cours d'eau (forêt-galerie), à bouleaux, saules, genévriers, et, dans les endroits les plus exposés, de taïgas à conifères [19]. Puis le premier grand refroidissement voit la disparition des arbres et la désertification d'une grande partie de la plaine du Nord. Seuls quelques fonds de vallées permettent la survie d'arbres au milieu de la steppe périglaciaire. Lors de la phase de réchauffement qui suit, les espèces arborées de type boréal réapparaissent, la plupart restant localisées dans les vallées. Lors de ces phases de fort refroidissement, Neanderthal a déserté certaines régions, comme les grandes plaines polonaise et ukrainienne.

De nombreuses espèces animales occupaient les différents biotopes disponibles à ces différentes périodes. Beaucoup de ces animaux sont encore présents aujourd'hui, certains dans nos régions, d'autres, comme le renne, ont migré vers le nord, fuyant les températures trop élevées qui accompagnèrent la fin de la dernière période glaciaire. D'autres encore ont totalement disparu, soit à cause des changements climatiques qui ont fait disparaître leur biotope, soit parce qu'elles étaient arrivées au terme de leur évolution. Pour Neanderthal, ces animaux étaient des proies (les herbivores) ou des concurrents (les grands carnivores). Chaque espèce est adaptée à un environnement qui lui est favorable, si ce dernier devient hostile, elle migre ou s'éteint. Neanderthal a donc rencontré des animaux différents selon les régions et les phases climatiques qui se sont succédé. Nous connaissons bien ces animaux car lors des fouilles archéologiques on retrouve leurs ossements en grande quantité.

Ainsi, dans les plaines et sur les plateaux, notamment durant les périodes froides, Neanderthal côtoyait de très nombreux chevaux sauvages[20]. Au fil du temps, il a connu différentes espèces, certaines de forte stature et d'autres plus petites comme ces petits équidés proches des ânes sauvages ou des hémiones asiatiques. A peu de distance des chevaux, pâturaient d'immenses troupeaux de bisons[21], de taille et de poids supérieurs à ceux des bisons européens actuels. Neanderthal a également vu des rennes[22]. Ces cervidés, au museau large et carré, ont un garrot proéminent et un port de tête bas. Les femelles comme les mâles portent des bois. Leur ramure, recourbée vers l'avant, est à large empaumure terminale et à andouillers d'œil et de glace souvent palmés. Ces bois sont caducs, ils tombent, pour les mâles, en novembre, après le rut, et en juin, après la mise bas, pour les femelles et les jeunes. Leurs larges sabots leur permettent d'évoluer facilement sur la neige, en hiver, et, en été, sur les sols marécageux. Durant la saison hivernale, ces animaux peuvent ingurgiter des aliments gelés qu'ils extraient à l'aide de leurs sabots, sur parfois plusieurs dizaines de centimètres de profondeur. Bons nageurs et bons marcheurs, les rennes effectuent, en fonction des saisons, de très longues migrations (jusqu'à mille kilomètres) pour trouver de meilleures pâtures et fuir les insectes fort nombreux à la fonte des neiges. Les hardes ne sont mixtes que durant la période du rut. En dehors de celle-ci, les mâles vivent séparés des femelles qui, elles, sont toujours accompagnées de leurs jeunes.

Durant une période glaciaire particulièrement rigoureuse, une petite antilope, la saïga[23], fuyant la neige, le gel et la grande sécheresse qui sévissent en Asie, arrive en Europe. Ce petit bovidé, au corps lourd porté par des pattes grêles, possède un drôle de nez en forme de trompe épaisse et courte qui se gonfle lorsqu'elle filtre les poussières ou réchauffe l'air froid inhalé. Les mâles sont reconnaissables à leurs cornes mi-longues, droites et annelées. Neanderthal pouvait également se retrouver à proximité d'un animal étrange, venu, lui, du Grand Nord, le bœuf musqué ou ovibos[24]. C'est une bête plutôt petite (environ un mètre vingt au garrot) et lourde (jusqu'à trois cents kilos pour les mâles), avec une épaisse toison qui la protège du froid et des moustiques. Les bases de ses cornes, qui plongent vers l'avant, se rejoignent sur le front et leurs extrémités pointues se redressent vers le haut. L'ovibos, malgré ses sabots courts et larges et ses grands doigts latéraux, ne supporte pas l'humidité, ni une neige trop épaisse ; dès que le climat se radoucit, il remonte vers le nord. Dans les vastes plaines steppiques, règnent alors de gros pachydermes, des rhinocéros et des mammouths. Le rhinocéros laineux[25], avec ses grosses dents hypsodontes (dents à croissance continue et à couronne haute) et sa tête fortement inclinée vers le sol, était un mangeur d'herbes rases. Son aspect et l'anatomie de ses parties molles sont très bien connus grâce aux découvertes d'individus complets momifiés, conservés dans les pergélisols de Sibérie ou les ozocérites (hydrocarbures naturels) de Galicie. Il portait une toison laineuse brunâtre, épaisse et à longs jarres. Sur son nez, à cloison totalement ossifiée, étaient insérées deux cornes (une grande, à l'avant, et une petite, à l'arrière) qui le rendaient particulièrement dangereux.

Lorsque le climat se réchauffait légèrement, Neanderthal croisaient un autre rhinocéros, le rhinocéros de prairie[26]. De taille moyenne, ressemblant au rhinocéros noir d'Afrique, il avait une alimentation plus diversifiée que le rhinocéros laineux. Mais l'animal le plus impressionnant de cette époque était sans conteste le mammouth[27]. Proche des éléphants actuels par la taille, il est leur cousin et non leur ancêtre. Son crâne, très élevé et raccourci (en « pain de sucre »), possédait un orifice nasal très élargi, un front concave, des pré-maxillaires en forme de sablier et des défenses fortement spiralées pouvant atteindre quatre mètres de longueur. Le mammouth était bien adapté au froid avec sa toison recouverte de jarres, sa peau épaisse, avec dessous une couche énorme de graisse, et son opercule anal (sorte de petite peau qui recouvrait l'anus, l'empêchant ainsi de geler). Des mammouths gelés ont été découverts en Sibérie. L'étude du contenu de leur estomac a permis de reconstituer leur alimentation donc l'environnement dans lequel vivait cet animal mythique. Cet environnement, connu sous le nom de « steppe à mammouths », a aujourd'hui totalement disparu. Typique de la dernière phase glaciaire, il était composé de steppes et d'espaces boisés développés le long des cours d'eau (sorte de forêt-galerie) et dans les endroits bien protégés du froid et du vent glacial. Les derniers mammouths de forme naine (découverte dans l'île Wrangel) ont disparu, il y a un peu moins de dix mille ans (il y a environ douze mille ans, en Europe occidentale et centrale), probablement à cause des changements climatiques, et, en Amérique du Nord, peut-être sous la pression exercée par les hommes préhistoriques.

Dans les vallées, lors de périodes plus clémentes et surtout plus humides, les espaces boisés regagnent du terrain. Neanderthal y côtoyait les derniers petits bisons forestiers [28]. En lisière des forêts ou en bordure de cours d'eau, il pouvait également apercevoir le redoutable aurochs [29]. Elancé, haut sur pattes, le mâle pouvait peser jusqu'à une tonne. Il était dangereux, avec ses cornes longues, puissantes, pointues, divergentes et recourbées selon divers types de spirales. Les aurochs, regroupés en petites hardes composées d'un mâle et de plusieurs femelles accompagnées de leurs jeunes, consommaient aussi bien des herbacées que des feuilles. Dans des forêts clairsemées, le cerf [30] se régalait des feuilles et des écorces de petits arbustes. Le mâle porte des bois qui tombent chaque année, en général en février-mars. Neanderthal pouvait aussi, durant l'hiver et le printemps, croiser le harpail, petites hardes de femelles accompagnées de leurs jeunes et à l'automne, période du rut, de grandes hardes mixtes. Très rapides à la course (autant qu'un lévrier) et rusés, ces animaux pouvaient échapper à leurs ennemis : Neanderthal, le loup (qui chasse surtout les jeunes) et le lynx (ou loup-cervier). A cette époque, le mégalocéros[31], le plus grand de tous les cervidés, fréquentait également les lisières des forêts et les plaines humides. Le mâle, d'un mètre soixante au garrot, possédait des bois gigantesques, largement palmés, digités et étalés latéralement, qui pouvaient avoir jusqu'à trois mètres cinquante d'envergure et peser trente-sept kilos. Ce cerf géant avait un corps massif, un long cou, un garrot très saillant, de longues pattes et des pieds larges. A de plus rares occasions, Neanderthal a aperçu autre grand cervidé, l'élan[32]. Aujourd'hui, ne supportant pas les grosses chaleurs, il est cantonné dans les régions périarctiques d'Eurasie et d'Amérique (l'orignal). De la taille d'un cheval, sa longue tête porte, chez le mâle, des bois plantés courts, à larges empaumures et nombreux cors (jusqu'à quarante). L'ensemble de la ramure peut peser plus de vingt kilos. Ses grands sabots et ses doigts très extensibles lui permettent de se déplacer très aisément sur des terrains marécageux ; c'est également un bon nageur. Il n'était pas aisé pour Neanderthal de le voir car cet animal n'hésite pas à parcourir de grandes distances pour trouver une meilleure nourriture (bois tendres, feuilles de branches fraîches et plantes aquatiques). Plus fréquemment, Neanderthal pouvait croiser, à la lisière ou dans des forêts ni trop denses ni trop marécageuses, des chevreuils[33] et des daims. Le chevreuil mâle se caractérise par des bois relativement petits, simples et à peu d'andouillers, dont la surface est parcourue de petits sillons et de petites excroissances osseuses appelées perlures. Animal très sédentaire, il se nourrit, souvent aux mêmes endroits, de feuilles, de bourgeons et de plantes vertes. En hiver, les chevreuils se regroupent en grande harde, puis se dispersent ; les femelles donnent naissance, généralement en mai, à deux chevillards. Neanderthal a également vu les grandes hardes, composées de femelles et de jeunes, de daims européens[34]. Les mâles qui forment des petits groupes à part se reconnaissent à leurs bois aux andouillers bien développés[35] avec, à la partie supérieure, des empaumures élargies vers l'arrière (en forme de spatule) et à épois multiples. Le rut a lieu en octobre et, en mai ou au début de juin, au moment où les mâles perdent leurs bois, les femelles donnent naissance à leurs petits. Neanderthal devait éviter la fureur du sanglier[36] et sa charge redoutable. Cet animal, grâce à son régime alimentaire varié (c'est un omnivore), a de grandes facultés d'adaptation à des biotopes différents, mais il supporte mal les sols gelés et la neige trop épaisse. Enfin, en bordure d'espaces boisés vivait un rhinocéros de très grande taille, les mâles pouvant atteindre deux mètres cinquante au garrot. Ce rhinocéros, dit de Merck[37], contrairement à ces cousins, était un mangeur de feuilles.

Neanderthal s'est aventuré dans des régions escarpées, voire montagneuses. Il pouvait y rencontrer de petits bovidés tels les bouquetins ou les chamois. Comme aujourd'hui, vivaient alors deux espèces de bouquetins, le bouquetin des Alpes et celui des Pyrénées ou ibérique[38]. Le bouquetin des Alpes mâle possède des cornes fortement allongées et régulièrement divergentes vers l'arrière et l'extérieur ; elles sont plus courtes chez les femelles. Le bouquetin des Pyrénées se différencie par des cornes rapprochées et parallèles entre elles à la base, puis divergentes vers l'extérieur et l'arrière et aux pointes légèrement retournées vers le haut. Ces deux espèces sont des animaux rupicoles qui ont un fort potentiel d'adaptabilité au climat et à l'altitude. A certaines périodes, des espèces, proches des bouquetins, qui vivaient surtout en Europe centrale et orientale, ont fait quelques incursions en Europe occidentale, c'est le cas des tahrs[39] et des tours du Caucase[40]. A l'époque de Neanderthal, les deux espèces de chamois que l'on connaît existaient déjà[41]. Le chamois des Alpes se distingue de celui des Pyrénées, ou isard, par l'absence de fosses lacrymales et des chevilles osseuses régulièrement divergentes, alors qu'elles sont très rapprochées à leur base, parallèles jusqu'au tiers de leur longueur puis divergentes chez l'espèce pyrénéenne. Ces animaux, bien adaptés aux pentes abruptes, à la neige et à la glace, descendent, en hiver, dans les vallées en lisière de forêt où ils mangent des aiguilles de pin. Puis, à la belle saison, n'appréciant pas les fortes chaleurs, ils pâturent en altitude à la recherche de graminées. Les prédécesseurs de Neanderthal, les Pré-Néanderthaliens, ont rencontré sur des reliefs peu accentués des mouflons [42]. Les caractères anatomiques de ces mouflons sont ceux des grands argalis actuels, à l'exception de la denture qui présente une adaptation alimentaire à des végétaux typiques des steppes. Les cornes des mâles sont très fortes, celles des femelles plus courtes et parfois absentes. Dans les Alpes, mais aussi dans d'autres régions montagneuses d'Europe centrale et orientale, les marmottes, alpine et bobac, ont été chassées par Neanderthal [43]. La marmotte bobac est plus lourde et a un museau plus court que l'espèce alpine. Ces gros rongeurs creusent des terriers pour y mettre bas et passer l'hiver.

Convoitant les mêmes gibiers et parfois les mêmes abris que Neanderthal, les carnivores étaient également très nombreux à son époque. A l'affût de morceaux de carcasses ou d'os, les loups et les hyènes des cavernes vivaient à proximité des campements. Les ours des cavernes et les ours bruns, pour hiverner, se réfugiaient parfois dans les mêmes grottes que les hommes. Neanderthal, les lions des cavernes et les panthères se disputaient les mêmes proies.

Le loup, de grande taille à l'époque de Neanderthal, était omniprésent car il s'adapte à tous les environnements et à tous les climats [44]. Le dhole [45], sorte de chien sauvage ou chien rouge d'Asie (nommé également cyon), était plus rare. S'il supporte des climats extrêmes, du froid polaire aux chaleurs tropicales, il vit le plus souvent en plaine, dans les forêts, mais, à la recherche de proies, il peut monter jusqu'à quatre mille mètres. D'autres canidés, les renards, ont côtoyé Neanderthal. Le renard commun, carnivore ubiquiste, a une vaste répartition géographique [46]. Par contre, l'isatis ou renard polaire n'est présent dans les régions méridionales de l'Europe que durant les périodes très froides de l'avant-dernière et de la dernière glaciation [47]. Il est plus petit, moins robuste et a un museau plus court et des pattes plus longues que le renard commun. Fait remarquable, son épaisse fourrure est brune en été et blanche en hiver. Son régime alimentaire est très varié et un peu plus carnivore que celui du renard commun, il consomme notamment des lemmings, des charognes et des œufs d'oiseaux. Bien plus redoutable que tous ces canidés, l'hyène des cavernes rôdait autour des campements et du gibier de Neanderthal [48]. Proche de l'hyène tachetée d'Afrique, c'était un animal grand et robuste, aux pattes antérieures plus longues que les postérieures. Elle avait une grosse tête munie de mâchoires puissantes aptes à broyer des os aussi épais que ceux des chevaux ou des bovinés. Ce carnivore nocturne aux mœurs nécrophages devait être un redoutable chasseur, surtout lorsqu'il était en meute. Ces hyènes s'installaient dans les grottes pour y mettre bas et élever leurs petits. D'autres carnivores recherchaient des abris, notamment pour hiverner, ce sont les ours. A l'époque de Neanderthal, vivaient trois espèces d'ursidés [49], l'ours des cavernes (aujourd'hui disparu), l'ours brun et l'ours noir du Tibet, actuellement cantonné en Asie. L'ours des cavernes, comme tous les ursidés, était un mammifère plantigrade ayant cinq doigts à chaque patte, des canines puissantes mais peu acérées et des molaires broyeuses. Cet ours massif, surtout le mâle, possédait un crâne à fortes bosses frontales séparées par une dépression accentuée et une ligne de dos fuyante. Malgré son imposante stature, il était plus végétarien qu'omnivore et probablement moins dangereux que les grands ours actuels (comme le grizzly). En forêt, Neanderthal pouvait également rencontrer des félins comme la panthère ou le lynx [50]. La panthère fossile européenne, proche des formes actuelles, préférait les régions méridionales, surtout durant les phases froides car elle avait besoin d'eau et d'un abondant gibier. La couleur de sa fourrure demeure encore inconnue, noire ou ocellée ? Félins de taille intermédiaire entre les chats sauvages et les panthères, les grands lynx (ou lynx boréals) fréquentaient toutes les grandes forêts d'Eurasie septentrionale et les lynx pardelles, la péninsule Ibérique. Les lynx ont la dentition la plus réduite de tous les carnivores et un crâne large et arrondi. Ce sont des animaux très hauts, portés par de fortes pattes. Solitaires et sédentaires, ils chassent toutes sortes de petits gibiers, mais surtout les lapins, les lièvres et les jeunes ongulés. Un petit félin également forestier, le chat sauvage, n'était présent que durant les phases de fort radoucissement. Lorsqu'il traversait la steppe, Neanderthal devait se méfier d'un superprédateur, le lion des cavernes [51]. Il était plus grand que le lion actuel, mais avec une tête moins grosse. Comme le montrent les peintures pariétales paléolithiques, les mâles n'avaient peut-être pas de crinière. A côté de ces grands carnassiers vivaient de nombreuses espèces de petits carnivores, les mustélidés [52]. Neanderthal a pu rencontrer deux sortes de putois, le putois d'Europe et, durant les périodes froides, le putois des steppes. Lors de forts refroidissements, le glouton, animal grand et lourd, vivait dans les forêts de conifères subsistantes et sur les pentes montagneuses boisées. Il est bien adapté à la neige grâce à ses larges soles plantaires. Il consomme des charognes, des petits rongeurs (lemmings et écureuils), des œufs d'oiseaux, des faons d'élan et de renne, et, durant l'hiver, des lièvres variables. Sa chair est immangeable, mais sa peau est très chaude car bien adaptée à un climat rigoureux. Dans les forêts et les plaines à bosquets, durant les périodes climatiques tempérées et relativement sèches, Neanderthal pouvait apercevoir un autre gros mustélidé, le blaireau. Cet animal, qui hiberne dans les régions froides, creuse son terrier, formé de nombreuses galeries pouvant atteindre une profondeur de cinq mètres, parfois à l'intérieur d'une grotte ou d'un abri. Ces animaux fouisseurs provoquent de graves dégâts dans les sites préhistoriques car ils déplacent les vestiges archéologiques d'une couche à l'autre, provoquant ainsi des mélanges.

Neanderthal chassait lapins et lièvres [53]. Dans la péninsule Ibérique et le pourtour méditerranéen, c'était le lapin de garenne, et, durant les phases climatiques plutôt tempérées ou chaudes, le lièvre d'Europe. Par contre, le lièvre variable ou lièvre des neiges n'était abondant que durant les phases froides de la dernière glaciation, de même que le lièvre siffleur, ou pika des steppes, lagomorphe de la taille d'un cobaye. Ce panorama serait incomplet sans les oiseaux. Ils étaient très nombreux à cette époque, durant les périodes froides, les lagopèdes ou perdrix des neiges étaient particulièrement abondantes.

Cette faune variée a fourni à Neanderthal un grand choix de gibier ; il a consommé la plupart de ces animaux, notamment les herbivores. Confronté à de redoutables prédateurs et au froid des phases glaciaires, il a, grâce à son anatomie et à ses capacités, su parfaitement s'adapter à cet environnement parfois hostile.

3

Qui est l'ancêtre de Neandertal ?

> « Chaque homme est une humanité, une histoire universelle... »
>
> Jules MICHELET, *Histoire de France.*

Il y a plus d'un million d'années, quelques groupes humains arrivent par vagues successives en Europe. Ce sont de brefs passages qui n'ont laissé que peu de traces archéologiques, essentiellement des galets taillés. Probablement parce que ces migrants étaient en effectif réduit et trop adaptés à leur environnement d'origine (l'Afrique). Actuellement, les plus anciens fossiles humains européens ont été découverts à l'est de ce continent, à Dmanissi en Géorgie ; ils sont datés de 1,8 million d'années. Leurs caractéristiques anatomiques, qui les placent entre *Homo habilis* et *Homo erectus*, ont permis de définir une nouvelle espèce : *Homo georgicus* [1]. Ce site très ancien fait figure d'exception car ce n'est qu'à partir de 400 000 ans que se produit une accélération du peuplement de l'Europe, le nombre de sites archéologiques augmentant sensiblement. C'est probablement parmi ces migrants que se trouvent les ancêtres de la lignée néanderthalienne.

L'identité de ces nouveaux venus est à rechercher parmi les populations regroupées sous l'appellation *Homo erectus*. Actuellement quatre espèces, géographiquement dispersées, ont été identifiées. Dans des savanes africaines vivaient, entre 2 et 1 million d'années, les *Homo ergaster*. Grands, jusqu'à un mètre soixante-dix, et longilignes, ils sont parfaitement bipèdes. Leur visage est gracile, leurs bras relativement courts et leurs épaules larges et bien dégagées du cou. Dans une boîte crânienne relativement arrondie, leur cerveau, est assez volumineux, entre 700 et 950 centimètres cubes. Les *Homo erectus stricto sensu* quant à eux peuplaient, entre 1,6 et 0,3 million d'années, les régions tempérées et chaudes de l'Asie. Ils ont un squelette très robuste avec des os très épais, mesurent entre un mètre soixante-cinq et un mètre cinquante, et pèsent entre cinquante-sept et cinquante kilos. La capacité de leur cerveau varie entre 900 et 1 225 centimètres cubes. Leur crâne présente un fort bourrelet occipital et une face projetée en avant avec un fort bourrelet au-dessus des orbites. Ceux de Java, aux traits relativement archaïques, sont également appelés Pithécanthropes, et ceux de Chine, à l'anatomie plus moderne, Sinanthropes. Alors que les *Homo erectus* poursuivent leur évolution en Asie, durant le dernier million d'années, des groupes humains d'Afrique, les *Homo ergaster*, puis leurs descendants vont à plusieurs reprises migrer en Europe. C'est en Espagne, à Gran Dolina (Sierra d'Atapuerca), site daté d'environ 800 000 ans [2], qu'ont été découverts les restes des plus anciens Européens, les *Homo antecessor*. Ils sont de type plus moderne qu'*Homo ergaster* et qu'*Homo erectus*, et leur capacité cérébrale dépasse les 1 000 centimètres cubes.

Sur l'origine de Neanderthal et de l'homme moderne, les chercheurs ne sont pas d'accord entre eux ; deux théories opposées s'affrontent (voir aussi l'Annexe). Selon l'hypothèse monocentriste appelée « *Out of Africa* », il n'y aurait eu que deux lignées : celle des *Homo erectus (Homo ergaster)* d'Afrique qui seraient à l'origine des hommes modernes d'Europe, d'Asie et d'Afrique, et celle des *Homo erectus* d'Europe (*Homo antecessor*) qui aurait donné naissance à la lignée des Néanderthaliens qui se serait éteinte sans descendants. Cette théorie dite aussi du « Jardin d'Eden ou Arche de Noé » est soutenue par un grand nombre de paléoanthropologues. *A contrario*, la seconde hypothèse, celle du polycentrisme (ou de l'origine multirégionale dite encore du « candélabre »), admet que toutes les populations actuelles seraient l'aboutissement de quatre évolutions régionales : les *Homo erectus* d'Asie auraient donné les hommes modernes d'Asie, les *Homo erectus* d'Indonésie ceux d'Australie et les *Homo ergaster* d'Afrique ceux d'Afrique. Les *Homo erectus* d'Europe (*Homo antecessor*) quant à eux auraient conduit aux Néanderthaliens, eux-mêmes ancêtres des hommes modernes d'Europe. Cette théorie sous-entend l'échange de gènes à travers les frontières (donc de sang) et non le remplacement d'une espèce par une autre [3]. Certains fossiles, découverts notamment en Chine [4], et des études récentes en génétique contredisent cette hypothèse et viennent renforcer celle du monocentrisme. En outre, les quatre-vingts ossements, correspondant à six individus de tous âges dont un enfant, d'*Homo antecessor* ne possèdent aucun des caractères néanderthaliens ; ils ne sont donc pas les ancêtres de Neanderthal [5].

A ce jour, le crâne humain exhumé à Ceprano en Italie est peut-être le plus ancien représentant de la lignée néanderthalienne. Associé à des ossements d'animaux et à un outillage taillé sur galet, il daterait de 700 000 ans [6]. Mais là encore, les avis divergent. Si certains paléoanthropologues le considèrent comme une nouvelle espèce, *Homo cepranis,* qui se situerait à la base de la lignée néanderthalienne, d'autres l'identifient comme *Homo erectus*. De même, d'autres fossiles, datés entre 350 000 et 250 000 ans, posent des problèmes d'identification. C'est le cas des restes humains de Bilzingsleben (Allemagne) et de Vértesszöllös (Hongrie), appartiennent-ils à des *Homo erectus* ou à des Pré-Néanderthaliens [7] ? Par contre, d'autres datant de la même période sont clairement de type pré-Néanderthalien, ce qui signifie, si les fossiles précédemment cités appartiennent à des *Homo erectus*, que durant cette période deux espèces distinctes vivaient en Europe.

Pour les paléoanthropologues, découvrir l'ancêtre de Neanderthal n'est pas chose facile. La mise en place des caractères anatomiques propres à son espèce [8] est le résultat d'un long processus d'évolution (ou accrétion) qui aurait débuté lors d'une phase climatique tempérée, soit, si le fossile de Ceprano est bien un Pré-Néanderthalien, vers 700 000 ans [9], soit un peu plus tard, vers 500 000 ans [10]. La phase froide suivante va isoler et réduire les groupes humains [11]. Le génome va alors se particulariser et évoluer progressivement. Les principaux caractères néanderthaliens paraissent acquis dès 350 000 ans, mais la mise en place définitive de l'architecture crânienne n'est réalisée que vers 130 000 ans [12]. Au début de la dernière glaciation, tous les caractères anatomiques typiques de l'espèce néanderthalienne sont présents ; ces Néanderthaliens dits classiques correspondent à l'évolution finale de cette lignée. Pour faciliter la compréhension de cette lignée, les fossiles antérieurs aux Néanderthaliens classiques et qui présentent, associés à des caractères plus primitifs, des caractères néanderthaliens indiscutables, sont regroupés sous le terme Pré-Néanderthaliens ; l'*Homo heidelbergensis* en étant un des représentants. Cette dénomination est à la fois chronologique et phylogénétique.

Les plus anciens Pré-Néanderthaliens ont ainsi entre 500 000 et 350 000 ans. Plusieurs de leurs ossements ont été découverts lors de fouilles archéologiques menées dans différents pays européens : une mandibule à Mauer (Allemagne), un tibia à Boxgrove (West Sussex, Angleterre), trouvé en même temps que de nombreux ossements d'animaux et d'outils (dont beaucoup de bifaces), un crâne complet et très bien conservé découvert fortuitement en 1959 à Petralona (Grèce) [13] et ceux exhumés à la Caune de l'Arago (Tautavel, Pyrénées-Orientales). Ce site exceptionnel a livré plus de cent restes de Pré-Néanderthaliens appartenant à au moins vingt-six individus, dont environ 50 % d'enfants [14].

Durant les phases climatiques suivantes, les fossiles humains retrouvés dans plusieurs sites européens présentent des degrés de « néanderthalisation » différents. De nombreux restes proviennent de sites datés entre 350 000 et 250 000 ans (avant-dernier interglaciaire), comme le crâne humain mis au jour en 1933 par Karl Sigrist à Steinheim (Bade-Wurtemberg, Allemagne) [15] et les fragments de crâne [16], appartenant peut-être à un même individu, découverts entre 1935 et 1955, dans la carrière Barnfield Pit à Swanscombe (Kent, Royaume-Uni). Les fossiles trouvés à la Sima de Los Huesos (Sierra d'Atapuerca, Burgos, Espagne) appartiendraient également à cette période tempérée. Ce site exceptionnel a livré plus de trois mille ossements humains attribués à au moins trente-deux *Homo heidelbergensis* [17]. De même, d'après la présence d'un castor rapportée à l'espèce *Trogontherium cuvieri*, le crâne d'un jeune adulte découvert fortuitement à Reilingen (Bade-Wurtemberg, Allemagne) pourrait dater de cet interglaciaire [18]. Comme les deux fragments de crânes exhumés du site de plein air de Biache-Saint-Vaast (Pas-de-Calais) qui a également livré en abondance des outils en pierre attribués au Moustérien de type Ferrassie et des ossements d'animaux [19].

A cet épisode tempéré succède une nouvelle glaciation ; les sites ayant livré des restes de Pré-Néanderthaliens deviennent plus rares. Quelques ossements ont été découverts dans des carrières de travertins à Ehringsdorf [20] et dans deux abris du gisement de la Chaise de Vouthon en Charente. Dans l'abri Suard, cinquante-deux restes crâniens d'adultes et d'enfants furent exhumés et, dans les couches 11 et 12 de l'abri Bourgeois-Delaunay, André Debénath mit au jour vingt-deux ossements d'adultes et de jeunes [21].

C'est probablement à la fin de cette période que des groupes de Pré-Néanderthaliens vont migrer au Proche-Orient. En effet, les restes humains qui ont été découverts dans cette région, notamment à Tabun, présentent des caractères néanderthaliens « atténués ». Ce qui signifie que des groupes humains seraient arrivés au Proche-Orient avant l'achèvement du processus de « néanderthalisation » observé en Europe. Ils y ont fait souche et se sont développés sur plusieurs générations [22]. Puis, un peu plus tard entre 70 000 et 60 000 ans, lorsque d'autres groupes arrivent en Palestine (les Néanderthaliens des sites de Kébara et d'Amud), il y a d'autres hommes, mais de type moderne (les Proto-Cro-Magnons [23]). Comme eux, ils sont les artisans d'industries moustériennes. Cette hypothèse du peuplement du Proche-Orient par des Pré-Néanderthaliens est remise en cause par certains paléoanthropologues comme l'Américain Eric Trinkaus. Pour lui, la différenciation des Néanderthaliens aurait eu lieu au Proche-Orient même et plus tardivement qu'en Europe.

C'est au cours du dernier interglaciaire, vers 130 000 ans, qu'a lieu l'émergence des Néanderthaliens classiques. Leurs premiers représentants ont été exhumés à Saccopastore (Latium, Italie) [24] et à Krapina. Dans cette grotte croate, le professeur D. Gorjanovic-Kramberger découvrit, entre 1899 et 1905, plus de neuf cents ossements appartenant à au moins quatre-vingts individus dont de nombreux jeunes [25]. La mandibule humaine trouvée, en 1887, dans la deuxième terrasse de travertins d'une cuvette lacustre à Banolas daterait peut-être de cette période, mais les datations donnent des âges contradictoires [26].

A notre avis, l'ancêtre de Neanderthal descend de migrants venus d'Afrique, des descendants d'*Homo ergaster*, il y a 700 000 ou 500 000 ans. A cette époque, en Europe, il y avait probablement quelques groupes d'*Homo erectus* arrivés lors de vagues antérieures de migration. Leurs rencontres, si rencontres il y a eu, n'ont laissé aucun témoin archéologique. C'est à partir de cette population ancestrale que, au fil des générations, les caractères propres aux Néanderthaliens se sont développés, probablement à cause de cet isolat géographique que représente la partie occidentale de l'Europe (sorte de « cul-de-sac »). Puis, aux alentours de 300 000 ans, seuls des Pré-Néanderthaliens vivent en Europe. Ils continueront d'évoluer et donneront naissance aux Néanderthaliens classiques. Actuellement, plus de quatre-vingts sites européens ont livré des ossements appartenant à la lignée de Neanderthal [27].

4

Si semblable, si différent

« J'ai assez vécu pour voir que différence engendre haine. »

STENDHAL,
Le Rouge et le Noir.

La silhouette d'un homme petit et trapu se découpe sous un ciel laiteux qui annonce la neige. Il a la démarche lourde, avec ses cuisses arquées et ses jambes courtes, mais décidée. Une sensation de puissance émane de tout son être. Lorsqu'il se rapproche, son profil triangulaire, dû à sa face projetée en avant, forme une sorte de « museau » des plus surprenant. Il a le teint clair des gens du Nord. Les forts bourrelets situés juste au-dessus des yeux et son front plat lui donnent un air hautain et fier. Son regard perçant accentue encore son aspect viril. En grandissant, il a perdu son crâne arrondi, cette rondeur qui suscite une tendresse immédiate.

Aujourd'hui, grâce à de nouvelles technologies, on peut reconstituer l'anatomie des hommes fossiles. En combinant tomographie (technique utilisée en médecine), dessin assisté par ordinateur (imagerie) et stéréolithographie, on reconstitue des fossiles anciens sans les manipuler. Cette méthode est intéressante, car bien souvent, les restes humains découverts dans les sites archéologiques sont fragmentaires. L'apparence physique de Neanderthal nous est donc connue. Bien sûr, il existe chez les Néanderthaliens, comme chez toutes les autres populations, des variations individuelles et régionales. C'est en Europe que les traits morphologiques qui les caractérisent sont les plus marqués. Leur mise en place est le résultat d'un long processus d'évolution, sans mélange de gènes, qui aurait débuté il y a cinq cent mille ans. Cette évolution se stabilise vers 90 000 ans avec les Néanderthaliens dits classiques qui s'épanouissent au cours de la première partie de la dernière glaciation. Ils possèdent à la fois des traits communs avec leurs ancêtres, avec nous, et des traits exclusifs. Les caractères primitifs (ou plésiomorphes) sont hérités de leurs ancêtres, et sont souvent absents chez l'homme moderne. Les caractères acquis (ou apomorphes) sont encore présents chez les hommes actuels. Enfin, les caractères dérivés (ou autapomorphes) sont propres aux Néanderthaliens (comme le crâne en forme de bombe). Ces caractères morphologiques particuliers sont considérés par certains auteurs comme des spécialisations car leur faible variabilité induirait, en effet, des conditions très sélectives du milieu [1]. Il est à noter que les jeunes présentent des traits néanderthaliens moins marqués, notamment un crâne arrondi.

Quelle était la couleur de peau de Neanderthal ? Les premiers Hominidés vivaient en Afrique, ils étaient poilus des chevilles et des poignets jusqu'au sommet du crâne. En dessous, comme les chimpanzés, leur peau était blanche, sauf au niveau du visage, des pieds et des mains, où elle était plus colorée. Il y a environ deux millions d'années, la peau s'est enrichie en glandes sudoripares (qui permettent la transpiration), ce qui a entraîné une diminution de la pilosité. En colonisant la savane africaine, les *Homo ergaster* ont, sans doute, commencé à prendre des couleurs pour protéger leur peau nue des rayons du soleil. C'est la mélanine, pigment présent dans les cellules de l'épiderme, qui donne sa couleur à la peau. Puissant écran solaire, elle absorbe les rayons UV qui provoquent des brûlures, altèrent le matériel génétique et détruisent les nutriments essentiels qui circulent dans les vaisseaux. A partir de 1 million d'années, certains hommes, en quittant le berceau africain pour coloniser d'autres régions moins ensoleillées, ont pris des couleurs de peau multiples. En effet, dans les régions nordiques, il faut qu'un minimum d'UV passe dans le corps humain pour notamment fabriquer l'indispensable vitamine D (son déficit provoquant le rachitisme). De ce fait, une sélection s'est opérée en fonction de la quantité d'UV disponible dans chaque région (peau plus ou moins riche en mélanine, donc plus ou moins foncée). Comme il faut des dizaines de milliers d'années pour changer progressivement de couleur, des hommes vivant à une même latitude mais ayant migré à différentes périodes n'ont pas la même couleur de peau. Neanderthal a vécu au Proche-Orient, en Ouzbékistan et surtout en Europe, entre 35° et 50° de latitude nord ; il avait donc la peau claire et une pilosité sensiblement identique à celle des hommes actuels.

Neanderthal était très robuste, car la partie compacte des os de son squelette étant importante[2] et sa musculature puissante. Les hommes pesaient au moins quatre-vingts kilos et les femmes soixante-dix kilos[3]. Plus petit que ses prédécesseurs, Neanderthal avait la taille d'un Européen d'avant la seconde partie du XXe siècle ; les hommes mesuraient entre un mètre soixante-quatre et un mètre soixante-huit, et les femmes entre un mètre cinquante-deux et un mètre cinquante-six. Le dimorphisme sexuel était donc relativement important, les femmes étant moins grandes et moins fortes que les hommes.

La capacité cérébrale de Neanderthal est importante, de 1 245 à 1 750 centimètres cubes (1 520 en moyenne), mais, rapportée à sa masse corporelle, elle est proche de la nôtre[4]. Le crâne de Neanderthal, en forme de bombe, est notablement différent de celui d'un homme actuel. Ovale, il est allongé d'avant en arrière et aplati car la voûte crânienne est basse, platycéphale, et les temporaux également bas et longs. A l'arrière, la présence d'un « chignon » occipital accentue cet allongement et donne une forme très ovale de l'arrière-crâne qui possède également une petite fossette très caractéristique[5]. En outre, de chaque côté, au niveau des pariétaux, il y a deux bosses relativement marquées. A l'intérieur du crâne, le palais est vaste, profond, et les arcades dentaires peu paraboliques. Par contre, les os de l'oreille externe et moyenne sont quasiment identiques à ceux des hommes modernes. Des chercheurs, sous la direction d'Ignacio Martinez, ont reconstitué l'oreille externe et moyenne de trois Pré-Néanderthaliens découverts à La Sima de los Huesos. Puis ils ont déterminé les audiogrammes, courbes caractéristiques de la sensibilité de l'oreille aux sons. Les courbes obtenues indiquent que leur capacité auditive était comparable, voire supérieure, à la nôtre.

La face de Neanderthal était très volumineuse, à la fois large et haute, avec des pommettes saillantes[6]. Ce qui frappe le plus, c'est son front bas, étroit, plat et fuyant vers l'arrière. Les os des pommettes forment avec ceux de la massive mâchoire supérieure des surfaces aplanies, à droite et à gauche de l'ouverture nasale, orientées de telle sorte que le visage présentait une apparence cunéiforme, à la façon d'une pointe[7]. Cette face, projetée assez fortement en avant et au profil triangulaire, est dite en « museau ». Ce trait est accentué par des os nasaux, à l'arête prononcée, fortement relevés en position presque horizontale[8]. Son nez était donc saillant, proéminent et grand. Les orbites sont hautes, arrondies et très vastes avec, juste au-dessus, deux gros bourrelets qui forment un relief continu : ce torus correspond à des sinus hyperdéveloppés en forme de chou-fleur[9]. Cette pneumatisation de la face serait due au poids de l'ensemble du crâne ou aurait une explication mécaniste correspondant à la répartition des forces entraînant une diminution du stress mécanique engendré dans les os par la mastication[10]. Sa mâchoire inférieure est grande, large et robuste, avec une région angulaire tronquée. A l'avant, comme la nôtre, elle ne possède pas d'espace entre les incisives et les prémolaires, mais le trou mentonnier est en position reculée (il est situé sous la première molaire). En revanche, entre la troisième molaire et le bord antérieur de la branche montante, se trouve un vaste espace appelé rétromolaire. Il est présent du fait que la taille des mâchoires demeure intacte alors que celle des dents diminue. En outre, Neanderthal n'avait pas de menton [11].

Ses dents sont volumineuses, mais la troisième molaire (dent de sagesse) est déjà en cours de réduction. Ses incisives, larges et en forme de pelle, ne pouvaient servir à couper [12]. Cependant, elles pouvaient tenir, écraser et user un matériau, comme une peau animale par exemple. Ses canines sont grandes mais pas plus longues que les incisives. Certaines de ses dents étaient atteintes de taurodontie [13]. Les dents ont alors un émail mince et l'on observe un agrandissement de la cavité pulpaire et, pour les molaires, une tendance à la fusion des racines. C'est grâce à l'étude du degré d'usure des dents que les paléoanthropologues peuvent estimer l'âge du décès d'un individu et ainsi tracer la courbe de mortalité des populations néanderthaliennes.

Le corps de Neanderthal, extrêmement musclé, diffère quelque peu du nôtre. Sa tête était rattachée au tronc par de puissants muscles nuchaux (« cou de taureau »). Son thorax était large avec une cage thoracique profonde en forme de tonneau. Ses vertèbres sont volumineuses et ses côtes, très aplaties, ont une courbure peu marquée [14]. Il avait des hanches très larges [15]. Le bassin de Neanderthal est court, en cuvette, avec un contour interne en forme trapézoïdale. Le pubis est très grand avec une branche supérieure allongée et amincie. Présente chez les hommes comme chez les femmes, cette particularité anatomique serait plus liée aux mouvements et à la position du corps qu'en relation avec l'accouchement (pour faciliter le passage du bébé). Le sacrum, moins large que chez les hommes modernes, présente un grand canal rachidien (canal qui contient la moelle). Ses clavicules sont longues mais grêles et ses omoplates, larges [16]. Ces deux os portent de fortes sinuosités qui correspondent à l'insertion des muscles, de l'épaule et de la poitrine, puissants. Cette forte musculature est également attestée par les épiphyses volumineuses des os du bras (humérus) et de l'avant-bras (radius et cubitus). Sur les humérus, le trou où s'insère la tête du cubitus est grand, ce qui devait amplifier les mouvements des bras et avant-bras. De même, la torsion du radius autour du cubitus est forte et le muscle qui permet de fléchir l'avant-bras sur le bras (le biceps brachial) est en position presque centrale. Neanderthal avait des mains à paume longue et de grands pouces [17]. Il pouvait très facilement opposer ces derniers aux autres doigts grâce à une orientation plus cubitale de la dernière phalange de son pouce qu'il avait longue. De plus, ses autres phalanges, courtes et robustes, lui permettaient de saisir et de tenir un objet avec fermeté. Neanderthal pouvait donc effectuer les mêmes gestes que nous, mais avec en plus une puissance accrue et peut-être moins de précision ; il n'y a aucune différence entre les mains féminines et masculines. Par ailleurs, des bras relativement longs avec, dans de nombreux cas, un humérus droit plus fort que l'humérus gauche attestent de l'existence chez les Néanderthaliens d'une asymétrie des hémisphères cérébraux [18]. Ce qui démontre que chez eux la latéralité, distinction de la droite et de la gauche, était déjà bien acquise. Pour les activités manuelles, les individus montrent une préférence pour l'une des deux mains. Ce polymorphisme est présent dans toutes les populations humaines ; la latéralité est un caractère qui se transmet, dont le déterminisme est partiellement génétique. Parmi les Néanderthaliens, d'après les études menées, notamment par les spécialistes de la taille des outils lithiques, les gauchers étaient rares.

Neanderthal avait les cuisses arquées, ses fémurs, relativement plats, sont très courbes[19]. Comme l'attestent les particularités anatomiques de ses fémurs, de ses tibias, sans crête tranchante[20], mais avec une rétroversion du plateau tibial (partie située à l'extrémité proximale), de ses péronés, à courbure très marquée, et de ses grandes rotules, il pouvait effectuer de longues marches, grimper aisément les pentes et tenir longtemps en position accroupie. En outre, Neanderthal n'avait pas les pieds plats, la voûte plantaire est bien marquée[21]. Il se tenait solidement sur le sol grâce à des orteils, surtout les gros, robustes et fortement musclés. A Vârtop en Roumanie, Neanderthal a laissé sur le sol de la grotte trois empreintes de pied qui montrent clairement l'existence d'un espace important (environ un centimètre six) entre le gros et le deuxième orteil[22]. D'après la longueur d'une de ces empreintes, vingt-deux centimètres, ce visiteur d'il y a soixante-deux mille ans ne mesurait pas plus d'un mètre quarante-six.

On peut supposer que la robustesse, caractéristique majeure de Neanderthal, était un attribut nécessaire à sa survie.

Les Néanderthaliens du Proche-Orient constitueraient, d'après l'étude des squelettes découverts à Tabun, Amud, Kebara et à Shanidar, une population autonome[23]. Ils ont des traits anatomiques similaires à ceux des Néanderthaliens classiques d'Europe mais moins marqués, dits atténués. Leur capacité cérébrale est importante ; actuellement, celle du crâne d'Amud 1 avec ses 1 750 cm^3 est la plus grande de toutes. Par rapport à leurs congénères européens, ils sont plus grands, en moyenne de plus de cinq centimètres six. Ils possèdent une hauteur de crâne plus élevée avec une largeur minimale plus grande et une région occipitale plus arrondie avec un chignon moins étiré et une fosse sus-iniaque plus vaste et moins creusée ; leur crâne était donc moins ovale. Les caractères spécifiques de la face sont également moins accentués. Leur face, large et très haute, est moins en extension, donnant ainsi un visage moins prognathe. Par ailleurs, la mandibule présente souvent une ébauche de menton. Ils ont un thorax moins large et un pubis allongé et de faible épaisseur. L'anatomie de leurs mains est proche de celle des mains d'hommes modernes. Comme nous l'avons évoqué dans le chapitre précédent, les caractéristiques anatomiques propres aux Néanderthaliens du Proche-Orient ont amené certains paléoanthropologues à suggérer que ce sont des groupes de Pré-Néanderthaliens et non de Néanderthaliens classiques qui auraient migré dans cette région à la fin de l'avant-dernière glaciation.

Alors, faut-il parler d'*Homo neanderthalensis* ou d'*Homo sapiens neanderthalensis* ? Cette question suscite depuis leurs découvertes de vifs débats. C'est un sujet d'importance car si Neanderthal appartient à la même espèce que nous, un métissage était possible (avec des descendants féconds). Au Proche-Orient, du fait de leur contemporanéité, le métissage entre des Néanderthaliens et des Proto-Cro-Magnons (*Homo sapiens* archaïques) aurait pu avoir lieu, de même que plus tard, en Europe, avec les premiers hommes modernes qui arrivent sur ce continent. En paléontologie, à la différence des zoologistes qui travaillent sur des corps complets (squelette, mais aussi parties molles), les différences anatomiques constatées à partir de l'analyse des ossements ne sont pas toujours suffisantes pour distinguer deux espèces entre elles. C'est la génétique qui le plus sûrement permet de faire cette distinction. Mais il faut pour cela avoir de l'ADN, or, plus les ossements sont anciens, plus il est difficile d'en trouver, donc de dresser la carte génétique des individus étudiés. Actuellement, peu d'ossements humains fossiles ont été analysés. En outre, le protocole d'analyse est complexe et la possibilité d'une contamination avec des ADN contemporains, grande ; d'où une certaines réserve vis-à-vis des résultats obtenus. Actuellement, les paléoanthropologues gradualistes soutiennent que Neanderthal est une sous-espèce *Homo sapiens* et même, comme nous l'avons développé dans le chapitre précédent, que les hommes modernes sont leurs descendants directs[24]. Cette hypothèse s'appuie, entre autres, sur le fait qu'entre le Paléolithique moyen et le Paléolithique supérieur on note la disparition de la robustesse, caractéristique majeure de Neanderthal, des squelettes humains. La force n'apparaît plus comme le facteur essentiel de survie et de reproduction. Pour ces chercheurs, les facteurs culturels et les facteurs biologiques sont liés par un étroit processus de rétroaction. Ce qui confirmerait, pour eux, l'appartenance de Neanderthal à notre espèce.

A contrario, d'autres spécialistes sont convaincus que Neanderthal se distingue de toutes les autres espèces du genre *Homo*. Ainsi, des données morphologiques, comme la disposition et la forme du canal semi-circulaire postérieur de l'oreille interne, des études biométriques, notamment des fémurs, et des analyses statistiques des caractères crâniens conduisent à l'attribution de Neanderthal à une espèce différente[25]. Grâce aux nouvelles technologies de la tomographie et de l'imagerie médicale, C. Zollikoffer et M. Ponce de Leon ont reconstitué l'enfant néanderthalien découvert à Gibraltar (Devil's Tower). Pour eux, la morphologie typique des Néanderthaliens se différencie dès l'âge de trois-cinq ans, de plus, l'homme moderne et Neanderthal sont deux espèces différentes. Par ailleurs, une équipe allemande de généticiens, dirigée par Svante Pääbo et Matthias Krings de l'Institut de zoologie moléculaire de l'université de Munich, a réalisé, en 1997, le séquençage de l'ADN mitochondrial (transmis par la mère) du fossile découvert en 1856 à Feldhofer. Elle a ensuite comparé les paires de base obtenues avec celles qui composent l'ADN de mille cinq cents individus modernes provenant du monde entier. La vérification de ces résultats a été faite dans un laboratoire américain. Pour ces chercheurs, ces paires de base diffèrent des nôtres ; il est donc impossible que Neanderthal soit notre ancêtre. Ils suggèrent également que la séparation d'avec notre lignée a probablement eu lieu entre 600 000 et 500 000 ans, ce qui apporte un argument de poids à l'hypothèse *Out of Africa* pour l'origine de l'homme moderne[26]. Mais, l'analyse n'ayant été réalisée que sur un seul échantillon de Néanderthalien, que sur de l'ADN mitochondrial et uniquement sur des hommes actuels, et non des hommes modernes fossiles, ces résultats sont à prendre avec circonspection. Cependant, de nouvelles analyses de séquençage de l'ADN d'autres individus néanderthaliens semblent confirmer ces hypothèses[27].

Neanderthal nous ressemble, c'est indéniable. Pourtant, il diffère morphologiquement de nous sur bien des aspects et, d'après les résultats des généticiens, peut-être génétiquement. En effet, la contribution génétique de Neanderthal avec les premiers hommes modernes européens ne serait que de 25 %. La dénomination scientifique de Neanderthal serait donc : *Homo neanderthalensis.* Si cette hypothèse est confirmée, les conséquences en seront très importantes. Neanderthal étant alors une espèce différente de la nôtre, il ne pourrait donc pas avoir eu de descendants féconds avec l'homme moderne, *Homo sapiens*, qu'il a pu rencontrer. Ayant un ancêtre commun avec Neanderthal, nous partageons sans doute quelques gènes, mais aucun ne nous aurait été transmis directement par lui. Dans ce cas, il serait bien difficile de croiser l'un de ses descendants dans le métro !

5

De la naissance à la mort

Arriver haletant, se coucher, s'endormir ;
On appelle cela naître, vivre et mourir.

Jean-Pierre CLARIS DE FLORIAN,
Fables, « Le voyage ».

En Irak, certains des hommes qui vivaient dans la grotte de Shanidar ont eu une vie terrible. L'un d'eux, appelé Shanidar I, mort avant d'atteindre ses quarante ans, s'est blessé à de multiples reprises. Il était devenu borgne de l'œil gauche à la suite d'un coup violent reçu à la tempe. Un autre choc reçu du côté droit du corps lui fit perdre son avant-bras et l'usage de son bras. Il s'était également abîmé, peut-être au même moment, son pied droit. Il boitait. A cause de ce handicap, son genou droit et sa jambe gauche portent également des traumatismes. Shanidar III, à la suite d'une entorse mal soignée, clopinait. En outre, la pointe d'une lance en bois lui avait perforé la neuvième côte, déclenchant un pneumothorax. Shanidar IV s'était fracturé une côte. Shanidar V, lui, avait reçu un coup violent qui lui a perforé l'écaille frontale gauche. Que s'est-il passé ? Se sont-ils bagarrés ? Se sont-ils cognés ? Ont-ils été blessés lors de chasses ? Quelle qu'en ait été la cause, toutes ces blessures se sont ressoudées. Ils ont été soignés et, malgré leur état, ils ont été pris en charge par le groupe jusqu'à leur mort.

Chez un individu, la période de croissance est une phase biologique et sociale très importante. D'un point de vue général, parmi les primates, l'homme actuel possède la croissance la plus longue ; elle dure presque deux fois plus longtemps que chez les chimpanzés. Les enfants modernes dépendent donc plus longtemps de leurs parents pour la nourriture, les soins, l'apprentissage, ce qui favorise la transmission de connaissances et renforce les liens sociaux entre les individus. D'un point de vue anatomique, l'homme actuel a une croissance du crâne ralentie, plus longue que celle des grands singes [1]. Pour le reste du corps, celle-ci semble s'accélérer en fin de croissance [2]. En ce qui concerne Neanderthal, à cause de la variabilité individuelle et populationnelle, il convient d'être prudent pour appréhender les notions de croissance et de développement.

Les caractères juvéniles [3] observés chez Neanderthal sont l'absence de pneumatisation de l'os frontal, la faiblesse des reliefs osseux sur l'os occipital, sur les diaphyses d'os longs, l'orientation des surfaces de contact avec les cartilages de croissance, le développement des points d'ossification secondaires ou bien encore l'importance de certaines courbures diaphysaires. Bien que certains des caractères dérivés, propres à Neanderthal, apparaissent très tôt, au cours des premières années post-natales [4], le jeune enfant néanderthalien devait donc ressembler au jeune *Homo sapiens*. Puis, en grandissant, il s'en éloigne avec l'apparition des traits typiquement néanderthaliens comme les forts reliefs sur l'arrière-crâne, le développement du bourrelet sus-orbitaire et la projection du massif facial inférieur en relation avec la mise en place des dents permanentes (à partir de six ans). Pour certains paléoanthropologues [5], la croissance chez Neanderthal était plus rapide que chez l'homme moderne. Eric Trinkaus affirme même que tous les caractères néanderthaliens sont en place dès l'âge de cinq ans. Plusieurs indices anatomiques nous permettent de connaître la durée de la croissance d'un individu.

Par exemple, l'analyse du nombre de lignes de croissance de l'émail dentaire donne une bonne idée de la vitesse de croissance des dents[6]. Celle-ci a mis en évidence que le développement dentaire était plus rapide de 15 % chez Neanderthal que chez ses ancêtres et que chez l'homme moderne[7]. Par ailleurs, l'éruption des molaires et des canines était également plus précoce. La période juvénile n'était donc pas aussi longue ; Neanderthal était adulte à quinze ans[8]. A la fin de cette phase de développement, la maturité sexuelle, notamment des filles, était en place, elles pouvaient donc avoir leur première grossesse. Ces résultats sont apparemment en contradiction avec ce que l'on observe au cours de l'évolution des Hominidés. En effet, le processus de développement dentaire, qui est en relation avec la taille du cerveau, est de plus en plus long et il faut deux fois plus de temps à l'homme actuel qu'aux grands singes pour atteindre l'âge adulte. Pourquoi Neanderthal avait-il une croissance dentaire aussi rapide alors qu'il a un gros cerveau ? Peut-être, comme le suggèrent Fernando Ramirez Rozzi et J.M. Bermudez de Castro, était-ce pour compenser un fort taux de mortalité. Pour ces paléoanthropologues, cette caractéristique confirmerait que Neanderthal et l'homme moderne sont bien deux espèces différentes.

La croissance et la maturation osseuse dépendent à la fois du milieu (au sens large) et de l'hérédité. Pour les anthropologues français Jean-Louis Heim et Jean Granat, Neanderthal avait également une ossification du squelette plus précoce, d'environ un an, que l'homme actuel. L'origine de cette précocité serait à rechercher dans le processus ontogénique lui-même[9]. De cette croissance plus rapide découlent deux conséquences majeures, ils sont résistants plus tôt (ce qui permet de lutter contre une mortalité précoce) et ont une période d'apprentissage, sociétale et comportementale, moins longue. Quant à la durée de gestation, contrairement à l'hypothèse formulée par Trinkaus en 1983, d'après l'étude menée sur le bassin très bien conservé d'un Néanderthalien découvert à Kebara (Israël), elle n'aurait pas été plus longue mais identique à la nôtre [10].

Tous les chercheurs ne sont pas d'accord avec cette hypothèse de croissance rapide car il est difficile d'estimer l'âge d'individus fossiles. En effet, la méthode utilisée pour attribuer un âge aux squelettes juvéniles repose sur la comparaison entre des dents appartenant à des espèces disparues et celles d'hommes actuels qui ont, entre autres, une alimentation et un mode de vie différents. Par exemple, selon la paléoanthropologue bordelaise Anne-Marie Tillier, d'après son étude de squelettes d'enfants découverts au Proche-Orient, les caractères néanderthaliens ne seraient pas présents à la naissance et seraient plus ou moins concomitants de la mise en place de la dentition permanente. Donc, actuellement, l'hypothèse d'une croissance plus rapide chez Neanderthal que chez l'homme moderne n'est pas totalement prouvée.

Un gros cerveau

Par rapport à la taille du corps, les êtres humains, notamment Neanderthal, possèdent un cerveau plus volumineux que tous les autres animaux. Dans la lignée humaine, la capacité crânienne, donc le volume cérébral, augmente, assez rapidement, au cours du temps. Deux stades d'accélération de ce processus ont été constatés [11]. Le premier a eu lieu il y a un peu plus d'un million d'années ; le volume crânien d'*Homo antecessor* et d'*Homo ergaster* augmente sensiblement par rapport à celui de leur prédécesseur *Homo habilis (*Hominidé africain dont la capacité crânienne est, en moyenne, de 640 centimètres cubes) [12]. Le second se produit vers 300 000 ans avec Neanderthal et les hommes modernes archaïques. Neanderthal a une capacité cérébrale, en moyenne, de 1 520 centimètres cubes supérieure à la nôtre. Cependant, le volume du cerveau croît avec la taille, mais pas selon une loi de simple proportionnalité [13]. Chez un humain actuel, le volume du cerveau constitue en moyenne 2 % du poids du corps alors qu'il en représente 3 % chez les petits lémuriens. Cependant, la relation entre le volume du cerveau et la taille corporelle est bien représentée par une fonction exponentielle. La loi de Kleiber établit que les petits mammifères (comme les rongeurs) ont un métabolisme basal, par unité de poids corporel, supérieur à celui des grands mammifères. Donc, par rapport à la taille du corps, les êtres humains possèdent un cerveau plus volumineux. En utilisant ce rapport, et non les données brutes des capacités cérébrales, la différence entre Neanderthal et l'homme moderne s'estompe.

Comment expliquer cette augmentation du volume cérébral ? Selon le primatologue R. Dubar, aucune variable écologique ne peut entraîner l'agrandissement du cerveau. En outre, ses études ont montré que les singes vivant dans des contextes socio-écologiques très complexes possèdent des cerveaux relativement plus développés (néocortex plus grand [14]) et des capacités cognitives plus élaborées. Il existe donc une relation étroite entre l'accroissement cérébral et la complexité sociale. Le développement du tissu cérébral et son fonctionnement nécessitent une grande quantité de ressources. Le cerveau d'un adulte et celui d'un nouveau-né consomment respectivement 20 et 60 %, pour des poids de 2 et 10 % seulement. L'alimentation de la mère joue donc un rôle extrêmement important dans le développement du cerveau du tout-petit ; elle en détermine la taille finale. Cela implique qu'elle doit avoir durant ses périodes de grossesse et d'allaitement, jusqu'au sevrage de l'enfant, une alimentation suffisamment riche pour la nourrir, elle et son enfant. C'est pourquoi, sans doute, l'augmentation progressive de la capacité à trouver et exploiter des ressources alimentaires de grande capacité énergétique (comme la viande) a été un facteur déterminant pour le développement du cerveau. Les recherches menées par R.

D. Martin abondent dans ce sens. Pour ce chercheur, d'après l'observation des fossiles d'Australopithèques, l'augmentation du cerveau, par rapport à la taille corporelle, précéderait l'apparition des outils et serait due à une recherche de nourriture plus efficace.

Au cours de l'évolution du cerveau, on constate notamment une augmentation du cortex associatif préfrontal, situé dans la partie antérieure du cerveau, du lobule frontal, une diminution de l'écorce cérébrale et du cortex visuel primaire [15]. Le cortex associatif préfrontal est le siège de la vie émotionnelle, de la possibilité de remise en activité des informations stockées en mémoire, de la mémorisation de longue séquence, de la réalisation de tâches. La zone du lobule frontal contient la conscience de soi, l'attention, la capacité de former des projets et la motivation pour les réaliser, le siège de l'imagination et de la créativité. Le développement des pariétaux a entraîné l'augmentation des réflexes conditionnés, des activités automatiques acquises durant l'enfance et des zones d'association et de coordination situées au carrefour des aires auditives, du toucher et de la vue. Simultanément, se met en place l'asymétrie des hémisphères cérébraux, qui devient, au fil du temps, de plus en plus prononcée [16]. Au niveau du crâne, une des différences anatomiques majeures est la présence chez Neanderthal d'un front bas et étroit. Il est donc probable que le lobe frontal du cerveau était chez lui moins développé que chez l'homme moderne. Peut-on en déduire qu'il avait une vie émotionnelle différente de la nôtre ?

Neanderthal, pour développer un cerveau aussi volumineux, a su exploiter les ressources alimentaires disponibles dans son environnement, notamment celles qui ont une grande capacité énergétique comme la viande. Ses capacités cognitives sont également mises en évidence par ses inventions et les nombreuses activités qu'il a pratiquées. Et, contrairement aux idées reçues, ces inventions ne sont pas qu'une réponse adaptative aux changements climatiques, elles correspondent également à une évolution culturelle.

On constate qu'au cours des vingt mille dernières années, la taille corporelle et le volume du cerveau humain se sont réduits de façon régulière[17]. Il n'existerait donc plus de relation directe entre le volume cérébral et les capacités comportementales individuelles. Cela traduirait le développement, au cours de l'évolution humaine, de l'effet réversif de l'évolution, qui met au premier plan le rôle de la solidarité sociale (formation de groupe local, ou clan, puis de tribu régionale, puis de famille de langages)[18].

Malade et blessé

Comme nous, Neanderthal était parfois malade. C'est en observant des anomalies sur certains de ses ossements que nous connaissons quelques-unes de ses maladies (paléopathologie). Malheureusement, celles qui ne laissent aucune trace sur les ossements, comme les pathologies qui touchent les organes, nous échappent totalement. Certaines altérations du squelette et des dents permettent de détecter des stress subis par l'individu au cours de sa croissance ou durant l'âge adulte. Les lignes de Harris[19] résultent d'arrêt momentané de la croissance des os, au cours de l'enfance et de l'adolescence, dû à une maladie infectieuse ou à une déficience nutritionnelle. Elles sont plus fréquentes sur les os de Neanderthal que sur ceux des hommes modernes fossiles. Neanderthal a eu au cours de sa vie des carences alimentaires, comme le montrent certaines pathologies osseuses : perforations multiples de la voûte de l'orbite (*cribra orbitalia*), déformations du bassin (ostéomalacie) ou bien encore rachitisme de l'adulte (lié par exemple à un déficit en calcium[20]). Certains de ses os présentent des exostoses, il souffrait aussi de rhumatismes et d'arthrite, comme l'homme de La Chapelle-aux-Saints qui avait une arthrite généralisée d'origine probablement traumatique. Par ailleurs, des intoxications, causées par la consommation en quantités anormales d'aliments contenant certaines substances, comme les vitamines dans le foie cru, ont également pu le rendre malade[21]. Certaines de ses dents présentent une hypoplasie de l'émail. Le chercheur Eric Trinkaus constate que 36 % des six cent soixante-neuf dents lactéales et permanentes qu'il a étudiées présentent cette pathologie. Il semblerait qu'elle ait été plus fréquente chez les Néanderthaliens d'Europe centrale que chez ceux d'Europe occidentale et du Proche-Orient[22]. Pour ce paléoanthropologue, ces individus ont probablement eu, durant toute leur vie, des carences alimentaires. Cette pathologie est également présente chez les hommes modernes fossiles, mais elle est nettement plus rare. Neanderthal avait parfois mal aux dents. Il a eu des abcès dentaires, des gingivites (ayant parfois entraîné la chute des dents ou des fistules de la mandibule), une arthrite temporo-maxillaire (pouvant de surcroît entraîner la chute des dents) et, au niveau des molaires, des expulsives, mais pas de carie[23]. La plupart de ces individus ont vécu avec ces maladies, pourtant, pour certaines, fortement handicapantes, ce qui implique que leurs congénères les ont aidés à s'alimenter.

Neanderthal se blessait fréquemment ; il s'est fracturé les membres, mais aussi les côtes[24]. D'autres altérations observées sur ses os attestent de traumatismes graves et de chocs violents, comme à Shanidar[25]. Un des Néanderthaliens de Krapina présente une excroissance osseuse sur l'extrémité distale d'un tibia qui atteste d'une amputation d'un de ses pieds, amputation à laquelle il a survécu. Un autre, un homme adulte, présente sur son pariétal une blessure cicatrisée résultant d'un choc violent à la tête. L'entorse de la cheville droite de Shanidar III, un homme de plus de quarante ans, a provoqué une pathologie articulaire au niveau de l'astragale et du calcanéum. En outre, un objet en bois de section rectangulaire a perforé sa neuvième côte, entraînant un pneumothorax. D'autres blessures, résultant de l'impact d'un objet plus ou moins pointu, ont également été observées au niveau du front de Shanidar V, un homme de plus de quarante ans, et de la jeune femme de vingt ans de Saint-Césaire (Charente-Maritime). Dans la majorité des cas, ces blessures étaient cicatrisées, ce qui atteste, d'une part, que Neanderthal possédait des notions médicales et de pharmacopée (des pollens de plantes médicinales ont été trouvés dans la sépulture de Shanidar IV) et d'autre part, qu'il prenait soin de ses blessés et de ses malades. Il avait de la compassion, preuve certaine d'humanité. En outre, on remarque que certains de ces traumatismes handicapent les jambes[26]. Ces blessés se déplaçaient avec difficulté, ne pouvant plus chasser le gros gibier, malgré cela, ils avaient toujours leur place au sein du groupe ; ils n'étaient pas « éliminés ». Quelle est l'origine de ces blessures ? Des chocs violents, comme certains l'affirment, peuvent avoir été reçus lors de bagarres, mais également lors de chasses ou encore accidentellement (se cogner à un plafond ou une paroi rocheuse). D'après Erik Trinkaus, la distribution des lésions sur les corps des Néanderthaliens de Shanidar, principalement à la tête et aux bras, correspond à celle observée sur les os de professionnels du rodéo, traumatismes résultant de chutes violentes sur le sol. Neanderthal est un chasseur, il est donc fort probable que des accidents devaient arriver lors d'affrontements avec de grands animaux.

Une mortalité précoce ?

Chez Neanderthal, le taux de mortalité infantile est élevé. Sachant que les os de jeunes se conservent beaucoup moins bien que ceux des adultes, il est même probable que ce taux devait être encore plus élevé. Des restes appartenant à de nombreux enfants et adolescents ont été découverts en Europe et au Proche-Orient. Ils se répartissent dans toutes les classes d'âges, des fœtus ou nouveau-nés[27] jusqu'aux adolescents. Beaucoup d'enfants mouraient avant d'atteindre leurs sept ans. Deux explications sont possibles. La mort des parents, notamment de la mère, pouvait à plus ou moins long terme entraîner celle des enfants en bas âge, ou un sevrage précoce qui rendait les enfants plus fragiles. Après celui de la prime jeunesse, un autre cap semble difficile à franchir pour Neanderthal, c'est le passage de l'adolescent à l'âge adulte, vers quinze ans. Les données sur le sexe de ces adolescents sont rares. Cependant, si parmi eux les femmes étaient majoritaires, des décès en couches ou durant la grossesse seraient peut-être la cause de ce taux élevé de mortalité, la maturité sexuelle étant probablement plus précoce pour Néanderthal que pour nous.

Par ailleurs, de très nombreux restes appartenant à des adultes ont été retrouvés dans toute l'Europe, surtout occidentale, et au Proche-Orient. La plupart sont morts entre seize et trente-cinq ans. Parmi les individus dont le sexe a été identifié, on constate qu'aucune femme ne dépasse les trente-cinq ans. Cela est sans doute à mettre en relation avec les grossesses et les accouchements successifs qu'avait une Néanderthalienne au cours de sa vie. En raison d'une durée de vie plus courte et/ou d'une réduction de l'intervalle de temps entre les naissances, il a dû y avoir une augmentation du taux de fertilité, le temps de procréation étant alors plus grand car commencé plus tôt. Quelques hommes ont plus de quarante ans, mais aucun n'atteint les cinquante. Quelle en est la raison ? Plusieurs facteurs peuvent être intervenus. Des individus sont morts loin de leur habitat, notamment les plus vulnérables. Les vieux et les handicapés devaient en effet souvent mourir lors des déplacements saisonniers ou des migrations, donc hors des campements (lieux ordinairement fouillés par les archéologues). Autre explication, Neanderthal avait une durée de vie plus courte. Cependant, la longévité d'un individu est liée à la taille relative de son cerveau. Neanderthal a un cerveau, rapporté à sa masse corporelle, de taille voisine de celle d'un cerveau d'homme moderne, ce qui implique qu'il avait une durée de vie similaire, soit, selon le paléoanthropologue espagnol Juan Luis Arsuaga, de l'ordre de quarante ans. De même, des erreurs dans l'estimation de l'âge des individus adultes ne peuvent expliquer ce résultat. En effet, l'ingestion de terre dans la nourriture accélère l'usure dentaire, donc surestime le vieillissement. Comme en témoignent les nombreux traumatismes et maladies observés sur les os des squelettes, la dureté de la vie est peut-être l'hypothèse la plus plausible.

Neanderthal grandissait peut-être plus vite que nous, mais son espérance de vie était plus réduite. Beaucoup d'enfants mouraient en bas âge et de nombreuses jeunes femmes ne survivaient pas à leur accouchement. Mais le volume de son cerveau, nettement plus important que celui de ses prédécesseurs, lui a permis de développer des activités plus complexes et de surmonter ces difficultés.

6

Un artisan émérite

> « Nous considérons l'artisanat comme une des formes exemplaires de l'activité humaine. »
>
> Simone de BEAUVOIR,
> *La Force de l'âge.*

Demain est un grand jour. Les rennes sont revenus dans la vallée. L'armement doit être opérationnel. Neanderthal décide de fabriquer une nouvelle lance. Il doit d'abord tailler une pointe Levallois. Heureusement, il a pensé à stocker plusieurs pierres car la fabrication de ces pointes est coûteuse en matière première. Une seule pointe par pierre, c'est du luxe ! Il choisit un bon silex, bien homogène et facile à tailler. Celui-ci sera parfait, il « sonne bien ». Pour protéger ses cuisses, Neanderthal les recouvre d'un morceau de peau de bison. Dans sa tête se forme l'image de la pointe qu'il veut et se conçoit l'enchaînement des différentes opérations pour l'obtenir. Il prépare le nucléus. A l'aide de son percuteur, un galet de rivière, il dégage sur toute la périphérie, par une succession de coups, une face légèrement convexe. Maintenant, il lui faut détacher du nucléus trois éclats pour créer le « triangle de base » et la « nervure-guide ». C'est cette dernière qui guidera la fracture afin d'obtenir un éclat de forme triangulaire. C'est le moment délicat de l'opération, il change de percuteur, préférant au précédent, un peu gros, un petit galet plat. Ça y est, le plan de frappe est prêt. Neanderthal donne le dernier coup de percuteur, la pointe se détache. Ses bords sont très coupants, mais très fragiles ; il faut le retoucher pour les renforcer. Neanderthal prend un nouveau percuteur, en matière plus tendre, celui-ci en buis ira très bien. Par petits coups bien orientés, il enlève des microéclats, le bord devient rectiligne et plus solide. La pointe est prête. Il doit l'emmancher. Neanderthal soupèse sa pointe, environ soixante-quinze grammes, et saisit un morceau de bois, une branche longue, de bon diamètre et d'environ sept cents grammes, elle sera idéale comme hampe. A l'une des extrémités, il fait une entaille suffisamment large et profonde pour y insérer la base de la pointe. Il fixe le tout avec un lien de cuir, puis trempe l'ensemble dans l'eau. Ainsi, le bois va gonfler et, au moment du séchage, le cuir se rétracter. Sa lance sera prête pour demain[1].

Grâce aux fouilles archéologiques qui ont livré de nombreux témoins de l'artisanat de Neanderthal, nous connaissons bien les outils qu'il a fabriqués et les différentes matières naturelles qu'il a utilisées. Les analyses menées par les divers spécialistes de ces industries permettent de retrouver les gestes, et leur enchaînement, de l'artisan. C'est à partir, notamment, de ces outillages que les préhistoriens ont défini les différentes cultures développées par Neanderthal. Pour assumer les activités quotidiennes nécessaires à sa vie, il a confectionné, en utilisant différentes techniques et divers matériaux, notamment une grande variété de roches dures et du bois, des outils et des armes.

Un artisan de la pierre

Pour fabriquer un outil, Neanderthal commençait par débiter un bloc de pierre brute ; ce débitage consistait à fractionner un gros volume de matière en plus petites unités dénommées respectivement nucléus et éclats. Il a utilisé trois techniques de débitage[2], le discoïde, le laminaire et, pour obtenir des éclats de grandes dimensions, des lames ou des pointes, le Levallois[3]. Avec cette dernière technique, pour avoir la forme de l'outil désirée, Neanderthal préparait le bloc ou le nucléus en enlevant de la matière par percussion directe à l'aide d'un percuteur dur[4]. Les percuteurs en pierre sont dits durs et ceux en bois végétal ou en matière osseuses sont dits tendres. Lorsqu'il frappait la pierre, des éclats se détachaient, le premier est appelé entame. Parfois, il échouait ; des cassures, dues par exemple à des impuretés dans le bloc ou le nucléus, se produisaient[5]. Neanderthal utilisait des lames ou des éclats bruts, les bords tranchants de ces pièces constituant de bonnes lames de couteaux. Cependant, pour consolider le ou les bords du ou des tranchants et finaliser la forme de l'outil désiré, il les aménageait par petits enlèvements successifs de matière (nommés retouches). C'est la seconde étape de la fabrication d'un outil, elle est appelée façonnage.

Parfois, pour effectuer des tâches diverses, Neanderthal se servait du même outil. A un même besoin fonctionnel, il a donné des réponses techniques différentes[6]. Comme ses prédécesseurs, Neanderthal a fabriqué des *choppers*, des *chopping-tools*[7] et des bifaces[8]. Ces derniers, fabriqués à partir de rognons de pierre ou de gros éclats, ont des formes variées (souvent relativement petits et plats) mais une caractéristique commune, ils sont taillés sur leurs deux faces. Selon leur forme, Neanderthal s'en servait pour dépecer et désarticuler les animaux, couper, écorcer et perforer le bois végétal ou gratter et percer les peaux. Parfois, pour faciliter leur préhension, Neanderthal fixait les bifaces sur un manche en bois[9]. Il se servait aussi de lames, le plus souvent obtenues par débitage Levallois, mais également, de façon sporadique, par débitage laminaire. Il est probablement l'inventeur de ce mode de débitage qui sera couramment utilisé par les hommes modernes. Neanderthal fabriquait surtout des racloirs, des couteaux à dos, des pointes, des coches et denticulés. Ces outils étaient souvent emmanchés. Pour racler et couper différentes matières, il se servait fréquemment de racloirs. Ce sont des éclats dont un des côtés, ou les deux, est transformé par retouches en tranchant [10]. Pour couper, notamment les plantes, la viande et les tendons d'animaux, Neanderthal employait des couteaux à dos : éclats ou lames dont un des bords est brut et l'autre, soit abattu par des retouches, soit le plus souvent naturel [11]. La pointe moustérienne, une fois emmanchée, faisait une pointe de lance idéale. Elle a une forme acérée, triangulaire avec des bords souvent courts et de petites dimensions (six centimètres en moyenne) [12]. Les coches et surtout les denticulés, outils présentant de petites encoches adjacentes sur un ou des bords, comme une sorte de petite scie, pouvaient servir à travailler le bois, ébrancher, écorcer, raboter [13]. Quelquefois, Neanderthal fabriquait également des outils qui seront plus tard fréquemment utilisés par l'homme moderne. Ce sont des outils dits du Paléolithique supérieur : grattoir, burin, perçoir et plus rarement éclats tronqués et raclettes. Le grattoir, qui pouvait être emmanché, présente une extrémité, assez large, de forme plus ou moins semi-circulaire [14]. C'était un outil parfait pour gratter les peaux. Le burin, obtenu à partir d'une lame, est un outil pointu au tranchant robuste. Les perçoirs ont une pointe plus ou moins dégagée du reste du support [15].

Pour tailler ses outils et ses armes, Neanderthal avait besoin de matière première lithique apte à être taillée. Il a utilisé une grande variété de roches dures sédimentaires, notamment siliceuses comme le silex, mais aussi le grès, le psammite et les quartzites. Dans les régions montagneuses ou volcaniques, il a employé des roches métamorphiques ou magmatiques comme la dolérite, le basalte, l'obsidienne ou l'andésite [16]. Neanderthal organisait son approvisionnement au sein de son territoire ; il anticipait ses besoins en outillage lithique dans le temps et l'espace[17]. Il effectuait fréquemment des déplacements d'une vingtaine de kilomètres, mais pouvait en faire plus de cinquante pour obtenir des roches de bonne qualité et, sur ces gîtes (ou affleurements géologiques), il y revenait souvent. Comme le montre la variété de ses campements, Neanderthal a adopté plusieurs stratégies d'approvisionnement. Parfois, il s'installait quelques heures ou quelques jours dans des « ateliers » en plein air pour tailler des outils ou préparer des nucléus qu'il rapportait ultérieurement à son campement[18]. Par exemple, à Hermies (Pas-de-Calais), Neanderthal a taillé des outils sur un versant de vallée à proximité immédiate du gîte d'approvisionnement et ce à plusieurs reprises. Il avait organisé son « atelier » en postes de travail distincts, chacun étant lié à une séquence précise de la chaîne opératoire de la taille de l'outil. Puis, il emportait les outils achevés dans son habitat[19]. Lorsque son campement était à moins de cinq kilomètres de gîtes naturels, ce qui était fréquent, Neanderthal y apportait la matière première sous forme de pierres brutes, rognons, galets ou blocs, puis effectuait toutes les étapes de la fabrication des outils, du débitage des nucléus à la retouche des éclats[20]. Lorsque les gîtes étaient un peu plus éloignés – de cinq à vingt kilomètres –, Neanderthal importait à son campement des pièces déjà partiellement travaillées, des éclats et des nucléus préparés[21]. Enfin, plus rarement, dans des campements éloignés de plus de trente à quarante kilomètres des gîtes, il ne ramenait que des outils finis, prêts à l'emploi[22]. Plus les gîtes naturels étaient éloignés de son habitat, plus Neanderthal utilisait et réaffûtait ses outils, allant même jusqu'à stocker des réserves de matières premières[23], son objectif étant sans doute de réduire le coût énergétique de son transport. Ceci dénote qu'il maîtrisait le concept économique d'exploitation de ses ressources et qu'il avait une grande mobilité au sein de son territoire. Mobilité fort complexe et variée, qui était adaptée à des situations économiques précises. Par exemple, les racloirs, les pointes moustériennes et parfois les bifaces sont couramment associés aux matériaux les plus éloignés et donc les plus mobiles, alors que les coches et denticulés sont généralement façonnés sur des matières premières locales. Pour Neanderthal, ces derniers étaient soit plus faciles, ou plus rapides, à fabriquer, soit de moindre valeur. Selon les matériaux exploités dans l'environnement, Neanderthal adoptait des comportements technologiques diversifiés. Ce qui révèle ses capacités à sélectionner, lors des processus de transformation des matières premières disponibles, le meilleur rendement possible. Pour cela, il anticipait ses besoins, planifiait et organisait ses activités.

Neanderthal est l'artisan d'industries différentes qui vont se succéder ou coexister au cours de cette période que l'on nomme Paléolithique moyen. D'après les techniques de débitage et de façonnage mises en jeu et la composition des outils qu'elles ont produits, ces industries peuvent être regroupées au sein de deux grands ensembles culturels, celui du Moustérien [24] et celui du Micoquien [25], qui présentent de nombreux faciès différents, pour la plupart régionaux. Cependant, selon les périodes et les régions d'autres types d'industries ont été découverts. Les industries lithiques inventées ou développées par Neanderthal sont en effet diversifiées, notamment en Europe centrale.

Durant la période relativement froide de l'avant-dernière glaciation, deux types d'industries ont été retrouvés, le Jungacheuléen en Allemagne et l'Epi-Acheuléen en France [26]. Les auteurs de ces industries demeurent inconnus, *Homo erectus* ou Pré-Néanderthaliens ? En revanche, les Pré-Néanderthaliens sont probablement les artisans des premières industries moustériennes, datées vers 330 000 ans pour les plus anciennes. Celles-ci n'ont été découvertes que dans cinq pays (France, Allemagne, République tchèque, Belgique et Pologne). D'abord rares, elles deviennent un peu plus fréquentes à partir de 180 000 ans.

Puis, vers 120 000 ans, dans les plaines de l'Europe centrale, lors du réchauffement du dernier interglaciaire,

Neanderthal fabrique des outils peu retouchés et de faibles dimensions, notamment de petits racloirs. Il utilise peu la technique Levallois, mais recherche une matière première diversifiée. Cette industrie est appelée Taubachien[27]. Par contre, en Moravie du Sud (République tchèque), à cette même période, il taille de grands outils : éclats retouchés, racloirs, encoches, denticulés et galets aménagés (industrie dénommée Krumlovien[28]).

Lors du refroidissement suivant, vers 110 000 ans, dans le nord-ouest de l'Europe et peut-être en Europe orientale, Neanderthal invente une nouvelle industrie, le Rheindahlien. Ce Moustérien à débitage laminaire se caractérise par l'abondance de lames et d'outils laminaires comme les pointes à dos. Les extrémités de certaines de ces pièces sont amincies, probablement pour en faciliter l'emmanchement. A peu près à la même époque, en Europe centrale et orientale, Neanderthal taille des pointes allongées, en forme de feuille, dont certaines ont été utilisées comme pointes de projectiles (c'est le Micoquien à pointes foliacées). Durant la dernière glaciation, Neanderthal développe d'autres industries moustériennes. Présent dans toute l'Europe, de l'Espagne à l'Oural, le Moustérien typique est surtout abondant dans les sites d'Europe occidentale et orientale. En Europe occidentale, lors de la première phase froide de cette dernière glaciation, Neanderthal installe des campements saisonniers dans des grottes ou des abris, loin des gîtes de matières premières lithiques, et fabrique un outillage moustérien type Quina. A la même période, à l'ouest du Rhin, Neanderthal invente un autre type d'industrie, le Moustérien de tradition acheuléenne. Il taille de nombreux outils différents, bifaces, couteaux à dos, racloirs, pointes, denticulés, grattoirs, burins et petits perçoirs. Dans les grottes des régions tempérées de l'Europe occidentale, lors d'activités spécifiques liées à sa subsistance, Neanderthal débitait des éclats à partir de petits nucléus arrondis. Puis, par un façonnage, souvent peu soigné, il obtenait des denticulés (Moustérien à denticulés). Au Proche-Orient, durant la dernière glaciation, Neanderthal, mais aussi Proto-Cro-Magnon, a développé une industrie aux caractères proches du Moustérien européen avec quelques petites différences qui en font un faciès à part entière. Ce Moustérien du Levant comprend de nombreux racloirs, pointes allongées, lames et burins, mais peu de bifaces.

En Europe centrale, à partir de 45 000 ans, lorsque le climat redevient plus modéré et plus humide, Neanderthal taille des pointes foliacées à face plane. Ces pointes, ressemblant à des feuilles de laurier, présentent, en coupe transversale, une forme en D ou un ovale pointu. L'extrémité inférieure présente soit un prolongement aminci, soit, sur les formes larges, une petite encoche, vraisemblablement pour faciliter leur emmanchement. Abondantes entre 38 000 et 35 000 ans, elles marquent la transition entre le Paléolithique moyen et le Paléolithique supérieur. Des chercheurs donnent aux outillages qui en comportent le nom générique d'industries de transition[29]. La plupart d'entre elles sont des industries « cul-de-sac » ; elles n'évoluent pas vers un autre type d'industrie. En Europe occidentale, entre 35 000 et 32 000 ans, trois autres types d'industries de transition ont été identifiés : le Lincombien en Angleterre et en Belgique, l'Uluzzien en Italie et le Châtelperronien en France. Fait nouveau, des outils en bois de cervidés ou en os sont présents : pointes, perçoirs et poinçons. Par ailleurs, quelques éléments de parure, notamment des coquillages marins et des dents animales percées, et objets gravés ont également été trouvés. Excepté pour le Châtelperronien, attribué à Neanderthal, l'artisan des autres industries de transition n'est pas connu. C'est peut-être Neanderthal, mais aussi, pour certaines, l'homme moderne qui vient d'arriver en Europe.

Cette grande diversité des industries de Neanderthal est-elle réelle ou apparente ? Reflète-t-elle une diversité culturelle liée à l'existence de groupes régionaux ?

Les industries ont été définies à partir des catégories d'outils qu'elles contenaient. En Europe, la classification, utilisée par beaucoup de chercheurs, est basée sur un système très descriptif (qui repose sur des données quantitatives[30]) élaboré, dans les années 1950-1960, par le grand préhistorien bordelais François Bordes. Aujourd'hui, la notion de catégories d'outil est très discutée. En effet, des types d'outils peuvent correspondre en réalité à différents stades de taille d'autres types d'outils[31]. Selon certains préhistoriens, comme les professeurs anglo-saxons Harold Dibble et Nicolas Rolland, les variations dans les pourcentages de certains types d'outils traduiraient des emplois parcimonieux ou dispendieux de la matière première au gré des diverses circonstances[32]. On constate, en effet, que plus l'accessibilité à la matière première est difficile, plus l'outillage est réduit en taille. La fonction des gisements joue également sur la composition de l'outillage. Dans des sites aux activités spécifiques et parfois uniques, on peut n'avoir qu'un échantillon de l'outillage et, qui plus est, non représentatif de l'ensemble de la production de Neanderthal. C'est le cas de la halte de chasse aux chamois de Sclayn en Belgique ou du site de Maestricht-Belvédère aux Pays-Bas. Dans ce dernier gisement, on a une chaîne opératoire de taille de la pierre éclatée dans l'espace : les blocs étaient extraits des affleurements crétacés puis exportés sur ce site où ils étaient mis en forme et débités ; puis les supports d'outils appropriés étaient exportés vers un autre site[33]. Maestricht-Belvédère est ce que l'on appelle un site « relais », correspondant à une étape intermédiaire dans un cheminement précisément programmé et organisé par Neanderthal. Il est donc évident que la durée d'occupation, la fonction des sites et l'intensité des activités interviennent dans la variabilité des techniques et des outils. Plus la durée est longue, plus les activités sont intenses, plus les outils sont utilisés et subissent des transformations (nombreux réaffutages). Les techniques de taille considérées comme complexes seraient donc en réalité plus simples.

La dispersion de ces industries, dans le temps et l'espace, pourrait également expliquer la diversité des techniques de taille et des outils. En effet, l'apparition du débitage Levallois développé par Neanderthal, remonte à environ 280 000 ans [34] et sa disparition a lieu, selon les différentes régions européennes, entre 40 000 et 32 000 ans. Soit une durée impressionnante d'au moins 248 000 ans. De même, l'expansion géographique de ces industries est vaste : toute l'Europe et le Proche-Orient. Par ailleurs, les différentes industries développées par Neanderthal ne semblent pas varier en fonction du temps ; elles sont buissonnantes et non linéaires. En effet, les datations absolues effectuées sur des matériels issus de nombreux sites réfutent l'hypothèse d'une évolution diachronique des faciès industriels [35]. La variabilité des outillages n'est donc pas exclusivement chronologique, ni liée aux changements climatiques qu'a connus Neanderthal. Elle est due à la combinaison de plusieurs facteurs ; les mêmes artisans ont appliqué des schémas de taille différents appropriés non seulement à l'éloignement et la nature de la matière première, à l'outil recherché, aux nécessités, mais aussi à leur « style » [36].

La grande diversité des techniques et des outils néanderthaliens ne serait donc, d'un point de vue typologique et technologique, qu'apparente et, d'un point de vue temporel, relative. En trente mille ans, *Homo sapiens* développa, au cours du Paléolithique supérieur, plus de faciès industriels que Neanderthal en deux cent cinquante mille ans. Pourquoi Neanderthal n'a-t-il pas plus innové alors qu'il maîtrisait les différents concepts permettant d'élaborer des techniques de taille complexes, comme le débitage Levallois ou le laminaire ? Peut-être n'en avait-il pas la nécessité ? Cette stabilité reflète la force de son mode de vie et son extrême souplesse adaptative à des changements à la fois environnementaux et comportementaux. Mais elle peut également traduire un comportement social. En effet, toutes les industries néanderthaliennes ont des traits culturels communs, mais aussi des particularités, notamment régionales, qui semblent se marquer davantage à mesure que l'on s'éloigne de l'Europe occidentale. De plus, leur diffusion semble restreinte, ce qui pourrait traduire l'existence de groupes distincts qui ont maintenu au fil du temps leurs propres traditions.

Neanderthal a inventé et utilisé différentes techniques pour tailler les outils dont il avait besoin. En outre, il a planifié, géré et organisé l'exploitation des ressources lithiques. Ces comportements, avec les implications économiques et culturelles qui en découlent, mettent en évidence que les connaissances et les savoir-faire de Neanderthal, donc ses capacités mentales, étaient nombreux et complexes. En outre, l'acquisition de toutes ces compétences nécessite l'existence d'un apprentissage, gestuel ou oral. A cette parfaite maîtrise de la pierre, Neanderthal a ajouté celle du bois. Pour construire son habitation, aménager son espace domestique, alimenter son foyer, mais aussi pour confectionner des outils et des armes, il a récolté le bois végétal.

Comme tous les peuples traditionnels, Neanderthal a beaucoup travaillé le bois, frais ou sec, ce dont attestent les analyses tracéologiques[37]. En frappant un éclat posé sur le morceau de bois avec un percuteur, il l'a entaillé ou fendu ; il a également foré, gratté, raboté des écorces et coupé des plantes. Avec le bois, Neanderthal a pu confectionner des récipients (coupe, bol, cuillers), des outils (bâton à fouir, pic ou pioche, percuteur) et des armes. Des pièces de bois appointées ont été découvertes à Königsaue et à Kärlich en Allemagne[38]. Elles étaient associées à des blocs de résine ayant servi à l'emmanchement. A Königsaue, ces blocs sont creusés et portent sur leur face externe des empreintes de fibres de bois et sur leur face interne celles d'outils lithiques. A Kärlich, les outils sont complets avec manche en bois et résine. Pour travailler le bois, Neanderthal a employé des éclats bruts et presque tous les types d'outils avec cependant une préférence pour les racloirs, les perçoirs et les pièces à encoches (comme les denticulés). D'ailleurs, dans certains sites, tous les outils à encoches ont servi à travailler le bois, ce qui, évidemment, n'exclut pas forcément l'utilisation d'autres types d'outils. Pour couper de l'osier ou du roseau, Neanderthal s'est également servi de lames. Au Proche-Orient, dans les niveaux à industrie moustérienne du Levant, il a travaillé le bois, avec des lames ou des pointes triangulaires, par sciage léger ou prononcé. Neanderthal tressait-il, comme les aborigènes d'Australie, les fibres végétales pour faire des paniers ou des sacs ? Aucune donnée archéologique ne permet de répondre à cette question. Neanderthal a travaillé différents matériaux, issus du monde minéral et végétal, mais il a su également maîtriser le feu.

Maître du feu

Quelque part dans une région froide de l'Europe, Neanderthal se réchauffe à la flamme des foyers. Il fait bon, la chaleur dégagée empêche l'humidité si pénétrante de la grotte de le transpercer jusqu'aux os. C'est ce matin que, muni d'une torche de genévrier, il a pénétré dans cette grotte sombre mais protectrice. Avant de s'y installer, il n'a pas oublié de brûler le sol pour le débarrasser des miasmes ambiants. Il ne redoute plus la tombée de la nuit, la lumière du foyer éclaire le campement. Lueur d'espoir, au retour de la chasse, de loin, il l'aperçoit, il ne risque plus de se perdre. Il se repose, tranquille, le foyer rougeoie, les prédateurs qui rôdent autour du campement n'oseront pas s'y aventurer, ils ont peur du feu. D'ailleurs demain, il faudra prendre quelques torches pour chasser ; des bisons ont été aperçus broutant dans la plaine. Apeuré, pris de panique, le troupeau se disloquera ; ainsi isolés, les plus vulnérables tomberont sous les projectiles des chasseurs postés en embuscade. Avant, il faudra passer les pointes des épieux en bois à travers les flammes pour les durcir. Neanderthal sait que le feu permet de mieux travailler la matière, le bois végétal, mais aussi les ramures de cervidés et les roches. La prochaine fois qu'il confectionnera ses outils, il fera éclater au feu de gros blocs de pierre et réchauffera quelques silex avant de les tailler. Mais il est temps de manger. Si ses ancêtres consommaient les plantes et la viande crues, désormais Neanderthal savoure des aliments cuits[39].

La maîtrise du feu a été un fait capital dans l'évolution de l'homme car elle a grandement amélioré les conditions de vie de nos ancêtres. Le feu a probablement entraîné des modifications anatomiques et physiologiques et changé leurs comportements.

L'homme connaît le feu depuis longtemps. Il a été témoin de feux de brousse provoqués par la foudre et d'éruptions volcaniques. Il a vu la lave incandescente enflammer la végétation sur son passage et a vite compris les bienfaits qu'il pouvait tirer de cet étrange phénomène. Il capture ces flammes naturelles en approchant un morceau de bois qui se transforme en torche. Déjà, il y a plus de un million d'années, les *Homo ergaster* savaient capturer et entretenir le feu. A Chesowanja au Kenya et à Bodo en Ethiopie, des plaques d'argile brûlée ont été découvertes dans un tronc d'arbre creux. Cette argile était mêlée à des pierres et des ossements d'animaux. A la même époque, dans le site de Swartkrans en Afrique du Sud, la présence de fragments d'os brûlés et de cendres confirme ce savoir-faire. Mais ce n'est que tardivement que l'homme est parvenu à fabriquer le feu de sa propre initiative, à le maîtriser. En Bretagne, à Menez-Drégan, les plus anciens foyers découverts à ce jour datent d'environ 450 000 ans. Dans cette grotte, les hommes, peut-être des Pré-Néanderthaliens, ont creusé dans le sol une petite cuvette pour y allumer un feu. Cette pratique ne se généralisera que deux cent mille ans plus tard.

Neanderthal maîtrisait le feu. Le plus souvent, il allumait un feu à même la surface du sol ou dans une petite cuvette préalablement creusée dans la terre. Cependant, il construisait parfois de véritables foyers. Certains sont entourés, totalement ou partiellement, d'une ceinture de pierres ou de galets (comme à Rigabe dans le Var) ou bordés sur un côté (sorte de petit muret vertical, comme à la Baume des Peyrards, Vaucluse) ou bien encore aménagés sur une ou plusieurs dalles plates (comme à l'abri du Maras en Ardèche). Ces dalles ont pu également être disposées à la surface des foyers, faisant ainsi office de calorifère.

Pour obtenir des étincelles, deux techniques principales ont pu être utilisées par les hommes préhistoriques, la percussion et la friction. On peut, par exemple, percuter l'une contre l'autre deux pierres de natures différentes, comme le silex et la pyrite. Les étincelles ainsi apparues sont alors projetées sur un matériau facilement inflammable qui enflamme à son tour un combustible plus durable. On peut également frotter deux morceaux de bois : l'extrémité d'un long bâton, appelé mâle, est introduite dans le trou creusé dans le milieu d'un second bâton, dit femelle, puis on fait tourner le plus rapidement possible le bâton mâle dans le bâton femelle à la base duquel on a déposé des matériaux inflammables qui s'embrasent aux premières étincelles produites par l'échauffement. A Krapina, une tige de hêtre de huit centimètres et demi présente une extrémité carbonisée. Elle aurait servi de bâton mâle, mais cette hypothèse est rejetée par le préhistorien spécialiste du feu Jacques Collina-Girard (1998). La nature fournit des matières sèches inflammables qui permettent de faire partir un feu : l'amadou, la moelle de sureau, des feuilles, des mousses, des lichens, des copeaux de bois ou des écorces (de bouleau par exemple). A Salzgitter-Lebenstedt en Allemagne, dix fragments identiques de *Polyporus (Fomes) fomentarius*, non brûlés, ont été retrouvés. Peut-être étaient-ce des réserves en prévision de l'allumage d'un feu. Certaines plantes, comme les cistes visqueux, sont pyrophiles. Une fois le feu démarré, pour l'entretenir, Neanderthal récoltait des morceaux de bois aux essences variées (buis, hêtre, fusain, pin, érable, prunus), de la tourbe ou du charbon minéral comme le lignite. Du chêne, essence à combustion lente, a été découvert à l'Hortus dans l'Hérault et au Lazaret dans les Alpes-Maritimes. De même, aux Canalettes dans l'Aveyron, de la lignite, qui permet d'obtenir une température plus élevée, a été retrouvée. Lorsque ces combustibles étaient absents ou rares dans son environnement, Neanderthal se servait d'os secs ou gras, de graisses ou de la moelle contenue dans les os longs d'animaux, ou peut-être de bouses sèches de ruminants ou de crottin de cheval. Le feu démarre plus difficilement avec les os, en outre il sent mauvais, cependant ce type de combustible est moins sensible à l'humidité. Quant à la moelle, elle a probablement été employée pour les torches et l'entretien de petits foyers.

La cuisson des aliments a probablement modifié le physique et le métabolisme des hommes préhistoriques. Cuits, les aliments, surtout les végétaux, sont plus faciles à mastiquer et plus digestes. Par ailleurs, certains végétaux sont toxiques lorsqu'ils sont crus et comestibles lorsqu'ils sont cuits. L'alimentation de Neanderthal est devenue riche et variée, ce qui a sans doute favorisé le développement de son cerveau par un apport plus important d'énergie. Grâce à la cuisson, les préparations culinaires se diversifient. De nombreuses techniques peuvent être utilisées : la cuisson sur des braises, dans les cendres, par enrobage d'argile, au four (en pierre ou en terre, en tas ou enterrés comme les fours polynésiens) ou à l'étouffée sous des pierres. Les aliments peuvent également être bouillis, à l'aide de pierres chauffées jetées dans l'eau ou dans des récipients résistant au feu, comme certains végétaux, les estomacs de ruminants et autres membranes. Des morceaux de viande peuvent être rôtis à la broche ou grillés sur des pierres brûlantes. Un pavage de foyers a été découvert au Pech de l'Azé II en Dordogne. Le feu permet également de conserver la viande par la technique du fumage.

Par ailleurs, le feu a probablement eu une certaine importance lors des rites funéraires. Neanderthal a parfois allumé des feux sur ou à côté de sépultures, peut-être en l'honneur du défunt. Certains de ces foyers renfermaient des dépôts d'objets : des pierres taillées, des morceaux de carcasses d'animaux, des bois de cervidés ou des cornes de bovidés.

A l'exception des Tasmaniens et des Andamanais (Pygmées des îles Adaman dans le golfe du Bengale) qui vivaient sous un climat tempéré humide, tous les peuples chasseurs-cueilleurs savaient produire le feu. Cette opération requiert un savoir-faire qui nécessite la mise en jeu de plusieurs capacités cognitives comme l'anticipation et la conception du schéma opératoire. Même maîtrisées, les techniques utilisées demandent également de la patience ; c'est un travail difficile et long. Ainsi les aborigènes d'Australie préféraient-ils emporter avec eux des torches enflammées plutôt que de recommencer perpétuellement la production du feu par la technique de friction. La perte du feu domestique est partout envisagée sans bienveillance à l'égard du coupable. A cause, selon le grand préhistorien André Leroi-Gourhan, du caractère universellement religieux du feu et de la difficulté de le produire. Le feu est source de chaleur, de lumière, de bien-être et d'énergie de transformation : cuisson des aliments, travail du bois végétal, de la matière dure d'origine animale et de la pierre. Mais il a également joué un rôle prépondérant dans le développement de la conscience humaine. C'est autour du feu que se transmettent les savoirs et savoir-faire, que sont contés les exploits de la journée ou ceux des anciens et que se créent mythes et légendes. Lien entre tous les individus d'un groupe, le feu, dans la société de Neanderthal, a probablement eu un rôle culturel et social majeur.

7

Nomade

« Un voyage s'inscrit simultanément dans l'espace, dans le temps, et dans la hiérarchie sociale. »

Claude LÉVI-STRAUSS,
Tristes tropiques.

Après avoir parcouru un long chemin à travers une immense plaine, Neanderthal arrive enfin au bord d'un fleuve, c'est le Dniestr. Lui et les siens sont fatigués, le lieu lui semble propice à l'installation d'un campement. Sur les rives, il ne voit que peu d'arbustes, dont seules quelques longues branches pourront être utilisées. Il lui faut trouver un autre matériau pour construire une habitation suffisamment grande pour accueillir l'ensemble du groupe. Il se souvient d'avoir aperçu en venant un « cimetière de mammouths ». Ce n'est qu'à quelques centaines de mètres. Il faut qu'il aille chercher ces ossements. Après plusieurs voyages, douze crânes, quinze défenses, trente-quatre omoplates, cinq mandibules et cinquante et un os longs de mammouth sont rapportés. Cela suffira, on peut commencer à bâtir les fondations. Neanderthal et ses compagnons se mettent à creuser une tranchée ovale suffisamment profonde pour que les ossements soient à demi enterrés. Puis, ils disposent à l'intérieur une première couronne de crânes et de mandibules, puis une seconde, il faut bien les empiler les uns sur les autres ! Surtout ne pas oublier de laisser un espace vide pour l'entrée. Pour l'armature, ils lient entre eux de longues perches en bois, les défenses et les os longs ; les tendons et les nerfs de renne et de bison feront de solides liens. Les omoplates vont soutenir le faîtage. De son campement d'hiver, Neanderthal a emporté suffisamment de peaux de renne, il en recouvre la hutte. Il ne reste plus qu'à la ceinturer d'un bourrelet extérieur de terre. C'est terminé[1] *!*

Neanderthal fut un nomade. L'imagerie populaire le montre bien souvent errant inlassablement dans une immensité dépeuplée à la recherche de sa nourriture. La réalité est tout autre. Au fil du temps, Neanderthal a colonisé toutes les régions de l'Europe. En effet, à la fin de l'avant-dernière glaciation, il n'est présent qu'en Europe centrale et surtout occidentale. Puis, à la faveur du réchauffement climatique du dernier interglaciaire, des groupes vont migrer vers l'Est[2] et le Proche-Orient. Ils empruntent les vallées, voies favorables aux déplacements des hommes et des animaux. La plupart du temps, Neanderthal a installé son campement sur les plateaux et leurs versants ; de ces postes d'observation, il surveille le déplacement du gibier. Il a également colonisé les plaines, mais beaucoup plus rarement les hauts reliefs. Il a tout particulièrement fréquenté les régions aux biotopes variés. Lors des phases de fort refroidissement, Neanderthal s'est éloigné du front glaciaire en descendant vers le sud de l'Europe ou en se réfugiant dans des zones au micro-climat plus favorable comme les vallées de la Meuse, du Rhin et de leurs affluents, de la partie moyenne de la Saale, de l'Elbe en Bohême, de la Svitava en Moravie, de la Vah en Slovaquie, et plus occasionnellement dans les vallées du haut Danube en Allemagne et du Danube. Il a progressivement déserté les grandes plaines, polonaise ou ukrainienne, leur préférant les vallées de la Vistule en Pologne, du Dniestr, de Prut, du Dniepr, de la Desna ou du Donetz en Ukraine.

Durant les périodes froides de la dernière glaciation, Neanderthal a vécu principalement dans des grottes (souvent à l'entrée) ou des abris sous roche, mais également, surtout en Europe centrale et orientale, en plein air. Il a particulièrement fréquenté les régions karstiques, probablement parce qu'elles recelaient un grand nombre de grottes. Cependant, il est probable que les campements en plein air, plus difficiles à repérer et plus sensibles à la destruction, étaient plus abondants que ne le laissent supposer les découvertes archéologiques. Il choisissait de préférence les bords de rivières, souvent à proximité d'un gué, les talwegs abrités des vents ou les pieds de falaises en surplomb. Il a donc dressé ses campements sur des terrains de natures différentes [3]. Durant le dernier interglaciaire, Neanderthal, en Allemagne, en Tchéquie et en Slovaquie, vivait à proximité de sources thermales. A d'autres périodes, dans la moyenne vallée du Rhin, il s'était installé près des volcans de l'Eifel.

Quelles que soient la période et la région, Neanderthal a campé près des ressources indispensables à sa vie quotidienne. L'eau, le bois de chauffage, le gibier et les gîtes lithiques, mais aussi la vue, le degré de protection et, dans une grotte, la superficie disponible et son ensoleillement, ont influencé ses choix. La proximité de l'eau et du gibier semble avoir été, à quelques exceptions près, les facteurs déterminants. L'acquisition de ces diverses ressources était intégrée dans un schéma comportemental global [4]. Selon la disponibilité de celles-ci, Neanderthal dressait des campements de plus ou moins longue durée : des camps de base saisonniers, des camps temporaires ou des haltes de chasse [5]. Il a également exploité, lors de cours séjours, des gîtes lithiques et des lieux où abondait le gibier, ces derniers étant communément appelés sites d'abattage (ou de « charognage ») et de boucherie. Pour certains sites préhistoriques, notamment en grotte, il existe une difficulté majeure pour caractériser un campement, c'est la présence de palimpsestes (superposition de sols d'occupations indifférenciables). Il est alors difficile de savoir si les occupations ont été uniques ou non, récurrentes ou non, de courte ou longue durée. Cependant, Neanderthal a plus souvent installé des camps saisonniers ou temporaires que des camps de base de longue durée.

Cette diversité de types de campements atteste de l'éclatement des activités de Neanderthal à travers le paysage, mais aussi de leur articulation entre elles. Grâce à sa grande faculté d'adaptation et à l'augmentation régulière de ses connaissances, qui lui ont permis d'accroître ses savoir-faire techniques, Neanderthal a su, au cours du temps, acquérir une plus grande indépendance vis-à-vis de son environnement. L'abondance, dans toute l'Europe, du nombre de sites datés du premier grand refroidissement de la dernière glaciation en témoigne. A l'intérieur d'un campement, les activités qui y sont menées déterminent son aménagement.

Probablement parce qu'il restait peu de temps au même endroit et qu'il occupait fréquemment les grottes et les abris sous roche, Neanderthal a construit relativement peu de véritables habitations.

En plein air, pour se protéger des intempéries et des carnivores, il a parfois aménagé des structures de protection (auvents, murets en pierres) ou bâti de véritables habitations en bois, en peau, en pierre ou en os de pachydermes. A Beçov (République tchèque), il y a environ deux cent cinquante mille ans, Neanderthal a creusé une fosse ovale, d'environ soixante-quinze centimètres de profondeur et quinze mètres carrés de surface intérieure, qu'il a délimitée à l'ouest par des pierres plates posées de champ, et à l'est par un muret de pierres disposées en demi-cercle. Deux cent mille ans plus tard, à Mutzig (Bas-Rhin), sur le versant méridional du Felsbourg, il monte, du côté de la pente qui surplombe la vallée de la Bruche, des petits murets de pierres. A Champ-Paillard (Deux-Sèvres), il dresse une tente et, à Dzierzyslaw en Pologne, une hutte circulaire[6]. Lors de phases climatiques rigoureuses, dans les régions où les abris naturels sont rares, comme dans les grandes plaines d'Europe centrale et orientale, Neanderthal a employé pour construire son habitation, en remplacement du bois qui se faisait rare, des os de pachydermes (mammouth et rhinocéros)[7]. Les gisements découverts en Ukraine attestent de son savoir-faire. Il récupérait les ossements de rhinocéros ou de mammouth sur des animaux morts et décomposés, réduits à l'état de squelette, voire fossilisés. En effet, il est quasiment impossible d'utiliser des ossements fraîchement décharnés car ils attireraient les charognards et les insectes. De toute façon, l'abattage simultané de plusieurs individus d'espèces aussi grosses et dangereuses est plus qu'improbable. Pour construire ces habitations, Neanderthal dépensait beaucoup d'énergie et de temps. Il les a donc occupées à de multiples reprises, probablement d'une saison sur l'autre. Innové par Neanderthal, ce type d'habitation a ultérieurement été réalisé par l'homme moderne. Nous ne savons pas si c'étaient les femmes, comme cela se faisait chez la plupart des peuples chasseurs-cueilleurs nomades, ou les hommes qui construisaient les habitations. Cependant, pour les huttes en os de mammouth, qui nécessitent pour qu'elles soient bâties rapidement une importante « main-d'œuvre », il est probable que l'ensemble du groupe participait à la construction.

S'il a peu bâti d'habitations, Neanderthal a par contre souvent aménagé son espace domestique, surtout à partir de 60 000 ans, comme aux Canalettes, à Champlost, à Biache-Saint-Vaast, à Beauvais, à Tönchesberg ou à Kulna. Parfois, comme à La Baume-Bonne dans les Hautes-Alpes ou à Aldène dans l'Hérault, il a pavé le sol naturel de la grotte de galets ou de pierres. D'autres fois, il l'a couvert de litières végétales, des algues comme au Lazaret. Par ailleurs, chaque type d'activités avait lieu dans des aires clairement délimitées : aires de taille de la pierre, de boucherie, de préparation culinaire, de circulation, de couchage, de déchets, de stockage d'aliments[8]. Parfois, comme dans les grottes du Lazaret et de Baume des Peyrards, pour séparer ces diverses aires d'activités, Neanderthal a aligné des blocs de pierres sèches ou dressé des cloisons faites de morceaux de peau montés sur une armature en bois. Dans un niveau châtelperronien de la grotte du Renne à Arcy-sur-Cure (Yonne), quatre meules plates, en granite, polies par l'usage, ont été découvertes, associées à une bonne douzaine de broyeurs. Elles ont pu servir lors de différentes activités domestiques[9]. En outre, dans la plupart de ses habitats, Neanderthal a aménagé un ou plusieurs foyers.

Pour se procurer les ressources nécessaires à sa vie, Neanderthal, comme tous les chasseurs-cueilleurs nomades, se déplaçait au sein d'un territoire qui lui était propre. Il y installait son habitat principal ou ses campements temporaires. Or, dans les sociétés traditionnelles, ce sont les chasseurs qui délimitent le territoire.

De vastes territoires

Neanderthal, à l'instar des prédateurs, avait un territoire bien délimité correspondant à un lieu où il s'attendait à trouver de la nourriture. En effet, les espèces animales établissent leur territoire dans un endroit où elles trouvent toutes les ressources qui leur permettent d'acquérir l'énergie nécessaire à l'exploitation de celles-ci et à leur propre reproduction biologique ; c'est leur niche écologique. Mais sur un territoire, quel qu'il soit, les ressources ne sont pas inépuisables. Pour que le potentiel de subsistance reste en deçà de ce que pourrait supporter l'environnement, il faut que l'équilibre entre la taille du territoire, la densité des ressources et celle du groupe humain soit maintenu. Le territoire est « optimal » lorsqu'il correspond à un lieu où l'exploitation des ressources naturelles est la meilleure possible, c'est-à-dire avec une capacité maximale accessible sans un excès de dépenses d'énergie, comme lors de longs déplacements quotidiens. La superficie du territoire est en corrélation avec le comportement de subsistance du groupe humain, notamment ses stratégies mises en œuvre et son temps d'occupation, mais elle varie également selon la diversité et l'abondance des matières premières exploitables. En règle générale, les territoires de chasse sont toujours plus grands que les espaces parcourus par les espèces végétariennes. Neanderthal, qui est essentiellement un mangeur de viande, avait ainsi besoin d'un vaste territoire. En outre, les territoires de subsistance varient en fonction des contraintes écologiques liées notamment au climat qui les conditionne. Par exemple, plus la température baisse, comme ce fut le cas durant les phases glaciaires, plus les ressources végétales diminuent et plus l'homme doit, pour survivre, s'élever dans la chaîne alimentaire, son régime devient alors plus carné. Par ailleurs, le climat se « continentalisant », les variations annuelles deviennent plus grandes, entraînant un déplacement du gibier sur de plus longues distances, donc une augmentation de la superficie des territoires de chasse [10]. D'après l'étude des comportements des chasseurs-cueilleurs, les stratégies de mobilité sont liées à celles de subsistance, elles-mêmes fondées sur une optimisation des ressources en fonction de l'environnement.

Neanderthal a vécu durant une longue période et dans des contextes topographiques, climatiques et environnementaux différents. Il est plus que probable que ses modes d'occupation territoriale ont varié selon ces facteurs et que, peut-être, il a pratiqué différents types de nomadisme. Chez les peuples chasseurs-cueilleurs, deux grands types de stratégie d'exploitation d'un territoire ont été constatés. Ceux qui vivent en milieux non contrastés, ce qui était le cas d'une grande partie de l'Europe durant les phases climatiques tempérées [11], exploitent les ressources locales disponibles jusqu'à leur épuisement, puis le groupe dans son entier se déplace vers un autre territoire [12]. Les activités de subsistance sont alors spécialisées, à l'échelle d'une journée, mais intégrées à l'échelle du déplacement entre deux campements (incluant la collecte d'autres ressources comme les roches). Ce type de mobilité, lié à une prédation opportuniste au jour le jour, implique l'existence d'un camp de base (ou résidence), d'où les individus rayonnent sur de courtes distances [13]. En revanche, en milieux contrastés, ce qui était le cas d'une partie de l'Europe durant les périodes glaciaires, les chasseurs-cueilleurs exploitent un troupeau ou une harde lors de ses migrations. Cette stratégie implique des déplacements de type saisonnier au sein d'un même territoire qui est plus vaste que dans le cas précédent (comme chez les Inuit) [14]. Les activités de subsistance sont spécialisées, chasse ou collecte de roches, mais ne concernent qu'une partie du groupe. Dans ce cas, les déplacements unidirectionnels (linéaires) [15] nécessitent à la fois un camp de base de plus longue durée et des camps spécialisés ou camps de transit à caractère saisonnier [16]. Dans ce type d'exploitation d'un territoire, l'anticipation et la planification des trajets à moyen ou long terme sont indispensables.

A l'époque de Neanderthal, quelle que soit la période, il existait deux grandes saisons, une estivale et une hivernale, de plus longue durée lors des phases froides et en milieu continental. Pour subvenir à ses besoins vitaux, Neanderthal, dépendant des variations saisonnières des ressources, se déplaçait périodiquement, soit au sein de son territoire, soit en changeant de territoire. A proximité immédiate de son campement, il exploitait les ressources locales immobiles, comme l'eau et le bois, notamment de chauffe [17]. La plupart de ses campements sont situés à proximité de cours ou retenues d'eau, rivière, fleuve ou lac. Un peu plus loin de son habitat, Neanderthal se procurait les ressources peu mobiles, comme les végétaux ou le gibier à comportement sédentaire. Parfois, dans cette zone, il pouvait également trouver de la matière première pour tailler ses outils. Enfin, à plus ou moins longue distance selon les périodes et les stratégies développées, il chassait les grands animaux migrateurs et exploitait des gîtes lithiques[18].

L'étendue des territoires de Neanderthal nous est connue grâce aux animaux qu'il a chassés, mais également par l'analyse des roches qu'il a utilisées pour tailler ses outils. Leur composition minéralogique permet en effet de retrouver le gîte dont elles sont issues, c'est une sorte de signature. Neanderthal se déplaçait beaucoup plus fréquemment et sur de plus grandes distances que ses prédécesseurs[19]. Cependant, il s'approvisionnait le plus souvent dans des gîtes situés à moins de vingt kilomètres de son campement (cinq kilomètres en moyenne). En effet, plus la distance d'approvisionnement est grande, moins les outils sont abondants et plus ils sont élaborés. Au-delà de vingt kilomètres, seuls des outils finis, toujours en faible quantité, ont circulé. C'est une constante comportementale. En revanche, les distances parcourues par Neanderthal au sein de ses territoires varient selon les régions. En Europe occidentale, quelle que soit la période, il ne se déplaçait pas au-delà de cent à cent vingt kilomètres et fréquentait peu les gîtes éloignés de plus de vingt kilomètres de son campement. En outre, pour les atteindre, il ne franchissait pas d'obstacles majeurs, comme les montagnes. Un peu plus à l'est, en Rhénanie, Neanderthal, pour se procurer des roches, parcourait plus fréquemment des distances supérieures à vingt kilomètres. En outre, il effectuait couramment des trajets de quatre-vingts et de cent kilomètres, suivant un axe nord-ouest/sud-est (des basses plaines septentrionales aux plateaux rhénans). A l'est de l'Europe centrale, lors de la dernière glaciation[20], Neanderthal se déplaçait jusqu'à deux cents, voire trois cents kilomètres, parfois en franchissant des barrières géographiques naturelles, et s'approvisionnait périodiquement à des gîtes lithiques situés à cinquante ou à cent kilomètres de son campement. En Rhénanie et dans l'est de l'Europe centrale, il effectuait des déplacements anticipés à long ou moyen terme, entre vallées et collines ou plateaux de moyenne altitude, dans le cadre d'une chasse saisonnière d'animaux migrateurs de milieux ouverts, comme le renne ou le bison. Contrairement à l'Europe occidentale, cette stratégie, moins opportuniste, correspond à celle de l'exploitation d'un territoire dans les milieux contrastés.

La continentalité, plus que la latitude, a ainsi joué un rôle dans l'organisation socio-économique et la mobilité de Neanderthal. La nature plus ou moins contraignante du milieu explique, en partie, les différents comportements des groupes régionaux. Le climat plus continental à l'est de l'Europe, notamment durant les phases glaciaires, a provoqué une diminution de la biomasse animale et une disponibilité plus fluctuante des ressources alimentaires (forte variation selon les saisons). Cela a contraint Neanderthal à agrandir son territoire de subsistance et à planifier des déplacements saisonniers de cinquante, voire cent kilomètres. Parfois, Neanderthal suivait le gibier en migration, comme les Tchouktches, peuple nomade des îles Tchouktche et Wrangel au nord de l'Eurasie, qui suivaient les troupeaux de rennes durant leurs deux grandes migrations, hivernale et estivale. Plus fréquemment, comme à Beauvais dans l'Oise, il s'installait au carrefour de leurs routes migratoires. L'augmentation des distances parcourues, donc de l'étendue du territoire, atteste d'une organisation territoriale qui nécessitait une bonne entente entre les différents groupes de Néanderthaliens présents dans une même région. En effet, chez les chasseurs-cueilleurs, le respect du territoire est un compromis social inviolable entre les différentes tribus. La continentalité a également une incidence sur la densité de population. D'après les sources ethnographiques, celle-ci est moins élevée en milieu continental, en particulier durant les phases particulièrement rigoureuses où les famines y sont fréquentes. De plus, lorsque la nourriture est répartie sur un vaste territoire, les groupes se scindent en plus petites unités qui se dispersent. Selon ces données, la densité de la population néanderthalienne à l'est de l'Europe centrale était probablement plus faible qu'à l'ouest. Au cours du temps, d'après le nombre de gisements, la démographie de ces populations augmente, sans atteindre cependant une densité suffisamment élevée pour permettre l'existence de groupes locaux autosuffisants du point de vue de la reproduction[21]. Pour survivre, Neanderthal a tissé des réseaux relationnels, sans doute géographiquement étendus notamment à l'est de l'Europe, qui lui ont permis d'entretenir des rapports étroits, aux plans génétique (liens de parenté) et culturel, avec des membres d'autres petits groupes relativement dispersés. Ces réseaux sont en effet particulièrement vastes dans les milieux où les ressources sont rares ou sujettes à des fluctuations importantes, comme les ressources animales en milieu continental froid. Le chercheur américain Lewis Binford a défini, en 1982, deux zones territoriales qui peuvent correspondre à l'étendue de ce réseau relationnel : une zone connue mais non exploitée (*extended range*) et une aire de visite (*visiting zone).* Ces réseaux d'alliance ont été envisagés pour le Paléolithique supérieur, plus rarement pour le Paléolithique moyen. C'est la circulation des objets, dont certains outils sur matériau rare, qui permet de visualiser les échanges entre groupes et d'avoir une idée de l'étendue des réseaux relationnels. Ainsi à Kulna en République tchèque, des groupes de Néanderthaliens, dont les campements étaient distants de cent, deux cents, voire trois cents kilomètres les uns des autres, auraient entretenu des relations et pratiqué des échanges, probablement de proche en proche[22]. Grâce aux territoires de chasse, les divers groupes se sont côtoyés pendant plusieurs millénaires. Les échanges ont été certainement plus nombreux et diversifiés que ne le laissent percevoir les indices archéologiques. Par exemple, les affinités régionales constatées entre certaines industries lithiques témoignent de l'existence d'échanges de savoir-faire techniques et donc, probablement, de traditions sociales et culturelles. Echanges cependant insuffisants pour considérer la civilisation néanderthalienne comme unique et homogène.

Neanderthal circulait sur de vastes territoires pour trouver sa subsistance. Dès la phase ancienne du Paléolithique moyen, entre 300 000 et 200 000 ans, s'esquisse une occupation différentielle de l'Europe, qui s'accentue durant la phase récente (à partir de 120 000 ans) où l'on assiste à une véritable structuration territoriale et à une planification des déplacements. Face aux contraintes environnementales et à la nécessité de se reproduire, Neanderthal montre une grande flexibilité territoriale. Pour certains chercheurs, cette mobilité des groupes humains, notamment des Néanderthaliens, n'aurait pour unique origine que la quête de nourriture. Neanderthal se serait déplacé en fonction de la mobilité des animaux et du remplacement saisonnier des végétaux. C'est l'approche écologiste ; cette théorie « naturaliste » est soutenue, entre autres, par Lewis Binford et la paléontologue bordelaise Françoise Delpech. Pour d'autres chercheurs, comme le préhistorien belge Marcel Otte et nous-même, la subsistance ne serait pas le seul moteur de la mobilité des groupes ; les rencontres et les échanges auraient également joué un rôle. Par ailleurs, pour l'ethnologue Alain Testart, le nomadisme serait aussi lié à l'absence de stockage alimentaire par une causalité réciproque. Cette approche culturelle du nomadisme nous paraît plus pertinente.

8

Le plus grand des chasseurs

> « Entre le mangeur immémorial et le mangeur moderne, il y a en commun un mangeur éternel. »
>
> Claude FISCHLER,
> *L'Homnivore.*

L'hiver approche, comme chaque année, Neanderthal sait que des bisons, en migration, vont faire halte dans la grande plaine près de son campement. Avec ses compagnons, il décide de construire un enclos pour en piéger quelques-uns. Ils se mettent à l'ouvrage. Ils partent à la recherche de gros morceaux de bois, ils coupent des branches et du feuillage. L'enclos doit être suffisamment grand, d'au moins cent mètres de diamètre, plus ou moins circulaire et l'entrée relativement large pour que les bisons puissent y pénétrer, mais pas trop afin de leur empêcher toute retraite. De chaque côté du chemin qui mène à l'enclos, ils plantent des piquets, à intervalles à peu près réguliers d'une vingtaine de mètres. Les bisons croiront que ce sont des hommes et ne chercheront pas à fuir de ce côté-là. Ils disposent, entre ces piquets, des branchages afin de dissimuler les chasseurs qui se posteront derrière. Le piège est prêt. Les bisons sont là. Vite, des rabatteurs sont désignés. Ils ont repéré un petit groupe de bisons qui pâture à l'écart de l'immense troupeau, ils avancent à plat ventre, contre le vent et petit à petit réussissent à l'encercler. D'un seul coup, ils se relèvent et se mettent à pousser des cris perçants et à harceler les bisons qui, terrifiés, convergent vers le seul chemin dégagé, celui qui mène à l'enclos. Pris de panique, les bisons arrivent à la hauteur des chasseurs en embuscade derrière les piquets. D'un bond, ceux-ci se lèvent et affolent les bêtes par des cris violents et des lancers de projectiles. Terrifiées, n'ayant pas d'autre choix, elles courent directement dans l'enclos où, prises au piège, elles sont abattues. Neanderthal est heureux, ils auront de la viande pour tout l'hiver[1].

Depuis les origines, la nourriture a été la préoccupation la plus envahissante de l'existence humaine. Dans la quasi-totalité des sociétés traditionnelles, la vie était scandée par des périodes de pénurie alimentaire durant lesquelles il s'agissait, par tous les moyens, de subsister. Se nourrir est à la fois une fonction biologique vitale et une fonction sociale essentielle ; les aliments signifient.

Chez les peuples chasseurs-cueilleurs, comme les Néanderthaliens, la recherche de la nourriture est l'activité sociale la plus importante. N'exploitant que des aliments sauvages, ils dépendent des ressources du milieu ; cette contrainte majeure marque profondément leurs comportements alimentaires. La survie et le développement de toute population animale dépendent de son adaptation aux conditions écologiques. Entre l'homme et la nature, s'est tissé au fil du temps un réseau complexe de causalité. Cependant, chez l'homme, si l'impact de l'environnement est important, il n'y a pas de déterminisme ; il existe bien des choix économiques et culturels. En effet, les facteurs biologiques mais également socio-culturels interviennent, conditionnant la perception de l'environnement et son exploitation. Pour comprendre un groupe humain, lié à son environnement physique et biologique, il faut prendre en compte les aspects de la culture qui ont pu influer sur ses choix. Une de ces approches déductives est l'écologie évolutive. En effet, la densité de la population et la disponibilité des ressources expliquent la plupart des comportements des espèces sur un certain territoire. Le modèle d'écologie évolutive le plus appliqué en anthropologie est celui de l'amplitude de la diète ; il est fondé sur la théorie du fourrage optimal. On essaie de comprendre les décisions de subsistance dans des groupes chasseurs-cueilleurs à l'aide de l'estimation des valeurs énergétiques des ressources et du temps utilisé dans la recherche et la préparation de celles-ci. Avec ces indices, il est possible d'envisager quelles seront les espèces probablement incluses dans le régime alimentaire d'une population et celles qui présenteront un bénéfice énergétique plus élevé pour un investissement d'énergie et de temps minimal. Cette approche a permis de mieux appréhender les comportements alimentaires des hommes préhistoriques, y compris Neanderthal. La reconstitution de leur alimentation dérive principalement de l'analyse des restes osseux d'animaux découverts dans les sites archéologiques et de l'étude des os et des dents des fossiles humains dont découlent des considérations générales d'anatomie fonctionnelle et de physiologie de la diète. La complexité et la diversité des régimes alimentaires contemporains reflètent probablement ceux du passé. Depuis les travaux du chercheur J.T. Robinson en 1954, le comportement alimentaire est à la base des principales théories qui justifient la séparation des premiers Hominidés, orientés vers un régime alimentaire à base de végétaux, de la lignée évolutive qui conduit aux premiers représentants du genre *Homo*, adaptés à un régime alimentaire plus varié. Leurs choix alimentaires apparaissent en corrélation avec : les caractéristiques du système masticateur, l'organisation de circuits neuronaux complexes dans un cerveau volumineux, le développement de facultés cognitives et de comportements sociaux, la fabrication et l'utilisation d'instruments, les adaptations écologiques, l'exploitation de ressources naturelles. Celles-ci représentent des aspects biologiques et comportementaux entraînant des pressions sélectives réciproques. La possibilité même de sortir du lieu d'origine africain et de migrer en traversant des territoires très étendus et avec des caractéristiques différentes nécessite la connaissance de ressources variées de nourriture. Avec l'évolution successive du genre *Homo*, l'étude des stratégies alimentaires acquiert une signification différente, moins liée à l'évolution biologique et aux modalités adaptatives. Les aspects économiques et sociaux peuvent donc être analysés.

Pour vivre, il faut s'alimenter. Des considérations générales sur la physiologie de l'alimentation nous invitent à réfléchir sur certaines nécessités, parfois incontournables, de notre organisme, notamment sur celles qui sont liées aux exigences énergétiques et d'équilibre entre les différents composants des aliments. Le métabolisme de base (qui représente les dépenses énergétiques indispensables au fonctionnement de l'organisme) est estimé, en moyenne par jour, à 1650 calories chez l'homme adulte et 1 300 chez la femme. La malnutrition réduit de 20 à 30 % le métabolisme de base [2]. En fonction de la température, les dépenses liées à la thermorégulation varient ; plus il fait froid, plus l'organisme dépense de l'énergie pour maintenir le corps à 37 °C. Pour réduire ce surcroît de consommation énergétique, il faut se couvrir de vêtements chauds ou augmenter l'épaisseur de sa couche de graisse en consommant plus d'aliments riches en lipides. Cependant, le refroidissement du corps ralentit toutes les fonctions végétatives et de ce fait diminue le métabolisme basal, alors que pour abaisser la température du corps il augmente de 10 % en moyenne par degré. Les besoins alimentaires de l'organisme varient également en fonction des dépenses physiques, plus celles-ci sont élevées, plus le corps a besoin de nourriture. Pour des activités intenses, les besoins peuvent s'élever jusqu'à 4 000 calories par jour. De même, les besoins énergétiques pour les adolescents et les femmes enceintes ou allaitantes sont également accrus. Enfin, la dépense énergétique liée à l'assimilation des aliments varie en fonction de la nature des nutriments qui les composent (selon leur degré de digestibilité et leur modalité d'utilisation métabolique). Les glucides sont énergétiquement moins coûteux que les lipides, eux-mêmes moins dispendieux que les protides ; respectivement pour l'homme actuel de 6, 10 et 30 calories pour 100 calories. Une viande maigre, pauvre en lipides, demandera donc pour être assimilée plus d'énergie à l'organisme qu'une viande grasse. Une forte consommation de viande maigre peut conduire à une anémie. Actuellement, les besoins énergétiques quotidiens de l'adulte sont en moyenne de 2 700 calories pour un homme et de 2 000 calories pour une femme. Neanderthal, avec son corps puissant et ses activités physiques intenses entraînant des dépenses énergétiques élevées, avait besoin de rations alimentaires importantes, fournissant au minimum 3 000 calories par jour.

Les Néanderthaliens, comme la plupart des hommes fossiles et actuels, étaient omnivores. Ce type d'économie, dite mixte, c'est-à-dire basée sur la consommation de produits d'origine à la fois végétale et animale, élargit le champ des ressources (entraînant ainsi une plus grande sécurité alimentaire) et diminue le temps consacré à la recherche de nourriture, laissant de ce fait du temps pour d'autres activités. Neanderthal a pratiqué la cueillette, la collecte (y compris le « charognage »), la pêche et la chasse. Comme tous les primates supérieurs, il a élaboré des « cartes mentales » de son environnement et su ainsi localiser sa nourriture potentielle, végétale et animale.

Les femmes à la cueillette ?

Un des problèmes majeurs lorsque l'on essaie de retrouver le régime alimentaire des hommes préhistoriques est la mise en évidence des denrées consommées qui ne laissent aucune trace archéologique. C'est le cas des végétaux, et des instruments utilisés pour pratiquer cette activité : en effet, étant en matière organique, ils ne se fossilisent pas. Cependant, la phytosociologie, qui repose sur la connaissance des exigences actuelles des végétaux, associée à la palynologie (science qui étudie les pollens), la carpologie (étude des graines) et l'anthracologie (étude des bois), permet de dégager l'alimentation végétale potentielle. Ces méthodes sont, principalement, utilisées pour reconstituer le type de végétation existant aux abords d'un site préhistorique. Tout organisme humain a besoin, pour être en bonne santé, de l'apport de certains nutriments présents dans les végétaux. Parfois, ils représentent jusqu'à 80 % des ressources alimentaires, comme chez les San du Kalahari et les aborigènes d'Australie. Par contre, chez d'autres peuples, notamment des régions froides (les Inuit, les Sibériens, les Alakalufs de la Terre de Feu), la consommation des végétaux est notablement réduite. Il est donc probable que, selon les périodes et les régions, le régime alimentaire de Neanderthal était plus ou moins riche en végétaux.

Pourquoi faut-il consommer des végétaux ? Parce qu'ils nourrissent et empêchent l'apparition de certaines maladies. Ils sont en majorité pauvres en protides (quatre fois moins que la viande), mais certains, secs comme les glands, les noix ou les noisettes, ont une valeur calorique (grâce notamment aux glucides qu'ils renferment) et une teneur protidique quantitativement analogues à celles de la viande. Certains végétaux contiennent en abondance des nutriments indispensables à l'organisme, sels minéraux (sodium, potassium et calcium) et vitamines, notamment la vitamine C. D'autre part, les plantes sont riches en amidon et en fibres de cellulose, notamment en polysaccharides et lignines, qui résistent aux enzymes digestives de l'homme, facilitant ainsi le transit intestinal. A l'époque de Neanderthal, comme le montrent les recherches du paléobotaniste François Couplan, l'éventail des végétaux consommables était large : baies, comme les airelles ou les myrtes, châtaignes, noisettes, glands, champignons, feuilles, de bouleau ou de saule par exemple, racines, bulbes et tubercules, jeunes pousses, d'armoise par exemple, algues en bord de mer et graminées de type céréale. Bien entendu, les produits de la cueillette variaient selon la région, le climat et les saisons. Certaines périodes particulièrement rigoureuses et arides ont vu le couvert végétal s'amenuiser, et même dans certaines régions disparaître. Neanderthal a dû alors modifier son alimentation en y incorporant des substituts, notamment aux fibres végétales (des bioéléments non digestibles comme de l'os). L'analyse de la micro-usure dentaire permet d'établir d'importantes corrélations entre les microtraces qui sont produites sur la surface des dents au cours de la mastication et les aliments consommés. Ces corrélations sont basées sur les caractéristiques physico-chimiques de ces derniers, sur leur mode de préparation et de conservation (donc sur la présence de particules plus ou moins abrasives) et sur le type et l'intensité de mouvements masticateurs nécessaires. L'étude dentaire de certains fossiles néanderthaliens met en évidence la consommation de végétaux abrasifs riches en fibres végétales, comme à Sima de los Huesos en Espagne. Pour extraire les racines et les tubercules de la terre, Neanderthal devait utiliser le bâton à fouir, branche de bois dur dont l'extrémité est parfois durcie au feu ; c'est l'outil le plus fréquemment utilisé par les chasseurs-cueilleurs.

Chez la plupart de ces peuples, la cueillette est une activité réservée aux femmes, souvent accompagnées des enfants, bien que les hommes y collaborent parfois, comme chez les Semang (Pygmées de la pointe du Siam en Thaïlande). En était-il de même chez Neanderthal ? La question demeure sans réponse. Chez les chasseurs-cueilleurs, ce sont également les femmes qui préparent et cuisent les plantes récoltées. Cuites, elles sont plus digestes, parfois plus savoureuses, et certaines perdent leur toxicité. Des végétaux, comme les baies sauvages, à la manière des anciennes tribus amérindiennes, ont pu être pilés et mélangés à de la viande séchée réduite en poudre (c'est le pemmican aux baies des Indiens des grandes plaines d'Amérique du Nord).

Pour compléter son menu, Neanderthal, comme la plupart des peuples chasseurs-cueilleurs, a probablement mangé des insectes : fourmis, termites, chenilles et larves de coléoptères. Parfois, lorsque l'occasion se présentait, il a peut-être ramassé des produits riches en protéines ou autres nutriments vitaux, comme les œufs, les coquillages marins accessibles à marée basse, les escargots, ou tué des tortues, des grenouilles, des lézards, des serpents. C'est généralement la tâche des femmes, aidées des enfants, d'attraper ces petits animaux et de collecter les œufs et les coquillages. Le miel sauvage, très énergétique car riche en sucres rapides, représentait également pour Neanderthal une ressource potentielle. Chez les peuples traditionnels, il était récolté par les hommes.

Mais Neanderthal était surtout un gros mangeur de viande. C'est ce que prouvent les résultats des analyses biochimiques de ses ossements. Ce type d'étude permet de quantifier la consommation de ressources alimentaires des populations préhistoriques. En effet, certains éléments introduits avec les aliments s'accumulent dans les os. Ces éléments, dits « en trace », apparaissent avec des pourcentages différents dans certaines catégories d'aliments. De ce fait, leur concentration dans les os d'un individu varie en fonction de ses habitudes alimentaires. Par exemple, la quantité de strontium et le rapport strontium/calcium diminuent des herbivores aux omnivores (y compris l'homme) et des omnivores aux carnivores. Un taux élevé de zinc dans les os est dû à des habitudes alimentaires qui privilégient la consommation d'animaux marins (poissons, mollusques) et de viande (également de produits laitiers). De même, grâce aux techniques fondées sur l'étude du marquage isotopique naturel (13C/12C et 15N/14N) du collagène osseux et dentaire de l'individu, qui reflète celui du composant protéique de sa nourriture, on peut obtenir des données complémentaires[3]. Ce marquage naturel permet de quantifier la consommation de certaines ressources alimentaires : végétaux, comme les fruits, les légumes, les graminées de milieux tempérés (qui ont une photosynthèse en C3) ou les graminées de milieux tropicaux (à photosynthèse en C4), et viande, fruits de mer et poissons. L'ensemble de ces deux types d'analyses a permis de reconstituer certaines chaînes alimentaires et d'apporter des informations fondamentales concernant l'alimentation de Neanderthal. En particulier, l'étude biogéochimique a mis en évidence qu'il avait, durant les périodes froides mais aussi tempérées (malgré un couvert végétal important), un régime alimentaire plus carnivore qu'omnivore (proche de celui du loup). C'est le cas de l'enfant de Gibraltar et des adultes de Marillac en Charente, de Sclayn en Belgique et de Saint-Césaire en Charente-Maritime. La consommation de la viande, à la différence de celle des végétaux, dépasse le fait nutritionnel. La viande est à la fois nutriment et symbole de force et de puissance ; c'est un aliment noble, objet d'échange et de commerce, mais également de tabou et de sacrifice. L'intérêt qu'elle suscite chez l'homme est à la fois biologique (valeur nutritionnelle) et culturel (valeur psycho-affective). La viande est également un « tonus émotif » et possède une valeur symbolique que lui confère la société (c'est une marque de richesse). En outre, cuite, elle devient une élaboration culturelle, le cru se situant à l'interface entre nature (le pourri) et culture (C. Lévi-Strauss, 1964).

En symbiose avec son environnement, Neanderthal, en observant les animaux, a sans doute beaucoup appris sur les différents moyens de se procurer de la viande. De même, pour se protéger des prédateurs, il a adopté, comme la plupart des autres primates, un mode de vie communautaire. En étudiant les stratégies déployées par les carnivores sociaux pour obtenir de la viande, il a probablement amélioré ses propres techniques pour repérer le gibier, l'approcher ou l'attirer, et le tuer. Ses modalités d'acquisition de produits carnés ont varié en fonction de facteurs environnementaux (topographie, climat, biotope) et culturels (traditions et structure sociale du groupe). Pour manger de la viande, Neanderthal le chasseur a parfois été un charognard.

Charognard à l'occasion

Les assemblages osseux d'animaux découverts dans les sites préhistoriques ne résultent pas toujours d'une activité de prédation, mais parfois d'un comportement de charognard. Certains préhistoriens, dont Lewis Binford, soutiennent qu'avant 40 000 ans l'homme n'avait pas l'habileté technologique suffisante pour chasser les espèces de grande taille (comme les éléphants, les chevaux, les bovinés...) et que, pour se procurer de la viande, il charognait. S'il est vrai que durant longtemps, l'acquisition de viande n'était envisagée que comme une activité de prédation, il nous paraît totalement erroné aujourd'hui d'affirmer que la chasse aux grands mammifères n'existait pas avant l'apparition de l'homme moderne [4]. Comme les carnivores, Neanderthal a tantôt été chasseur, tantôt charognard [5]. Ce double mode de subsistance est présent chez plusieurs peuples chasseurs-cueilleurs actuels. Chez les Hadza du nord de la Tanzanie, les animaux « charognés » représentent 20 % de la totalité des espèces consommées (zèbres, girafes, phacochères, impalas) ; seul l'éléphant n'apparaît que dans la catégorie des animaux « charognés ». Il existe deux types de « charognage » : un « charognage » passif où seuls les morceaux laissés par le prédateur sont récupérés, et un « charognage » actif. Dans ce second cas, l'objectif est la récupération de la proie dans sa quasi-totalité. Toute l'habileté réside alors dans l'art d'éloigner le plus rapidement possible le prédateur qui a tué la proie. Comme nous avons pu le constater lors d'un séjour parmi eux, les San du Kalahari pratiquent ce type de comportement. Ils suivent un lion solitaire en chasse et le forcent, par maints cris et gesticulations, à partir, souvent en lui laissant emporter un morceau de viande. Lors de la découverte d'une carcasse entière, soit la consommation de l'animal a lieu immédiatement sur place (tout le groupe s'étant rassemblé autour), soit la bête est dépecée et transportée en gros quartiers jusqu'au campement. Le « charognage » actif est parfois orienté vers la récupération de certains éléments en particulier : peau, tendons, moelle, cervelle. Dans les gisements préhistoriques, il est souvent extrêmement difficile de reconnaître le mode d'acquisition des très grosses espèces : chasse ou « charognage »[6] ? Cependant, on constate que Neanderthal a fréquemment prélevé des morceaux de viande sur des carcasses de gros animaux (éléphants ou mammouths, rhinocéros[7]) morts naturellement ou tués par un autre prédateur, beaucoup plus rarement sur de petites espèces. Contrairement aux autres charognards, Neanderthal à l'aide de ses outils peut en effet dépecer de grandes carcasses. Comment se procurerait-il des morceaux de carcasse ?

Le gibier de certains grands prédateurs peut être récupéré. Par exemple, la panthère cache sa proie dans un arbre, elle peut l'y laisser huit à douze heures sans revenir en manger un morceau, elle est alors facilement accessible. De même, des animaux enlisés dans des marécages ou échoués sur des rives de lacs peuvent fournir beaucoup de viande « fraîche » pour une faible dépense d'énergie. Une heure de dépeçage d'une carcasse abandonnée correspond à peu de calories dépensées, cette pratique a donc un bon rendement, supérieur à celui de la cueillette. La chasse quant à elle nécessite une plus grande dépense énergétique et comporte plus de risques. Une bonne carcasse signifie beaucoup de viande à partager, mais attention, comme nous l'avons écrit précédemment, les animaux morts de faim ont une viande maigre ce qui, à long terme, n'est pas sans danger pour l'homme. Neanderthal a probablement pratiqué cette activité surtout durant des périodes où la végétation ou le gibier étaient plus rares. D'autant plus que les saisons froides et sèches sont propices au « charognage », car beaucoup d'animaux meurent.

La pratique du « charognage » est ancienne. Il y a deux millions d'années, elle était peut-être, pour les Hominidés africains, le seul moyen de se procurer de la viande. Elle a traversé toutes les époques et persiste encore aujourd'hui dans certaines régions. C'est une activité plus difficile que l'on ne le pense. En terrain découvert, steppe ou prairie, le « charognage » est relativement difficile, car la concurrence est forte, il faut arriver avant les animaux nécrophages. En outre, la putréfaction intervient rapidement, deux jours après la mort en milieu sec. Pour consommer la viande, Neanderthal était donc obligé d'intervenir le plus tôt possible sur la carcasse. Il devait également savoir détecter les divers indices de la présence d'une charogne ou d'un animal en train d'être tué : le vol des vautours, l'observation des arbres, le repérage des traces de poursuites, le « rire » des hyènes après la chasse ou à la découverte d'une bonne carcasse, les mouvements des prédateurs, les « sons d'effroi » des proies attaquées, les horaires de chasse ou les déplacements des proies potentielles. Le « charognage » nécessite la mise en œuvre de stratégies tout aussi élaborées que celles de la chasse. Cette pratique n'est en aucun cas ni archaïque ni la preuve d'une culture peu évoluée communément appelée primitive !

Un peu de pêche

Parmi les ressources disponibles, les poissons ont, de temps en temps, fourni de la nourriture à Neanderthal. La pêche est pratiquée partout dans le monde par de très nombreux peuples. Bien qu'avec beaucoup d'habileté et de patience certains poissons d'eau douce puissent être attrapés à la main, c'est une activité qui nécessite généralement un outil (ligne, filet, harpon) et souvent un moyen permettant de flotter (outre gonflée, morceau de bois, radeau) ou de se déplacer commodément sur l'eau (barque, canoë). Pour un apport calorique élevé, elle demande, contrairement à la chasse, une dépense énergétique moindre.

Comme l'attestent les découvertes dans les sites préhistoriques d'otolithes et de vertèbres de poissons d'eau douce, et plus rarement d'eau salée, Neanderthal a pratiqué la pêche. La plupart des sites côtiers de cette période ont disparu sous l'effet des fluctuations des niveaux marins au cours du Quaternaire, d'où peut-être la relative rareté des vestiges de poissons d'eau salée. Par ailleurs, l'absence de moyens pour se déplacer sur l'eau a dû restreindre ses capacités à prélever les produits aquatiques. Il ne pouvait les obtenir qu'en nageant, ou dans des rivières peu profondes ou encore dans la zone côtière (peut-être a-t-il également utilisé des radeaux ?). Les nombreuses techniques traditionnelles de pêche dépendent des engins de pêche (ligne, nasse, filet, épuisette en fibres végétales ou produits d'origine animale) et de la méthode de capture (perforation, percussion). Contrairement à l'homme moderne, Neanderthal n'a apparemment pas fabriqué de vrais instruments de pêche, ou alors en bois et ils ne se sont pas conservés. Pour se procurer du poisson, il a pu les capturer à vue (à la main ou à l'aide d'un gourdin), utiliser des filets (rets ou nasses, en fibres végétales) ou un engin immergé. On peut imaginer une sorte de canne à pêche composée d'une baguette de bois souple et d'une ligne faite en lanières d'écorces ou en fibres végétales tordues et munie d'une esquille d'os pointue. Une autre technique peut être envisagée, elle consiste à dresser de petites palissades en bois et en branches tressées pour détourner les cours d'eau et les poissons vers des filets. Celle-ci était utilisée, en autres, par les Gilyaks (peuple du cours inférieur de l'Amour) pour pêcher des salmonidés et par certains aborigènes d'Australie. Par contre, l'empoisonnement des rivières avec le bouillon blanc, le laurier-rose, la ciguë aquatique, le chanvre, la férule ou le malherbe, est peu probable. Par ailleurs, Neanderthal a su tirer profit des cycles biologiques de certaines espèces, il a consommé différentes espèces de poissons, mais notamment des salmonidés. En effet, les saumons changent de milieu pour frayer. Ces migrations, effectuées en masse, ont lieu sur de courtes périodes bien calées dans le temps, ces espèces sont à ce moment-là particulièrement vulnérables. Pris en grande quantité, les poissons, une fois séchés, salés ou fumés peuvent être stockés. Les Kamtchadales, peuple du nord de l'Eurasie, les font fermenter dans des trous creusés dans le sol. Il y a quarante-cinq mille ans, à Banyoles (Espagne), Neanderthal a consommé des poissons séchés avec la peau, durant une grande partie de sa vie passée au bord d'un lac. Les micro-usures dentaires du fossile de Banyoles sont identiques à celles qui ont été observées sur le fossile du lac Mungo en Australie (un *Homo sapiens* daté de 30 000 ans) et sur celle des Indiens de la côte pacifique au nord-ouest des Etats-Unis, qui sont des pêcheurs de saumons [8]. Chez les peuples chasseurs-cueilleurs subactuels, la pêche peut être pratiquée par les femmes (à l'épuisette comme chez certains Pygmées des forêts équatoriales africaines) ou les hommes (à la ligne ou au filet comme chez les Kamtchadales).

D'après les données archéologiques, contrairement à la chasse, la pratique de la pêche par Neanderthal paraît relativement occasionnelle. Cette activité nécessite l'élaboration de stratégies propres et témoigne une fois encore, de la diversité de ses savoir-faire en matière de comportements de subsistance.

Des stratégies de chasse complexes

Il est probable que la consommation de produits carnés a eu un rôle essentiel dans l'émergence progressive de l'Humanité à partir de la souche des premiers Hominidés. Mais c'est probablement l'acte de chasse et ses conséquences tendant à la socialisation qui en ont été le catalyseur. Le partage de la viande a sans doute favorisé le développement de l'intelligence, du langage et de la culture. D'après le sociologue Claude Fischler, ce n'est pas tant la composition de ses repas que la façon dont il se nourrissait qui sépara l'homme des autres primates. Déjà en 1871, le grand naturaliste anglais Charles Darwin supposait qu'elle avait favorisé le développement du cerveau, la fabrication des outils, la réduction des canines et la bipédie, provoquant ainsi la séparation de l'homme et du singe. Il est vrai, en effet, que la chasse met en jeu des comportements très complexes car elle nécessite une maîtrise de la connaissance du territoire et du gibier consommable. Chaque stratégie est adaptée au comportement de l'animal convoité saisi dans son milieu. Les éthologistes ont prouvé que les prédateurs ne chassent pas qu'au hasard et qu'il existe chez eux des stratégies différentes selon les espèces, l'objectif étant identique : être le plus efficace possible. La chasse nécessite un lent apprentissage qui peut avoir lieu lors de la préparation des armes, au cours des discussions sur la stratégie à déployer, mais également au retour de la chasse durant le partage, les danses, les chants et les histoires contées autour du foyer. Elle demande connaissances, savoir-faire et expériences, elle forge des traditions et crée des souvenirs individuels et collectifs.

L'anatomie de Neanderthal révèle ses grandes aptitudes pour la chasse [9]. Par exemple, son épaule est différente de celle de l'homme moderne, elle possède des aptitudes particulières notamment dans le mouvement du lancer [10]. En effet, Neanderthal devait lancer très régulièrement des armes de jet avec puissance et précision. En outre, l'amplitude de ce mouvement était grande et ce dans toutes les directions. Ainsi, certains muscles de son bras faisaient office de levier. Cette caractéristique est fondamentale, car l'homme moderne devra inventer, pour lancer ses sagaies de plus loin, le propulseur, arme intermédiaire entre le projectile et le bras du chasseur qui fait office de levier. Neanderthal, lui, n'en avait donc pas besoin ! Une autre particularité anatomique atteste de ses aptitudes à la chasse, ses orteils, surtout les gros. Ils sont robustes, larges, courts, et ont de fortes insertions musculaires, ce qui témoigne d'une parfaite adaptation à la course pieds nus et à la marche en terrain accidenté. En outre, comme le montre la morphologie de ses fémurs (avec une ligne âpre peu développée et une platymétrie assez marquée), il était également un bon grimpeur. A la chasse, il faut aussi des sens très développés, la vue, mais aussi l'ouïe. D'après la forme elliptique de l'orifice de son conduit auditif externe, il entendait probablement mieux que nous. De même, chez Neanderthal, les régions du cerveau concernées par les opérations mentales impliquées dans la réalisation des gestes successifs pour viser et toucher une proie étaient très développées[11].

Neanderthal a adapté ses stratégies cynégétiques au gibier qu'il convoitait[12]. Il est probable que l'abondance dans l'environnement proche, la productivité et la facilité de capture de certaines proies ont influé sur ses choix. Cependant, ses goûts et surtout ses traditions, reposant, entre autres, sur ses savoir-faire et ses aptitudes, ont sans doute joué un rôle. Neanderthal connaissait non seulement les mœurs des animaux qu'il chassait, mais également leur anatomie. En effet, pour plus de succès, il faut viser juste un organe vital ou occasionner une forte hémorragie, la poursuite d'une bête blessée entraînant une dépense énergétique supplémentaire. Pour survivre, l'équilibre entre apport calorique fourni par une proie et énergie dépensée pour l'obtenir doit être maintenu.

Un gibier varié

Quelles que soient la région et la période, Neanderthal a préféré les herbivores aux carnivores, la viande de ceux-ci étant souvent moins bonne (elle renferme de nombreux parasites) et leur capture plus aléatoire et souvent dangereuse. Cependant, certaines espèces, notamment les loups, les renards et les ours bruns, ont parfois été tués pour leur chair et surtout leur fourrure. Neanderthal a exploité tous les biotopes, mais il a surtout chassé les animaux qui vivaient dans les milieux ouverts, comme la steppe ou la prairie. Cependant, durant les phases tempérées où les forêts prirent une plus grande extension, il a chassé des espèces forestières et, dans les régions à reliefs, des espèces rupicoles.

Neanderthal a fréquemment chassé les chevaux, les bisons et les rennes, notamment durant les phases climatiques froides et sèches. Il existait alors plusieurs variétés de chevaux sauvages, de plus ou moins forte stature. Animaux craintifs et rapides, leur chasse demande beaucoup d'habileté. Les bisons des steppes étaient de taille et de poids supérieurs à ceux des bisons européens actuels, mais plus aisés à capturer que les chevaux. Si l'on se réfère aux techniques de chasse des Indiens des grandes plaines d'Amérique du Nord, celle du rabattage des troupeaux semble être la mieux adaptée. La pratique habituelle consistait à rabattre les bêtes sur un enclos ou, dans les régions à collines, à pousser les bisons entre deux rangées d'hommes et de femmes ; ceux-ci les rabattaient, en poussant de grands cris, vers un précipice où les animaux tombaient et se tuaient. Ce genre de chasse ressemble beaucoup, sur une échelle réduite, à la chasse aux éléphants de l'île de Ceylan. Lorsque les animaux pris dans l'enclos avaient été tués, les carcasses étaient dépecées pour être transportées au camp. Les rennes quant à eux se déplacent, en grands troupeaux, deux fois dans l'année (avant l'arrivée de l'hiver et celle de l'été). Neanderthal savait qu'alors ils sont vulnérables, notamment aux passages des gués (technique utilisée par les chasseurs nomades du Nord-Est asiatique). Durant les phases tempérées et surtout humides, les cerfs, très rapides à la course et rusés, ont été abondamment chassés. On remarque cependant, quel que soit le climat, une certaine constance dans la chasse au cerf. Neanderthal devait se méfier des bois que porte le mâle car la blessure qu'ils provoquent, identique à celle d'un coup de couteau, peut être mortelle. Dans les régions à reliefs, Neanderthal a fréquemment tué des bouquetins, plus rarement des chamois (animaux très craintifs) et des marmottes (notamment pour leur graisse et leur fourrure). Les bouquetins, animaux agiles et rapides sur les rochers, sont relativement aisés à chasser (notamment en repérant ses fumées), mais les mâles peuvent blesser leur attaquant en lui donnant des coups de corne qui peuvent provoquer d'importantes fractures.

D'autres animaux, difficiles à tuer, ont été plus rarement choisis. C'est le cas des ovibos, des aurochs et des sangliers. Les ovibos mâles, pour défendre leurs femelles et leurs jeunes, se mettent en cercle et, cornes en avant, font front en formant une sorte de bouclier difficile à percer. Les aurochs étaient des animaux de très forte stature (plus grands et plus forts qu'un taureau actuel) et redoutables, les mâles étant particulièrement agressifs. Les sangliers, avec la présence chez les mâles de canines fortement développées et acérées (terminées en pointes vives), leur caractère belliqueux et les sortes de plaques dermiques situées sur la partie avant de leur corps, dures et velues et difficiles à perforer, ont probablement découragé Neanderthal.

D'autres enfin, n'étant présents qu'à certaines périodes climatiques ou dans certaines régions, ont globalement été peu chassés par Neanderthal, c'est le cas du mégalocéros, de l'élan, du chevreuil, du daim, de l'antilope saïga et d'*Equus hydruntinus*. Les daims, présents en Europe uniquement durant les phases climatiques tempérées peu humides, ont été assez rarement abattus par les Néanderthaliens européens. Par contre, ils ont été, avec les gazelles, le gibier préféré de ceux du Proche-Orient. De même, les antilopes saïga, peu fréquentes en Europe occidentale et centrale, étaient très abondantes en Europe orientale (notamment en Crimée et en Géorgie) où elles ont été intensivement chassées par Neanderthal, comme d'ailleurs un petit équidé proche de l'hémione asiatique, *Equus hydruntinus*.

Si Neanderthal a souvent consommé la viande de gros mammifères, rhinocéros et éléphants ou mammouths, il ne les a en revanche qu'occasionnellement chassés. Le mammouth laineux, outre un poids et une hauteur au garrot élevés, possède une toison des plus caractéristiques, qui lui a d'ailleurs valu son nom. Elle comporte deux couches de poils : une sous-couche, très dense, constituée de poils courts (sorte de duvet) et une couche externe formée de poils plus longs qui pouvaient atteindre plus de trente centimètres sur le dos (les jarres). Quant à ses flancs, ils étaient recouverts d'une longue toison de près d'un mètre de longueur. De plus, il avait une peau épaisse (entre un centimètre et demi et deux centimètres et demi d'épaisseur) et, contrairement aux éléphants actuels, juste dessous, une couche de graisse de huit à dix centimètres d'épaisseur. La connaissance des mœurs des éléphants, vraisemblablement proches de celles des mammouths, permet de définir les stratégies utilisables pour leur capture. Les grands éléphants mâles, vivant généralement seuls ou en petits groupes, sont plus aisés à chasser que les groupes familiaux, composés essentiellement de femelles et de jeunes, car les femelles protègent avec vigueur leurs petits. L'éléphanteau, très dépendant de sa mère (ou d'un grand mâle de remplacement si elle est morte), trotte, sur ses talons ou sous son ventre, trompe dans trompe. Les éléphants de savane sont, comme l'étaient les mammouths, de grands migrateurs ; ils se déplacent à la recherche de nourriture, d'eau et de sel. Relativement casaniers, ils empruntent souvent les mêmes sentiers (« passées »), notamment pour aller s'abreuver, ce qui les rend vulnérables. Pour abattre un éléphant, le chasseur doit toucher le conduit auditif externe (entre l'œil et l'oreille, zone qui correspond au bulbe rachidien), l'espace entre les deux yeux, l'abdomen, le sternum ou la jointure entre la patte avant gauche et le ventre (environs du cœur). Si l'animal est blessé à un autre endroit, il peut s'enfuir ou devenir extrêmement dangereux, notamment si toute retraite lui est impossible. La chasse au mammouth devait être encore plus difficile que celle à l'éléphant car il était protégé par sa toison et sa graisse sous-cutanée, et Neanderthal avait un armement rudimentaire. En outre, l'utilisation du poison, fréquente chez les chasseurs-cueilleurs subactuels, n'est pas prouvée. Comment pouvait-il chasser le mammouth ? L'étude des techniques de chasse à l'éléphant employées autrefois par les peuples de l'Afrique apporte des éléments de réponse à cette question. Au Ier siècle après J.-C., Pline l'Ancien rapporte une chasse à l'éléphant : « Aux confins de l'Ethiopie, les Troglodytes, qui ne vivent que de cette chasse, montent dans les arbres qui sont sur leur passage : de là ils épient celui qui marche dernier, et lui sautent sur la croupe ; puis, de la main gauche, ils saisissent la queue et s'attachent par les pieds à la cuisse gauche : ainsi suspendus, ils lui coupent le jarret droit avec une hache très effilée ; en se sauvant ils lui coupent l'autre jarret : tout cela se fait avec une extrême vitesse » (livre VIII, *Terrestrium Animalium*). Les chasses individuelles, à l'arc ou à la sagaie, étaient extrêmement rares, c'était le plus souvent en groupe, avec des rabatteurs, que l'éléphant était chassé. Les procédés apparaissent multiples : chasses collectives à la sagaie, à la lance, aux harpons ou longues piques (embrochement en plongée) et surtout capture à l'aide de pièges. Des récits anciens de voyage rapportent l'utilisation de fosses pour capturer des éléphants. Cette technique, apparemment la plus ancienne, a été la plus utilisée : « Les nègres se servent à présent d'un autre moyen pour prendre des éléphants. Ils creusent des fosses profondes, dont ils couvrent l'ouverture de la terre ; ensuite ils préparent les chemins qui conduisent à ce précipice, en y semant du ris, du mil ou des fruits, et embarrassent les environs de ces chemins trompeurs avec des arbres abattus et entremêlés afin d'envoyer l'éléphant à prendre la route de la fosse. Lorsqu'il est tombé, il est aussitôt environné de chasseurs qui le tuent à coups de flèches et de sagayes et avec quelques armes à feu... » (Abbé Demanet, 1767, dans Jeannin, 1947).

Il y a cent vingt-cinq mille ans, à Lehringen[13] en Basse-Saxe (Allemagne), Neanderthal a profité d'un environnement marécageux, le bord d'un lac, pour achever un éléphant antique, probablement enlisé, à l'aide d'un épieu en bois de deux mètres quarante de long. Puis il l'a dépecé sur place avant de repartir vers son campement en emportant de gros morceaux de carcasse. D'après les témoins archéologiques, Neanderthal a donc occasionnellement chassé des mammouths et notamment, probablement par piégeage, des jeunes. Ces sont les découvertes d'ossements, essentiellement de jeunes mammouths, dans plusieurs gisements préhistoriques qui ont alimenté l'hypothèse de leur capture par piégeage. Sur les « passées », entre deux collines, à un col ou au lieu d'abreuvement des mammouths, il a sans doute creusé des fosses (de trois à sept mètres de longueur et au moins deux mètres de large sur quatre de profondeur) qu'il a ensuite camouflées par des feuillages et des branches. Dans le fond de ces trous, il a peut-être disposé des pieux en bois à l'extrémité effilée et durcie au feu. Ces fosses étaient réalisées à l'aide de bâtons à fouir, c'est un travail pénible qui demande beaucoup de temps ; elles ont donc probablement été utilisées à plusieurs reprises. L'intervention de rabatteurs peut également être envisagée. Avec cette technique, ce sont surtout les jeunes qui tombent dans les fosses. Parfois, plusieurs fosses sont disposées sur le même chemin, il est alors possible de trouver dans l'une un jeune et dans une autre une femelle (souvent sa mère). Dans certaines régions, lors des forts refroidissements, le sol étant gelé en profondeur toute l'année (permafrost), Neanderthal n'a pas pu utiliser ce procédé. Pour l'abattage de mammouths adultes, l'hypothèse la plus probable est la pratique de chasses collectives dans des endroits propices comme les marécages ou les fondrières.

Pour pouvoir transpercer leur « cuirasse », Neanderthal devait lancer son arme avec force et à courte distance (au plus quinze mètres) ce qui nécessitait l'approche de ces animaux et donc l'emploi de ruses (comme le camouflage). Le mammouth connaissait des mues saisonnières, le poil devait tomber au printemps et repousser à la fin de l'été, et c'est peut-être pour cette raison que Neanderthal l'a surtout chassé durant l'été. La chasse au mammouth, comme celle à l'éléphant, nécessitait des connaissances, mais aussi du courage, de la force, de l'habileté et du sang-froid. Jadis, chez les Wambas d'Afrique orientale, les chasseurs d'éléphants étaient réunis en de véritables corporations dont l'activité était soumise à des disciplines d'ordre magique. Les chasseurs, appelés *Fundi*, étaient des hommes préparés, tatoués et initiés.

Le petit gibier était également présent au menu. Neanderthal a tué, notamment, de nombreux lapins et lièvres, pour leur viande, mais aussi pour leur peau. Par contre, il ne semble pas avoir chassé les mammifères marins. Il a parfois capturé des oiseaux, peut-être au collet, à la glu (comme les Semang), à l'aide de bolas (comme les peuples des îles Tchouktche et Wrangele) ou à l'aide d'un javelot (comme les Aléoutiens) ou encore d'un bâton de jet (comme les aborigènes pour tuer les oiseaux en vol groupé). Lorsqu'un aborigène d'Australie aperçoit des canards sauvages posés sur l'eau, il plonge silencieusement dans le fleuve et nage sous l'eau jusqu'à l'endroit où se trouvent les oiseaux. Il les attire alors sous l'eau, l'un après l'autre, leur tord le cou et en capture un grand nombre, avant que les autres ne s'envolent effrayés. C'est une technique relativement simple qui a pu être utilisée par Neanderthal.

Neanderthal connaissait les caractéristiques de ses proies potentielles. Leur poids n'était pas une contrainte pour lui. Au contraire, on constate qu'il a préférentiellement choisi les grandes espèces, comme les chevaux, les bisons, les grands cervidés (comme le mégalocéros à Kiik-Koba en Crimée), voire l'aurochs (à Biache-Saint-Vaast et à Livernon dans le Lot, par exemple). Ces animaux fournissent beaucoup de viande et de graisse, par exemple, un cheval équivaut à trois ou quatre rennes, c'est, peut-être, ce qui a motivé leur choix. Pour la plupart de ces animaux, du fait de leur taille, Neanderthal les a dépecés sur le lieu même de leur abattage, puis il a transporté les quartiers ainsi préparés à son campement. Le cas des grosses espèces, proboscidiens et rhinocéros, est différent. Neanderthal les a parfois chassés (des rhinocéros à Biache-Saint-Vaast, à Taubach en Allemagne, ou à Krapina), mais, le plus souvent, il a prélevé des morceaux de carcasse ou de viande sur des animaux déjà morts.

Ainsi, en fonction de ses besoins, Neanderthal a pratiqué des chasses sélectives selon l'âge et le sexe des animaux ; il a alors utilisé trois techniques, la poursuite, l'approche ou l'affût. En outre, préférant les animaux à viande grasse, il a évité de tuer des bêtes trop vieilles ou amaigries, comme le sont les mâles après le rut ou les femelles après la mise bas. Pour les grosses espèces, comme les rhinocéros et les mammouths, ce sont surtout de très jeunes ou de vieux individus, plus faciles à capturer, qu'il a abattus. Il n'a pas hésité à tuer des femelles gravides, probablement lorsque le gibier se faisait rare [14]. Mais, le plus souvent, contrairement aux autres prédateurs, il a chassé des individus dans la pleine force de l'âge, même d'espèce de grande taille, ce qui témoigne d'un savoir-faire cynégétique. Dans les vastes espaces découverts pâturent de grands troupeaux de rennes, de cerfs, de chevaux ou de bisons, c'est à eux que Neanderthal s'est surtout attaqué, sans doute parce que ces animaux grégaires sont plus faciles à tuer que les espèces solitaires. En effet, il a souvent attaqué des hardes composées, pour l'essentiel, de femelles et de jeunes. Ce qui ne l'a pas empêché parfois d'orienter sa chasse vers des espèces au comportement plus solitaire (comme le rhinocéros de Merck et l'ours brun à Biache-Saint-Vaast et à Taubach). Neanderthal savait donc parfaitement surmonter les difficultés liées à la rareté de certaines proies en appliquant des stratégies *ad hoc*. De même, il a souvent préféré les espèces migratrices (renne, bison, antilope saïga) aux espèces sédentaires. D'où la question : les chasseurs installaient-ils leur campement en fonction du passage du gibier ou suivaient-ils les troupeaux lors de leurs déplacements ? Le site de « La Justice » à Beauvais (Oise) apporte un élément de réponse. Il correspond à un camp automnal de chasse aux rennes lors d'une période froide [15]. Durant cette saison, les rennes effectuent l'une de leurs deux grandes migrations. En effet, avant la venue de l'hiver, ils entament leur descente vers le sud (ou une région plus propice à la survie de la végétation) et s'arrêtent à mi-parcours pour le rut. Neanderthal connaissant le trajet de leur route migratoire a donc installé son campement à proximité de celle-ci. Il a tué plusieurs bêtes, en a mangé une partie et a découpé de la viande crue pour la faire sécher et probablement la fumer, en vue d'une consommation ultérieure. Dans certains cas, Neanderthal a donc installé son campement sur les voies de migration de certains animaux, notamment celles des rennes à la fin du printemps ou en automne. Il avait une parfaite connaissance des mœurs de son gibier. A côté de ces espèces migratrices, des proies au comportement plus sédentaire (cerf, aurochs, rhinocéros, bouquetin, chamois) ont été également abattues. On les retrouve quelquefois associées dans un même site, ce qui indique que Neanderthal tuait, selon les saisons, les animaux disponibles dans son environnement proche [16]. Sur son territoire, plusieurs espèces pouvaient être abattues, on constate qu'il a choisi l'une plutôt que l'autre, probablement en fonction de son savoir-faire cynégétique mais peut-être aussi d'exigences culturelles (voire cultuelles) qui nous échappent.

Un armement rudimentaire

Pour chasser, Neanderthal a conçu différentes armes. Certaines étaient tenues en main : armes de choc, comme les « coup-de-poing » (gros blocs de pierre plus ou moins dégrossis) et les massues en bois, armes d'estoc, tels les couteaux (pierre brute ou retouchée emmanchée sur un morceau de bois court et épais), et surtout armes d'hast, comme les lourds épieux, généralement en bois de conifères, à la pointe parfois durcie au feu. Il a également fabriqué des armes de jet. Neandertal avait une grande force musculaire, il pouvait lancer un projectile fort et loin. Contrairement aux armes d'estoc et d'hast, l'arme de jet évite le « corps à corps », ce qui rend la chasse moins dangereuse. Quelles armes de jet Neanderthal a-t-il pu utiliser ou fabriquer [17] ?

Il a pu se servir de projectiles plus ou moins sphériques, comme de simples pierres (lancées à la main ou à l'aide d'une fronde), des bolas (deux ou plusieurs boules de pierre ou d'ivoire réunies par des cordelettes) ou des boléadores (lourdes balles de pierre liées à des cordes réunies en lasso). Il a pu également employer des projectiles plus ou moins allongés, comme les bâtons (généralement gros et courts, lancés, ils ne reviennent pas), les crosses de jet, les boomerangs (bâtons plats et arqués) ou les couteaux de jet (lame en pierre au profil qui évoque le boomerang égyptien). Mais Neanderthal a surtout fabriqué des lances de taille variée, celle-ci important peu. Il faut surtout, pour que l'arme soit équilibrée, que la main se place au centre de gravité (en général vers le premier tiers). Ses lances étaient simples (un long morceau de bois appointé) ou composites, sur le bois, une fente permettait d'enchâsser une pointe en pierre ou en bois très dur (trois lances de ce type ont été découvertes à Schöningen en Allemagne) [18]. D'après le préhistorien allemand Gerhard Bosinski, les pièces symétriques, comme les pointes Levallois, convenaient parfaitement, contrairement aux pointes asymétriques à bords convexes, inappropriées à cet usage. Ces armes composites, fabriquées avec divers matériaux, attestent la possession par Neanderthal de capacités de corrélations développées. Au Proche-Orient, dans les niveaux à Moustérien du Levant, l'analyse tracéologique des outils montre une multifonction des pointes triangulaires [19]. Certaines, emmanchées sur des hampes en bois, ont servi de projectiles. Pour le tracéologue J. Shea, la fabrication et l'utilisation des pointes triangulaires comme projectiles, contrairement à ce que pensent ses collègues Hugues Plisson et Sylvie Beyries, auraient eu des conséquences cynégétiques et correspondraient à l'apparition d'une certaine modernité dans la technique de chasse. Dans ces sites proche-orientaux, Neanderthal et Proto-Cro-Magnon ont fabriqué et utilisé ces pointes de la même façon. En outre, ils ont pratiqué les mêmes stratégies cynégétiques, des chasses orientées vers les daims, les gazelles et les bouquetins.

La plupart des armes de Neanderthal contraignaient à l'approche du gibier. Par exemple, pour toucher un animal avec sa lance, le chasseur doit être à quinze mètres au plus. Cependant, il avait une anatomie qui lui permettait de lancer plus loin et plus fort son arme, donc de se tenir à plus grande distance de sa proie. Mais, s'il voulait avoir une chance de l'atteindre, il devait quand même se trouver à moins de vingt mètres. Ce n'est qu'au Paléolithique supérieur que se développera un véritable armement, en os et en bois de cervidés : pointes de sagaies, harpons et propulseurs. Grâce au propulseur, l'homme moderne pouvait lancer sa sagaie à trente mètres de sa proie. Comme chez les chasseurs-cueilleurs subactuels, les choix culturels stratégiques de Neanderthal résultaient de l'adéquation entre, d'une part, la proie convoitée et, d'autre part, les méthodes utilisées et les armes employées. Cet ensemble technique a varié en fonction du gibier choisi ; on n'attrape pas un renne comme un cheval ou un mammouth.

Des chasses élaborées

C'est le début de l'été, Neanderthal, parti à la recherche de branches pour le feu, a repéré les traces d'un cerf dans la clairière près du petit bois. Les herbes sont épaisses, mais il distingue sa foulée : là, il y a des empreintes, ce sont bien les voies d'un cerf. Elles sont supérieures à quatre doigts et profondes, c'est un grand mâle solitaire. Tiens ! des fumées en torche et un frayoir, il s'est donc arrêté pour se soulager et se frotter à cet arbre. Il a également cassé et ployé les branches de ce robuste arbuste, les portées sont hautes et larges : c'est assurément une belle bête. Il faut trouver sa reposée et attendre qu'il revienne s'y coucher. La voici, elle est longue, large et profonde et les herbes sont complètements écrasées ; c'est un dix-cors ! Il n'y a pas de toiles d'araignées, il faut attendre, c'est sûr, il va revenir s'y reposer.

D'après les données archéologiques [20], Neanderthal a pratiqué simultanément différents modes de chasse : diversifiée (ou opportuniste), orientée vers quelques espèces, spécialisée sur une ou deux espèces et hyperspécialisée (sur une seule espèce). Neanderthal chassait de grands animaux, la pratique exclusive d'une chasse au petit gibier n'a pas été mise en évidence. La chasse diversifiée, ou opportuniste, apparaît relativement rare. La chasse orientée vers deux ou trois espèces était fréquente, notamment durant les phases froides. Quant à la chasse spécialisée sur une ou deux espèces, elle était apparemment plus habituelle lors des phases tempérées peut-être parce que, alors, le gibier étant plus abondant et les troupeaux plus conséquents en nombre de têtes, le choix était plus grand. Par contre, il a rarement pratiqué une chasse hyperspécialisée. Cependant, en Crimée par exemple, c'était essentiellement un chasseur d'antilopes saïga et d'un petit équidé, l'*Equus hydruntinus* [21].

Quel que soit son mode de chasse, Neanderthal a le plus souvent pratiqué des chasses saisonnières, il a donc installé des campements temporaires de plus ou moins longue durée, camps saisonniers ou haltes de chasse. Les chasses ont eu lieu à toutes les saisons, cependant, le renne semble avoir été chassé de préférence au printemps et en automne, périodes de leur migration, et les espèces sédentaires plutôt durant la période hivernale. En outre, Neanderthal revenait souvent s'installer aux mêmes endroits (sites à occupations récurrentes), ce qui atteste de ses déplacements fréquents au sein d'un même territoire.

Repérer, approcher ou attirer, tuer ou piéger le gibier sont les étapes successives de la chasse. Pour qu'elle soit vouée au succès, le chasseur doit avant tout savoir repérer et identifier les traces laissées par les animaux : leurs empreintes de sabots ou de doigts, les marques de leur passage et leurs excréments[22]. Ces témoins lui permettront de connaître l'identité, l'âge, la taille et l'état de santé de sa proie.

Neanderthal a probablement capturé à la main les tout petits animaux terrestres, aquatiques ou aériens. Il a également piégé le gibier, avec ou sans appât[23]. Les animaux peuvent être pris, au lacet ou au collet, dans un récipient (fosse, trappe, enclos) ou dans un filet ou rets (filet fixe pour le gibier terrestre, mobile pour le gibier aquatique ou aérien). Les engins plus sophistiqués utilisés par certains peuples traditionnels, comme les pièges à récipients, à masse ou à poids (assommoir ou guillotine) ou les grandes chicanes en bois, étaient probablement inconnus de Neanderthal. Par contre, il a utilisé les pièges naturels (marécages, avens, vallons en cul-de-sac, précipices) qui existaient dans son environnement. En bordure de marécages, Neanderthal a abattu des rhinocéros (à Biache-Saint-Vaast, à Taubach et à Krapina par exemple) ou des mammouths (comme à Mutzig I). A Starocelié en Crimée, il a chassé des petits chevaux (*Equus hydruntinus*) en les forçant à entrer dans l'étroite gorge de Kanly-Dere qui se termine en cul-de-sac. Mais la chasse se pratique aussi et surtout avec des armes de jet, que l'on soit seul ou en groupe. A la poursuite, l'approche (avec ou sans camouflage) et surtout à l'affût (avec ou sans leurre), Neanderthal pouvait sélectionner ses proies (l'âge, le sexe, la taille) en effectuant des tirs sélectifs. Pour de grandes chasses, comme celles aux mammouths, il a probablement employé la battue. Ce type de chasse nécessite la collaboration de nombreux individus, les chasseurs et les rabatteurs. Chez les peuples chasseurs-cueilleurs, ce sont les femmes et les enfants qui jouent les rabatteurs et qui poussent le gibier vers des chasseurs embusqués ou des pièges.

Après que l'animal a été tué, il faut le ramener au campement[24]. Lors d'une chasse, il y a un équilibre à réaliser : l'énergie fournie par la proie doit être nettement supérieure à l'énergie dépensée pour la tuer et la transporter[25]. Le transport entraîne une dépense énergétique qui va dépendre du poids de l'animal, de la distance entre le lieu d'abattage et le campement, de l'altitude à laquelle ce trouve ce dernier, du moyen de transport et du nombre de porteurs. Le facteur de portabilité joue donc en défaveur des grosses et grandes espèces. En effet, pour les éléphants, les mammouths et les rhinocéros, seules certaines parties, voire uniquement la viande, ont été récupérées par Neanderthal. De même, à la différence des animaux de taille moyenne et petite transportés entiers, il a quasi systématiquement dépecé les grandes espèces, comme les chevaux et les bisons, sur le lieu de leur abattage et n'en a rapporté à son campement que des quartiers. L'équilibre entre énergie récupérée et énergie dépensée était ainsi réalisé.

Partage et division du travail

Les études ethnologiques menées sur les peuples chasseurs-cueilleurs sont sources d'inspiration pour les préhistoriens, même si, comme le rappelle, en 1997, l'ethnologue français Serge Bahuchet : « Une transposition directe des observations modernes pour la reconstruction des modes de vie passés n'a guère de validité. » Cependant, elles peuvent renseigner sur les fondements des systèmes socio-économiques, comme le partage et l'entraide. En effet, différentes d'un comparatisme ethnologique, les enquêtes ethnographiques tentent d'établir certaines règles de comportement similaires dans des contextes socio-économiques analogues. Ces études servent aux ethno-archéologues dont l'objectif principal est de lier des comportements, qui disparaissent, à des configurations de vestiges qui sont susceptibles d'être retrouvés lors des fouilles.

Neanderthal, chasseur de grands mammifères, possédait les nombreuses aptitudes inhérentes à cet acte : habileté physique, sens de l'observation et de l'organisation (planification, gestion), connaissances du terrain et du gibier et maîtrise des techniques. L'acquisition de ces connaissances et savoir-faire nécessite un apprentissage et de nombreuses capacités cognitives, dont le langage, que possédait Neanderthal. Mais la chasse a une fonction sociale autant qu'économique. Elle est structurante, car elle augmente la cohésion du groupe notamment par la coopération (diversement réglée selon le mode de chasse pratiqué) ; plus la stratégie est sophistiquée, plus elle exige de collaboration. De ce fait, la coopération peut être élargie à plusieurs groupes, par exemple lors de grandes chasses, ces alliances temporaires scellent le réseau relationnel inter-groupe. Une chasse collective est plus fructueuse, mais elle sous-entend la nécessité de la capture d'une proie plus importante en taille ou de l'abattage de plusieurs bêtes et surtout une bonne coordination entre les chasseurs (avec communication orale ou gestuelle), de même qu'une organisation sans faille. Les chasses aux mammouths, collectives et exceptionnelles, devaient donner lieu, comme hier chez les chasseurs d'éléphants, à des préparatifs et à des réjouissances. Elles favorisaient également les échanges, de savoirs et de biens, entre groupes, créant ainsi un réseau où hommes et femmes pouvaient trouver un partenaire.

Mais c'est, peut-être, le partage qui est le facteur social le plus important. A la différence des carnivores sociaux, ni les chimpanzés ni les babouins ne partagent leur nourriture à la façon des humains (exception faite entre les jeunes et leur mère). Chez les populations de chasseurs-cueilleurs, le partage du produit de la chasse est équitable ; cette pratique égalitaire assure la cohérence du groupe et renforce les interrelations. Souvent celles-ci dépassent le cadre du groupe ; un morceau de gibier peut devenir au sein du réseau tissé entre différentes communautés un objet d'échange ou un présent. Les conséquences de cet acte sont essentielles ; les vieillards, les malades et les jeunes enfants restés au camp reçoivent leur part, ce qui est une forme de socialisation évoluée. Cependant, le partage des produits alimentaires crée une interdépendance économique plus étroite, notamment lorsqu'il s'agit de viande. En effet, chez les peuples chasseurs-cueilleurs, le statut des femmes est inversement proportionnel au gibier tué et à leur participation à cette activité ; les femmes sont plus dépendantes chez les Esquimaux qui consomment essentiellement des produits issus de chasses, que chez les Hadza de Tanzanie où l'alimentation végétale est très importante. Toutes ces constatations nous conduisent à penser que Neanderthal partageait avec les siens le produit de ses chasses.

La femme à la cueillette et l'homme à la chasse, c'est l'image classique du comportement de subsistance chez les peuples chasseurs-cueilleurs. L'universalité de la chasse admise comme l'apanage masculin est frappante. Comme l'a écrit, en 1986, l'ethnologue Alain Testart, la femme chasse, mais jamais ne fait couler le sang. Ne pouvant se servir que d'armes contondantes, elle ne tue donc que du petit gibier ou, lors de battue, sert de rabatteur. Cette division sexuelle est vraisemblablement à l'origine du partage des tâches. En ce qui concerne Neanderthal, les preuves attestant de cette dichotomie font défaut. Les études anatomiques des squelettes de Néanderthaliens, masculins et féminins, ne montrent aucune différence de développement musculaire ; il est, chez les deux sexes, tout aussi fort. (Voir chapitre 16.)

La chasse est donc un phénomène social, mais c'est aussi un révélateur social. C'est la valeur accordée à la viande qui confère à la chasse son rôle primordial. La viande rouge sauvage donne de la force puisque force il faut avoir eu pour l'obtenir. Dans les sociétés traditionnelles, un bon chasseur acquiert « virilité » et statut social ; il est un partenaire privilégié pour la femme et un allié recherché pour le groupe, donc un idéal convoité. En outre, la consommation de la viande, du fait de son statut, obéit à des impératifs de dons ainsi qu'à des interdits alimentaires. Par exemple, chez les aborigènes d'Australie, des lois sévères prescrivaient les aliments permis ou interdits. Les animaux, en donnant ce bien-être qu'est la viande, sont dans de nombreuses civilisations objets de culte. Les Lapons, par exemple, pratiquent des cultes ancestraux liés au renne et à l'ours. On peut penser qu'il en fut de même chez Neanderthal, puisque, selon Claude Fischler : « L'Homme biologique et l'Homme social, la physiologie et l'imaginaire sont étroitement, mystérieusement mêlés dans l'acte alimentaire. » (Voir chapitre 16.)

Parfaitement adapté physiquement et mentalement, Neanderthal a sans doute été le plus grand chasseur de tous les temps. La pratique de la chasse et les conséquences sociales qui en découlent le distinguent de ses prédécesseurs et le rapprochent de nous.

9

Tout était bon dans l'animal !

> « Il se trouve plus de différence de tel homme à tel homme que de tel animal à tel homme. »
>
> Michel de MONTAIGNE, *Essais*.

Nous sommes au début de l'automne, Neanderthal est heureux ; avec ses compagnons, il vient de tuer trois bisons dont un mâle bien gras. Il s'affaire autour des dépouilles. Il est temps de se mettre à l'ouvrage. Il faut dépecer les carcasses afin de rapporter les quartiers ainsi préparés au campement, c'est moins lourd à transporter ! Armé de son couteau en silex, il ouvre l'abdomen de l'animal et en sort les tripes. Puis, c'est le tour de la cage thoracique, le cœur et le foie sont immédiatement dégustés. Ensuite, il découpe soigneusement la peau, il ne faut pas l'abîmer. Il la laisse reposer sur le sol, elle protégera la viande de la terre. L'outil habilement manœuvré s'active au niveau des tendons et des ligaments articulaires, ces derniers sont coupés, la tête et les membres peuvent être facilement séparés de la colonne vertébrale. Le sang coule, vite, il faut le récupérer dans un récipient, cette outre en cuir fera l'affaire. Les quartiers de viande sont prêts, il ne faut pas oublier d'emporter également la peau et la panse.

Dès son retour, c'est la fête, les enfants tourbillonnent autour des chasseurs. Les femmes s'activent déjà autour des dépouilles. Les peaux serviront de récipients, « marmites », sacs, gibecières. La peau de bison n'est pas assez douce pour faire un agréable vêtement, Neanderthal lui préfère la peau beaucoup plus souple des cervidés. Les cornes, elles aussi, feront de bons petits récipients ; certaines seront chauffées et transformées en colle pour emmancher les outils et les armes. Les panses, une fois bien nettoyées, permettront de conserver l'eau. Une partie de la viande est découpée en lanières qui sont mises à sécher au soleil sur des cadres en bois. Plus tard, elles seront rissolées sur le feu et réduites en poudre. Celle-ci remplira des sacs en peau ou en boyaux lavés, fermés hermétiquement avec de la graisse. Si l'on trouve des baies sauvages, on les ajoutera, une fois séchées et pilées, à la poudre de viande. Peu encombrant et de haute valeur nutritive, cet aliment est idéal lors d'un déplacement. Près d'un foyer, une femme est en train de décharner des os longs. Elle les gratte soigneusement afin d'en ôter le périoste, puis les casse et en extrait la moelle qu'elle verse dans un récipient. Elle met les gros fragments osseux à sécher. Après quelques jours, elle les récupère et les pose les uns après les autres sur un gros bloc de grès. A l'aide d'un percuteur en pierre, elle les fracture en petits morceaux d'environ deux centimètres. Elle les jette ensuite dans de l'eau contenue dans un sac en peau de bison. Elle incorpore quatre pierres très chaudes. Elle surveille la préparation ; l'eau ne doit ni refroidir ni bouillir, sinon le gras ne remonterait pas à la surface. Après quelques heures, une substance blanche et pure flotte à la surface. Elle l'écume au fur et à mesure. La fin de la journée arrive, il n'y a plus de gras qui flotte. Heureuse, elle en goûte un peu. Cet aliment se conserve bien, il pourra être consommé cet hiver ou lorsque le clan quittera le campement d'été pour rejoindre celui d'hiver. Alors, elle le mélangera à de la viande séchée. Mais, dès ce soir, cette bonne graisse améliorera la saveur du repas[1].

L'animal est constitué d'un ensemble de ressources, alimentaires, et aussi non alimentaires : os, bois (chez les cervidés), peau ou fourrure, tendons, ligaments et nerfs, poils et crins, étuis cornés (cornes chez les bovidés et sabots chez les ongulés). Neanderthal le savait et les a, pour la plupart, utilisées. Pour les matières périssables (qui ne se fossilisent pas), leur récupération est attestée par les marques laissées par les outils lithiques sur les os et les microtraces d'utilisation observées sur les outils eux-mêmes. Pour récupérer ces matières premières animales, Neanderthal a employé différents outils : des éclats bruts et aussi des racloirs, des éclats à dos naturel, des coches ou denticulés et des lames[2]. Au Proche-Orient, notamment à Kebara en Israël, pour découper des daims et des gazelles, il a employé des éclats et pointes triangulaires et des lames ; en Arménie, dans les petits abris d'Erevan et de Lusakert, il s'est servi de couteaux en obsidienne[3].

Si nous connaissons relativement bien les animaux consommés par Neanderthal, il n'y a pas de témoignages matériels relatifs à la préparation des aliments, notamment aux manières de les cuisiner et de les assaisonner. Les végétaux et les condiments ou épices qu'il a utilisés n'ont laissé aucune trace. En effet, seuls les spores et les pollens de plantes à fleurs se fossilisent, les graines ne nous parvenant que lorsqu'elles ont été calcinées, malheureusement aucune n'a été retrouvée dans les sites néanderthaliens. Les spectres polliniques tracés par les palynologues ne représentent qu'une partie de la flore qui existait à l'époque. S'ils permettent de reconstituer le paléoenvironnement, ils ne peuvent nous renseigner qu'indirectement sur les végétaux comestibles, donc potentiellement consommables. De même, les ustensiles de cuisine, excepté les « couteaux », sont archéologiquement inexistants. Mais nous pouvons quand même répondre à trois questions : Quel gibier mangeait Neanderthal ? Comment se le procurait-il ? Comment le découpait-il ?

La façon de découper les proies est un indice culturel fort qui permet de caractériser les comportements humains. C'est en étudiant les marques d'outils lithiques sur les os des animaux découverts dans les sites préhistoriques que l'on peut retrouver les techniques de découpe et mettre en évidence quelles ont été les parties récupérées[4]. Au préalable, il faut identifier l'agent responsable des marques observées. En effet, les activités de boucherie sont à différencier des altérations qui peuvent affecter les ossements (des bactéries aux primates). En outre, la plupart du temps, dans des contextes de boucherie, l'organisation spatiale des ossements n'est pas contingente et permet de la rattacher à certaines techniques. L'animal, riche en ressources variées, a fourni à Neanderthal non seulement de la viande, mais également, du sang, des viscères, dont la cervelle et le foie, du lard, de la graisse et de la moelle contenues dans les os et parfois, lorsqu'il s'agissait de femelles gravides ou allaitantes, du liquide amniotique et du lait.

Neanderthal maîtrise les techniques de la découpe du gibier, aux impératifs fixés par l'anatomie de l'animal et les outils disponibles. Il procède par étapes successives suivant un schéma opératoire prédéfini. Lorsque l'animal est de taille petite ou moyenne, pour faciliter les opérations de découpe, il peut être accroché à un arbre par les pattes postérieures, maintenues écartées, la tête en bas et à hauteur d'homme (technique amérindienne et européenne).

Afin que les viscères thoraciques et abdominaux ne gâtent pas la viande, il commence par éviscérer la bête, souvent sur le lieu de chasse. Il couche l'animal sur le dos et pratique une incision longitudinale, du dessous du cou jusqu'à l'entre-cuisse. Il récupère et consomme le sang et les abats. Il prélève la langue et fracture le crâne pour en extraire la cervelle. Avec la peau des intestins et de la panse des ruminants, il a probablement, comme le font la plupart des peuples chasseurs-cueilleurs, confectionné des récipients ou des outres pour garder l'eau.

Très souvent, Neanderthal récupère la peau des herbivores (bouquetin, cerf, aurochs, bison, renne, chamois, cheval, castor) et la fourrure des carnivores (ours brun, loup, renard, hyène des cavernes). Pour prélever la peau dans son entier, il dégage des os auxquels elle adhère à certains endroits (tête, extrémités des pattes). Il existe plusieurs méthodes de préparation des peaux qui varient selon les peuples et le produit que l'on veut obtenir : une peau, avec conservation des poils, ou un cuir, dépourvu de poils et obtenu par tannage. Une fois prélevée, pour qu'elle ne rétrécisse pas en séchant la peau doit être étirée, soit en la maintenant au-dessus du sol grâce à des piquets de bois fichés en terre, soit par l'intermédiaire d'un cadre en bois généralement disposé à la verticale. Pour le premier nettoyage de la peau, l'enlèvement des chairs et du gras restants, Neanderthal utilise principalement des racloirs et pour l'assouplir préférentiellement des grattoirs[5]. Il s'est peut-être également servi, comme le font les Inuit, de ses incisives. En effet, la face triangulaire de Neanderthal résulterait, pour certains paléoanthropologues, d'une utilisation fréquente de ses dents comme outil. De plus, beaucoup de Néanderthaliens, hommes et femmes, ont des incisives qui présentent une forte usure vers l'extérieur identique, bien que moins prononcée, à celle observée sur les incisives des Inuit. Ce caractère, très marqué chez les individus âgés, est également attesté chez les plus jeunes. Ce constat a conduit d'autres paléoanthropologues à considérer ce caractère comme étant le résultat d'une adaptation au froid (origine génétique et non biomécanique comme dans l'hypothèse précédente). Néanmoins, sorte de « troisième main », ses incisives permettaient à Neanderthal de s'emparer de la peau, ou de tout autre objet, et, fonctionnant comme un étau, d'effectuer un mouvement d'avant en arrière. Pour tanner ou teindre la peau, il a pu utiliser de la poudre sèche d'écorces de chêne ou de bouleau (produits encore récemment employés dans les tanneries) ou de l'ocre, mélangé à d'autres produits qui nous sont inconnus, peut-être, comme chez les Amérindiens, de la cervelle. Avec les peaux et les fourrures ainsi préparées, Neanderthal confectionne des vêtements, des couvertures, des « mocassins », des sacs ou autres récipients, et fabrique des toitures ou des auvents. Pour traverser les fleuves, certains Indiens des prairies de l'intérieur de l'Amérique du Nord se servaient d'un esquif en peau de bison, sorte de « coracle » (armature d'osier recouverte de la peau) qu'ils remorquaient à la nage. Neanderthal a pu également utiliser cette technique pour franchir des cours d'eau, cependant aucune preuve archéologique ne l'atteste. Pour assembler différentes peaux entre elles, il perce des trous à l'aide d'un os pointu, sorte d'alêne, et y enfile des liens, des morceaux de nerfs fins par exemple, comme le faisaient les aborigènes d'Australie. Chez les peuples traditionnels, le travail des peaux, relativement long et pénible, et la confection des vêtements étaient effectués par les femmes. Or, si l'usure particulière des incisives de Neanderthal résulte bien de leur utilisation comme « outils », pour notamment assouplir les peaux, hommes et femmes devaient participer à ce travail.

Après l'opération de dépouillement, ou avant s'il ne souhaite pas récupérer la peau, Neanderthal procède au dépeçage ; la carcasse de l'animal est découpée en gros quartiers. Lorsque la proie est de grande taille, pour en faciliter le transport, il effectue cette opération sur le lieu de chasse. Neanderthal sépare de la cage thoracique la tête (souvent entre le trou occipital du crâne et l'atlas, plus rarement entre l'atlas et l'axis), les pattes antérieures (généralement au niveau de l'omoplate) et les pattes postérieures (souvent entre le fémur et le coxal). Selon la taille de l'animal, il utilise différentes techniques et divers outils, car on ne dépèce pas un mammouth comme on dépèce un chamois. Par exemple, pour séparer les différentes parties de la carcasse d'une grosse espèce, il fracture les extrémités osseuses concernées à l'aide de gros outils : bloc de pierre, gros galet, biface...

Puis, souvent à son campement, Neanderthal désarticule les quartiers ainsi préparés. Il sectionne les ligaments et les tendons, éléments très résistants qui relient les différents os entre eux. En période d'abondance de nourriture, il rejette les extrémités des pattes sans les désarticuler. Lors de cette opération, Neanderthal récupère les tendons et les ligaments, comme ceux des chamois à Sclayn, des chevaux à Mutzig et des cerfs à Tournal. Pour les conserver, il les enroule immédiatement autour d'un gros bâton. Il peut s'en servir comme liens, par exemple pour fixer une pointe en pierre sur une hampe en bois, ou pour confectionner des collets. Parfois, Neanderthal prélève également les étuis cornés des bovidés (comme ceux des chamois à Sclayn), peut-être afin d'obtenir de la colle, qu'il peut utiliser pour maintenir les ligatures des pointes emmanchées, ou pour s'en servir comme outils ou récipients.

Après avoir désarticulé l'animal pour récupérer la viande et les os, Neanderthal décharne les morceaux préparés en glissant le tranchant de son couteau en pierre sous la chair, le long de l'os, et la repoussant vers l'arrière. Il consomme essentiellement de la viande d'herbivores ; celle de carnivores est exceptionnelle. Il pouvait la manger crue ou cuite de différentes façons. Malheureusement, peu d'indices archéologiques permettent de mettre en évidence les modes de cuisson utilisés. Cependant, certains os longs présentent des traces de brûlures localisées au niveau de leurs extrémités, alors que leur diaphyse en est dépourvue, ce qui atteste que Neanderthal « rôtissait » des morceaux de gibier[6]. Par contre, la préparation de viande bouillie ou cuite dans un « four », le fumage ou le séchage ne peuvent être mis en évidence que par des analyses indirectes du matériel et du contexte archéologique comme à Cracovie-Zwierzyniec (Pologne) où une structure pour fumer la viande a été découverte. Il s'agit d'un four à coupole en argile cuite disposé au-dessus d'un foyer ; il était situé à proximité de quatre autres foyers disposés autour d'une molaire de mammouth[7]. Lors du décharnement, Neanderthal prélève les nerfs ; très résistants, ils font d'excellents fils et de solides liens pour, par exemple, fixer une pointe sur une hampe en bois[8]. Neanderthal a, parfois, fait des réserves de viande. A Kiik-Koba en Crimée, un grand nombre d'ossements d'animaux a été découvert à l'intérieur de cinq fosses creusées à même le sol de la grotte. Celles-ci servaient à stocker de la nourriture[9]. Ces petites réserves lui permettaient de pallier le manque de nourriture durant les périodes de pénurie ou la saison hivernale. Le stockage est un système techno-économique qui suppose à un moment donné un « excès » d'aliments ; en outre, pour stocker, il est nécessaire de transformer des denrées périssables en denrées non périssables. Neanderthal a dû probablement utiliser, selon les périodes, la congélation (notamment durant les phases glaciaires et dans certaines régions, dans des trous creusés dans le permafrost), le séchage ou le fumage. A Beauvais, Neanderthal a fumé de la viande de renne au-dessus de foyers à combustibles osseux. A Sclayn, il a découpé en lanières de la viande de chamois ; peut-être, comme les Amérindiens, pour la faire sécher. Par contre, la conservation par salage, nécessitant une saumure donc la présence de salines à proximité des habitats, paraît moins probable. Neanderthal, pour stocker de la nourriture, procède en plusieurs étapes. Il sélectionne la partie à conserver, puis la traite et choisi le lieu de stockage en anticipant son degré de dégradation. Cela dénote chez lui un savoir-faire et des capacités cognitives telles que la planification. Le paléontologue français Jean Bouchud a envisagé la pratique du parcage des rennes par les Magdaléniens du sud-ouest de la France. Cette technique qui correspond à un « stockage » de viande sur bêtes vivantes n'a semble-t-il pas été pratiquée par Neanderthal.

Pour en récupérer la moelle, Neanderthal casse systématiquement les os longs d'herbivores par percussion directe lancée (notamment pour les gros os) ou percussion directe posée[10]. Parfois, pour mieux maîtriser le développement de la fracturation, il ôte au préalable la fine membrane élastique qui recouvre l'os (le périoste) par raclage longitudinal. Les différentes techniques employées par Neanderthal sont mises en évidence par le nombre de fragments donnés par chaque type d'os, les lieux de fracturation et la nature des os fracturés. Ces techniques reflètent des variations dans les modes de préparation de la nourriture et, parfois, des coutumes différentes [11]. En effet, comme chez les peuples traditionnels, la moelle de certains os est préférée à celle d'autres. En outre, selon le contexte environnemental, période d'abondance ou de pénurie de nourriture, le nombre d'os fracturés varie. Par exemple, la fracturation des petits os, comme les phalanges, pauvres en moelle, témoigne souvent de temps difficiles. Mangée crue, la moelle est très nutritive et, paraît-il, très savoureuse.

Les vertèbres, les côtes, le coxal, l'omoplate et surtout les os longs contiennent de la graisse. Parfois, comme à Mutzig et à Beauvais, Neanderthal pour la récupérer confectionne des bouillons. Ces bouillons d'os peuvent se préparer toute l'année, mais la teneur en gras des os varie d'une espèce à l'autre, d'un sexe à l'autre, selon l'âge des animaux et les saisons, préférentiellement au moment où les animaux sont gras.

Comme la taille des outils, la découpe (ou traitement) des proies par Neanderthal correspond à une véritable chaîne opératoire, avec systématisation des gestes et différents actes. Ce schéma opératoire présente des variantes selon l'espèce, la taille et l'âge de l'animal, mais aussi les techniques et les traditions culturelles des groupes. En outre, l'intensité du traitement semble dépendre de l'environnement et de la volonté de récupérer ou non les différentes matières premières disponibles sur un animal. Neanderthal sait gérer les périodes de pénuries alimentaires en adaptant ses stratégies d'acquisition et de traitement du gibier, notamment : en installant son campement à des endroits propices, en sélectionnant ses proies, en les exploitant au maximum (jusqu'à la confection de « bouillons gras ») et probablement en pratiquant un stockage limité dans le temps. Les activités de boucherie sont, dans toutes les sociétés, traditionnelles ou modernes, pratiquées par les hommes. Cette coutume a en effet perduré dans les sociétés industrielles jusqu'à nos jours. En Bretagne, par exemple, seuls les hommes tuaient et découpaient le cochon. Peut-être en était-il de même dans celles de Neanderthal.

Des ossements à tout faire

La découpe d'une proie permet de récupérer de la nourriture, mais aussi, et en très grand nombre, des ossements (dents, os, bois de cervidés), matières premières abondantes, directement utilisables et faciles à travailler. Neanderthal utilise les ossements comme combustibles, récipients, armatures d'habitation, outils, à l'état brut ou travaillé, et, plus tardivement, au Châtelperronien et à l'Uluzzien, comme parures ou supports d'art mobilier. En complément du bois, Neanderthal se sert souvent d'os pour intensifier la chaleur de ses foyers. Parfois, comme à Beauvais, il effectue même un tri, choisissant de préférence des fragments riches en *spongiosa*, déjà fracturés et décharnés, de longueur égale ou inférieure à cinq centimètres.

Certains os, de par leur forme, ont eu des fonctions précises, récipients ou support de travail. Ainsi, Neanderthal a enlevé par percussion plusieurs parties de l'os du bassin de certains animaux de grande taille (cheval, bison) pour ne conserver que la cavité cotyloïde où s'articule la tête du fémur. Cette partie, subcirculaire, relativement profonde et devenue stable ainsi préparée, faisait un parfait « godet ». Ce type de pièces a été découvert dans des grottes de Belgique, comme au Trou du Diable, à Goyet IV (une douzaine) et à Engihoul. De même, comme l'atteste le coxal d'un jeune rhinocéros de Merck découvert à Krapina, Neanderthal a employé des os plats (omoplate, ilion de coxal) comme support de travail, sortes de « planche à découper ». En Europe centrale et orientale (à Ariendorf, Ripiceni-Izvor, Molodova et Krétosy), notamment durant les phases climatiques froides, pour construire son habitation, Neanderthal a parfois utilisé, en complément du bois végétal qui était alors rare, des ossements de pachydermes. Contrairement à l'homme moderne, s'il a parfois taillé des outils en matière osseuse, il n'a que très tardivement développé une véritable industrie. Ce n'est qu'au Paléolithique supérieur que l'industrie osseuse se développera : pointes de sagaies, harpons, propulseurs... Cependant, le travail de l'os semble apparaître beaucoup plus tôt, entre 80 000 et 85 000 ans, à Blombos en République sud-africaine et à Katanda au Congo ; les artisans, des *Homo sapiens* archaïques, ont, notamment, fabriqué des harpons dentés. Neanderthal connaissait pourtant la plupart des techniques pour débiter cette matière première, la percussion et le sciage, ou pour la façonner, l'abrasion ou le raclage [12]. Pour tailler des outils en os, il emploie essentiellement trois techniques de débitage, toutes utilisant la percussion, directe ou indirecte. La percussion posée consiste à appliquer directement le percuteur sur l'os reposant en son entier sur un support dur, l'enclume. Lors de la percussion lancée, l'os tenu en main est lancé en direction de l'un des angles ou des bords abrupts d'un objet ou d'une surface durs. Enfin, la percussion indirecte posée avec pièce intermédiaire, le coin, correspond à la percussion posée, mais le percuteur est ici appliqué non plus directement sur l'os mais sur une pièce intermédiaire dure ou tendre. Cette dernière technique, également appelée fendage, Neanderthal l'a souvent utilisée pour fracturer les os de très gros mammifères comme les éléphants. L'ablation d'extrémités d'os longs (comme les humérus de cheval ou de boviné découverts à la Quina) ou d'andouillers de bois de cervidés correspond également à un débitage par percussion. Parfois, avant de fracturer l'os, Neanderthal prépare la surface en la raclant, afin d'ôter les restes de chair ou le périoste ; leur présence amortit le choc, rendant ainsi le contrôle de la fracturation plus difficile. Par ailleurs, d'après les stigmates de percussion observés sur les os (bulbe, ondes radiaires, cône), il connaissait les lignes de faiblesse de la structure de l'os et les utilisait pour le fracturer plus aisément. Pour les pièces minces, il emploie quelquefois la technique du sciage ; percussion posée associée à un mouvement de va-et-vient. Pour séparer les andouillers d'un merrain de bois de cerf ou d'une perche de bois de renne, il a peut-être utilisé la technique du martelage. A l'aide d'un outil tranchant, on dégage une gorge circulaire de plus en plus profonde, jusqu'à ce que la séparation par flexion puisse se faire. Parfois, pour améliorer l'efficacité d'un tranchant ou donner une forme précise à l'outil ou l'arme, Neanderthal retouche, par percussion lancée, un ou plusieurs bords de fragments de diaphyses d'os longs et plus rarement d'os plats[13]. Il a ainsi façonné des racloirs, et, à Rhede en Allemagne, un biface sur os long de mammouth. Il a aussi taillé quelques pointes, poinçons et perçoirs, à partir de fragments de diaphyses d'os longs ou de côtes d'ongulés (notamment de chevaux et de bovinés), mais aussi d'éléphant antique ou de mammouth. Neanderthal utilise deux techniques : l'abrasion et le raclage. L'abrasion consiste à frotter l'os ou le bois de cervidé sur une surface dure, et le raclage à passer, à plusieurs reprises, le tranchant d'un outil en pierre sur l'os ou le bois de cervidé. Des fragments de bois de cervidés (cerf, daim, renne), présentant des marques de sciage, de raclage ou des entailles, ont été retrouvés, toujours en petit nombre, dans des sites français, à Monaco, en Belgique et en Allemagne. Pour retoucher ses outils lithiques, Neanderthal utilise fréquemment des retouchoirs en os, sorte de percuteurs. Dans la majorité des cas, ce sont simples fragments de diaphyse d'os longs, souvent d'herbivores de taille moyenne (comme le cerf) à grande (comme le cheval et le bison ou l'aurochs). Parfois, comme à la Quina, il s'est servi d'extrémités distales d'humérus et de phalanges d'ongulés (surtout des chevaux et des bisons) et, plus rarement, comme au Trou du Diable, de molaires de cheval. Ces outils, peu élaborés, ont été découverts dans de très nombreux sites répartis sur toute l'Europe, cependant, à quelques exceptions près [14], ils sont relativement peu abondants.

Neanderthal n'a qu'exceptionnellement utilisé des bois de cervidés ; quelques-uns ont servi de percuteur, « pic » ou « pioche » [15]. Pourtant, dans certains sites, il a accumulé dans son habitation des ramures de cerf ou de renne [16]. Excepté dans le niveau châtelperronien de Saint-Césaire, ces bois ne portent aucune marque de travail ou d'utilisation ; la raison de leur stockage demeure donc inconnue.

Entre 30 000 et 40 000 ans, les derniers Néanderthaliens, artisans entre autres des cultures châtelperronienne (en France et en Espagne) et uluzzienne (en Italie), ont développé une véritable industrie osseuse. Des perçoirs (sur métapodiens vestigiaux de cheval, sur divers os longs de renne et sur péronés de carnivores) et des pointes en os ont été trouvés [17]. En outre, ils ont technologiquement innové. Par exemple, dans la grotte du Renne à Arcy-sur-Cure, Neanderthal réalise l'extraction de baguettes osseuses, à l'aide d'un burin de silex, par une nouvelle technique, le rainurage longitudinal [18]. Il confectionne également des tubes en os d'oiseaux (des extrémités de cubitus de cygnes et de vautours fauves portent des marques de sciage) et grave sur certains de fines entailles régulièrement espacées réalisant comme un décor. Dans les sites uluzziens, plusieurs poinçons en os ont été fabriqués à partir de trois techniques différentes : le raclage de l'extrémité déjà naturellement effilée d'un os (comme le sont les métapodiens vestigiaux des chevaux, par exemple), l'appointement avec un silex de l'extrémité d'un fragment de diaphyse (obtenu préalablement par percussion) puis extraction du support par la technique du rainurage, ou bien encore la transformation d'une partie de l'épiphyse (spongieuse) en poignée d'outil, et façonnage, dans le milieu de la diaphyse (compacte), de la pointe [19]. Ces objets domestiques, qui servaient probablement à percer les peaux, étaient également ornés de fines entailles régulièrement espacées.

Parfois, Neanderthal a donc fracturé des os longs dans le but de récupérer à la fois la moelle et des fragments de diaphyse. D'après les analyses et les outils découverts, il percutait, entaillait, fendait, raclait, abrasait, sciait et perforait les os et quelquefois les bois de cervidés. Alors, pourquoi n'a-t-il développé que très tardivement une véritable industrie osseuse ? Est-ce parce que, ayant une industrie sur bois végétal extrêmement performante, mais dont on a peu de traces, il n'en a pas éprouvé la nécessité ? Il est vrai que c'est faute de bois végétal disponible dans leur environnement que les peuples des steppes ont dû employer les matières d'origine animale, ce qui correspond à une adaptation technique liée à une carence [20]. La cause est alors à rechercher du côté du poids de traditions. Comme le préhistorien belge Marcel Otte, nous pensons que Neanderthal avait un comportement vis-à-vis de l'animal qui l'empêchait de retourner les armes naturelles du gibier (dents, cornes, bois) contre lui-même. Cette interdiction a été fréquemment observée chez les peuples traditionnels qui n'utilisaient jamais les matières d'origine animale comme arme.

Si Neanderthal a fréquemment employé, et parfois travaillé, des os d'animaux et plus rarement des bois de cervidés, pourquoi n'a-t-il jamais travaillé l'ivoire d'éléphant antique ou de mammouth facilement récupérable sur des carcasses d'animaux morts ? Là encore, serait-ce pour des raisons culturelles plutôt que techniques ?

Neanderthal et le mammouth

Avec ses deux tonnes de viande, le mammouth est une nourriture providentielle qui pouvait aisément alimenter un groupe pendant plusieurs jours, voire plusieurs semaines, selon le nombre de consommateurs. En outre, lors de phases rigoureuses, le gel garantissait une bonne conservation des carcasses. En plus de la viande, cet animal fournit à profusion du gras, de la graisse et de la moelle[21]. En effet, contrairement aux éléphants actuels, les mammouths possédaient, sous la peau, une couche de graisse de huit à dix centimètres d'épaisseur. Avec ses deux cent quinze os, de tailles et de formes très différentes, le squelette de mammouth était également une source de matières premières non alimentaires importante. Sans parler de l'ivoire, provenant de ses imposantes défenses spiralées[22]. Chez certains mâles âgés, celles-ci ont atteint des tailles considérables, jusqu'à quatre mètres dix de longueur pour un poids de quatre-vingt-quatre kilos chacune. L'ivoire est un matériau extraordinaire, dur et malléable à la fois, homogène et qui prend une très jolie teinte après polissage. Mais son travail est long et pénible. Les défenses, pour pouvoir être sectionnées, doivent être préalablement trempées dans l'eau durant plusieurs jours. Ce tronçonnage peut être réalisé à l'aide de burins de silex. Les fragments peuvent ensuite être ciselés, incisés, sculptés ou gravés au moyen d'éclats de silex tranchants et effilés. Puis, ils peuvent être polis avec des roches abrasives, comme le grès, ou des sangles de cuir. Abondamment travaillé par l'homme du Paléolithique supérieur, l'ivoire ne semble pas l'avoir été par Neanderthal. De même, contrairement à ce dernier, il n'a pas utilisé les molaires, pesant jusqu'à deux kilos, comme râpe, meule ou enclume[23]. En revanche, il a employé les ossements de ce pachyderme pour construire des habitations et alimenter ses foyers. Bien que nous n'ayons que très peu d'indices archéologiques, certaines parties du mammouth, qui ne se fossilisent pas, ont pu être récupérées et transformées par Neanderthal. Avec sa peau, il a pu confectionner des sacs et des couvertures. Trop épaisse et peu souple (une fois sèche, c'est un véritable « carton »), il est peu probable qu'elle ait servi de vêtement. D'autant que la préparation de la peau d'éléphant, comme devait l'être celle du mammouth, est un travail long et pénible. Elle doit être grattée, salée, cendrée, séchée (tendue et retournée toutes les heures) et parfois, pour détruire les œufs d'insectes, fumée. Neanderthal a probablement utilisé sa graisse comme « huile » à lampe pour éclairer son habitation. Les poils et les jarres peuvent servir de liens ; les enveloppes des viscères abdominaux, une fois bien nettoyées, peuvent servir d'outres ou de tout autre récipient. Les tendons, les ligaments et les nerfs sont de solides ficelles. Les poils de la queue du mammouth, longs et grossiers, répartis en mèche, peuvent faire office de « chasse-moustiques ou mouches » ou de « balais ». Cependant, Neanderthal a peu chassé le mammouth, il a surtout collecté des morceaux de viande ou des ossements sur des animaux déjà morts[24]. Il a également ramassé des ossements dans des accumulations déjà fossilisées, sortes de « cimetières de mammouths ». En effet, certains ossements retrouvés dans les sites archéologiques portent des marques d'érosion dues à de longs séjours dans l'eau ou à l'air et montrent que les défenses avaient été arrachées facilement des crânes, ce qui prouve que les animaux étaient morts depuis longtemps.

Les animaux ont ainsi fourni à Neanderthal toutes les ressources nécessaires à sa subsistance. Il a su exploiter au maximum les diverses matières premières alimentaires disponibles. Mais, contrairement à l'homme moderne, il aura peu travaillé leurs ossements. Cette particularité ne peut pas s'expliquer par la seule impossibilité technologique. La raison est ailleurs, probablement dans la perception que Neandethal avait du monde animal, ses motivations devaient être d'ordre culturel, voire symbolique.

10

Homo symbolicus ?

La nature est un temple où de vivants piliers Laissent parfois sortir de confuses paroles ; L'homme y passe à travers des forêts de symboles Qui l'observent avec des regards familiers.

BAUDELAIRE,
Les Fleurs du mal.

Si l'on peut, grâce aux objets matériels découverts dans les gisements archéologiques, reconstituer les comportements économiques et parfois sociaux de Neanderthal, il est difficile, voire périlleux, d'établir ou de déduire ses comportements culturels, en particulier symboliques. En effet, l'origine de la pensée symbolique, et de ses premiers témoins, est difficile à déterminer. Si elle s'est exprimée sur des supports organiques, elle n'a laissé aucune trace archéologique. Plusieurs préhistoriens, comme Michel Lorblanchet, évoquent une évolution graduelle de l'art. En outre, pour ce spécialiste de l'art préhistorique, parler de son apparition au sein d'une seule espèce (*Homo sapiens*) est une hypothèse erronée[1]. La pensée symbolique serait apparue très tôt dans l'histoire humaine car elle répond à une nécessité et a une fonction.

Ornementations corporelles

Les tatouages, ou le langage de la peau, sont sans doute parmi les premières expressions d'une pensée symbolique. Probablement vers 2 millions d'années, en même temps qu'ils quittent la fraîcheur des sous-bois pour coloniser la savane, ces anciens Hominidés commencent à prendre des couleurs pour protéger leur peau nue des rayons du soleil africain. La perte des poils a mis la peau à nu. Langage social, miroir de l'individu, la peau est un support visible propre à séduire ou à menacer, à communiquer avec les esprits ou les hommes. La couleur de la peau, marqueur naturel, est aujourd'hui un indice visible de différences invisibles porteuses de qualités inférieures ou supérieures. Elle peut, en partie ou totalement, être masquée par le port de vêtements couvrants ou l'application de peintures corporelles. En outre, pour la majorité des peuples, un corps entièrement nu, sans artifices, est un corps trop proche de celui de l'animal, trop naturel. Le fait de l'habiller ou de l'orner est souvent considéré, à tort ou à raison, comme un acte de civilisation[2]. L'apparence permet donc la distinction et surtout l'insertion d'un individu au sein d'un groupe ou d'une société. Le vêtement protège le corps des agressions extérieures, du froid, des animaux visibles, comme les insectes, ou invisibles comme les bactéries ou autres micro-organismes), mais aussi le cache aux yeux des autres. Il est le reflet de la société dans laquelle vit l'individu qui le porte (statut, degré de civilisation). Actuellement, aucun indice archéologique ne permet de savoir si les tenues vestimentaires de Neanderthal avaient une connotation sociale ou symbolique particulière. En revanche, la présence d'ocres dans les sites préhistoriques, parfois en grande quantité, soulève la question de son emploi pour la réalisation de peintures corporelles.

En Afrique, la collecte par des *Homo ergaster* ou des *Homo sapiens* archaïques de matériaux colorants remonte à au moins 300 000 ans, peut-être plus[3]. Les pigments, matière minérale, végétale ou animale, ont la propriété de colorer. Ce sont des argiles associées à des oxydes (hématite) ou hydroxydes de fer (goethite et limonite) ou de manganèse. Les charbons de bois sont également d'excellents colorants. En Europe, Neanderthal, comme l'attestent les découvertes dans une quarantaine de sites moustériens, a récolté des colorants. Ils ont été trouvés seuls ou parfois associés à du matériel de broyage, comme des meules en quartzite, des godets en calcite, des pilons-broyeurs en grès, ou à des objets de parure ou bien encore à des sépultures[4]. Dans la plupart des cas, ces morceaux de colorants portent des traces de frottement ou de raclage qui attestent de leur utilisation. Ces ocres, notamment l'hématite, ont des propriétés bactéricides ; ils peuvent servir à l'entretien du cuir et des peaux (pour finir la préparation des peaux, sèches ou déjà tannées) ou à assainir un sol d'habitat. Mais ils peuvent aussi être employés pour réaliser des peintures corporelles ou tatouages. Il est difficile de trancher entre ces différentes utilisations potentielles. Cependant, la moitié des cinq cent cinquante et un fragments de colorants trouvés au Pech de l'Azé I en Dordogne porte des traces d'utilisation qui résulteraient du frottement sur un matériau dur ou sur de la peau humaine[5]. Dans les sociétés traditionnelles, l'utilisation des colorants est à la fois fonctionnelle et symbolique. Souvent l'ocre rouge sert de succédané au sang humain (source de vie), elle était donc très recherchée et fréquemment utilisée. Les tatouages ont, dans ces sociétés, différentes significations : protecteurs magico-religieux, signes d'appartenance tribale, d'initiation ou de statut social. Protecteurs magico-religieux, ils instaurent le dialogue entre les hommes et le monde des divinités ou protègent des mauvais esprits. Statut social, ils témoignent du sexe, du prestige, du courage, ou marquent un refus. Associés à de multiples religions, ils sont présents sous toutes les latitudes. Les ocres peuvent également servir à la réalisation de dessins ou de peintures sur des supports périssables, comme les écorces ou les peaux, qui ne laissent aucune trace archéologique. Sans preuve, le débat sur leur usage ou non par Neanderthal reste ouvert.

Chez les aborigènes d'Australie, lors des rites funéraires, les incisions sont faites à l'aide de silex. Par ailleurs, lors de cérémonies, les femmes amputent fréquemment un de leurs petits doigts de deux phalanges et les hommes évulsent une ou plusieurs de leurs incisives. Là encore, nous n'avons aucune preuve que Neanderthal, comme beaucoup de peuples traditionnels, pratiquait la scarification, l'amputation de doigts ou l'évulsion de dents.

Les vêtements ou les tatouages ne sont pas les seules ornementations corporelles possibles. La parure est également fréquente, et ce, quelles que soient les civilisations. Les peuples traditionnels portent colliers, diadèmes, pendeloques, plaque pectorale ou boucles de nez ou d'oreilles. La parure n'est pas seulement esthétique, elle a souvent une valeur, sociale ou symbolique, forte. Les objets de parure, forme de communication, permettent d'identifier la filiation, l'appartenance à un groupe, la position sociale ou l'état civil des individus qui les portent. Jusqu'à la découverte de la grotte de Blombos (république d'Afrique du Sud), on pensait que la parure était apparue, il y a seulement quarante mille ans. Mais dans ce site, daté de soixante-quinze mille ans, des *Homo sapiens* archaïques ont intentionnellement collecté quarante et un petits gastéropodes (*Nassarius kraussianus*). Ils ont choisi des coquilles d'adultes aux belles dimensions et les ont toutes perforées au même endroit et de la même manière[6]. D'après les microtraces d'usure observées au niveau de la perforation, ces coquilles ont été portées en collier. Dans ce site, de nombreux morceaux de colorants et des plaquettes d'ocre gravées de motifs abstraits ont également été trouvés.

Neanderthal a ramassé, mais non utilisé à des fins fonctionnelles, des fossiles et des minéraux : galène, pyrite, polypier, oursin, rhynchonelle, crinoïde et gastéropode fossiles[7]. Parfois, il a modifié ces fossiles en agrandissant et noircissant leurs orifices naturels, en les taillant (comme une pierre) ou en les perforant. Ou bien encore il les a gravés, comme la nummulite découverte à Tata (Hongrie) : l'une des faces de ce petit fossile circulaire, plat et mince, est gravée d'un signe en forme de croix[8]. La découverte de fossiles a dû provoquer chez Neanderthal un trouble ou un questionnement car il reconnaissait l'apparence d'un animal connu, mais sous une forme différente ; de vivant, il était non seulement devenu mort mais minéral. Passant ainsi d'un monde à un autre, ces pièces, comme l'a écrit André Leroi-Gourhan, font « images ». Ramassés dans la nature, ils entraient dans la sphère sociale, et devaient, probablement, susciter des considérations, symboliques ou métaphysiques, fondées sur la notion de signe[9].

Comme l'attestent les analyses tracéologiques, Neanderthal a également perforé des matières d'origine animale, peaux et ossements[10]. Des éléments perforés existent dans la nature, par exemple des morceaux de dentales (mollusques fossiles du Tertiaire) ou des ammonites peuvent être directement montés en collier. C'est peut-être en les observant qu'il a commencé à percer des os, des bois de cervidés ou des dents. Cependant, très peu de ces pièces ont été retrouvées : un métapodien et une vertèbre caudale de loup à Bocksteinschmiede (Allemagne)[11] et quatre fragments de bois de renne à Petit-Puymoyen en Charente. Comme pour l'outillage en os, les objets perforés deviennent plus abondants au Châtelperronien : coquillages, dents, fossiles marins, perles d'ivoire et os[12].

La rareté des objets de parure fabriqués par Neanderthal ne s'explique sûrement pas par une déficience technologique car il maîtrisait la plupart des techniques nécessaires. Pour effectuer certaines perforations, il a même utilisé une technique différente de celle couramment employée par les hommes modernes. Ainsi, à Quinçay, par exemple, la perforation d'une canine de loup a été faite par percussion ou pression répétée sur une petite surface de la racine, une technique qui diffère de celle pratiquée durant l'époque aurignacienne [13], où, avant perforation, la racine était amincie par raclage [14]. Neanderthal n'a donc pas, comme certains préhistoriens le pensent, copié mais innové. S'il a confectionné peu d'éléments de parure, on ne peut en déduire qu'il n'ornait pas son corps. Il a peut-être exprimé son identité sous d'autres formes qui ne sont pas parvenues jusqu'à nous, car non fossilisées, comme les peintures corporelles ou les objets sur matières périssables.

Des symboles aux rites

La découverte sur des ossements ou des pierres de traits gravés intentionnellement, dans un but non fonctionnel, soulève la question de la représentation de symboles par Neanderthal. Ainsi, des ossements trouvés dans, au moins, neuf sites moustériens ou micoquiens portent des incisions gravées [15] et, dans plusieurs sites plus récents (châtelperroniens et uluzziens), certains objets domestiques en os (des tubes, des poinçons et des pointes) présentent des traits alignés et équidistants. Par ailleurs, Neanderthal a également gravé des pierres comme à Quneitra (Israël), où une plaquette en silex présente des incisions en forme d'arceaux emboîtés [16]. Au grand abri de la Ferrassie, la dalle calcaire qui servait de couverture à la sépulture de l'enfant de trois ans porte sur une de ses faces des petites cupules, groupées par deux, et une grande cupule. D'autre part, on a découvert une omoplate gravée et peinte de mammouth à Molodova I (Ukraine) et une pierre anthropomorphe à La Roche-Cotard (Indre-et-Loire) [17]. Que représentaient, pour Neanderthal, toutes ces pièces décorées ? Il a eu des traditions distinctes les unes des autres, dans l'espace et le temps. La signification des traits gravés peut donc être multiple : esthétique, marqueurs sociaux (signes d'appartenance, d'identité, ou bien de décompte) et symbolique (pièces utilisées lors de rites). Par ailleurs, la forme, notamment la symétrie, de certains outils lithiques comme les bifaces leur confère des qualités esthétiques indéniables[18]. Cette symétrie résulte en partie de la technique utilisée pour sa fabrication, mais elle n'est pas indispensable à l'efficacité fonctionnelle de l'outil et la volonté d'un ajout « esthétique » n'en demeure pas moins[19]. D'autant plus que parfois la présence de nervures colorées, d'un fossile ou de cristaux incrustés et précieusement conservés par le tailleur, voire mis en valeur, vient renforcer la beauté de l'outil[20]. Objets à usage domestique, ces pièces personnalisent alors leur artisan, entrant ainsi dans le domaine social ou symbolique.

L'hypothèse que Neanderthal ait pu réaliser des « œuvres d'art » suscite de vifs débats au sein de la communauté scientifique. Pour de nombreux préhistoriens, seuls les hommes modernes du Paléolithique supérieur furent des « artistes ». En l'absence de preuves archéologiques évidentes, on ne peut pas affirmer que Neanderthal en était un, mais, l'absence n'étant pas une preuve, on ne peut pas, non plus, exclure cette hypothèse. De plus, tout comme Neanderthal, entre 100 000 et 40 000 ans, les *Homo sapiens* d'Afrique et du Proche-Orient ont eu peu de comportements symboliques ou artistiques. Comme l'atteste, entre autres, la controverse au sujet du site d'Altamira en Espagne, on a longtemps refusé d'admettre que Cro-Magnon était un « artiste ». Découvertes en 1879, les peintures qui ornaient cette grotte n'ont été reconnues comme étant l'œuvre d'hommes préhistoriques qu'avec le fameux *mea culpa*, paru en 1902, du préhistorien français Emile Cartailhac. N'est-ce pas le cas aujourd'hui pour Neanderthal ? La pensée esthétique coïncide avec l'existence même de la culture, il n'y a jamais eu de société sans art. Refuser la possibilité qu'elle ait pu exister chez Neanderthal, c'est sous-entendre qu'il n'avait pas de comportements sociaux autres que ceux liés à sa subsistance. Issu de l'imaginaire individuel et collectif, l'art est une forme d'expression symbolique qui répond à un besoin universel difficile à expliquer. C'est pourquoi, entre autres, les symboles ainsi exprimés diffèrent selon les cultures et sont toujours délicats à interpréter, d'autant plus ceux du passé. Peut-être que ce qui comptait pour Neanderthal, plus que la pièce achevée, c'était de la réaliser ; ses motivations étant probablement plus spirituelles qu'esthétiques. En effet, dans beaucoup de sociétés, notamment traditionnelles, l'art n'est pas affaire de « spécialistes ». Mais qu'est-ce qui fait qu'au sein d'un groupe, culturel et social, des images, des objets sont tout à coup investis d'un sens particulier ?

Les rites régulent certains sentiments et certaines émotions humaines. Par l'influence qu'ils ont sur la conduite des individus, ils rendent possibles l'existence et la continuité d'une vie sociale ordonnée. « Les cérémonies sont les liens qui tiennent les multitudes ensemble. Si ce lien disparaît, la multitude tombe dans la confusion[21]. » Les rites ont une fonction sociale importante indépendante de toute croyance en leur efficacité. Les religions premières étaient donc probablement un ensemble de pratiques traditionnellement fixées auxquelles chaque membre du groupe se conformait, sans se poser de questions. La pratique a sans nul doute précédé la théorie doctrinale ; les hommes ont défini des règles générales de conduite avant d'en formuler expressément les principes généraux. Neanderthal vivait en groupe, la cohésion sociale était donc probablement régie par des règles de conduite mises en forme par des rites. La plupart de ces rites, qui renforcent les rapports sociaux et relient les individus aux générations précédentes, puisent leur raison d'être dans le chaos des phénomènes naturels. Neanderthal était confronté aux grands bouleversements naturels (éruptions volcaniques, inondations, ouragans, éclipses, séismes), aux cycles de la nature (alternance du jour et de la nuit, des saisons...) et de l'homme (de la naissance à la mort). Dans les sociétés traditionnelles, toutes les étapes de la vie sont marquées par des rites qui sous-tendent la mise en place de dispositifs symboliques. Il lui a fallu trouver des réponses, des explications. Comment surmonter la sensation ou la perception de l'inconnu si ce n'est en humanisant ou en sacralisant les phénomènes observés ? Il lui fallait, pour exorciser cette peur, des rituels, peut-être sous l'autorité de « prêtres », de « chamans » ou de « sorciers », médiateurs informés. En outre, comme on l'observe dans toutes les sociétés et à toutes les époques, il a sans doute espéré qu'en se soumettant à des observances, en suivant un rituel, ou en accomplissant scrupuleusement des rites, il obtiendrait la clémence des « cieux » ou un bienfait particulier. C'est autour d'« objets sacralisés » que naissent les mythes. Propres à chaque société, ils instaurent indéfiniment le présent par référence aux origines. En effet, pour mettre un terme aux temps primordiaux chaotiques, les peuples traditionnels ont cru en des êtres premiers, créateurs de toutes les réalités et de l'ordre qui les lie ; le mythe le plus universel étant celui des origines (émergence du néant, histoire du cosmos). Entités parfois plus « surnaturelles » que « divines » et souvent d'essence anthropomorphique, ces êtres premiers sont ceux qui instruisent en révélant les choses secrètes ; ils engendrent, mais ne créent pas. Les premiers mythes prennent ainsi naissance, ils ont joué un grand rôle dans l'émergence des figures divines du polythéisme. Les ethnologues ont constaté la persistance de formes rituelles, dans le temps et dans l'espace, ce qui traduit la continuité des rites et la transmission orale des savoirs. Mais quelles sont les plus anciennes formes de croyance ?

Pour les spécialistes des religions, l'antériorité de l'imagination magique sur le sentiment religieux est indéniable. La religion, de nature plus institutionnelle et collective, serait apparue plus tardivement. C'est peut-être en imitant la nature qu'un jour l'homme (Neanderthal ?) a inventé la magie, c'est-à-dire l'art d'accomplir ce qui n'a pas lieu dans le cours ordinaire des événements naturels. Les études en psychologie ont mis en évidence les constantes de l'imagination magique dans l'inconscient individuel et collectif.

Elles ont montré que des archétypes mythiques, des clichés et des désirs immémoriaux ne cessent de hanter obscurément l'esprit humain. L'art préhistorique, notamment pariétal, ne témoigne-t-il pas de cette origine ancestrale des pratiques magiques : enfermer, capturer figurativement un gibier en le contraignant à se prendre au piège d'un espace clos ? Pour Sigmund Freud, la pensée magique, qui croit possible d'agir sur le monde uniquement avec la pensée, sans action réelle, est équivalente à la pensée animiste, pour laquelle ce qui est pensé arrive dans la réalité. D'ailleurs, selon des chercheurs, l'animisme, croyance aux esprits et aux âmes, serait la première phase de la religion[22].

Le chamanisme, très répandu en Sibérie, Asie centrale, Amérique du Nord, Indonésie, et en Océanie, est également une forme très ancienne de croyance. La vie magico-religieuse des sociétés chamanistes est centrée sur une figure dominante, le chaman. Durant la transe, son âme est censée quitter le corps pour entreprendre des ascensions célestes, des vagabondages terrestres ou des descentes infernales parmi les morts. En rapport avec les esprits, le chaman n'est pas pour autant leur instrument. Il fait des voyages extatiques : pour rencontrer le « dieu du ciel » et lui présenter une offrande de la part de la communauté ; pour chercher l'âme d'un malade supposée égarée loin de son corps ou ravie par les démons ; pour convoyer l'âme d'un mort vers sa nouvelle demeure ou pour enrichir ses connaissances grâce à sa rencontre avec des êtres supérieurs.

Au regard de ces pratiques religieuses anciennes, l'interprétation de l'art pariétal préhistorique, mettant en relation l'œuvre et le support, a donné lieu à deux hypothèses principales[23]. La première, en rapport avec le mythe de la création, fait de la grotte un espace sacré où auraient eu lieu des rituels commémoratifs, se rapprochant ainsi d'une croyance de type animiste. La seconde se réfère au chamanisme ; la grotte serait alors un lieu de pratiques magiques.

Une autre forme ancienne de croyance repose sur des systèmes d'identifications souvent hiérarchisées, le totémisme. Hétérogène, donc plus complexe à cerner, le totémisme est connu principalement sous deux types : le totémisme social (pratiqué par les aborigènes australiens) et le totémisme individuel (des Indiens d'Amérique du Nord). Le premier type suppose une relation particulière entre une espèce animale ou végétale et un groupe de parenté (ou un clan, le totem se transformant parfois en caste). Dans le totémisme social, chaque individu cherche les faveurs surnaturelles d'une espèce animale ou végétale. Le totémisme suppose un certain nombre de prescriptions et surtout d'interdits, sexuels et alimentaires ; par exemple, on ne mange ni son animal totem, ni l'ancêtre de son animal totem, car il y a une correspondance entre ancêtre et esprit.

Par leur fonction sociale, toutes ces croyances ont joué un rôle important dans l'évolution de l'humanité ; pour certains philosophes, sans elles, l'évolution sociale et le développement de la civilisation moderne auraient été impossibles. Leurs racines se trouvent dans un passé lointain que nous ne pouvons malheureusement retrouver. Face à la nature, notamment aux animaux, et au cycle de la vie, il est probable que Neanderthal a eu des comportements symboliques proches de ces formes anciennes de croyance.

Neanderthal avait-il un animal totem ?

Dans beaucoup de sociétés traditionnelles, la consommation de l'animal n'est pas seulement alimentaire ; il est « consommé » également par la parole, la représentation, l'utilisation matérielle et intellectuelle. L'animal occupe une place à tous les niveaux de la vie sociale et spirituelle. Il est présent dans les mythes, les légendes, les contes, ou au centre de jeux, de danses et de chants (rituels ou pas).

Il est parfois porte-bonheur, gri-gri ou amulette. Intermédiaire ou intercesseur entre le monde surnaturel et le monde réel des hommes, il assure la liaison entre le profane et le sacré, comme dans l'art des présages. Les ossements ou les entrailles de certaines espèces sont utilisés lors de pratiques divinatoires. L'animal est aussi objet d'échanges, d'offrande et de sacrifice. Son rôle social et symbolique est particulièrement fort dans les sociétés de chasseurs. A la différence des autres prédateurs plus instinctifs, qui tuent uniquement par besoin vital, l'homme puise ses pulsions dans ses sources somatiques, mais en conscience. Il connaît les similitudes et les différences qui existent entre lui et les animaux. Alors, il doit faire face, non seulement à la peur des « autres », au fait qu'il doit tuer son « frère », souvent considéré comme plus puissant, mais également à des antagonismes tels que domination/soumission, destruction (mort)/reproduction (fécondité) du gibier. Pour gérer ces antagonismes, de nombreuses sociétés traditionnelles ont eu recours à des rites. On constate que les préparatifs et les fêtes, souvent à caractère initiatique, sont inhérents à l'acte de chasse, formant un tout indissociable. Avant et/ou après la chasse, les chasseurs se préparent, souvent à travers des danses ou des jeux zoomimétiques nécessitant un déguisement, et se soumettent à divers tabous. Les danseurs portaient souvent des masques zoomorphes qui au fil du temps se sont transformés en masques abstraits, « surnaturels ». Dans la plupart des cas, ces rites associent chasse et fécondité. Lors de danses mimétiques, les chasseurs simulent des scènes de chasse ou de reproduction d'un gibier connu mais invisible. La plupart de ces rites correspondent à des actes magiques favorisant la rencontre entre l'homme et l'animal ou symbolisant la fécondité, tant celle du gibier que celle du clan. La magie mimétique a vraisemblablement constitué la forme première de la prévision et de la divination intuitive des lois auxquelles sont soumises les époques de rut et de migration du gibier. On peut raisonnablement penser que la magie « chasseresse » est une des formes les plus anciennes de croyance, probablement antérieure à celles liées au culte des ancêtres ou aux esprits. C'est peut-être en découvrant dans une pierre, sur un rocher ou une paroi de grotte, un contour animal suggéré que des hommes, pour se l'approprier, apposèrent un jour leur marque. Parmi les figurations pariétales et mobilières réalisées par les hommes modernes du Paléolithique supérieur, celles représentant des animaux sont largement dominantes.

A la fois proie et prédateur, Neanderthal vivait de et dans la nature ; il était en symbiose avec elle. Son existence dépendait en grande partie des animaux, il les côtoyait en permanence. Ainsi, le monde animal tenait une place centrale dans ses schémas mentaux. Comme tous les chasseurs, il se fondait dans la nature, en modifiant son apparence (par des camouflages réalisés à l'aide de peau, de cornes ou de ramures), ses gestes, ses attitudes ou en imitant les cris d'animaux. Au fil du temps, des interrelations et des interactions se sont tissées entre Neanderthal et l'animal. Les témoins matériels de ce long parcours commun sont nombreux, mais en préhistoire les ossements sont, comme l'a écrit, en 1983, le grand archéozoologue français François Poplin, « le fil d'Ariane qui nous permet de retracer le cheminement des relations entre l'Homme et l'animal ». Ils attestent que Neanderthal savait gérer sa subsistance quotidienne, notamment en planifiant et en élaborant des stratégies de chasse ; l'animal était pour lui un objet contingent qui lui permettait de réaliser un but, subvenir à ses besoins. Cependant, on constate que pendant très longtemps, contrairement à l'homme moderne qui utilisera des armes essentiellement en matière d'origine animale, Neanderthal ne s'est servi pour tuer le gibier que d'armes en bois ou en pierre. Cette attitude témoigne de l'existence de relations complexes entre Neanderthal et ses proies, sans doute proches de celles observées chez certains peuples de chasseurs traditionnels aux croyances décrites précédemment. Peut-être voulait-il, afin de rompre le lien ténu de dépendance vis-à-vis de l'animal, acquérir, par le savoir-faire mais également par l'imaginaire, une emprise sur lui. De même, les espèces chassées préférentiellement par Neanderthal ont varié en fonction du temps et de l'espace. Ses choix ne semblent pas uniquement liés à une faisabilité technique, des espèces abondantes ou faciles à chasser. En outre, certains animaux n'ont pas été chassés. Peut-être que Neanderthal ne choisissait pas ses proies seulement, comme l'a écrit Daniel de Coppet en 1988, « parce que "bonnes à manger" mais aussi, sans doute, parce que "bonnes à penser" ».

La relation entre Neanderthal et l'animal dépassait celle qui existe entre un prédateur et sa proie. Dans la plupart des croyances anciennes (totémisme, chamanisme ou animisme), l'animal tient une place prépondérante. Aucune preuve archéologique ne permet de conclure à l'existence de ces croyances chez Neanderthal, ni *a contrario* de les exclure. D'autant plus que les relations entre Neanderthal et l'ours des cavernes apparaissent particulières. L'ours des cavernes fut-il un animal « totem » ?

Pour de nombreux peuples traditionnels de l'hémisphère nord (peuples de Sibérie, Lapons du littoral arctique, Inuit), l'ours était un animal emblématique. Son statut d'animal différent des autres demeure encore aujourd'hui, comme en témoigne l'affection que nos enfants portent à sa représentation, la peluche. Longtemps considéré comme égal ou supérieur à l'homme, sa chasse était autrefois entourée de rituels avec des interdits, des tabous, et des obligations[24]. Il y a une soixantaine d'années, la découverte d'accumulations d'ossements d'ursidés dans de nombreux gisements du Paléolithique moyen suscita un vif intérêt. En 1940, la pratique du culte de l'ours par Neanderthal fut émise, mais presque aussitôt controversée[25]. On démontra que ces accumulations d'ossements d'ursidés résultaient de la décomposition de cadavres d'ours morts durant leur hibernation dans les grottes. Neanderthal n'avait donc pas chassé l'ours des cavernes. Par ailleurs, les marques d'intervention humaine sur les ossements d'ours des cavernes sont extrêmement rares[26]. En 1996, J.-D. Lajoux réactualise le culte de l'ours en affirmant que Neanderthal avait intentionnellement déposé les cadavres des ours des cavernes, qu'il avait tués, dans des « lieux sacrés[27] ». Se référant aux données ethnographiques, il justifie l'absence de toute marque d'origine anthropique sur les os par le respect de rituels (les interventions humaines sur les squelettes d'ours ayant été alors proscrites voire taboues). Nos propres recherches nous ont conduite à réfuter cette hypothèse. Alors qu'il a parfois chassé l'ours de Deninger[28] et l'ours brun, durant plusieurs centaines de milliers d'années, Neanderthal n'a pas chassé l'ours des cavernes[29]. Abondant dans l'environnement de l'époque, cet animal végétarien, donc moins agressif que la plupart des autres ursidés, n'était pas plus difficile à chasser que d'autres espèces, comme l'aurochs par exemple. Sa viande était consommable et sa fourrure des plus chaudes. La raison de cette « non-chasse » ne paraît pas être d'ordre technique, mais plutôt culturel voire cultuel. Neanderthal s'est abstenu de tuer l'ours des cavernes parce qu'il avait un statut différent de celui de gibier. Lequel ? Peut-être celui d'un animal « totem ». Cependant, à partir de 40 000 ans, comme l'atteste la découverte d'Arcy-sur-Cure, son statut change ; il devient une proie ordinaire. En effet, dans les niveaux châtelperroniens de la grotte du Renne de ce gisement, les derniers Néanderthaliens ont chassé et dépecé des ours des cavernes ; ils ont également récupéré leur fourrure et, contrairement à la tradition observée chez les peuples traditionnels, fracturé leurs os[30]. Une fois encore, durant cette période charnière marquée par la fin proche des Néanderthaliens et l'arrivée des hommes modernes en Europe, on observe des changements de comportement significatifs.

D'autres animaux ont peut-être eu, à certains moments, un statut autre qu'alimentaire, tels le lion des cavernes ou la panthère. L'isatis ou le lièvre variable changent de pelage. Ils sont blancs en hiver et colorés le reste de l'année : ce changement de couleur a pu avoir une valeur symbolique.

Neanderthal enterrait ses morts et réalisait des objets non utilitaires. Ces comportements attestent qu'il avait une pensée symbolique. Contrairement aux comportements techniques qui peuvent être appris par imitation, la transmission de la signification de ses symboles nécessite un langage.

11

Il parlait !

« Qui dit homme dit langage, et qui dit langage dit société. »

Claude LÉVI-STRAUSS,
Tristes Tropiques.

Rassemblés autour du feu, des hommes et des femmes sont en pleine discussion. Neanderthal parle d'une voix nasillarde en faisant moult gestes. Que raconte-t-il ? Serait-ce le récit d'une chasse fructueuse ou la préparation d'un départ imminent ? On ne distingue pas clairement les mots prononcés. Les voyelles semblent rares...

Neanderthal avait-il un langage articulé ? Depuis une dizaine d'années, cette question suscite de vifs débats au sein de la communauté scientifique.

Alors que les chimpanzés de laboratoire communiquent avec l'homme par le langage des signes, par ordinateur ou par des tableaux spéciaux, les perroquets, eux, parlent à l'aide de nos mots. Réputés excellents imitateurs, ces derniers, comme les grands singes, comprennent aussi ce qu'ils disent. Mais peut-on parler de véritable langage ? Dans la nature, tous les animaux communiquent entre eux, par différents moyens : toucher, attitudes corporelles, stimuli visuels, olfactifs et auditifs, sons parfois inaudibles à l'oreille humaine... Mais la parole implique l'émission de sons (ou phonèmes)[1] qui ont en soi une valeur sémantique[2] par leur agencement. Seul l'homme possède un langage articulé à trois niveaux, le phonème, le mot et la phrase. C'est l'agencement de ces trois composantes qui permet l'expression d'idées. Ce pouvoir d'abstraction caractérise la pensée humaine. La très grande richesse en mots favorise la traduction des actions concrètes et des pensées abstraites qui touchent l'imaginaire et les sentiments. Sans ce vaste vocabulaire comment pourrions-nous, par exemple, resituer, d'une façon précise, une action dans le temps et dans l'espace, ou évoquer des objets éloignés, voire des objets qui n'existent pas, ou bien encore exprimer nos aspirations spirituelles ?

Une origine lointaine ?

Depuis des siècles, la question de l'origine du langage fascine les néophytes comme les chercheurs. Cette origine est à rechercher du côté de l'évolution de la capacité de parler chez nos ancêtres et cousins biologiques. La difficulté majeure est qu'il n'existe pas, pour ce lointain passé, de témoignages. Il est en effet extrêmement difficile de trouver des indices d'émergence du langage.

La production du langage articulé nécessite un certain nombre de structures anatomiques, notamment un appareil phonatoire et un cortex cérébral à renflements particuliers. L'appareil phonatoire, ou résonateur, permet, par sa fonction modulatrice, la transformation des sons en phonèmes puis en paroles. C'est grâce aux cordes vocales, situées entre le larynx et le pharynx, que l'on peut émettre des sons. La gorge, la cavité nasale et la bouche (notamment la langue et les lèvres) augmentent ou diminuent les sons produits. Chez les Australopithèques, anciens Hominidés, le palais osseux est plat et étroit comme chez les grands singes. Au cours de l'hominisation, de l'*Homo habilis* à nous, le palais devient plus large et plus profond. Parallèlement, on constate l'apparition de forts reliefs à la base de la partie antérieure de la mandibule, ces reliefs correspondant aux insertions musculaires de la langue. Mais ce serait, pour certains chercheurs, la position du larynx qui jouerait un rôle primordial dans l'émission de sons articulés. Pour parler, d'après P. Lieberman et E.S. Crelin – les chefs de file de cette théorie –, il faut un larynx placé en position basse [3]. En position élevée chez les chimpanzés, le larynx chez l'homme actuel descend au cours des premières années de la croissance ; il est en position basse vers l'âge de six ans. Dans cette position, lorsque le larynx et l'os hyoïde [4] se trouvent au-dessous de la mandibule, la bouche et les fosses nasales sont ouvertes perpendiculairement au pharynx. Il y a alors possibilité d'un langage articulé. Malheureusement, les organes vocaux (pharynx, larynx et langue) étant uniquement composés de matières organiques ne se fossilisent pas. Cependant, la position du larynx est en relation avec la flexion de la base du crâne, elle-même liée au redressement corporel avec notamment l'émergence du cou (tête redressée). L'acquisition de la bipédie a donc favorisé l'éloignement du larynx et de l'os hyoïde du voile du palais. De ce fait, la glotte et l'épiglotte sont séparées par un petit espace [5] correspondant au pharynx. Cette cavité pharyngale volumineuse, qui est typiquement humaine, rend possible la phonation. Des reconstructions de contours de pharynx, à partir de processus styloïdiens et ptérygoïdiens présents sur des crânes fossiles, ont conduit certains scientifiques américains, dont P. Lieberman et E. S. Crelin, à rejeter l'hypothèse de l'existence d'un langage articulé chez les prédécesseurs d'*Homo sapiens*. A partir de ces reconstructions et d'une simulation informatique, ces chercheurs ont fait parler Neanderthal. Pour eux, il pouvait produire une large gamme de sons, mais ne pouvait articuler les voyelles i, u, a (voyelles universelles présentes dans toutes les langues et qui se distinguent le mieux à l'ouïe humaine) et les consonnes k et g. Leur théorie étant fondée essentiellement sur la nécessité, pour avoir un langage articulé, d'un larynx en position basse, leurs résultats sont contestés par certains paléoanthropologues. Pour ces derniers, elle n'est pas indispensable, quelle que soit la hauteur du larynx, Neanderthal pouvait produire des voyelles aussi différenciées que celles de l'homme moderne. D'autres chercheurs voient plutôt, dans la position basse du larynx, un trait évolutif apparenté aux caractères sexuels (voix plus grave). Quoi qu'il en soit, pour le paléoanthropologue Juan Luis Arsuaga, il est probable que le larynx de Neanderthal était déjà plus ou moins descendu. L. E. Duchin, en 1990, émet la même conclusion : pour lui, son appareil vocal supralaryngé se situe statistiquement dans l'intervalle de variation de celui des hommes modernes. Par ailleurs, l'analyse d'un os hyoïde de Néanderthalien, datant d'environ 60 000 ans, découvert en 1983 dans la grotte de Kebara (Israël), a permis aux paléoanthropologues de l'université de Tel-Aviv de conclure que son pharynx était analogue à celui d'un homme moderne[6]. Il avait donc pu émettre la plupart des sons d'un langage parlé, bien que l'on ne sache pas si cet os était en position basse. Cependant, d'autres critères anatomiques permettent de savoir si un individu a ou n'a pas un langage articulé. Par exemple, R. Kay, cité par J. L. Arsuaga, constate que le diamètre des deux conduits des nerfs hypoglosses, présents à la base des crânes fossiles, était, chez Neanderthal, aussi grand que le nôtre (par rapport à la dimension de la cavité buccale). Ces nerfs régissent le contrôle des mouvements de la langue, plus ils sont gros, plus ils contiennent de fibres nerveuses qui favorisent la production d'une vaste gamme de sons. De même, on observe chez Neanderthal une réduction du massif facial, avec élargissement parabolique[7] et raccourcissement de la mandibule, ce qui est également indispensable à la constitution d'un appareil phonatoire. On est sûr aujourd'hui que Neanderthal pouvait émettre de nombreux sons différents ; son palais étant plus avancé que le nôtre, ces sons devaient être nasalisés.

Mais le langage articulé dépend aussi de capacités structurales du cerveau, structures qui, apparaissant lors de l'ontogenèse, semblent déterminées génétiquement. L'étape mentale permet la conception d'une chaîne de phonèmes en une phrase ayant un sens. Pour cela, il faut une expansion considérable des centres moteurs et sensoriels du cerveau, un nombre élevé de connexions permettant l'étendue et l'expressivité des articulations, et, pour que les symboles soient compris, des zones de coordination et d'association au niveau du cortex. Le cortex cérébral droit favorise le langage lié à la vision et le lobe temporal une meilleure discrimination des sons, qualité nécessaire à la transmission verbale. Les centres du langage se situant dans l'hémisphère gauche, ce dernier doit donc être suffisamment grand pour qu'ils aient la place de s'y développer. Et ce, notamment, au niveau des aires dites de Broca (44-45) et de Wernicke (22 et 37). L'aire de Broca, située dans le lobe frontal, intervient surtout dans la coordination des séquences motrices nécessaires à la production de la parole. Centre de « super-association », c'est le pôle de la syntaxe et de l'articulation. L'aire de Wernicke, localisée au point de convergence des lobes temporal, pariétal et occipital, correspond aux centres sensoriels ou gnosiques de compréhension du langage articulé et des symboles. C'est le pôle de la sémantique et du vocabulaire. Ces deux zones sont présentes, chez tous les primates, mais avec une amplitude plus ou moins forte selon une capacité crânienne plus ou moins grande. Cette dernière augmente au cours de l'évolution des Hominidés, attestant ainsi de l'augmentation progressive du volume du cerveau. Les empreintes des circonvolutions du cerveau, en particulier le réseau méningé, sont visibles à l'intérieur de calottes crâniennes fossiles. L'étude de ces moulages endocrâniens atteste de la présence des aires de Broca et de Wernicke dès les premiers représentants du genre *Homo*[8]. Celles-ci s'agrandissent d'*Homo habilis* à l'homme moderne ; elles sont déjà bien développées chez les *Homo erectus*. Chez Neanderthal, la capacité crânienne est égale, voire parfois supérieure, à celle des hommes modernes, et les lobes temporaux sont relativement bien développés (au cours de l'évolution humaine, on note une extension de cette zone). Il ne fait aucun doute que du point de vue de sa capacité cérébrale, Neanderthal pouvait tout à fait posséder un langage articulé.

La production du langage articulé exige une étape mécanique, mais aussi une étape mentale. Pour certains spécialistes des primates, la communication symbolique existe déjà à l'état embryonnaire chez les chimpanzés, ce qui implique que cette capacité était déjà présente chez le dernier ancêtre commun aux deux lignées[9]. Le langage articulé prend donc probablement ses racines dans les modes de communication des grands singes et des premiers Hominidés. Il dériverait d'un langage oral non articulé, constitué d'onomatopées (théorie mimétique) ou d'émission de cris animaux (théorie phonétique), issu d'un langage gestuel, basé sur la vue (dénommé parfois langage visuel), plus ancien. Certains linguistes pensent que ces deux types, mimétique et phonétique, se sont développés *pari passu*. Le langage articulé serait donc l'aboutissement d'une très longue période de développement évolutif, remontant probablement à nos anciens ancêtres, Hominidés d'il y a peut-être deux millions d'années. C'est le scénario biologique, sans doute plus proche de la vérité que le scénario culturel défendu par quelques chercheurs. Ces derniers considèrent en effet le langage humain comme un artefact culturel, au même titre que la fabrication d'outils, la confection de vêtements... D'après eux, le langage articulé ne serait apparu qu'avec les premiers hommes modernes, il y a seulement cent mille ans. Mais le langage humain est un phénomène trop complexe, car imbriqué dans d'autres capacités cognitives, pour, selon le scénario culturel, s'être développé aussi vite et aussi tard dans l'évolution de l'Homme. Et le fait que tous les peuples actuels parlent plus de cinq mille langues complexes plaide également en la faveur d'une origine plus ancienne du langage, de mêmc que la découverte de la mutation d'un gène lié aux dysfonctionnements de la parole et du langage (gène FOXP2). Différent de celui du chimpanzé, ce gène a été fortement sélectionné lors de l'évolution humaine récente (au cours des deux cent mille dernières années) [10].

Le langage articulé nécessite également un contexte social et affectif. La part de l'inné, dans le fait de parler, est certaine, mais celle de l'acquis est tout aussi importante. En effet, c'est par l'apprentissage, la « copie » en quelque sorte, de ce qu'il entend, que le petit enfant se met à parler. La capacité de communication par le langage articulé résulte probablement, chez les hommes, de l'allongement de la période infantile qui est de deux tiers plus longue que chez le chimpanzé. L'acquisition du langage est la faculté d'associer des choses vues et entendues, d'apprendre que certains groupes de sons ou de mots sont les noms de personnes et d'objets. Il est donc fort probable que les premiers mots désignaient les êtres et les choses qui composaient l'environnement immédiat des hommes. Puis, comme dans beaucoup d'autres domaines, ce premier lexique se complexifia, de nouveaux mots apparurent, se transformèrent, d'autres disparurent, d'autres enfin se développèrent en même temps que de nouveaux concepts apparaissaient, en relation avec des changements dans l'environnement et dans les modes de vie. Ce proto-langage, qui comportait un vocabulaire étendu, était probablement dépourvu de syntaxe qui ne serait apparue qu'entre 50 000 et 40 000 ans [11]. Il est probable que les Australopithèques ne parlaient pas, pour les *Homo habilis*, l'incertitude demeure. En revanche, les *Homo ergaster* et leurs descendants, dont Neanderthal, avaient sans doute un langage articulé qui s'est complexifié au fil du temps.

Une langue mère ?

La diversité des langues reflète la diversité des cultures. Mais, selon le linguiste américain Noam Chomsky, la structure profonde, la « forme », de toutes les langues humaines serait la même. Pour ce grand linguiste, une faculté indépendante, destinée à l'acquisition du langage, est présente chez tous les hommes dès leur naissance.

Actuellement, la question d'une origine mono- ou polyphylétique des langues est ardemment débattue. Ainsi, le monogénisme est la théorie selon laquelle toutes les langues actuelles auraient évolué à partir d'une langue unique plus ancienne. Cette théorie n'implique aucunement que certaines langues anciennement parlées n'aient pas disparu. Les travaux menés dans les années 1990 par Merritt Ruhlen apportent à ce sujet de nouvelles données qui révolutionnent la communauté scientifique dans son ensemble. Ce linguiste américain aurait découvert quarante mots-racines qui proviendraient, selon lui, d'une langue originelle dont descendraient toutes les autres. C'est la langue mère. Ce professeur de l'université de Stanford a comparé le vocabulaire de base de cinq mille parlers du monde et étudié leurs liens de parenté d'après leurs ressemblances phonétiques. Il a reconstitué les rameaux, puis les branches et enfin le tronc commun, créant une sorte d'arbre comparable aux arbres phylétiques des espèces ou généalogiques des individus. Ainsi, cinq mille langues sont regroupées dans quatre cents familles (latine, gothique, grecque...), elles-mêmes classées en superfamilles, comme l'indo-européenne parlée, il y a six mille cinq cents ans, par les agriculteurs de la région du Croissant fertile. Celles-ci aboutissent à douze « tribus » linguistiques ou proto-langues, comme l'eurasiatique parlé il y a des dizaines de millénaires. Ces proto-langues seraient directement issues de la langue mère aux quarante mots-racines. C'est le mythe de la tour de Babel qui est ainsi recréé. Devant la faiblesse numérique de ces mots-racines, il a comparé, dans un deuxième temps, ces résultats linguistiques à ceux des généticiens et des archéologues. Il a constaté que la structure génétique des populations humaines et les classifications linguistiques correspondent en grande partie.

Les recherches de Lucas Cavalli-Sforza, également de l'université de Stanford, confortent l'hypothèse de Ruhlen. En 1996, ce généticien écrit : « Deux populations qui viennent de se séparer entament en même temps un processus de différenciation de leurs gènes et de leurs langues. » Quant aux données archéologiques, Ruhlen s'appuie sur l'hypothèse, qui ne fait pas l'unanimité parmi les préhistoriens, d'un départ des *Homo sapiens* du continent africain vers 60 000 ans. Ils seraient les locuteurs de cette langue mère. « Kuna maliq'a mako » (« La femme allaite son enfant ») : cette phrase a peut-être été prononcée par Cro-Magnon. Cependant, les détracteurs ne manquent pas. Pour eux, il est difficile de caractériser une langue originelle potentielle car les langues se transforment très rapidement au cours du temps. Mais, selon les derniers travaux des Japonais N. Takahata et Y. Satta sur les séquences d'ADN de populations appartenant aux familles linguistiques les plus différentes, nos ancêtres auraient frisé l'extinction entre 60 000 et 30 000 ans. La population à cette époque, sur toute la planète, est estimée au plus à trente mille personnes. Ce goulot d'étranglement aurait permis la diffusion, par son faible nombre de locuteurs, d'une seule langue. Cette constatation semble conforter l'hypothèse de Ruhlen, de l'existence d'une langue mère. Cependant, rien ne sous-entend que la langue mère fut la première parlée, ni qu'elle fut l'unique langue humaine de son temps. En effet, l'extinction des langues dans de petites populations préhistoriques indique la coalescence de toutes les langues actuelles vers une seule langue ancestrale très probable, même si d'autres langues préhistoriques, apparentées ou non, ont pu exister sans laisser de traces identifiées comme telles à ce jour, par exemple celles que parlait Neanderthal.

Il a par ailleurs été bien démontré, au cours de la dernière décennie, que la diversification des familles linguistiques de la plupart des continents s'est faite en forte corrélation avec celle des patrimoines génétiques des populations concernées.

L'hypothèse de Ruhlen, si attractive soit-elle, n'en demeure pas moins une hypothèse. Plusieurs spécialistes maintiennent que sa théorie est entachée d'une erreur de méthodologie statistique. Pour eux, les ressemblances observées sont dues au hasard ; il y a trop peu de racines, beaucoup trop de synonymes, trop de langues par famille et pas suffisamment de formes phonologiques différentes [12].

Certains linguistes, suivis par quelques préhistoriens notamment anglo-saxons, s'appuient sur les recherches de Meritt Ruhlen pour expliquer que c'est cette langue mère qui aurait permis à *Homo sapiens* de « l'emporter » sur les Néanderthaliens. L'invention d'un langage narratif capable de forger des mythes aurait favorisé l'expansion des *Homo sapiens*. Cette dernière hypothèse, à l'argumentation plutôt faible, paraît à de nombreux chercheurs, dont nous-même, peu vraisemblable. Elle repose souvent sur un *a priori* : « il n'y a qu'une seule humanité, la nôtre », ce qui les conduit à réfuter l'existence d'un langage chez tous les prédécesseurs de l'homme moderne. Il est en effet probable que depuis fort longtemps les hommes communiquaient entre eux à l'aide d'un langage. Comme l'ont écrit, en 2004, les paléoanthropologues français J. Granat et E. Peyre : « Le langage articulé apparaît comme une acquisition *a posteriori* au sein de changements morphologiques et physiologiques qui résultent de processus sélectifs qui ont concerné en particulier la posture, la dextérité manuelle et le développement du cerveau. »

Le langage est sans conteste le moteur de la transmission de l'acquis culturel et cultuel. Il est, chez les peuples de traditions orales, l'élément structurant et identitaire prédominant. Il répond à des exigences sociales. D'après Jacques Vauclair, le langage articulé est « le seul mode de communication qui permet de transmettre des informations sur les lieux, les distances, les changements d'état dans le temps et dans l'espace, mais aussi les intentions, les obligations... Il entraîne, favorise, renforce la cohésion sociale ». Le comportement quotidien de Neanderthal démontre ses aptitudes à réaliser des opérations mentales impliquées dans des actions (comme viser et toucher une proie ou tailler des outils) conçues dans la région pariétale du cerveau gauche (également celle du langage). La conception des chaînes opératoires impliquées dans la fabrication d'un outil et le traitement d'une proie nécessite des capacités cognitives élevées et s'apparente en cela à la construction d'une phrase. On constate par ailleurs l'existence chez Neanderthal d'une structure sociale établie et d'une pensée symbolique ; il enterre ses morts. Ce que le grand préhistorien français André Leroi-Gourhan a écrit en 1964 reste juste : « Il y a possibilité de langage à partir du moment où la préhistoire livre des outils, puisque outils et langage sont liés neurologiquement[13]. » Il est probable que les langues parlées par Neanderthal étaient différentes des nôtres, peut-être étaient-elles moins riches en vocabulaire et dépourvues de syntaxe. Mais cela ne l'empêchait pas d'avoir une pensée élaborée, le langage n'étant qu'un moyen, parmi d'autres, d'expression de la pensée sans influence sur son contenu informatif objectif[14]. Les rites liés à la mort pratiqués par Neanderthal en témoignent.

12

Une mort ritualisée

> « Malgré tout ce que l'on a pu écrire ou raconter, seul l'homme a conscience de sa mort. »
>
> Jacques RUFFIÉ,
> *Le Sexe et la mort.*

Neanderthal a perdu un de ses compagnons ; un chasseur d'une quarantaine d'année vient de mourir. L'affliction est grande, les visages sont tristes et fermés. Cela fait trois jours, il faut l'enterrer maintenant. Neanderthal choisit ce grand abri au débouché des deux petits vallons, celui de la Ferrassie. Là, dans cette dépression naturelle du sol à l'angle ouest, il sera bien. Neanderthal et les siens le couchent sur le dos, la tête et le tronc légèrement inclinés vers la gauche. Ils lui replient les jambes sous les cuisses, les genoux tournés à droite. Ils étendent son bras gauche le long du corps et posent sa main sur sa hanche. Ils lui plient le bras droit et ramènent sa main sur son épaule. Ils lui laissent la bouche ouverte. Ils posent une pierre plate sur sa tête et deux autres au niveau de ses bras. Puis ils le recouvrent de terre riche en os d'animaux, de branchages et de peaux.

Parce que l'homme se projette dans le futur, il a conscience de la mort. Mais la mort, brutale et inéluctable, n'a jamais été pour lui ni naturelle (comme la vie d'ailleurs), ni un simple phénomène biologique. Au cours du temps, il l'a mise de plus en plus « en culture », l'homme l'a « subjectivée ». La mort exige explication et définition ; cette volonté de savoir traduit la détresse, le trouble, l'inquiétude, le désarroi de l'homme devant la mort. Alors, comme l'homme sait qu'il doit mourir, il s'invente des raisons de vivre en dépit d'une existence souvent menacée et finalement caduque. Seule, comme l'écrit le professeur Jacques Ruffié (1986), « la sexualité permet une véritable résurrection. C'est, génétiquement parlant, la seule réponse à la mort ».

Pour beaucoup de peuples, la mort est due à une intervention extérieure, celle des esprits ou des divinités, et souvent, il faut en découvrir la cause (faute rituelle, agression imaginaire, sorcellerie). D'où, par exemple, la pratique de rites magiques, pour trouver les responsables, ou de purification et d'expiation, pour éviter la contagion symbolique au sein du groupe. On trouve ce rite d'expiation notamment dans la mythologie grecque. Œdipe, sans connaître ses liens de parenté, tue son père, Laïos, et épouse sa mère Jocaste. Il règne alors sur Thèbes. Les dieux en colère ravagent la cité d'une épidémie de peste qui ne devait cesser que lorsque les coupables seraient punis. Œdipe, bouc émissaire, est la victime expiatoire de la cité.

Selon les peuples, la mort est assimilée au sommeil, à l'évanouissement, à la possession, au cauchemar ou à la maladie mentale. Parfois, elle est transformée soit en libération, comme en Inde, soit, dans les sociétés christianisées, en rédemption. Ou bien encore, la mort est définie comme un moment nécessaire du cycle de la vie. C'est le mythe de l'éternel retour des stoïciens, des Chaldéens et de certains Indiens d'Amérique. Face à la mort, certaines sociétés ont adopté des conduites rassurantes. Pour que le groupe recouvre son unité et sa stabilité, un instant perturbées par la mort d'un proche, ses membres utilisent des procédés de reniement, d'incorporation, d'assimilation ou de possession, fréquents dans les sociétés chamaniques où le mort est réincarné. Le culte des ancêtres et les sacrifices d'animaux ou humains, qui permettent d'engager l'esprit du mort à passer dans le « monde des esprits » et ce sans causer d'ennuis aux vivants, sont parmi les pratiques les plus courantes et les plus institutionnalisées. D'autres sociétés ont opté pour des croyances apaisantes : mort-apparence, mort transitoire ou mort renaissance ; mort-négation et négation de la mort ; dédramatisation de la mort ; amortalité[1] et immortalité ; résurrection des morts (religions du salut), médiation pour la vraie vie ou fusion dans l'Un-Tout (brahmanisme et bouddhisme).

L'expression visible de ces différentes philosophies et croyances se perçoit dans les rites funéraires aux multiples formes, qui sont en fait autant de réponses à un même questionnement. La dédramatisation de la mort se fait à travers des rites qui obéissent à des règles sacrées ou symboliques, dont le fondement repose sur des mythes où la recherche des origines est un thème qui revient fréquemment. L'homme cherche la cause de la mort, c'est-à-dire son origine, soit immédiate, soit mythique (selon la communauté du défunt), ancestrale ou bien encore dans l'identité de l'espèce humaine. Dans de nombreuses sociétés, pour régler le destin du mort, l'aider à surmonter les épreuves qui l'attendent, la communauté dont il est issu élabore des rites qui faciliteront son passage dans le monde de l'au-delà où il accédera à un nouveau statut. Ce rite de passage comprend en général trois étapes qui possèdent d'abord une dimension physique, puis sociale et enfin psychologique. La première, à dimension physique, correspond aux trois étapes de l'évolution du corps du défunt : dernier souffle, préparation du corps à l'aide de différents procédés et inhumation, c'est-à-dire mise en un lieu consacré et vénéré. Souvent, cette étape est immédiatement suivie du rite de séparation, comme l'obéissance à certains interdits pour les deuilleurs, la mise à l'écart ou la destruction des objets du défunt, le tabou des noms... La deuxième étape prend une dimension sociale à travers des cérémonies collectives. La dernière correspond au deuil psychologique avec sa phase de désir, puis de dépression et enfin d'acceptation de la perte d'un proche. Dans d'autres sociétés, des rites funéraires différents permettent l'appropriation symbolique, voire magique, d'une partie du savoir du défunt, de ses connaissances sur la vie mais également sur la mort.

De tout temps et en tout lieu, le défunt est l'objet d'attentions particulières de la part des vivants. Même l'abandon du cadavre aux animaux, comme en Mongolie et chez les nomades du Tibet, est un rite à signification symbolique. Cependant, tous les morts ne sont pas égaux, souvent l'ampleur et la durée des rites funéraires varient selon le statut qu'avait le mort de son vivant et même parfois selon la cause du décès. Comme la décomposition du corps est souvent source d'horreur, l'homme a inventé de multiples rites funéraires. Tantôt, il s'efforce de supprimer la décomposition par crémation, avec conservation ou dispersion des cendres. C'est le cas chez les Koriaks de Sibérie ou en Inde, où les bûchers, répartis selon les castes, sont placés près des cours d'eau, voire de la mer, eaux dans lesquelles les cendres seront jetées. Tantôt, il évite la putréfaction par des actes d'endocannibalisme, soit direct, comme la nécrophagie rituelle des Indiens d'Amérique ou de certains Négro-Africains, soit indirect. En Sibérie par exemple, les cadavres étaient livrés aux hyènes, cet acte correspondant alors à un transfert. D'autres peuples, comme les anciens Egyptiens, les Indiens du Pérou ou les Navajos, choisissent l'embaumement et la momification. Mais la plupart laissent faire la nature, d'où la grande diversité des sépultures. Toutefois, le stade du pourrissement étant foyer d'impureté et d'anomie, l'homme s'efforce de l'accélérer (avec, par exemple, exposition du cadavre au soleil ou au feu), de le retarder (par des onctions ou des frictions) ou de s'en préserver (par isolement du défunt). Cette perception explique pourquoi certains êtres considérés comme « asociaux » (les errants, les sorciers, les vampires ou les fantômes) sont privés de funérailles.

Il y a trois cent mille ans, dans la Sima de los Huesos d'Atapuerca, au moins trente-deux cadavres de Pré-Néanderthaliens ont été déposés les uns sur les autres dans un lieu précis qui leur était destiné [2]. Cette découverte, puis celle de corps inhumés par Neanderthal attestent sans nul doute de sa préoccupation face à la mort.

Neanderthal enterre ses morts

La saison estivale a commencé, Neanderthal et ses compagnons reviennent dans l'habitat de l'an passé, une grotte spacieuse et bien sèche située en bordure d'une grande plaine où abonde le gibier. Il faut s'installer, mais avant, il y a du nettoyage à faire. Des ossements d'animaux, anciens restes culinaires, et de nombreux déchets de taille d'outils en silex jonchent le sol. A l'aide de branchages, l'espace est balayé et vite dégagé des témoins d'activités domestiques antérieures. Enfin, ils peuvent emménager. Les mois passent, l'hiver approche, le gibier devient rare car il a commencé sa migration vers des régions plus clémentes, plus au sud. Neanderthal doit quitter son habitat, mais, avant, il lui faut enterrer un des siens qui vient de mourir. Il faut ensuite partir... Un groupe d'hyènes des cavernes, attiré par une odeur de viande faisandée, a repéré la grotte. Personne : elles y pénètrent. L'odeur devient plus forte, là, à quelques centimètres sous la terre, un cadavre. De la nourriture. Le corps est déterré, dépecé et les os rongés. Repues, elles s'endorment. Le lendemain, elles abandonnent la grotte. Il leur faut trouver une nouvelle charogne ou une proie à chasser... Le froid s'est maintenant installé, l'hiver commence. Une ourse et son ourson sont à la recherche d'un bon endroit pour hiverner, cette grotte fera l'affaire. La galerie, là au fond, paraît bien confor-

table. Bousculant et piétinant les artefacts et les os brisés abandonnés par les locataires précédents, ils trouvent le coin idéal pour entamer leur sommeil hivernal. Les mois passent, le printemps réveille le petit et sa mère. Ils ont faim, il est temps de quitter ce refuge.

Les sépultures néanderthaliennes découvertes à ce jour sont relativement rares, au plus une trentaine retrouvées dans seulement quinze sites. Elles ont, à l'exception de celles de Crimée, de Géorgie et d'Ouzbékistan, une répartition géographique circonscrite à l'Europe occidentale (France, notamment le Sud-Ouest, et Belgique) et au Proche-Orient[3]. En outre, à la différence de ce que l'on constate au Paléolithique supérieur, les sépultures n'ont jamais été découvertes en plein air. Cependant, ce type de sépultures est plus difficile à trouver, notamment par l'absence d'indices archéologiques en surface ; en outre, leur disparition est accélérée par l'activité des charognards ou les agents climatiques. Il est plus que probable que lors de déplacements saisonniers ou migratoires du groupe, des individus devaient mourir et être enterrés sur place, en plein air. Quoi qu'il en soit, si l'on tient compte du nombre très élevé de grottes ou abris sous roche fréquentés par Neanderthal, cela fait très peu de sépultures mises au jour.

Plusieurs facteurs peuvent expliquer cet état de fait. Les fouilles archéologiques sont souvent liées à des découvertes fortuites ; en outre, elles ont été plus fréquentes dans certains pays que dans d'autres. La préhistoire en France, par exemple, a une longue histoire qui débute dès le XIXe siècle, d'où la richesse de son patrimoine préhistorique. Par ailleurs, certains squelettes ayant subi des bouleversements postérieurs au dépôt des corps, leur situation en contexte sépulcral ne peut pas toujours être affirmée. C'est en effet l'existence de connexions anatomiques qui traduit la présence d'une sépulture, que le corps soit ou non dans une fosse identifiée en tant que telle. En outre, la conservation des ossements varie en fonction de la nature du sol qui les contient, notamment s'il est plus ou moins acide, et de l'intensité des occupations postérieures aux sépultures. En effet, des fréquentations multiples et intensives d'une grotte, par des hommes ou des carnivores, entraînent la destruction partielle ou totale des vestiges archéologiques. De plus, lors de phases très tempérées et très humides, des grottes ont subi des vidanges de leur remplissage sédimentaire ; celles-ci ont pu provoquer la disparition d'éventuelles sépultures. Mais tous ces facteurs peuvent-ils expliquer à eux seuls le faible nombre de sépultures retrouvées ? Peut-être s'agit-il d'une réalité ? Il est en effet possible que certains groupes culturels néanderthaliens n'aient pas enterré leurs morts car, comme nous l'avons mentionné précédemment, des rites funéraires sans inhumation des corps existent. En effet, de nombreux restes humains ont été découverts isolés, hors contexte sépulcral et parfois même dans des sites où ont également été dégagées des sépultures datant de la même période. S'agit-il alors d'un traitement différentiel des individus, qui cependant ne semble lié ni au sexe ni à l'âge, peut-être alors à un statut social particulier qui nous échappe ? Les rites de mort sont souvent fonction de la position sociale du défunt ou liés à la cause du décès. Peut-être la mort d'une femme lors de son accouchement ou d'un homme lors d'une chasse leur conférait-elle un statut particulier, d'où leur inhumation. *A contrario*, des individus considérés comme « asociaux » n'auraient pas eu droit à une sépulture.

Les plus anciennes sépultures ont été découvertes au Proche-Orient. Ce sont des sépultures moustériennes qui contiennent des squelettes de Néanderthaliens ou d'hommes de type moderne appelés Proto-Cro-Magnons. Les sépultures néanderthaliennes du Proche-Orient ont entre 100 000 et 45 000 ans[4] ; celles d'Europe sont un peu plus récentes, entre 60 000 et 34 000 ans[5]. En Europe, à l'exception d'un site en Crimée[6], les industries découvertes dans la même couche archéologique que les sépultures appartiennent également au techno-complexe moustérien (notamment de type Quina). Neanderthal enterrait les hommes, les femmes et les enfants. Les sépultures contenant un squelette masculin sont, notamment au Proche-Orient, un peu plus nombreuses[7]. Les inhumations d'enfants apparaissent en Europe plus fréquentes que celles d'adultes ; elles sont nettement plus rares au Proche-Orient. Des enfants âgés de un à dix ans ont été enterrés, par contre aucun jeune entre dix et quinze ans. Neanderthal a aussi inhumé, dans des sépultures individuelles, des fœtus et des nouveau-nés. Il avait donc conscience de la valeur d'une vie humaine, même non parvenue à terme. Pour le groupe, la présence d'un individu supplémentaire devait en effet être importante. La fécondité et la reproduction tenaient sûrement une place prépondérante dans les sociétés néanderthaliennes. Peut-être même Neanderthal se projetait-il dans l'avenir à travers un enfant ? Les jeunes adultes, entre seize et trente ans, représentent un peu plus de la moitié des adultes enterrés (environ 53 %). Les femmes appartiennent uniquement à ces classes d'âges[8]. Les adultes âgés de plus de trente ans ne sont que des hommes, en outre, 50 % au moins d'entre eux ont dépassé quarante ans. Les femmes mouraient plus jeunes que les hommes, probablement à cause de grossesses et d'accouchements difficiles. Cette mortalité est peut-être à mettre, pour l'Europe, en relation avec la relative abondance des sépultures de fœtus ou de nouveau-nés. La présence d'adultes âgés de plus de quarante ans témoigne d'une longévité des Néanderthaliens qui peut nous paraître brève, or, elle est aussi importante que celle de groupes humains plus tardifs ou celle du Moyen Age en Occident.

Les rites funéraires

Neanderthal a pratiqué plusieurs rites funéraires. Les modalités en apparaissent diversifiées, probablement parce qu'il a vécu durant une longue période, mais aussi parce que de nombreux groupes culturellement différents se sont succédé.

Le site de la Ferrassie en Dordogne illustre parfaitement la complexité des rites funéraires pratiqués par Neanderthal. Dans cet abri, des Néanderthaliens, appartenant peut-être à un même groupe, inhumèrent plusieurs corps. A cinquante mètres du corps de l'homme, une femme de vingt-cinq à trente ans a été enterrée[9]. Leurs têtes étaient à quelques dizaines de centimètres l'une de l'autre. Sur un foyer, dans un sol légèrement en creux, ils déposèrent son corps, en l'inclinant du côté droit, en position fœtale (les jambes repliées sur ses cuisses elles-mêmes fléchies sur son bassin avec les bras touchant les genoux). Dans ce lieu, plusieurs enfants et des fœtus furent également découverts. A quatre mètres du corps de l'homme, vers l'intérieur de l'abri, ils creusèrent, à quarante centimètres l'une de l'autre, deux petites fosses de forme demi-sphérique (de 0,7 mètre de largeur et 0,3 à 0,4 mètre de profondeur). Ils déposèrent dans la plus profonde le corps d'un enfant de dix ans. Ils le recouvrirent de graviers, de terre et de cendres, venant probablement d'un foyer moustérien installé à proximité de la sépulture, puis, déposèrent dessus deux pierres plates superposées. Dans l'autre fosse, ils mirent les corps d'un nouveau-né d'environ trois mois et d'un fœtus à terme (ou un tout jeune nouveau-né) et les recouvrirent du même mélange. Puis, ils déposèrent à la surface des deux sépultures de très beaux outils de silex, des pointes et des racloirs. Non loin de la paroi de l'abri, dans une petite dépression ovalaire (de 0,4 mètre de long sur 0,32 mètre de large) creusée dans le sol argileux et située à la base d'un des neuf petits monticules de terre, ils couchèrent, en position repliée, le corps d'un fœtus d'environ sept mois. Ils disposèrent au-dessus de la sépulture trois racloirs de belle facture en silex. Enfin, au sud-est de l'abri, dans l'une des six cuvettes naturelles, ils creusèrent une fosse de forme triangulaire[10], y inhumèrent, en position fœtale renversée sur le côté, le corps d'un enfant de trois ans, et déposèrent sur son corps une pointe et deux racloirs en silex. Puis ils le recouvrirent d'une dalle calcaire triangulaire dont la face en contact avec l'enfant était piquetée de petites cupules groupées par deux et d'une grande cupule. Plusieurs similarités de traitement des corps se dégagent de l'analyse de ces sépultures. La plupart des squelettes étaient orientés est-ouest et en position fœtale. De plus, des outils de belle facture en silex accompagnaient les corps des enfants. Par ailleurs, on observe également la présence de trois fosses sans restes humains mais avec des os d'animaux et des outils en os et en pierre. S'agit-il, au même titre que les dépôts d'outils lithiques et la présence de foyers, d'un témoignage de rites liés aux sépultures ? Peut-on suggérer que le grand abri de la Ferrassie fut une nécropole néanderthalienne ? Dans les couches où furent dégagés les squelettes humains, les fouilleurs ont découvert des preuves d'activités domestiques : nombreux ossements fracturés d'animaux, outils lithiques moustériens [11], os utilisés (retouchoirs) et incisés, morceaux de matières colorantes portant des marques d'utilisation et foyers. Neanderthal a donc habité dans cet abri. Il nous est difficile d'imaginer qu'il ait vécu dans un « cimetière ». Il est vraisemblable que de multiples occupations ont eu lieu à différentes périodes, espacées dans le temps. Comme le faisaient de nombreux peuples chasseurs-cueilleurs subactuels, pour qui le lieu d'inhumation est sacré et vénéré, lorsque l'un des siens mourait, Neanderthal l'enterrait et quittait l'abri. Puis, plusieurs années après, son clan ou d'autres groupes revenaient s'y installer et ainsi de suite.

A l'exception du site de la Ferrassie, les sépultures ne contiennent qu'un seul individu [12]. En Europe, la plupart des corps ont été placés dans des fosses creusées dans le sol ou dans des cavités naturelles aménagées (au moins onze). Au Proche-Orient, les espaces sépulcraux semblent avoir été délimités par des blocs de pierre, sorte de « niches » (à Tabun I, Shanidar I et IV), le creusement de fosse n'est pas certain sauf à Kebara. Parfois la présence de pierres sur la sépulture, comme à Shanidar, peut faire songer à un tumulus, mais il faut être prudent dans cette interprétation car, dans cette grotte, plusieurs éboulements du plafond ont eu lieu. Par contre en Europe, à la Ferrassie 5 et au Regourdou en Dordogne, les fosses ont été volontairement recouvertes de pierres. Ce dernier site est tout à fait exceptionnel. Cette grotte, située à quelques mètres de Lascaux, présente un ensemble complexe de pierriers et de « tumulus ». Dans le « tumulus » 4A, a été découvert le squelette d'un Néanderthalien. Le corps était orienté la tête à l'ouest et les pieds à l'est. Alors que la mandibule est intacte, on ne sait si le crâne était présent (données contradictoires). Le tronc reposait sur le côté gauche, les deux bras et les mains près du visage. Les membres inférieurs (non retrouvés) étaient probablement fléchis avec, d'après la position des talons au voisinage des fesses, les genoux sous la poitrine. Deux tibias d'ours brun étaient disposés dans le prolongement du corps [13]. L'ensemble était recouvert d'une dalle calcaire sans dépôt préalable de sédiments. Sur celle-ci, un humérus d'ours brun, un racloir, deux éclats et un nucléus en silex ont été retrouvés. Au-dessus étaient entassés des pierres, des os d'ours et un bois de cerf, le tout formant une sorte de petit tumulus sur lequel un foyer avait été installé [14].

Au sein des sépultures, l'orientation des corps varie, celles ouest-est ou est-ouest semblent un peu plus fréquentes que nord-sud ou sud-nord. La tête est le plus souvent tournée sur le côté et posée à même le sol. Cependant, en Dordogne, au Roc de Marsal, la tête d'un enfant de vingt-neuf mois reposait sur un « coussin » d'os [15] et dans l'abri inférieur du Moustier, un jeune homme d'environ quinze ans a été inhumé, la tête posée sur un « coussin » de silex [16]. De même, à Shanidar, le crâne d'un homme de vingt à trente ans avait été mise sur une dalle en pierre.

Le corps est le plus souvent allongé sur le côté, il est plus rarement étendu à plat sur le dos [17]. Les bras sont majoritairement en position fléchie et les jambes en position contractée. La plupart des corps étaient donc en position « fœtale » ou en « chien de fusil ». Chez un cadavre, ces positions ne sont pas naturelles[18]. Ce qui soulève la question du traitement infligé au corps avant son inhumation. Si l'enterrement a lieu après le troisième jour, on peut alors facilement manipuler le corps et lui donner la position souhaitée. Le remblaiement tardif de certaines fosses, comme à la Ferrassie, semble appuyer cette hypothèse. L'autre solution est de ligoter les membres du mort, mais nous n'en avons aucune preuve. Quoi qu'il en soit, Neanderthal a voulu que ses morts soient enterrés préférentiellement dans l'une ou l'autre de ces positions. Chez de nombreux peuples, elles correspondent à la position du sommeil ou à celle d'un retour dans le ventre maternel. Nous avons ainsi une relation entre mort et fécondité. La terre n'est-elle pas l'incarnation d'une déesse mère, origine de toute fécondité et de la richesse qui en découle ?

Des ossements d'animaux ont été retrouvés à proximité des sépultures, mais ce ne sont pas obligatoirement des offrandes. Ils correspondent le plus souvent aux déchets d'activités laissés par les hommes lors de l'occupation du site. Cependant, certains semblent avoir été intentionnellement déposés près du corps du défunt ou directement sur la sépulture. C'est le cas des fragments d'os ou des dents de grands mammifères associés aux corps d'hommes ou de femmes adultes découverts à la Ferrassie, au Regourdou et à la Quina[19]. Mais, s'agit-il vraiment de dépôts funéraires ? Le doute subsiste, contrairement à La Chapelle-aux-Saints où il n'est pas permis, comme le relatent, en 1908, les fouilleurs, les abbés A. et J. Bouyssonie et L. Bardon : « Au-dessus de la tête étaient placés trois ou quatre grands fragments plats d'os longs ; plus au-dessus il y avait, encore en connexion, l'extrémité d'un métatarsien de grand bovidé, les deux premières phalanges, et une deuxième phalange. Preuve évidente que la patte avait été posée là avec sa chair – peut-être pour la nourriture du mort (preuve aussi que la couche n'avait jamais été remaniée). Il y avait autour du reste du corps un grand nombre d'éclats de quartz, de silex, parfois bien travaillés, quelques fragments d'ocre, des os brisés, etc., comme dans le reste de la couche archéologique. » Neanderthal a donc mis intentionnellement une extrémité de patte postérieure d'un aurochs ou d'un bison sur le corps d'un des siens. Le dépôt de morceaux de carcasses d'animaux dans les sépultures est un fait bien attesté dans plusieurs civilisations plus tardives. Dans certaines sociétés, cette nourriture devait permettre au mort de s'alimenter durant le voyage qui le mènerait dans l'au-delà, vers une autre vie. Pour d'autres peuples, l'animal auquel appartenait ce quartier de viande devait intercéder en faveur du défunt auprès des divinités ou esprits de l'autre monde. Ces animaux étaient-ils sacrifiés à cet effet ? On ne peut le dire.

Dans deux sites périgourdins, à proximité des corps des cinq enfants de la Ferrassie et de l'adulte du Regourdou, ce sont des outils en silex, souvent de belle facture, qui ont été retrouvés [20]. Par ailleurs, une sphère calcaire piquetée était située au niveau du bassin de la femme de la Quina. Ces outils en pierre, liés à des activités réputées masculines (chasse, découpe du gibier), ont été découverts associés aussi bien à des hommes qu'à des femmes et des enfants, même très jeunes. La symbolique de ce type d'offrande est donc peut-être tout autre et demeure méconnue.

A côté de ces objets, dans quatre sépultures de la Ferrassie, les Néanderthaliens ont déposé sur les corps des dalles de pierre, dont une creusée de cupules [21]. Ces dalles servaient peut-être à protéger les corps de détériorations ultérieures (de la part de nouveaux occupants ou de charognards). Mais elles pouvaient également avoir une signification symbolique liée à un rituel particulier qui nous échappe (peut-être, par exemple, pour que le mort ne sorte pas de sa sépulture).

De même, la découverte de petites fosses remplies d'ossements d'animaux et d'outils en pierre dans les mêmes horizons que les sépultures, comme à la Ferrassie[22], soulève là encore des interrogations quant aux rituels pratiqués. Ces structures sont-elles directement liées aux sépultures ? Si oui, s'agit-il de dépôts d'offrandes pour les morts ? Actuellement, aucun élément ne permet de répondre à ces questions.

En Irak, une des sépultures découvertes dans la grotte de Shanidar est remarquable par son originalité. Dans une « niche », limitée au nord et à l'est par de gros blocs, le squelette d'un homme de trente à quarante ans (S. IV) a été exhumé. Son corps reposait sur le côté gauche, face à l'ouest, avec la tête disposée au sud. Sa main droite était posée sur son avant-bras gauche et la main gauche était ramenée au niveau du visage. Ses membres inférieurs, mal conservés, étaient fortement fléchis, les talons touchant le bassin. En outre, une de ses côtes moyennes porte la cicatrice d'une ancienne fracture[23]. Pour le fouilleur, R. Solecki, cet homme serait mort à la suite d'un éboulement partiel du plafond et ne serait donc pas en contexte sépulcral. En 1975, la palynologue française Arlette Leroi-Gourhan a suggéré, d'après ses analyses, qu'il avait été déposé, à la fin mai ou au début juillet, sur une litière composée de plantes à fleurs aux vertus médicinales (huit espèces dont notamment *Ephedra* type *altissima*). D'après l'ensemble de ces données, on peut déduire que cet homme, malade ou blessé, a été tué alors qu'il était étendu sur une litière de plantes médicinales. Si l'on retient cette hypothèse, les fleurs ne font donc pas partie d'un rituel funéraire comme certains chercheurs l'ont suggéré.

La découverte, en 1938, de la grotte de Teshik-Tash, en Ouzbékistan, soulève elle aussi bien des questions au sujet des rites funéraires pratiqués par Neanderthal. Ce site, le plus oriental ayant livré des restes de Néanderthaliens, renfermait, près de la paroi nord-ouest, légèrement à droite d'un des trois foyers, la sépulture bouleversée d'un enfant âgé de sept ans et demi[24]. Son crâne, orienté vers la gauche, avait le trou occipital tourné vers le haut. Brisé en cent vingt-cinq morceaux, il reposait, apparemment, sur une petite plaquette calcaire. Aucune connexion anatomique n'a été retrouvée. L'humérus est sans épiphyses ; elles ont été rongées par un carnivore. Les deux péronés sont cassés et leurs épiphyses sont également rongées. Ces restes étaient associés à des os cassés de mammifères et à un coprolithe probablement d'hyène, mais à aucun outil lithique. Autour du corps, cinq, ou peut-être six, paires de chevilles osseuses[25] de bouquetins de Sibérie semblaient délimiter une surface subcirculaire. Trois paires étaient fichées en terre, comme des fourches. Un foyer aurait été allumé au-dessus de la fosse ; on note sur une des paires de cornes de bouquetin des traces de brûlure. Pour le préhistorien français Alban Defleur, c'est une sépulture bouleversée par un carnivore qui aurait exhumé puis désarticulé le corps et rongé les os. L'hypothèse que cet enfant n'ait pas été enterré mais la proie d'une hyène ou d'un loup ne peut pourtant être totalement exclue. Cependant, dans ce cas, la présence de foyers et la disposition particulière des chevilles osseuses de bouquetins demeureraient inexpliquées.

Neanderthal a parfois déposé des offrandes auprès du corps de ses morts, apparemment sans discrimination sexuelle ou d'âge. C'est un témoignage fort qui démontre qu'il avait des aspirations spirituelles. Mais quelles étaient ses croyances ? On constate que l'animal est intimement intégré et utilisé par Neanderthal[26]. Cette relation ne peut être anodine, elle dénote l'ambivalence de leur relation qui transparaît clairement dans ses moyens de subsistance, notamment ses techniques de chasse aux grands mammifères. Les foyers, comme les objets, dégagés dans les mêmes couches archéologiques que les sépultures ont-ils un lien direct avec elles ?

Le feu a-il joué un rôle dans les rites funéraires ? Plusieurs découvertes semblent l'attester. A Shanidar, le squelette d'un adulte masculin de plus de quarante ans était enseveli dans une terre riche en charbons de bois[27]. Il était en position contractée avec les membres inférieurs repliés sous lui et les mains sur les genoux, et présente une perforation sur la partie postérieure de l'écaille frontale gauche de son crâne. Apparemment, à proximité immédiate de sa tête, un feu avait été allumé sur les pierres qui la recouvraient et une mandibule, probablement de daim, avait été déposée. Des foyers ont été dégagés dans d'autres sites à sépultures. Ils ont été découverts au-dessus des fosses ou des remblais comme à la Ferrassie (F. 2, 3, 4 et 4 bis), au Regourdou (sur le tumulus), à Teshik-Tash ou à Shanidar (S. II et S. V). Des foyers se trouvaient soit à proximité de la sépulture comme à La Chapelle-aux-Saints, soit sous les squelettes comme à Shanidar (S. I) ou à la Ferrassie (F. 1 et 2). Mais la présence de ces foyers sous le corps du défunt peut également être fortuite. Les corps ont pu être déposés dans une fosse creusée à l'emplacement d'un foyer construit antérieurement. Cette remarque est également valable pour les corps qui reposaient dans des sédiments riches en charbons de bois ou en cendres (terre de foyer), comme à Tabun, à Shanidar, au Regourdou, à la Ferrassie ou à Kiik-Koba[28]. Parfois, comme à la Ferrassie, des foyers ont été découverts à la fois sous le corps du mort et sur la fosse (F. 2) ou sur la fosse, le corps reposant dans un sédiment riche en charbons de bois (F. 3, 4 et 4 bis). Par ailleurs, des traces de calcination ont été observées sur certains ossements. A Kebara, en Israël, le corps du jeune homme, reposant dans un niveau de charbons noirs, était recouvert de cendres blanches[29]. L'atlas, les dernières côtes droites et l'humérus droit portaient des traces de chauffe. De même, des traces de brûlures ont été repérées sur l'humérus gauche de l'adolescent de quinze ans découvert au Moustier. Cependant, ces traces de calcination sur les os semblent fortuites, voire postérieures à l'inhumation, l'incinération des corps n'est pas attestée.

Pourquoi Neanderthal a-t-il parfois allumé des feux lors de l'enterrement de l'un des siens ? Croyait-il en son action purificatrice ? Ou sa motivation est-elle à rechercher dans l'ambivalence de la relation entre le feu et l'homme ? Le feu, qui réchauffe et éclaire, est symbole de vie, mais il brûle et détruit, il est donc aussi symbole de mort. Dans un habitat, le foyer domestique est le point central. Autour du feu se déroulent les différentes activités de la vie quotidienne. Mais c'est également un lieu festif où l'on palabre et narre récits et mythes qui sont les révélateurs de la conscience humaine et de sa spécificité. Le feu est également une énergie vitale souvent liée à la procréation et à la sexualité. La production du feu par frottement d'un morceau de bois, dit mâle, dans un trou circulaire creusé dans un second morceau, dit femelle, peut en être l'illustration.

Un culte des ancêtres ?

Le culte des ancêtres est, parmi les cultes pratiqués, le plus courant et le plus ritualisé. Chez certains peuples, comme les Fang d'Afrique de l'Ouest, il se caractérise par le prélèvement et la conservation des crânes des morts illustres de la famille (chef de clan ou de lignage, féticheur puissant, homme-médecine, sorcier, chaman). Les Andamanais, Pygmées d'Asie du Sud-Est, portent certains os de leurs ancêtres en colliers (sortes de mémentos au pouvoir de guérison), même, souvent en signe d'affection, le crâne. Le culte est rendu, lors des grandes occasions de la vie tribale[30], afin d'obtenir les bonnes grâces des défunts ou d'éviter leur courroux, dans le cas où ils continueraient de vivre dans l'au-delà, car s'ils étaient oubliés ou délaissés, ils reviendraient persécuter les vivants. Mais les proches doivent surtout conduire celui qui meurt en l'aidant à devenir défunt puis ancêtre. Car ces ancêtres peuvent livrer aux vivants, par des messages[31], une partie de ce savoir que les vivants cherchent désespérément à décrypter par la divination, les rites magiques, les sacrifices. Il est donc indispensable d'entretenir de bonnes relations avec eux.

En examinant le squelette du jeune homme adulte découvert dans la sépulture de Kebara, les fouilleurs firent une découverte exceptionnelle. Le corps reposait dans une fosse, couché sur le dos, la main gauche en bas du thorax, au-dessus de la colonne vertébrale et la main droite ramenée au niveau de l'omoplate ; la jambe droite faisait défaut. Alors que la mandibule, l'os hyoïde et les vertèbres cervicales étaient intacts et en position anatomique, le crâne manquait. D'après les fouilleurs, il semble avoir été volontairement ôté quelques mois après sa décomposition, probablement par les occupants de la grotte. C'est peut-être aussi ce qui s'est passé à Shanidar. Un homme âgé de plus de quarante ans (S. III) reposait, sans tête, sur le côté droit avec les membres inférieurs fléchis et ramenés contre le bassin. On remarque la présence de marques résultant de blessures, à la cheville droite et au niveau de la neuvième côte gauche. A un mètre de la sépulture se trouvaient deux foyers empilés l'un au-dessus de l'autre. Le cas apparaît moins sûr que le précédent car quatre dents (deux inférieures et deux supérieures) ont été découvertes dans la sépulture, cependant, celles-ci ont pu tomber lors du prélèvement du crâne et de sa mandibule après la décomposition du corps.

Par ailleurs, lorsque l'on considère les ossements trouvés isolés, on constate qu'il y a très souvent uniquement le crâne [32]. Comme le prouvent les analyses taphonomiques, dans la plupart des cas, cette situation ne peut résulter que de l'action des hommes. Par exemple, la découverte, dans certaines couches archéologiques de la grotte de Krapina, d'ossements humains appartenant uniquement à la partie crânienne, suggère que des Néanderthaliens ont, à certaines périodes, probablement pratiqué ce type de rite funéraire [33]. Par ailleurs, à Marillac en Charente, parmi les restes humains trouvés dans ce site moustérien, un arrière-crâne porte des incisions produites par un outil lithique tranchant. Ces marques correspondent à la section des muscles de la nuque et au grattage de la surface de l'os [34]. Ce crâne a vraisemblablement été prélevé sur un corps et nettoyé en vue de sa conservation.

Les découvertes, à la fois de corps sans tête et de crânes isolés, conduisent à l'hypothèse que Neanderthal prélevait, dans certains cas, le crâne de ses morts. En cela, on peut considérer qu'il pratiquait le culte des ancêtres et que, peut-être, il en est l'initiateur ! On constate que dans les sociétés fondées exclusivement sur la parenté, ce culte a une grande importance sur le plan de la cohésion sociale. Les individus se situent tous par rapport aux défunts du clan, et leur position généalogique règle une grande partie de leurs comportements quotidiens. Pour beaucoup de sociétés, les rites liés au culte des ancêtres sont fondamentaux car ils réactivent à chaque décès le mythe fondateur de la communauté. C'est dans ce rite que l'on peut le plus aisément découvrir et démontrer la fonction sociale d'un culte religieux. A travers le culte rendu à ses ancêtres, Neanderthal a probablement créé ou renforcé les liens unissant les individus d'un même groupe.

Une inhumation en deux temps ?

Une inhumation en deux temps, appelée également inhumation secondaire, se déroule en deux, voir plusieurs, phases. Le cadavre est d'abord laissé à l'air libre où il se décompose naturellement, puis, dans un deuxième temps, les os, ainsi débarrassés de toute chair, sont récupérés et enterrés. Les Indiens des prairies de l'intérieur de l'Amérique du Nord déposaient les os dans une caverne ou une crevasse de rocher. Les Assiniboins, eux, disposaient les crânes en cercle sur la prairie, la face tournée vers le centre. La pratique de ce type de rites funéraires permet l'acceptation de la mort. C'est un rituel d'oubli ; le mort, en tant qu'individu, doit mourir dans la mémoire de la société à laquelle il appartenait.

Certaines découvertes suggèrent que Neanderthal pratiquait l'inhumation en deux temps. Dans la grotte de Shanidar, en dégageant la sépulture de l'homme de trente-quarante ans (S. IV), les fouilleurs ont dégagé deux crânes et des ossements appartenant à deux femmes adultes, puis ceux d'un très jeune enfant (S. IX). Pour R. Solecki, l'enfant aurait été enterré le premier. Pour l'un des sujets féminins (S. VI), en plus du crâne, des os des membres supérieurs et inférieurs ont été retrouvés. Seuls, le crâne, les os d'un bras et d'une main, un péroné et des os du pied, appartiennent au second sujet (S. VIII). L'absence, pour ces deux individus, de toute connexion anatomique entre les ossements suggère la pratique, par les Néanderthaliens de Shanidar, d'une inhumation secondaire. Cette interprétation ne fait pas l'unanimité parmi les scientifiques. Les conditions de fouilles, relativement mauvaises, et celles de la découverte des ossements soulèvent en effet des interrogations [35]. En outre, le squelette de Shanidar VI est relativement complet [36].

D'autres hypothèses ont été proposées : inhumations de quatre individus à des moments espacés dans le temps [37], inhumations des quatre corps dans une même sépulture (sépulture multiple), inhumation de Shanidar IV puis celle des deux sujets féminins et de l'enfant (soit deux sépultures : une individuelle et une triple). Cependant, le fait que l'on n'ait retrouvé que très peu d'ossements appartenant aux individus S. VIII et S. IX (que des vertèbres), laisse persister le doute, au moins pour ces deux sujets. Par ailleurs, dans plusieurs sites, des restes humains isolés ont été découverts sans connexion anatomique. C'est le cas à Krapina, où la pratique par Neanderthal de ce rite funéraire est envisagée par plusieurs auteurs. D'autres spécialistes, dont nous-même, penchent plutôt pour la pratique, à certaines périodes, d'un cannibalisme rituel. Par contre, à Combe-Grenal (Dordogne), d'après les travaux de la paléoanthropologue française Françoise Le Mort, les Néanderthaliens ont pratiqué une inhumation en deux temps[38].

Comme l'atteste la diversité des rites funéraires pratiqués par Neanderthal, la mort suscitait chez lui émotion et réflexion. Dans toutes les sociétés, la mort a un rôle socialisant, le groupe est uni par ses morts. Il ne peut exister de groupe sans mémoire et cette mémoire se cristallise autour ou sur eux, car les ancêtres transmettent des héritages qui à leur tour seront transmis. Ils jouent donc un rôle fédérateur et doivent être honorés. Les rites pratiqués en l'honneur des morts permettent de faire resurgir les connaissances et les savoir-faire, les traditions, voire les mythes sans lesquels un groupe social ne peut vivre. A cause, selon Sigmund Freud, du sentiment de culpabilité des survivants, les rites funéraires visent également à garder le mort au sein du groupe, d'abord un certain temps, puis de façon symbolique. Cette attitude est attestée par les cérémonies commémoratives autour d'une ancienne sépulture ou d'un objet ayant appartenu au mort ou le représentant. L'origine des comportements de Neanderthal vis-à-vis de ses morts se trouve sans doute parmi ces motivations de l'inconscient humain.

13

Cannibale ?

« L'existence du cannibalisme durant la préhistoire est très dure à avaler. »

Paul Bahn, 1996.

Neanderthal a parfois été cannibale ! L'idée même que des hommes puissent avoir été des anthropophages nous glace d'effroi. Peut-être, comme l'a écrit Sigmund Freud en 1913, parce que dans nos sociétés occidentales judéo-chrétiennes le cannibalisme est, avec l'inceste, un des deux interdits fondamentaux dont la transgression ne s'avère possible que dans le cadre d'une ritualisation parfaitement définie. Peut-être est-ce la raison qui conduit certains auteurs, dont W. Arens en 1979, à nier l'existence même du cannibalisme. Pour ce chercheur, le cannibalisme relèverait de la pure imagination ou serait une invention des colons, pour, notamment, justifier leurs interventions, souvent violentes, sur les populations autochtones. Cependant, des études ethnographiques attestent de la pratique durant plusieurs siècles du cannibalisme par de nombreux peuples, notamment en Nouvelle-Guinée et en Amérique du Nord. Le chercheur américain C. G. Turner II a la certitude, après avoir analysé, en trente ans, plus de quinze mille squelettes d'Amérindiens, que la pratique du cannibalisme (souvent avec violence et mutilations) était fréquente, entre 400 et 1700 de notre ère, chez de nombreuses tribus d'Arizona, du Colorado, du Nouveau-Mexique et d'Utah [1].

Le mot cannibale est la traduction française du mot espagnol *canibale* créé au XVIe siècle par les explorateurs. C'est l'altération de *caribal*, qui dans la langue caraïbe signifie « hardi » et au sens élargi « homme cruel et féroce ». Comme en témoignent les récits des voyageurs et les études menées par les ethnologues, le cannibalisme est souvent prescrit ou recommandé ; il correspond à une institution sociale, aux règles strictes et aux rites complexes, et s'insère dans des schémas symboliques concernant la nature de la mort, les représentations du monde des ancêtres et les conceptions qu'on se fait de la personne [2]. Cette complexité est peut-être due à l'ambivalence du cannibalisme, la conservation du corps, par ingestion, l'emportant sur sa destruction, par putréfaction. L'aire d'extension du cannibalisme, tant spatiale que temporelle, est vaste. Nullement unique, il prend de multiples formes, comme le montre la grande variabilité des rites pratiqués, souvent fort complexes.

Il existe deux grands types de cannibalisme : le cannibalisme alimentaire, ou de pénurie, et le cannibalisme rituel. Le cannibalisme de pénurie, qui peut être qualifié de nécessité, est pratiqué lors de disettes ou de circonstances tragiques. Il a un statut à part, il répond, par une solution rationnelle, à une carence en protides. Par contre, le cannibalisme rituel a un caractère organisé et correspond à l'actualisation de mythes ou de croyances. La consommation de viande humaine peut être collective ou réservée à certains membres du groupe. On fait également le choix du cadavre à ingérer (individu consommable ou prohibé) et celui des morceaux à consommer, comme la graisse (qui permet l'assimilation de la personnalité du défunt ou la survie des disparus) ou les os qui renferment l'âme. Dans plusieurs tribus indiennes d'Amérique latine, on consommait des os broyés mêlés à des breuvages rituels. De même, le cerveau, siège de la force physique, morale et même sexuelle, est un morceau privilégié, comme chez les tribus mélanésiennes. Il existe aussi une réglementation de l'attribution des parts [3] et des préséances lors de leur distribution et des différents modes de préparation culinaire. La consommation de la chair crue est exceptionnelle [4]. De plus, dans le cannibalisme rituel, on observe deux grands types, l'exo-cannibalisme (consommation d'un étranger au groupe) et l'endo-cannibalisme. Ce sont deux pratiques incompatibles qui ne coexistent pas au sein d'une même société. L'exo-cannibalisme est souvent associé à des pratiques guerrières et suppose la mise à mort préalable. Son origine est souvent en rapport avec les mythes qui prévalent au sein du groupe. Par exemple, le mythe, dans certaines sociétés, d'un monde supérieur en rivalité perpétuelle avec un monde inférieur où la difficulté d'acquérir sa « proie » devient un faire-valoir et la destruction de l'adversaire (par appropriation ou incorporation) un enjeu. Par exemple, chez les Iroquois du sud et sud-est des lacs Erié et Ontario, il y avait transmission de la force vitale du mort au vivant par l'intermédiaire de la chair consommée. Lors de ces ingestions, les vertus de l'étranger, que ne possède pas le groupe, sont assimilées.

Un second mythe, plus fréquent, est en relation avec la création de l'homme et sa perpétuation, le repas anthropophagique faisant participer chaque individu à la régénérescence du groupe, comme chez les Aztèques où ces repas suivaient les sacrifices humains. Parfois, pour devenir comestible et pouvoir ainsi être traité en gibier, l'ennemi était torturé, comme Urszula Chodowiec chez les Iroquois. Les os et les parties non consommées, considérés comme de vulgaires déchets culinaires, étaient alors abandonnés ou tournés en dérision. *A contrario,* l'endo-cannibalisme se réalise au sein même du groupe qui réunit des sujets apparentés par la filiation, l'alliance ou le pacte de sang. Ce type de cannibalisme ne présuppose pas la mise à mort préalable, bien que, parfois, la mort naturelle ne soit pas attendue. En Papouasie, des vieux parents étaient tués, dépecés, cuits et mangés. De même, dans certaines tribus australiennes, des infanticides rituels étaient pratiqués. Ils étaient suivis d'ingestion de quelques morceaux de chair de ces jeunes enfants, notamment de nouveau-nés, cela afin d'assurer leur renaissance avec une force accrue. Ce cannibalisme permet l'ingestion des « qualités » qui caractérisent le groupe, les défunts consommés ayant le statut d'ancêtres. A leurs yeux, il favorise la conservation en évitant la décomposition, le pourrissement du corps. Manger cette viande cuite accentue ce phénomène ; dans l'endo-cannibalisme, la consommation de la viande crue n'existe pas. Dans certaines tribus, il y a même obsèques de leurs ossements.

Qu'en fut-il au temps de Neanderthal ?

Cannibalisme ou pratiques funéraires ?

Comme l'attestent les ossements humains découverts dans plusieurs sites archéologiques, Neanderthal a désarticulé et décharné des corps humains ; il a également fracturé des os. Ces témoignages incontestables de l'action d'un homme sur le corps d'un autre homme suscitent de nombreuses questions. Sont-ils les restes de repas cannibaliques ou la preuve de la pratique de rites funéraires particuliers ?

A la fin du XIXe siècle, les premiers préhistoriens Edouard Piette[5], Emile Cartailhac et, en 1910, Gabriel et Adrien de Mortillet abordaient déjà cette question. Ils ne croyaient pas beaucoup à la pratique du cannibalisme chez les hommes préhistoriques et suggéraient, pour expliquer la présence de marques anthropiques observées sur des os humains, celle de rites funéraires particuliers. Par contre, des années plus tard, d'autres spécialistes[6] envisagèrent la pratique du cannibalisme. De vifs débats s'engagèrent, la détermination de critères discriminant le cannibalisme du rite funéraire devenait nécessaire. C'est ce que firent de nombreux chercheurs[7], dont la paléoanthropologue Françoise Le Mort. Dans sa thèse soutenue en 1981, elle fournit un inventaire détaillé et critique des dégradations considérées comme artificielles (marques créurgicales) observées sur des ossements humains paléolithiques. Elle a observé : des marques de désarticulation (à Krapina), de décharnement (à Krapina, Marillac, Fontechevade et au Placard), de fracturation intentionnelle (à Krapina, et peut-être à l'Hortus et Isturitz) et de calcination (à Krapina, Marillac, Fontéchevade, Isturitz, au Placard, au Mas d'Azil, à la Quina et à Barma Grande en Italie). En outre, elle ajoute qu'au Paléolithique supérieur les os humains ont été utilisés comme matière première et que la pratique de l'incinération est possible. A l'issue de son travail, elle conclut que dès le Paléolithique moyen des os humains portent, sans conteste, des marques de désarticulation, de décharnement, de fracturations intentionnelles et de calcination. Cependant, elle estime que ces constatations ne lui permettent pas de trancher entre pratiques anthropophagiques et rites funéraires en deux temps.

Par ailleurs, lors de l'étude de matériels fossiles, le préhistorien est confronté à une autre difficulté, l'identification des marques présentes sur les os comme étant bien le résultat d'une intervention humaine. En effet, les plantes, les rongeurs, les carnivores, les sédiments peuvent en être responsables. Une étude macroscopique, mais également microscopique, des marques s'avère donc nécessaire. Cette analyse, appelée taphonomique, aujourd'hui effectuée systématiquement, permet d'éviter de mauvaises interprétations. Ainsi, pour plusieurs sites, la pratique du cannibalisme, antérieurement suggérée, a été rejetée, les marques ayant été faites non par l'homme, mais, par exemple, par des carnivores comme à Monte Circeo en Italie[8]. La méthode analytique utilisée par les chercheurs consiste à dégager les critères attestant de la pratique du cannibalisme. Elle comprend le dénombrement global et par éléments anatomiques des restes humains (nombre, âge et sexe des individus), l'étude de la conservation des différents éléments anatomiques, de leur fragmentation, des marques anthropiques éventuellement présentes (incisions, impacts de percussion, perforations, calcination) et de leur dispersion sur le sol. Un des critères les plus discriminants est sans doute la similitude de traitement des corps humains et des carcasses animales mise en évidence lors d'une analyse comparative.

Aujourd'hui, grâce à cette méthode analytique, la pratique du cannibalisme a été clairement démontrée dans plusieurs sites préhistoriques, paléolithiques et néolithiques, en France et à l'étranger. Ainsi, il y a huit cent mille ans, à la Gran Dolina d'Atapuerca en Espagne, six *Homo antecessor*, des femmes, des hommes et des enfants ont été consommés[9]. En effet, des ossements humains, mêlés à des restes d'animaux, portent des marques de décapitation et sur 50 % d'entre eux, de désarticulation et de décharnement. De plus, les os longs, notamment à moelle, sont fracturés. C'est, actuellement, la plus ancienne trace de la pratique du cannibalisme. Un crâne d'*Homo sapiens* archaïque, découvert à Bodo en Ethiopie et daté entre 600 000 et 500 000 ans, porte également des stries de décharnement[10].

Que s'est-il passé à Krapina ?

A Krapina, la découverte d'incisions sur des os de Néanderthaliens et leur importante fragmentation ont suscité de nombreux débats, voire des controverses. Le professeur croate D. Gorjanovic-Kramberger, qui a fouillé ce site de 1899 à 1905, et certains spécialistes ont défendu l'hypothèse de la pratique de l'anthropophagie à Krapina[11]. En 1991, T. White et N. Toth ont réexaminé ces os humains et ceux de Vindijia, un autre site croate. Pour eux, les marques présentes sur les os humains sont identiques à celles qui ont été observées sur les restes de Mancos, site amérindien récent où le cannibalisme est incontestable. Cependant, d'autres chercheurs réfutent cette hypothèse et lui préfèrent celle d'une inhumation en deux temps.

La grotte de Krapina, découverte en 1899, est située à quarante kilomètres de Zagreb. Elle s'ouvre, sur la colline Husnjakovo, à cent vingt mètres au-dessus de la rivière Krapinica. La stratigraphie du remplissage sédimentaire, relevée par le fouilleur et analysée plus tard par notamment M. Malez, montre, sur dix mètres de haut, une succession de couches de faible épaisseur. Dès le début des fouilles, D. Gorjanovic-Kramberger remarqua une concentration d'ossements humains dans les couches 3 et 4 [12] et, dans les couches 6, et surtout 7 et 8, celle d'ossements d'animaux et d'outils taillés. Dans les deux couches riches en restes humains, les os d'animaux, au plus une vingtaine, et les outils sont rares, en revanche, des lits cendreux, correspondant à d'anciens foyers, ont été retrouvés [13]. Cela souligne, d'une part, la brièveté des séjours des Néanderthaliens dans la grotte et d'autre part, qu'à cette période, peut-être parce qu'elle était trop humide, elle ne leur servait pas d'habitat. En effet, d'après le contexte paléoécologique et sédimentologique, ces couches se seraient formées sous un climat humide et tempéré, au cours du dernier interglaciaire, il y a environ cent trente mille ans.

Plusieurs centaines d'ossements de Néanderthaliens, appartenant à plus d'une quarantaine d'adultes et d'adolescents et au moins une trentaine d'enfants, ont été découverts dans l'ensemble du remplissage de cette grotte [14]. La moyenne d'âge de cette population se situe autour de treize ans ; le sujet le plus vieux n'a que vingt-sept ans. Cette mortalité, avec une forte dominance de jeunes, ne correspond ni à une courbe de population naturelle vivante, ni à la courbe théorique de décès d'une population. Il y a donc eu apparemment un « choix » des individus. Si plusieurs squelettes presque complets [15] semblent avoir été présents dans les couches 3 et 4, d'autres couches (1, 2, 5, 6, 7 et 8) ont également livré des ossements humains mais, à l'exception de la couche 6, uniquement des restes crâniens. Les groupes de Néanderthaliens qui sont venus à plusieurs reprises dans cette grotte semblent donc avoir eu des comportements différents. La pratique du culte des crânes peut être envisagée pour les occupants des couches 1, 2, 5, 7 et 8[16]. Dans les couches 3, 4 et 6, aucun reste humain n'a été découvert en connexion anatomique. Cette désarticulation *post mortem* importante des cadavres atteste de l'absence d'enfouissement des corps et infirme l'hypothèse de sépultures primaires perturbées proposée par certains chercheurs. De plus, les marques de carnivores sur ces os humains sont extrêmement rares, ce qui prouverait, d'une part que ces derniers ne sont pas à l'origine de ces restes, qu'ils ne les ont ni altérés ni détruits, et d'autre part, que ces os étaient décharnés[17]. La conservation des grandes parties squelettiques est voisine de celle des grands bovidés, aurochs et bisons, qui ont été découverts dans le site[18].

De surcroît, une vingtaine de ces os humains portent des incisions[19]. Pour certains chercheurs, elles résultent d'un traitement complet des cadavres dans l'objectif de prélever de la viande, pour d'autres, d'un « nettoyage » des os. La morphologie des incisions, présentes sur six fragments de crânes, correspond plus à l'enlèvement d'un muscle, comme le temporal, ou de l'aponévrose épicrânienne, qu'au grattage de la surface du crâne. Elles sont similaires à celles qui sont produites lors de prélèvements de scalps. D'après les incisions situées sur les os du squelette, des Néanderthaliens ont bien désarticulé des corps et prélevé des muscles de l'épaule, du torse, de l'avant-bras, de la cuisse et de la jambe.

Par ailleurs, tous les os longs sont plus ou moins fracturés ; là encore, les interprétations divergent. Pour certains chercheurs, la fragmentation des os se serait produite postérieurement aux dépôts des couches, soit par la pression exercée par le poids des sédiments, soit par des chutes accidentelles de blocs (lors de l'effondrement d'une partie du plafond), ou bien encore lors de la fouille elle-même, à cause de l'utilisation par les fouilleurs de la dynamite, pour dégager des blocs de pierre, et d'outils frustes, comme la pelle et la pioche. Cependant, l'analyse de la conservation et de la fragmentation des os longs est différente : les os longs possédant une cavité médullaire développée (humérus, fémur et tibia) sont tous fracturés, alors que ceux à faible diamètre médullaire (cubitus, radius et péroné) présentent une fragmentation limitée aux parties fragiles (notamment les extrémités). En outre, des stigmates résultant d'une percussion dynamique sur os frais ont été observés sur plusieurs os longs à grand canal médullaire, ils correspondent à ceux qui ont été identifiés sur des os longs d'animaux, os fracturés pour la récupération de la moelle [20]. Des Néanderthaliens ont prélevé la moelle, peut-être pour la consommer, comme le suggéra, en 1986, André Leroi-Gourhan, défenseur d'une anthropophagie alimentaire. De même, on peut envisager que quelques-uns des crânes aient été intentionnellement fracturés pour en ôter la cervelle.

D'autre part, quelques os sont brûlés, totalement ou partiellement, sur leurs faces externes mais aussi internes (notamment des crânes), donc, pour la plupart d'entre eux, après leur fracturation [21]. Ceux qui ne présentent que des petites taches circonscrites de brûlures ont probablement été en contact avec des braises. Les autres ont pu tomber accidentellement dans un foyer ou être brûlés ultérieurement par de nouveaux occupants. Deux autres hypothèses ont été avancées : des morceaux de corps auraient été brûlés (ce qui pourrait expliquer que seule l'extrémité proximale d'un des radius soit brûlée) ou ces os, lors d'un rite, ont été volontairement jetés dans feu.

Enfin, la présence d'un fragment de fémur d'adulte utilisé comme retouchoir met en évidence la récupération et l'utilisation d'au moins un os humain comme outil [22]. Cette pièce est identique à deux autres découvertes dans le matériel osseux d'animaux.

L'ensemble de ces résultats et l'absence de la plupart des critères caractérisant une inhumation en deux temps conduisent à suggérer qu'à Krapina des Néanderthaliens ont pratiqué l'anthropophagie.

Ce qui semble être également le cas dans le site de la Baume de Moula-Guercy, en Ardèche[23]. Contrairement à Krapina, c'est dans un contexte d'habitat que des ossements humains, appartenant à au moins six Néanderthaliens, dont un enfant de six à sept ans et un jeune adulte de quinze à seize ans, ont été découverts. L'étude comparative des ossements d'hommes et de cerfs a mis en évidence une similitude du traitement des corps humains et des carcasses animales. Les hommes et les cerfs ont été dépecés et consommés, les Néanderthaliens de la Baume Moula-Guercy étaient donc cannibales. Dans d'autres sites à Néanderthaliens, comme l'Hortus, dans l'Hérault et Fontéchevade en Charente, la pratique du cannibalisme est possible mais non avérée, celle de rites funéraires particuliers ne pouvant être exclue.

Neanderthal a donc parfois été cannibale. Mais, en préhistoire, lorsque le cannibalisme est attesté, il est difficile de savoir s'il s'agit de pratiques rituelles ou alimentaires[24]. Comme l'a écrit André Leroi-Gourhan en 1986 : « L'existence au Paléolithique d'un cannibalisme rituel, contrairement au cannibalisme alimentaire, est peut-être vraisemblable, mais totalement indémontrable. » Cependant, quelques arguments permettent de les différencier, comme à Krapina, où l'on peut difficilement envisager que des Néanderthaliens n'aient consommé exclusivement que de la chair humaine. Si tel avait été le cas, cette pratique traduirait l'existence à cette période d'une forte pénurie alimentaire, notamment de gibier ; ce qui, d'après le contexte paléoécologique, ne semble pas envisageable. Pour nous, la pratique d'un cannibalisme rituel, plutôt qu'alimentaire, paraît plus vraisemblable. A la Baume de Moula-Guercy, les chercheurs qui ont fouillé le site et analysé le matériel ne tranchent pas. Or, au vu du contexte, un habitat, et des résultats, la pratique d'un cannibalisme alimentaire paraît plus probable, comme dans le site néolithique de Fontbrégoua (Var) où cette hypothèse a été proposée par Paola Villa et Jean Courtin[25]. Exo-cannibalisme ou endo-cannibalisme ? La question est encore plus délicate à résoudre. A Krapina, aucun élément ne permet de répondre actuellement à cette question. L'exo-cannibalisme, comme on a pu le constater, est souvent lié au préalable à une mort violente. A Krapina, l'absence de traces de chocs violents sur les os humains conduirait donc plutôt à l'hypothèse d'un endo-cannibalisme. Mais cela n'est que pure spéculation intellectuelle !

Reste la question essentielle : pourquoi Neanderthal a-t-il mangé ses congénères ? Les raisons sont sans doute multiples : pour assouvir sa faim, apaiser, honorer ou prendre la force vitale ou les connaissances d'un défunt, renforcer l'unité de son groupe, se venger ou punir un des siens qui avait violé un interdit[26]...

Nous ne pouvons, quel qu'en soit notre désir, aborder la question du cannibalisme en toute objectivité et impartialité car nous le faisons avec notre histoire et notre éducation. Je l'ai dit : dans notre société judéo-chrétienne, il est un des tabous les plus sévèrement condamnés, lorsqu'il est enfreint, d'où, sans doute, notre difficulté à admettre une telle pratique. Les cannibales ont souvent été, au cours de notre histoire récente, au centre de vifs débats. Les écrivains et philosophes du XVIe siècle, comme Montaigne dans les *Essais* (chapitre « Les cannibales »), transforment la figure repoussoir qu'est l'anthropophage des Amériques en un modèle positif. Si le libre et heureux cannibale mange la chair de l'adversaire vaincu, c'est en vertu d'une tradition parfaitement connue et comprise de la victime et non par appétit ou cruauté, à la différence des Européens ! Les prétendus civilisés feraient preuve d'une barbarie et de turpitudes bien pires. Au XVIIIe siècle, les philosophes des Lumières invoquent le cannibale dans la querelle anticoloniale et anticatholique. S'il mange de l'homme, ce que l'Européen sait faire à sa manière, sous des formes plus raffinées et somme toute plus cruelles, le cannibale ne va pas jusqu'à manger son Dieu [27]. Ainsi l'eucharistie est-elle mise à mal. Mais la « grandeur » du cannibale, son image positive, se dégrade à la fin du XVIIIe et surtout au XIXe siècle. C'est la déchéance. Il devient la figure odieuse d'un être assouvissant un appétit bestial et désordonné. Il suscite les rêveries primitivistes d'un Sade ou d'un Flaubert, ce dernier inspiré par l'affaire du *Radeau de la Méduse* dans laquelle *l'Occident se mire avec effroi*. Aujourd'hui, le cannibale, grâce aux ethnologues, retrouve un statut proche de celui qu'il avait au XVIe siècle. S'il est toujours honni, il est au moins compris. Les dernières cérémonies cannibales connues eurent lieu sur les hauts plateaux de Nouvelle-Guinée, à la fin de 1951. Mais le cannibalisme a-t-il réellement disparu ? Concrètement oui, à l'exception de quelques cas isolés qui relèvent le plus souvent de la pathologie, mais il perdure sous des formes symboliques, comme l'ingestion du totem chez certaines tribus, ou de substitutions. En effet, au cours du temps, sous diverses pressions d'ordres religieux, moral ou politique, des substitutions au cannibalisme virent le jour : guerres, sports et jeux violents (comme ceux du cirque dans l'Antiquité romaine), tournois, films, livres, sacrifices humains, mutilations. Comme le cannibalisme, ils obéissent à des règles précises et correspondent à des rites. Dans nos contes (l'ogre), nos mythes (Dionysos, les vampires) et notre vocabulaire, notamment amoureux [28], le cannibalisme est encore présent.

Dans toutes les régions du monde, l'anthropophagie a traversé toutes les périodes jusqu'à aujourd'hui. Elle a été pratiquée par Neanderthal, mais également par ses prédécesseurs, à la Gran Dolina d'Atapuerca, à Bodo, à Choukoutien en Chine, et ses successeurs, les *Homo sapiens* ; elle devient relativement plus fréquente dans les sites néolithi ques[29]. Selon une étude comparative entre les peuples cannibales chasseurs-cueilleurs et sédentaires, la vie sédentaire conduirait à plus de cannibalisme et à plus d'exo-cannibalisme[30]. Le cannibalisme est universel et intemporel, il n'est nullement une preuve d'« archaïsme » au sens évolutif du terme. Il est même, peut-être, le reflet d'une des spécificités humaines. En effet, dans le règne animal, seuls les hommes, les chimpanzés et les lions mangent leur congénères « vivants ». Pour certains, le cannibalisme correspond à une nature ensauvagée, il est opposé à la culture qui a ses règles, ses lois, ses interdits, alors que, dans les faits, il correspond à une institution sociale aux règles strictes et aux motivations et rites forts complexes qui varient selon les sociétés, s'éloignant ainsi de la nature (du sauvage) pour intégrer la sphère de la culture. Le cannibalisme témoigne de la diversité des êtres humains et des sociétés qu'ils ont engendrées. Nous ne pouvons, et ne devons, pas porter un jugement moral. La pratique par Neanderthal du cannibalisme n'enlève rien à son « humanité », elle l'y ancrerait plutôt. « Pourquoi, en effet, les Moustériens (et les *Sapiens* du Paléolithique supérieur) n'auraient-ils pas consommé de la viande humaine simplement parce qu'ils aimaient cela, ou parce qu'elle était occasionnellement disponible, lors de décès par exemple ? En voyant dans cette pratique une nécessité physique ou religieuse, nous ne faisons peut-être que traduire nos propres sentiments. » *A contrario* de la préhistorienne française Catherine Perlès qui écrivait ces mots en 1977, acceptons que Neanderthal ait pu également pratiquer le cannibalisme sous sa forme rituelle. En effet, à partir de quels arguments pourrions-nous lui refuser la pratique de rites complexes indépendants de toute motivation alimentaire ? La pratique de l'anthropophagie, comme celle de l'inhumation, implique que Neanderthal avait conscience de la vie et de la mort, de la sienne mais aussi de celle des autres. Ce qui atteste qu'il possédait des capacités cognitives typiquement humaines.

14

Cogito, ergo sum...

« Je pense, donc je suis. »

René DESCARTES,
Discours de la méthode.

Les activités pratiquées par Neanderthal attestent-elles de capacités cognitives typiquement humaines ? Mais qu'est-ce qu'un comportement spécifiquement humain ? Un comportement est dit typiquement humain s'il est systématiquement présent chez l'homme moderne et, soit inexistant chez l'animal, soit simplement occasionnel. Pour W. Noble et I. Davidson, c'est l'utilisation des symboles. Ici, la question est de savoir en quoi un comportement est « symbolique ». Selon ces chercheurs, un comportement est symbolique si, et seulement si, il conduit au tracé de symboles sur un support. Leur position ne concède pas l'existence de capacités cognitives humaines avant 32 000 ans ! Cette approche est indéniablement trop réductrice, dans la mesure où il est possible de définir les symboles comme des entités parfaitement indépendantes de l'existence ou non d'un support matériel conçu pour les recevoir. La définition proposée, en 1990, par le cogniticien Jean-François Richard paraît plus pertinente : « Un comportement symbolique est une construction de représentations, raisonnements, élaboration de stratégies. » Ainsi, serait spécifiquement humain un comportement sous-tendu par « l'intelligence opérationnelle » définie, en 1970, par le grand psychologue suisse Jean Piaget.

Pour beaucoup de spécialistes de la cognition, les facultés cognitives humaines modernes sont anciennes ; certaines seraient déjà présentes chez les primates [1]. Certains préhistoriens affirment l'existence, dès 300 000 ans, d'une cognition déjà très complexe : planification à long terme, prédétermination et sélection intentionnelle des séquences d'actions. Selon ces gradualistes, l'hominisation s'est effectuée par franchissements réguliers de stades de développement. Mais la notion d'évolution implique-t-elle de passer d'un état à un autre par une modification de faible ampleur, qu'elle soit cognitive ou biologique ? Pour certains chercheurs, notamment américains, cette évolution n'a pas eu lieu ; c'est le langage, apparu soudainement par saut qualitatif et simultanément aux premières traces symboliques, qui a porté les progrès cognitifs. Pour eux, les outils sont possibles sans langage, donc sans cognition de type moderne ; c'est l'« ignorance instrumentale ». Hypothèse que réfutent d'autres spécialistes, pour qui les outils ont joué un rôle primordial dans l'évolution des interactions sociales et du langage, donc dans celle des capacités cognitives humaines. Cette divergence d'opinion trouve son origine dans la différence de perception des Hominidés antérieurs à l'homme moderne. Les uns soutiennent que seul *Homo sapiens* possède des capacités cognitives typiquement humaines, alors que les autres les reconnaissent, tout ou partie, chez ses prédécesseurs. Aujourd'hui, il paraît indéniable que l'évolution des techniques de taille des outils a favorisé, comme le montre l'accroissement concomitant du cerveau, l'apparition de nouvelles capacités cognitives typiquement humaines.

Les capacités cognitives de Neanderthal peuvent être appréhendées par la paléocognition, méthode qui s'intéresse à l'apparition des facultés cognitives modernes et à leur évolution. Mais paléocognition et cognition sont-elles identiques ? Pour beaucoup de chercheurs, il est légitime d'employer des modèles cognitifs proches, voire semblables, à ceux utilisés par l'homme moderne[2]. Selon l'archéologue anglais Steven Mithen, les capacités cognitives seraient gérées par des « modules » qui, à l'origine relativement indépendants au sein du cerveau, tendraient à interagir de plus en plus au fur et à mesure de l'hominisation. A l'intelligence générale, chargée de résoudre des problèmes quotidiens, présente chez les Australopithèques et les chimpanzés actuels, auraient succédé l'intelligence sociale, assurant les relations entre les membres du groupe (avec apparition du langage et de la conscience de soi), puis celles des individus avec leur milieu écologique, et enfin l'intelligence orientée surtout vers la technologie. Cette dernière phase correspondrait à l'émergence du genre *Homo*. Ces stades cloisonnés au départ du processus se seraient donc décloisonnés en allant vers *Homo sapiens sapiens*. Pour connaître les capacités cognitives présentes chez Neanderthal, nous avons fondé nos analyses sur la psychologie cognitive, méthode qui offre la possibilité d'établir une description rigoureuse de l'organisation mentale. Elle s'appuie sur les activités cognitives finalisées qui sous-tendent la réalisation d'une tâche par un sujet. Elle peut être appliquée à la taille des outils et aux comportements de subsistance ; réalisation de tâches (acquisition et traitement du gibier) orientées par des objectifs (d'alimentation, d'habitat...).

Chez l'homme, il existe deux types de connaissances, phylogénétiques (innées, enregistrées dans les gènes au fil de l'évolution) et ontogéniques (acquises, durant la vie de l'individu). Deux conceptions s'affrontent, celle des « constructivistes » et celle des « modularitaristes ». Pour les premiers, le cerveau serait une machine de traitement de l'information, pour les seconds, les compétences cognitives sont innées, sélectionnées par l'évolution. Selon ces derniers, il existe une division psychique entre perception (qui repose sur une série de modules innés et indépendants les uns des autres) et cognition (produit au sein d'un système central qui réalise l'ensemble des opérations mentales, la pensée). Par exemple, les prédateurs non humains chassent à l'aide de leurs sens (perception), ils n'interprètent pas les traces laissées sur le sol comme le font les hommes. D'après les plus récents travaux en génétique, l'hérédité exerce une influence très importante sur l'intelligence. Le développement, les comportements et les stratégies cognitives seraient donc influencés à la fois par les facteurs génétiques et les facteurs environnementaux (sociaux et affectifs). En outre, il existe une relation dialectique entre l'acquis et l'inné ; *via* l'épigenèse, propre à l'évolution humaine, l'acquis devenant inné dans les descendances.

Le cerveau contrôle toutes les activités motrices du corps, mais aussi les émotions, la mémoire, les sentiments, l'imagination, la réflexion... L'étude de sa transformation durant l'hominisation est donc déterminante pour tenter de comprendre la mise en place des capacités cognitives. Les êtres humains, notamment Neanderthal, possèdent un cerveau plus volumineux que tous les autres animaux. Au cours de l'évolution du cerveau, les zones correspondant au cortex associatif préfrontal (siège, entre autres, de la vie émotionnelle) et aux pariétaux s'accroissent tout particulièrement. Le développement de ces derniers a entraîné l'augmentation des réflexes conditionnés, des activités automatiques acquises durant l'enfance et des zones d'association et de coordination. Simultanément, se met en place l'asymétrie des hémisphères cérébraux qui devient, au fil du temps, de plus en plus prononcée. Ces régions cérébrales sont bien développées chez Neanderthal et l'asymétrie des hémisphères est déjà réalisée. Tout le long de l'évolution humaine, l'augmentation du cerveau a favorisé l'apparition de nouvelles capacités cognitives qui ont permis la pratique d'activités complexes et diversifiées. C'est en partant des preuves matérielles laissées par celles-ci que l'on peut établir les potentialités cérébrales de Neanderthal.

Une tête bien pleine

Neanderthal a, pendant toute son existence, innové sous la pression du milieu extérieur mais également « intérieur » (social). La persistance de son inventivité à travers le temps montre que le contexte, notamment social, était favorable. Les cultures néanderthaliennes apparaissent comme une mosaïque temporelle et spatiale où les capacités d'invention de Neanderthal ont été capitales. Elles attestent de la mise en fonction de capacités cognitives spécifiquement humaines.

Neanderthal taille des outils. Cette action nécessite une intelligence spatiale[3] (création d'une image mentale, celle de l'outil fini) et une intelligence pratique (habileté manuelle). Il reproduit les mêmes formes d'outils, il y a donc, après une réflexion déductive, transmission de l'image et des procédés employés. En outre, ces outils sont souvent conservés en prévision d'une utilisation ultérieure[4], ainsi, Neanderthal prévoit et anticipe. Il fabrique des bifaces, les utilise ainsi que les éclats, bruts ou retouchés selon les besoins, produits lors de leur fabrication. Avec le biface apparaît un nouvel élément d'abstraction, la symétrie qui, pour certains chercheurs, serait les prémices de l'art. Neanderthal invente également le débitage Levallois. Cette nouvelle technique de taille de la pierre nécessite une réflexion approfondie sur la nature et les réactions du matériau utilisé. En outre, avant le façonnage de l'outil, son image mentale doit être très précise. La chaîne opératoire de fabrication demande, en plus des capacités cognitives précédentes, un degré d'abstraction plus élevé et un bon raisonnement déductif. Neanderthal utilise aussi, de façon sporadique, le débitage laminaire. C'est une innovation technologique qui répond ponctuellement à des contraintes extérieures. La taille des outils s'apprend, il y a transmission d'un savoir-faire, ce qui sous-entend l'existence d'un apprentissage. Les gestes successifs pour tailler des outils sont des opérations mentales conçues dans la région pariétale du cerveau gauche (où se situent également les aires du langage). Par ailleurs, Neanderthal étant un chasseur, il a besoin d'armes. Les premières qu'il conçoit sont faites pour être tenues en main (armes d'hast et d'estoc). Puis il va fabriquer, pour éviter le « corps à corps », des armes de jet, en emmanchant des pierres, brutes ou taillées, sur des morceaux de bois. Ce sont des armes composites, composées d'au moins trois matériaux différents (pierre, bois, tendons d'animaux par exemple). Ce procédé nécessite des capacités de corrélation développées. Avec ces armes, Neanderthal chasse de grands animaux, cette activité, qui nécessite un fort capital de connaissances et du savoir-faire, met en jeu un nombre élevé de capacités cognitives. La chasse, qui tenait une place prépondérante dans la vie de Neanderthal, permet l'obtention d'un grand choix d'aliments, elle lui offrait donc une grande liberté d'action, d'où la présence chez lui d'une « conscience étendue » développée. De plus, la chasse avec rabatteurs nécessite une collaboration intra-groupe et parfois inter-groupes comme lors des grandes chasses, aux mammouths par exemple. Cette activité, à caractère social et organisé, nécessite un langage[5]. D'ailleurs, viser et toucher une proie sont des opérations mentales conçues, comme le langage, dans l'hémisphère gauche. Neanderthal percevait l'animal dans son environnement, il mémorisait l'ensemble de son territoire grâce à son aptitude à tracer des cartes mentales détaillées et à stocker cette cartographie. Il a élaboré des choix stratégiques, par réflexion déductive (observation puis interprétation des empreintes d'animaux et autres signes, des rythmes saisonniers), fait des choix opérationnels et pris des décisions. Il a évalué ses besoins, donc su anticiper. En outre, Neanderthal considérait l'animal comme un ensemble de ressources, alimentaires et non alimentaires. Il le percevait d'abord à l'état « brut », puis à l'état de « produits finis », ce qui traduit un haut niveau d'abstraction. Lors de la transformation de ces matières premières animales, il a procédé par étapes (séquentialisation) en fonction de ses besoins immédiats et de l'utilisation ultérieure de certaines de ces ressources. Ces schémas opératoires ont été reproduits, il a su transmettre les procédés à travers l'apprentissage. Neanderthal a également la maîtrise du feu ; cette maîtrise d'une force naturelle atteste d'une conscience étendue bien développée. De plus, sa production correspond à une invention technique (difficile d'imiter la nature) qui sera transmise de génération en génération, là encore par apprentissage. De même, il construit des habitations et aménage son espace domestique. Cette activité nécessite la création d'une image mentale précise (celle de l'habitation à réaliser), d'autant plus que sa représentation n'existe pas dans la nature. Constituée de différents matériaux, la construction d'une habitation est une activité réfléchie qui demande une conscience étendue, une habileté manuelle et un minimum de coopération sociale. Neanderthal portait des vêtements. On atteint là un degré d'abstraction élevé car l'image mentale qui est créée est complexe : animal/peau ou fourrure/-vêtement.

Vers 100 000 ans, il enterre ses morts. Cet acte témoigne d'une prise de conscience de soi, d'émotions et de socialité intégrées à l'intelligence. L'implication étroite des émotions dans une décision humaine est consubstantielle à l'humanité. Contrairement à l'homme moderne, ce n'est que tardivement et de façon très parcimonieuse que Neanderthal va travailler l'os. De même, il utilisa peu les matières dures d'origine animale pour confectionner des objets de parure ou des supports d'art mobilier ; ceux découverts dans les sites très récents (notamment du Châtelperronien et de l'Uluzzien) faisant figure d'exception. Cette extériorisation d'images mentales, la plupart du temps symboliques, contient une part importante d'affectivité et d'émotion. Ce type de création est, pour certains chercheurs, distinct des capacités cognitives[6]. Fait curieux, la représentation de signes géométriques a apparemment précédé celle de figurations naturalistes, alors que leur réalisation nécessite des capacités d'abstraction plus poussées. Et le langage ? Un des aspects de la spécificité humaine est l'usage de la parole. Après la parution pourtant de plus de dix mille articles, le débat sur la possibilité d'un langage articulé chez les Néanderthaliens est encore largement ouvert. La difficulté vient du fait que les organes mis à contribution ne se fossilisent pas. Cependant, plusieurs caractères morphologiques observés sur les squelettes de Néanderthaliens attestent de la possibilité d'un langage articulé. De plus, les comportements techniques et sociaux de Neanderthal confortent cette hypothèse. Pour nous, il parlait mais, comme nous l'avons déjà suggéré, son langage différait probablement du nôtre. L'hypothèse émise par D. Bickerton dans les années 1990 paraît séduisante. Selon cet auteur, dans les temps anciens, il existait un proto-langage qui comportait un vocabulaire étendu, mais dépourvu de syntaxe. Puis, entre 50 000 et 40 000 ans, eut lieu l'émergence « catastrophique » de la syntaxe ; c'est elle qui aurait provoqué l'accélération exponentielle de la culture [7]. Par ailleurs, d'après les zones du cerveau, qui se recouvrent largement, impliquées dans leur traitement, le langage et la musique se seraient développés et auraient évolué conjointement [8]. Ces deux capacités cognitives ont en effet de nombreux points communs ; toutes les deux reposent sur un signal sonore qui se complexifie avec le temps. En outre, la syntaxe est au langage ce que l'harmonie est à la musique, ce qui sous-tendrait une origine commune. Y a-t-il des preuves archéologiques que Neanderthal jouait de la musique ? Une flûte, sur fémur d'ours des cavernes, a été découverte dans la grotte de Divje Babe I en Slovénie [9]. Cependant, les trous présents sur cet os n'auraient pas été faits par Neanderthal, mais par un carnivore ; ce n'est donc pas une flûte [10]. Mais, pour chanter, il n'y a pas besoin d'instrument !

Neanderthal possédait donc de nombreuses capacités cognitives : capacités liées à la perception du temps et de l'espace (intelligence spatiale), capacité d'abstraction, indispensable à la formation des concepts, à l'analyse, à la synthèse, à la généralisation et à l'invention (intelligence verbale), et l'habileté manuelle (intelligence pratique). A ces catégories s'ajoute le facteur général de corrélation qui intègre l'ensemble des capacités cognitives, y compris les sensations, émotions, sentiments et rapports sociaux[11]. Cette « intelligence opérationnelle » de Neanderthal est pour nous un comportement typiquement humain. Il avait en effet une intelligence générale, une intelligence orientée vers la technologie, avait établi des relations avec son milieu écologique et, peut-être plus tardivement, développé une intelligence sociale. Les trois premiers modules étaient, chez Neanderthal, déjà décloisonnés, celui de l'« intelligence sociale » apparaît plus indépendant, ne se décloisonnant probablement qu'à partir des Néanderthaliens classiques. Les comportements techniques et de subsistance de Neanderthal témoignent d'aptitudes techniques, de capacités d'innovation, de capacités de prévision et d'une grande faculté adaptative à surmonter les contraintes. Les inventions essentielles semblent apparaître quasi simultanément sur des territoires non communicants, ce qui atteste de l'« unicité » des Néanderthaliens. C'est sans doute leur grande faculté adaptative à surmonter les changements environnementaux, et probablement sociaux, qui favorisa leur longévité.

Un physique d'athlète

Bien qu'il en ait eu les capacités, Neanderthal ne développera pas certaines activités. C'est peut-être parce que l'ensemble de ses qualités physiques lui ont permis de s'adapter à toutes les contraintes extérieures, et ce durant des milliers d'années, sans avoir à perfectionner son équipement. Neanderthal avait en effet de nombreux atouts physiques. Avec ses proportions corporelles parfaitement adaptées au froid, il pouvait affronter les rigueurs des hivers glaciaires. Musclé, il était capable d'exercices physiques puissants voire athlétiques. Par exemple, lors d'un exercice physique intense, son gros nez, saillant et recourbé, lui permettait de dissiper la chaleur corporelle excessive qu'engendre une telle activité. D'après la morphologie de ses os et ses articulations, Neanderthal pouvait exercer d'excellents mouvements de rotation de l'épaule et de pronation amples de l'avant-bras et du coude [12]. Ce qui lui permettait de lancer fort et loin ses armes de jet ; atout considérable pour un chasseur. Globalement, il avait de grandes capacités physiques, supérieures aux nôtres, et pratiquait de façon récurrente des activités physiques intenses. Il pouvait marcher souvent et longtemps, et grimper aisément les pentes abruptes. Il se reposait fréquemment en position accroupie [13]. Par ailleurs, Neanderthal pouvait résister à de lourdes charges comme l'attestent l'articulation de son genou [14], la morphologie de son astragale et ses orteils puissants. De même, ses membres supérieurs étaient adaptés à exercer des forces importantes et à résister aux forces de réaction résultantes ainsi qu'aux stress dus aux puissantes contractions musculaires lors du transport de lourdes charges. Ces capacités physiques lui étaient bien utiles par ailleurs, notamment lors de ses fréquents déplacements où il devait parfois transporter des objets pesants (gibier, matières premières lithiques). Avec ses mains capables d'une flexion puissante, Neanderthal pouvait mieux attraper et maintenir un objet dans la paume [15]. Par contre, il devait lors de préhensions violentes se fracturer facilement le poignet [16]. Dans la majorité des cas, l'humérus droit est plus fort que l'humérus gauche ; Neanderthal était donc surtout droitier. Cette caractéristique est confirmée par les études menées par les spécialistes de la taille des outils lithiques et de la découpe du gibier [17]. Ses aptitudes physiques et mentales façonnèrent ses comportements sociaux. Mais quel type de relations Neanderthal entretenait-il avec ses congénères ?

Vie commune et partage

Seules les connaissances relatives aux hommes modernes du Paléolithique supérieur et aux sociétés traditionnelles de chasseurs-cueilleurs permettent d'envisager les relations entre hommes et femmes à l'époque de Neanderthal. Celui-ci avait-il déjà établi la relation entre copulation et naissance ? La paternité avait-elle un sens pour lui ?

La copulation, interconnexion entre partenaires, mais aussi entre le passé et l'avenir de l'espèce, est à la base du rôle fondamental de la fécondité. Nombre de sociétés traditionnelles éprouvent le besoin de « diviniser » les femmes, notamment les femmes enceintes. Nous ne savons pas si Neanderthal, lui aussi, vénérait la fécondité. Certaines figurations ou objets dans l'art du Paléolithique supérieur témoignent de la pratique de cultes probablement liés à la sexualité et à la fécondité. Des vulves et, plus rarement, des phallus ont été gravés ou sculptés. Certaines statuettes, appelées Vénus (elles apparaissent à partir de 28 000 ans) ou déesses mères, représentent des femmes aux caractères sexuels marqués : larges hanches, fortes cuisses, ventre rebondi, seins lourds. Elles symbolisaient, sans doute, des forces protectrices de l'habitat, des ancêtres, des lignages, mais aussi la fécondité, celle des humains et du gibier. En outre, il existe, chez tous les peuples chasseurs, une étroite relation entre la chasse et la fécondité. Durant les rites, monde naturel et monde surnaturel, d'une part, espace de la chasse et espace de la fécondité, d'autre part, sont étroitement liés. Il y a une obligation d'échanges entre le monde réel (chasse/sexualité) et son double symbolique supranaturel (puissances animales/mères de fécondité). Lors de ces rites, les armes (épieux, lances) peuvent symboliser les phallus et les blessures sur le gibier, les vulves. Pour beaucoup d'archéologues et de spécialistes des religions, les « déesses mères antiques » renvoient sans aucun doute à une déesse mère primordiale et tellurique. Peut-être était-elle déjà présente à l'époque de Neanderthal, sous d'autres formes, ou représentée sur des matières périssables non parvenues jusqu'à nous. La femme donne la vie, le chasseur donne la mort. Est-ce la raison principale qui fait que chez tous les peuples chasseurs-cueilleurs, les hommes chassent et les femmes vont à la cueillette ?

Dans beaucoup de ces sociétés traditionnelles, le rôle de la femme est essentiel car elle apporte la nourriture quotidienne ; les végétaux sont des ressources sûres, contrairement aux animaux, la chasse étant plus aléatoire. L'hypothèse de la grand-mère, proposée, en 1997 par le chercheur américain Kristen Hawkes, met en évidence le rôle majeur des femmes dans la survie du groupe. Cet auteur part d'un constat, l'existence chez les femmes, à la différence des autres espèces animales, de la ménopause, et il en analyse les conséquences sur la longévité. Par rapport aux femelles chimpanzés, chez les femmes, la puberté et la maturité sexuelle sont plus tardives, notamment dans les sociétés de chasseurs-cueilleurs car la cueillette est une activité intense. Les femmes dépensent beaucoup d'énergie, il leur faut une alimentation riche et diversifiée ; ce qui n'est pas toujours possible dans ce type de société. C'est ce qui expliquerait, en partie, que la période de fécondité de ces jeunes filles est plus tardive que celle des femmes occidentales. Par exemple, chez les Aches du Paraguay et les !Kung du Botswana, la maturité sexuelle n'est acquise que vers dix-sept, dix-huit ans. Par ailleurs, la longévité est plus élevée chez les femmes que chez les autres primates, parce que, selon cet auteur, la ménopause existe, ainsi, la durée de fertilité demeure aussi élevée que celle des chimpanzés (vingt-cinq, trente ans). Cela aurait une conséquence sociale : la mère devenue ménopausée peut aider les enfants de ses enfants. C'est l'hypothèse de la grand-mère, celle-ci partagerait la nourriture avec les enfants de ses filles ; les fils, quant à eux, seraient aidés par leur belle-famille qui prendrait alors en charge les enfants de ces derniers. L'aide des grands-mères, en favorisant le raccourcissement de l'intervalle des naissances (facilitant ainsi la phase, toujours délicate, du sevrage des enfants), aurait permis, grâce à la diminution du taux de mortalité infantile, la multiplication de la descendance. Cette hypothèse est fortement controversée, car, d'une part, la ménopause n'aurait pas accentué la longévité [18], et, d'autre part, d'après les études ethnographiques, la plupart des sociétés chasseurs-cueilleurs sont patrilocales. Ce sont les filles qui quittent leur groupe de naissance et non les garçons qui eux y restent [19]. Neanderthal étant un chasseur-cueilleur, il est probable qu'il en fut de même dans sa société. Mais les Néanderthaliennes pratiquaient-elles uniquement la cueillette ?

Dans les sociétés traditionnelles, les hommes chassent et les femmes cueillent, c'est un fait quasi universel. L'explication proposée par la plupart des ethnologues est la faible mobilité de la femme. En raison de ses grossesses répétées et du soin qu'elle prodigue aux enfants en bas âge, ne pouvant s'éloigner du campement, elle ne pourrait donc pas participer à la chasse. Cette explication, que l'on pourrait, à l'instar d'Alain Testart [20] qualifier de phallocratique, est aujourd'hui discutée. L'analyse argumentée des fondements de la division sexuelle du travail chez les chasseurs-cueilleurs que propose cet ethnologue apporte un nouveau regard.

Pour Alain Testart, la division sexuelle du travail dans ce type de société est liée à une idéologie spécifique où le sang est significatif. La femme n'est pas totalement exclue de la chasse (rabatteuse, chasse de petits animaux à la main, au gourdin, au filet, à la corde), mais elle ne peut se servir d'armes tranchantes ou perforantes. Ce tabou concerne aussi le chasseur, si une femme touche ses armes, elles deviennent inefficaces, d'autant plus si elle a ses règles. Derrière les armes, il y a le sang de l'animal touché par elles. Il ne faut qu'en aucune sorte il y ait « contact » entre les deux sangs. De même, lors de la première phase du dépeçage d'un animal, le sang coule, là aussi l'intervention de la femme est, à quelques exceptions près [21], proscrite. Dans beaucoup de civilisations, le boucher a longtemps été un homme. Selon Alain Testart, la division sexuelle du travail résulterait donc d'un tabou. Il est intéressant de noter que l'homme n'est nullement exclu de la cueillette, par exemple, lui seul pratiquera la cueillette en hauteur, la femme ramassant ce qu'il fait tomber. D'ailleurs, c'est lui qui récolte le miel lorsque la ruche est dans un arbre. Quant à la pêche, avec une arme perforante, c'est l'homme ; à la main ou avec une ligne, c'est la femme. Cette dichotomie se retrouve dans d'autres activités ; souvent les femmes font la cuisine, travaillent les peaux et confectionnent les vêtements (surtout dans les régions froides où l'économie repose essentiellement sur la chasse et ses produits), fabriquent les paniers et autres objets en matière végétale, et construisent les huttes en branchages ou les tentes (les habitations en dur étant construites par les hommes). Ce sont généralement des travaux menés à l'intérieur ou à proximité du campement et sur des matériaux tendres ou flexibles. Les hommes eux fabriquent les armes de chasse et taillent les outils en matière dure (pierre, os) [22]. En règle générale, les travaux féminins ne demandent pas moins de force que les travaux masculins. Cette idéologie liée au sang se retrouve dans d'autres situations (femme en couches, puberté, femme en période menstruelle) et donne souvent lieu à des rites. C'est parce qu'il est porteur de pouvoirs magiques, et non parce qu'il est « impur », que le sang menstruel est dangereux ! Telle serait l'explication. Quoi qu'il en soit, cette idéologie à conduit à la subordination de la femme. Car, moins bien équipée techniquement, elle a un rôle économique moins important. Cependant, on peut, comme Alain Testart, retourner l'argument. La hiérarchisation de l'équipement n'est peut-être qu'apparente, en réalité les équipements féminins (et les activités qui en découlent) et les équipements masculins sont complémentaires et d'égale importance, constituant ainsi un système économique cohérent et viable. Le mode de subsistance de Neanderthal reposait essentiellement sur les produits de la chasse. Le partage des tâches devait être relativement similaire à celui des peuples des régions froides (zones arctiques et subarctiques, grandes plaines d'Amérique du Nord et Patagonie). Dans ces hautes latitudes, où la chasse est beaucoup plus importante que la cueillette, la femme participe à la chasse (sans armes tranchantes ou perforantes), s'occupe du transport du gibier, de sa préparation, de sa conservation et de la préparation des peaux. La femme n'est pas exclue du monde animal comme dans les régions où l'économie de cueillette est plus importante que celle de la chasse. Quant à savoir si le tabou du sang était en vigueur, nul ne saurait répondre à cette question.

Le partage ne porte pas seulement sur les tâches, il concerne aussi la nourriture. C'est une des conséquences sociales les plus importantes de la chasse. Dans les sociétés de chasseurs, le gibier abattu est distribué à chacun des membres du groupe. Par exemple, chez les Pygmées de la forêt de l'Ituri et des forêts équatoriales africaines, le gibier abattu appartient à l'ensemble de groupe, il est partagé selon un rite précis. Chez les Vedda de l'est de Ceylan, qui vivent dans des cavernes ou abris-sous-roche, les vivres sont une propriété commune ; ils sont équitablement distribués après avoir été préparés par une seule femme. La survie du groupe dépend de ce partage de la nourriture, c'est un corollaire pour ce type d'économie. Cette pratique renforce les liens entre les individus et permet au plus faible de survivre. Ces liens devaient s'étendre au-delà du groupe. D'après les données archéologiques, les campements établis par Neanderthal pouvaient accueillir relativement peu de personnes. Peut-être, comme chez les peuples chasseurs-cueilleurs subactuels, le nombre d'individus appartenant à un même groupe devait-il varier entre trente et cinquante[23]. Ce qui implique l'existence d'un réseau relationnel pour entretenir des rapports sur le plan génétique et culturel. Dans certains cas, des petits groupes ont pu se réunir, constituant momentanément (lors de chasses exceptionnelles ou d'échanges de partenaires) des unités plus étendues, formant des clans, voire des tribus [24]. C'est souvent en période estivale, comme chez les Indiens des plaines d'Amérique du Nord, que les groupes se réunissaient pour organiser des attaques contre les grands troupeaux d'animaux (bisons, mammouths). En mettant en relation la taille du néocortex et la densité du groupe social et sa complexité, il a été établi que cent cinquante personnes était le nombre idéal des individus avec lesquels notre cerveau pouvait établir des liens directs et personnels (ce qui forme un clan) [25]. Y a-t-il eu des conflits entre ces clans ?

Très peu de squelettes néanderthaliens portent des blessures qui pourraient résulter d'un coup meurtrier. A Fontéchevade [26], une calotte crânienne, ayant conservé l'écaille du frontal et les deux pariétaux, porte la trace d'un choc violent ayant entraîné la mort de ce Néanderthalien. Voici la description qu'en a fait, en 1958, le paléoanthropologue Henri Vallois : « Visiblement, on a là le résultat d'un coup porté de haut en bas sur la partie supérieure gauche de la tête. Etant donné l'épaisseur du crâne, un tel coup a dû être porté avec une extrême violence. Le poing ou le bâton ne peuvent être incriminés : l'éclatement du crâne aurait eu un autre aspect. Il y a eu action d'un instrument ayant un tranchant transversal de trois à quatre centimètres comme c'est le cas par exemple d'un des *chopping tools* trouvés dans le gisement. Il paraît certain, d'autre part, que le coup a été donné sur le crâne lorsqu'il était encore frais, soit que le sujet fût encore vivant, auquel cas il n'y a aucun doute qu'il aurait entraîné la mort, soit peu après la mort et quand les os contenaient encore suffisamment de matières organiques pour que les fragments gardent leurs connexions. Etant donné l'inutilité d'un tel coup sur un cadavre et la difficulté qu'il y aurait eu à frapper ainsi la tête d'un sujet couché, on peut présumer que la première hypothèse – coup sur le vivant – est la bonne ; on ne peut évidemment l'affirmer. Il est en tout cas certain qu'il ne s'agit pas d'une fracture résultant d'un choc sur un crâne sec..., il ne peut non plus s'agir d'une destruction due aux dents des grands carnivores : de telles lésions ont un tout autre aspect. » Que s'est-il passé ? Ce Néanderthalien a en effet probablement reçu un coup. Mais qui le lui a donné ? Un de ses congénères, ou un individu extérieur à son groupe d'appartenance ? Pourquoi ne reste-il que ce fragment crânien, où est le reste de son squelette ? Cette calotte crânienne a été trouvée près d'un foyer, associée à des déchets culinaires : serait-ce le vestige d'un repas cannibale ou d'une cérémonie liée au culte des crânes ? Sil s'agit d'anthropophagie, cet individu n'appartenait pas au groupe qui vivait à Fontéchevade, car seul l'exo-cannibalisme est précédé d'actes violents. Ces questions resteront à jamais sans réponse.

Il y a trente-six mille trois cents ans, à Saint-Césaire, une jeune femme néanderthalienne a également reçu un choc sur la partie droite avant de son crâne. Provoqué par un instrument contondant et très aiguisé, ce coup aurait entraîné une forte hémorragie et une commotion cérébrale, voire un coma. La régénération osseuse des bords de la cicatrice prouve qu'elle n'est pas morte sur le coup ; les siens ont donc pris soin d'elle [27]. Cette découverte suscite les mêmes questions que précédemment, mais là, bien que découvert hors contexte sépulcral (absence de fosse), le squelette est presque complet. C'est la grotte de Shanidar qui a livré le plus d'ossements portant des marques de blessures [28]. Un homme de trente à quarante ans (S. I) porte de graves blessures au niveau de la tête ; en outre, il aurait perdu son bras droit à la suite d'un coup très violent. Mais il n'est pas mort de ces blessures. Un autre, âgé de plus de quarante ans (S. III), aurait été transpercé du côté gauche par un projectile qui serait resté fiché au niveau de sa neuvième côte. Cette blessure aurait entraîné la mort de cet homme. Enfin, un homme, également âgé de plus de quarante ans (S. V), présente une perforation du côté gauche postérieur de l'écaille frontale. Ces blessures ont-elles été provoquées lors de conflits ou lors de chasses au grand gibier ? L'incertitude demeure.

Trop d'interrogations subsistent pour affirmer qu'il y a eu des conflits meurtriers au sein des groupes ou entre groupes. Il a été constaté par les éthologues que, dans les espèces animales organisées, la majorité des conflits entre individus se déroulent au sein d'un même groupe. Il est évident qu'à l'époque de Neanderthal des querelles ont eu lieu, mais peut-être n'ont-elles pas abouti à la mort d'hommes. En ce qui concerne les conflits intergroupes, comme nous l'avons déjà écrit, à cette période, la démographie est faible et les groupes dispersés sur de vastes territoires. Les probabilités d'affrontements étaient donc limitées, d'autant plus que l'entente cordiale était indispensable à la survie de ces petits groupes, notamment pour assurer la reproduction donc la descendance.

Neanderthal possédait la plupart des capacités cognitives typiquement humaines. Cependant, le lobe frontal de son cerveau, notamment l'aire de Brodmann, était moins développé que celui de l'homme moderne. Peut-être alors avait-il moins de l'une ou plusieurs de ces aptitudes, l'imagination, l'affectivité, l'émotion, la notion du passé et de l'avenir, le sens de l'initiative et de la prévision et de maintien de l'attention, et un épanouissement incomplet de la pensée abstraite. Pour des raisons en partie liées à ses traditions culturelles, il n'a pas accompli toutes les activités menées plus tard par les hommes modernes. Il a laissé très peu de traces symboliques, excepté les sépultures, peut-être parce que pour un peuple nomade, à quoi bon des inscriptions permanentes dans des lieux fixes, surtout si l'on se croit seul. La représentation des symboles, intégration au visible d'un mode de communication, est une forme d'appropriation, donc de domination. Ce n'était peut-être pas dans la mentalité de Neanderthal. Il n'éprouvait sans doute pas le besoin de marquer son passage, acte souvent réalisé face à la temporalité de la vie. En outre, le symbole n'est pas systématiquement représenté sur des supports durs. Par ailleurs, les innovations technologiques, mises en évidence par les preuves matérielles qui en résultent, ne permettent pas à elles seules de dire si oui ou non leurs artisans avaient une intelligence typiquement humaine. Sinon, certaines sociétés de chasseurs-cueilleurs qui peuplaient notre planète il n'y a pas si longtemps, avec leur niveau technologique relativement bas et l'absence de représentations symboliques « visibles », devraient être considérées comme inférieures. Ce n'est évidemment pas vrai. Leurs comportements sociaux et la complexité de leurs comportements cultuels, qui nous sont connus grâce aux recherches ethnographiques et non aux preuves matérielles qu'ils ont laissées, attestent de leur entière possession des capacités cognitives humaines modernes. Neanderthal a, lui aussi, à l'instar de ces sociétés traditionnelles, probablement utilisé certaines de ses capacités cognitives pour réaliser des actes qui ne laissent aucune trace matérielle.

15

La rencontre !

« Pour comprendre l'Autre, il ne faut pas se l'annexer, mais devenir son hôte. »

Louis MASSIGNON,
Opera minora.

La première rencontre entre Neanderthal et l'ancêtre de l'homme moderne (notre ancêtre) a eu lieu au Proche-Orient, il y a peut-être soixante-dix mille ans. En effet, lorsque que les Néanderthaliens arrivent en Palestine (à Kébara et à Amud) des hommes de type moderne, les Proto-Cro-Magnons, y vivent déjà (à Skhul, Qafzeh et Tabun). Les *Homo sapiens* archaïques sont présents au Levant depuis cent cinquante mille ans environ (site de Zuttiyeh, Israël). Neanderthal et les Proto-Cro-Magnons vont se « côtoyer » durant au moins quarante mille ans. Ils ont les mêmes comportements techniques et symboliques ; ils taillent des outils identiques caractéristiques de l'industrie moustérienne du Levant, chassent les mêmes grands animaux et enterrent leurs morts[1]. Leur arrivée a-t-elle exercé une pression sur les Proto-Cro-Magnons, contraignant certains groupes à changer de territoire, notamment à migrer vers l'Europe ?

La seconde rencontre, plus récente, s'est faite en Europe. Cette fois, ce sont les hommes modernes qui arrivent sur ce continent occupé jusqu'alors uniquement par Neanderthal[2]. Ils sont porteurs de nouveaux comportements techniques et symboliques qui prendront toutes leurs dimensions dans la culture aurignacienne. Ils vont, entre autres, fabriquer des pointes de projectiles en matière dure d'origine animale et réaliser des œuvres « artistiques » sur différents types de supports. Ils sont les auteurs des peintures pariétales de la grotte Chauvet (Ardèche), des sculptures sur ivoire de Vogelherd et de Geissenklösterle (Allemagne), de la statuette en ivoire, au corps humain et à la tête léonine, de Holstein-Stadel (Allemagne) et des objets de parure du Trou Magrite (Belgique). Neanderthal et l'homme de type moderne vont désormais « cohabiter » durant plusieurs millénaires. Cette « cohabitation » suscite de vifs débats au sein de la communauté scientifique : y a-t-il eu ou non acculturation des derniers Néanderthaliens ?

Les derniers Néanderthaliens

Les restes osseux des derniers Néanderthaliens ont été découverts dans plusieurs régions européennes : à Zafarraya (Espagne), où ils étaient associés à du Moustérien typique daté entre 35 000 et 30 000 ans[3], à Saint-Césaire, où le squelette d'une Néanderthalienne a été exhumé d'un niveau à industrie châtelperronienne daté de 36 300 +/– 2 700 ans BP, et dans la grotte du Renne à Arcy-sur-Cure, où des dents et un temporal ont été trouvés associés à du Châtelperronien daté d'environ 33 000 ans[4]. Mais c'est en Croatie, à Vindija, que l'on a trouvé les plus récents ossements de Néanderthaliens ; une mandibule datée, directement, de 29 080 +/– 400 ans BP et un pariétal âgé de 28 020 +/– 360 ans BP[5]. Au Proche-Orient, le Néanderthalien le plus récent a été découvert à Amud dans une couche datée entre 48 000 et 43 000 ans[6]. Certains fossiles découverts dans des couches archéologiques datant de cette période charnière n'ont pu être attribués avec certitude à Neanderthal. Il est en effet parfois difficile d'identifier des restes fossiles, surtout ceux appartenant à de jeunes enfants ; en outre, la variabilité régionale entraîne des différences anatomiques au sein des populations néanderthaliennes. C'est le cas de la dent humaine trouvée dans un niveau, qui daterait de 28 900 ans BP, de la Gruta Nova da Columbeira (Portugal). Son attribution à un Néanderthalien n'est pas admise par tous les paléoanthropologues[7]. De même, la mandibule de l'enfant de neuf ans découvert à Sipka (République tchèque) avait précédemment été attribuée à un Néanderthalien progressif, voire à un représentant des premiers hommes modernes[8]. Mais, pour la paléoanthropologue bordelaise Anne-Marie Tillier, les caractéristiques anatomiques de cet enfant, bien que plus gracile que la majorité des enfants néanderthaliens, entrent dans la variabilité des populations néanderthaliennes. Le squelette d'un fœtus de sept mois ou d'un nouveau-né de deux mois, de Mezmaiskaya (Géorgie), a été récemment daté, directement, de 29 195 +/– 965 ans BP[9]. Il ne semble donc pas être associé à la couche moustérienne dans laquelle il a été découvert ; de plus, son attribution à un Néanderthalien est incertaine. De même, les restes humains d'Istallosko (Hongrie) ne peuvent être attribués avec certitude à l'homme moderne[10]. En outre, certains préhistoriens les associent à la couche olchévienne et d'autres à celle de l'Aurignacien sus-jacent.

Des sites sans restes humains mais à industries moustériennes et micoquiennes attestent également de la persistance tardive des Néanderthaliens dans certaines régions d'Europe. C'est le cas dans la péninsule Ibérique où ont été découverts, au sud de l'Ebre, plusieurs sites datés entre 34 000 et 28 000 ans (Cova Negra, Cova Beneito, la Carihuela en Espagne et Figueira Brava, Fos do Enxarrique, Lapa dos Furos, Pedreira das Salemas au Portugal)[11]. Pour le préhistorien portugais Juan Zilhao, l'arrivée simultanée d'une phase climatique froide et des hommes modernes aurait « contraint » les Néanderthaliens à descendre vers le sud. L'Ebre aurait été une sorte de frontière entre les populations néanderthalienne, au sud, et aurignacienne, au nord [12]. De même, à l'est de l'Europe, en Crimée, Neanderthal était encore présent aux environs de 29 000-28 000 ans, notamment dans les sites de Kabazi II et Buran Kaya III [13].

Actuellement, d'après les restes humains et les industries, on peut donc considérer qu'aux alentours de 28 000 ans des Néanderthaliens, artisans des industries moustériennes ou micoquiennes, vivaient encore en Europe. C'est également durant cette période charnière, que de nouvelles industries, dites de transition, se développent.

En Europe centrale et orientale, l'apparition, vers 45 000 ans, d'industries contenant des pointes foliacées à face plane marque l'apparition de nouvelles techniques de la taille de la pierre. Elles seront surtout abondantes durant la phase de réchauffement dénommée interstade d'Hengelo-Les Cottés, entre 38 000 et 35 000 ans BP. Dans ces nouvelles industries, des variations régionales ont été observées [14]. Certaines ont conservé un fond micoquien attestant ainsi d'une filiation directe ; il y a eu évolution technique locale et innovation technologique. D'autres semblent avoir subi l'influence des nouveaux arrivants. Ces industries de transition sont présentes, en Europe centrale et orientale, entre 43 000 et 32 000 ans. Ce phénomène a également eu lieu, un peu plus tardivement, en Europe occidentale. Dans des sites datés entre 38 000 et 31 000 ans BP, trois faciès régionaux ont été identifiés : le Lincombien, le Châtelperronien et l'Uluzzien [15]. Ces deux dernières industries ont gardé un fond moustérien qui traduit une évolution technique locale. Les dates des sites à industrie châtelperronienne, environ cent vingt-cinq répartis en France (principalement dans le Sud-Ouest et en Bourgogne) et au nord de l'Espagne, sont centrées autour de 38 000 ans BP. Les Châtelperroniens ont vécu sous un climat d'abord tempéré et humide, puis froid et sec. Quant aux gisements à industries uluzziennes, ils sont datés entre 33 000 et 31 000 ans. Avec ces nouvelles industries lithiques apparaissent aussi de nouveaux comportements comme le travail des matières dures d'origine animale et la confection de parures. Par exemple, à Buran Kaya III, dans un niveau streletskien, des tubes en os de lièvre et de loup ont été produits sur le site ; ils sont proches de ceux trouvés dans la grotte du Renne à Arcy-sur-Cure [16]. A la différence des cultures moustériennes et micoquiennes, les cultures de transition ont eu des limites territoriales bien distinctes. A quelques exceptions près, les sites correspondent souvent, surtout en Europe centrale, à des camps de chasses de courte durée, confirmant ainsi la grande mobilité de ces groupes humains. Mais qui sont les artisans de ces nouvelles industries ?

Il est difficile de répondre à cette question car peu de restes humains ont été trouvés associés à ces industries de transition. Les dents découvertes à Remete-Felsö (Hongrie) ont une position stratigraphique incertaine, en outre, leur attribution spécifique ne peut être faite [17], de même, que pour la dent humaine trouvée à Széléta (Hongrie). En Hongrie, les Néanderthaliens ne seraient donc pas obligatoirement les auteurs de l'industrie szélétienne. En Europe centrale et orientale, les artisans des industries de transition demeurent donc inconnus. Cependant, la filiation qui existe entre les industries micoquiennes et certaines industries de transition peut suggérer que les artisans de ces dernières étaient des Néanderthaliens. En Europe occidentale, on ne connaît pas non plus l'artisan de l'Uluzzien, par contre, celui du Châtelperronien, d'après les restes humains découverts à Saint-Césaire et à Arcy-sur-Cure, est bien Neanderthal.

Les premiers hommes modernes d'Europe

Des hommes aux proportions corporelles élancées et au teint sombre apparaissent en Europe[18]. Ces premiers hommes modernes étaient-ils tous des migrants ? Les paléoanthropologues ne sont pas d'accord entre eux ; deux théories, diamétralement opposées, sont actuellement avancées. Pour la majorité des chercheurs, les Néanderthaliens constituent un rameau à part. Ils auraient vécu dans le bassin méditerranéen et en Europe, durant environ trois cent mille ans, puis auraient disparu sans descendance, laissant la place aux hommes de type moderne venus du Proche et du Moyen-Orient (c'est la théorie de l'« Arche de Noé » ou *Out of Africa*). Les recherches menées en 1992 par Dominique Gambier montrent que les traits archaïques des premiers hommes modernes européens (les Aurignaciens) se retrouvent chez les fossiles de Qafzeh et Skhul découverts au Proche-Orient. Pour cette paléoanthropologue de Bordeaux, ces Aurignaciens sont donc bien des migrants. Une seconde théorie (dite multirégionale) soutient que les Néanderthaliens auraient évolué sur place (en Europe et au Proche et Moyen-Orient) et donné naissance aux hommes modernes[19]. Par exemple, en Croatie, les Néanderthaliens de Vindija dériveraient d'une population néanderthalienne plus ancienne, présente à Krapina il y a cent trente mille ans, et seraient à l'origine des premiers hommes modernes de cette région. Au regard de l'ensemble des données actuelles, l'hypothèse de la migration en Europe d'hommes de type moderne, et non l'évolution sur place de Neanderthal, paraît la plus plausible. Quels sont les plus vieux restes d'hommes modernes découverts en Europe ?

Ils sont peu nombreux, notamment ceux attribués à des Aurignaciens anciens. C'est en Moravie, dans les grottes de Mladec, que l'on en a retrouvé le plus grand nombre ; ils appartiennent à au moins sept individus, dont deux femmes, deux hommes et un enfant. Ils proviennent de niveaux probablement aurignaciens [20]. D'après leur anatomie, il y aurait deux types humains, un gracile (les deux femmes) et un plus robuste (les deux hommes). Un des squelettes féminins est utilisé par certains paléoanthropologues pour prouver la continuité entre Neanderthal et l'homme moderne. Dans les Balkans, une mandibule d'enfant moderne âgé de sept ans a été découverte à Bacho-Kiro dans un niveau à industrie bacho-kirienne (Pré-Aurignacien), daté de 34 800 +/– 1 150 ans BP [21]. A l'ouest de l'Europe, à Kent's Cavern (Devon, Royaume-Uni), a été exhumé, dans le vestibule de la grotte, un maxillaire d'homme moderne, mais son attribution à une culture est incertaine. Selon les chercheurs, il appartient soit à la couche lincombienne, soit à la couche sus-jacente aurignacienne [22]. De même, le crâne trouvé à Brno en Moravie est lui aussi sans association culturelle sûre [23]. En Allemagne, des fragments crâniens d'hommes modernes ont été découverts, malheureusement hors contexte archéologique, à Hahnöfersand et à Kelsterbach [24]. A Vogelherd (Allemagne), des ossements d'hommes modernes ont été trouvés dans deux niveaux aurignaciens datés de 31 900 +/– 1 100 ans BP, mais de nouvelles datations effectuées directement sur ces restes donnent un âge beaucoup plus récent, de 4 000 à 5 000 ans [25]. De même, à Velika Pecina (Croatie), une nouvelle date, de 5 000 ans BP, a été obtenue pour le frontal découvert dans la couche à industrie olchévienne ou aurignacienne selon les préhistoriens [26]. Ces nouveaux résultats remettent en question l'attribution à un homme moderne de l'industrie associée et posent le problème de la datation des fossiles par leur seul contexte archéologique de découverte. Il s'avère en effet préférable d'effectuer des analyses directement sur les restes humains.

Dans l'état actuel des recherches, les plus vieux restes humains d'hommes modernes découverts en Europe auraient au plus 36 000-37 000 ans ; ceux associés à du Pré-Aurignacien, au plus 34 000-35 000 ans et ceux associés à l'Aurignacien, d'après les restes humains de Mladec, au plus 32 000 ans. Au Proche-Orient, les plus anciens restes d'hommes modernes associés à une industrie du Paléolithique supérieur sont datés entre 30 000 et 35 000 ans (Qafzeh en Israël et Ksar Akil au Liban). Quel est l'âge des plus anciens sites ayant livré une industrie aurignacienne ?

Pour beaucoup de préhistoriens, la culture aurignacienne paraît en totale discontinuité avec les cultures précédentes. Pour eux, allochtone, elle serait arrivée en Europe par vagues successives de migration et portée par l'homme moderne. Mais quand ? La date de son apparition en Europe suscite actuellement de vifs débats. Certains la situent aux alentours de 40 000 ans et d'autres, beaucoup plus récemment, au mieux il y a trente-six mille cinq cents ans [27]. En outre, il semble y avoir très peu, voire pas pour certains préhistoriens, d'interstratification entre les niveaux à industries de transition et ceux à Aurignacien. En Europe occidentale, le Châtelperronien et l'Uluzzien seraient, dans les remplissages archéologiques, toujours sous l'Aurignacien, donc ces cultures précéderaient l'arrivée des hommes modernes. En Europe occidentale, les gisements les plus anciens ayant livré du Proto-Aurignacien ou de l'Aurignacien ancien sont datés entre 34 300 et 37 000 ans [28]. Une date plus ancienne, de 40 000 +/– 1 400 ans BP, a été obtenue pour un niveau aurignacien du Reclau Viver (Catalogne). Mais elle est mise en doute par certains chercheurs qui attribuent cette industrie à du Châtelperronien ; pour eux, les pièces aurignaciennes présentes proviendraient du niveau aurignacien sus-jacent. Pour tenter de régler la question d'éventuels mélanges de matériels, comme l'ont proposé plusieurs préhistoriens, il faudrait dater les pièces osseuses, marqueurs de l'Aurignacien (comme les sagaies à base fendue), retrouvées dans des niveaux sous-jacents à industrie de transition. En Europe centrale, la grotte de Geissenklösterle (Allemagne) et les sites autrichiens de Willendorf II et de Krems-Hundssteig contiennent les niveaux pré-aurignaciens les plus anciens de cette région ;

certains ont peut-être plus de 40 000 ans[29]. En Europe orientale, dès 39 000 ans au moins, des hommes modernes porteurs d'une culture pré-aurignacienne (le Bacho-Kirien) étaient présents dans deux sites bulgares, Temnata et Bacho-Kiro[30]. Il n'y a pas de continuité entre ce Pré-Aurignacien et les industries locales (Micoquien, Moustérien et industries de transition). Plus à l'est, l'Aurignacien apparaît rare et tardif ; il est daté aux alentours de 32 800 ans dans le Caucase et entre 28 000 et 30 000 ans en Crimée[31].

Dès 40 000 ans, un Pré-Aurignacien serait donc présent dans les Balkans et le bassin du Danube et, un peu plus tard, vers 37 000 ans, un Proto-Aurignacien dans la région méditerranéenne. Puis, issu du Pré- ou Proto-Aurignacien selon les régions, serait apparu l'Aurignacien typique. En Europe occidentale, notamment dans le sud-ouest de la France, l'Aurignacien arrive tardivement et sous sa forme typique. La culture aurignacienne apparaît donc plus tôt dans la partie orientale de l'Europe que dans sa partie occidentale. Ce qui conforte l'hypothèse que sa diffusion s'est faite d'est en ouest, peut-être, comme plus tard les premiers porteurs de la culture néolithique, en empruntant le corridor du Danube. Ces premiers hommes modernes arrivent en Europe à la fin d'une période climatique relativement froide, si l'on conserve la date de 40 000 ans, puis se déplacent vers l'ouest lors de la phase de réchauffement suivante (à l'interstade d'Hengelo-Les Cottés). D'où viennent ces populations ? Au Proche-Orient, l'Aurignacien, comme en Europe, paraît intrusif ; il y a, par rapport aux cultures antérieures, un changement brutal des comportements techniques[32]. En outre, cet Aurignacien du Levant possède une filiation commune avec l'Aurignacien occidental. L'origine de la culture aurignacienne serait donc à rechercher plutôt du côté de la zone steppique de l'Asie centrale, de la région du Zagros ou de l'Anatolie[33]. Que s'est-il passé à l'arrivée de ces nouveaux migrants ?

Neanderthal sous influence ?

Entre 40 000 et 28 000 ans, il y a eu, en Europe, contemporanéité entre plusieurs cultures [34]. On constate le même phénomène au Proche-Orient, l'Ahmarien, industrie transitionnelle, est, comme à Kébara, contemporain du Moustérien récent puis, persistant jusqu'à environ 30 000 ans, de l'Aurignacien. Même si, comme nous l'avons écrit précédemment, les artisans de ces différentes cultures ne sont pas toujours identifiés, dans certaines régions, des Néanderthaliens et des hommes de type moderne ont coexisté. La contemporanéité d'ensembles culturels différents émanant de deux types humains soulève plusieurs questions : y a-t-il eu des contacts entre les deux populations ? Si oui, y a-t-il eu échanges de savoir-faire ou d'objets ? Si oui, qui a influencé qui ?

La question de l'acculturation ou non des derniers Néanderthaliens, notamment des artisans du Châtelperronien, provoque de vifs débats au sein de la communauté des préhistoriens. Pour plusieurs d'entre eux, les innovations observées dans certaines industries de transition (notamment les outils en matière dure d'origine animale et les objets de parure) auraient été faites sous l'influence des nouveaux migrants porteurs de nouveaux comportements ; les Néanderthaliens auraient copié ou au mieux pratiqué des échanges. Pour ces chercheurs, il y a eu acculturation des derniers Néanderthaliens, notamment des artisans du Châtelperronien et de ceux du Szélétien et du Jerzmanowicien [35]. Par contre, pour d'autres chercheurs, les comportements techniques des Néanderthaliens ont évolué ; pour eux, il n'y a pas acculturation mais innovation. Plusieurs arguments viennent étayer cette seconde hypothèse. Les industries lithiques développées par Neanderthal témoignent de leurs aptitudes techniques et de la grande faculté adaptative de leurs comportements et sans doute du système de relations sociales qu'ils impliquent. Cette souplesse adaptative se retrouve également à travers la variabilité de ses industries qui présentent une même technologie générale avec des traditions culturelles distinctes, souvent régionales[36].

Par ailleurs, lors de contraintes extérieures fortes, Neanderthal a trouvé des solutions techniques, sans l'aide de l'homme moderne alors absent, comme l'attestent les apparitions localisées, soudaines et parfois provisoires d'industries comme celles à débitage laminaire (identifiées à Seclin, Rheindahlen, Rocourt, Tabun), technique qui sera, plus tard, couramment utilisée par l'homme moderne. De même, pour le préhistorien Jacques Pelegrin, spécialiste des industries, les pointes châtelperroniennes n'ont pas de connexion avec l'Aurignacien. Neanderthal a également confectionné des outils en os et des pendeloques, gravé différents matériaux et récolté des pigments. Par exemple, à Gruta do Caldeirao au Portugal, où l'Aurignacien fait défaut, une couche datée de 26 020 +/– 320 ans BP a livré deux coquilles perforées et une lame retouchée[37]. S'il est vrai que ces objets sont rares et qu'ils ne deviennent abondants que durant cette phase de transition, ils existent et attestent que Neanderthal était capable d'innover, et ce, bien avant l'arrivée des hommes modernes. La venue tardive en France de ces derniers et les résultats des études de sites châtelperroniens, notamment de la grotte du Renne à Arcy-sur-Cure, nous conduisent à préférer l'hypothèse de l'évolution locale, et non l'acculturation, des Châtelperroniens.

En outre, comme nous l'avons vu, les porteurs des plus anciennes cultures à éléments aurignaciens ne sont pas clairement identifiés. Sont-ils tous des hommes modernes ? Par ailleurs, ces migrants étaient-ils assez nombreux pour exercer une pression significative pour influer sur les comportements de Neanderthal ? De plus, compte tenu de la démographie supposée faible, aussi bien pour les populations modernes que pour celles des Néanderthaliens, la probabilité de rencontres, et donc d'échanges, devait être très réduite et de toute façon géographiquement localisée. Par exemple, dans la péninsule Ibérique, les populations néanderthaliennes et aurignaciennes n'ont pas eu de contact, chacune a gardé ses traditions. Par contre, en Europe centrale, le contact semble avoir eu lieu. Des Szélétiens ont importé des pointes foliacées dans des sites aurignaciens de la Moravie et, surtout, de Slovaquie orientale, et des Aurignaciens des sagaies dans certains sites szélétiens de la Slovaquie occidentale[38]. Mais ces Szélétiens étaient-ils des Néanderthaliens ?

Ainsi, selon les régions, les comportements des derniers groupes néanderthaliens ont été différents. Certains ont conservé leurs modes de vie traditionnels en continuant à fabriquer des outils micoquiens ou moustériens (comme dans la péninsule Ibérique ou en Crimée). D'autres, artisans du Châtelperronien, peut-être de l'Uluzzien et de certaines industries de transition d'Europe centrale et orientale, ont changé de comportements techniques et probablement sociaux. En outre, les industries à pointes foliacées découvertes en Angleterre, en Belgique et dans les plaines du Nord, résultent d'un processus d'invention autonome, antérieur à l'Aurignacien et hors de ses zones d'influence[39]. Enfin certains, notamment dans les Balkans et en Europe centrale, ont peut-être modifié leurs comportements sous l'influence des nouveaux migrants. Il est évident que la concentration, plus ou moins grande selon les régions, des campements aurignaciens a joué un rôle déterminant sur les possibilités de rencontres. Celles-ci ont pu provoquer les changements observés durant cette période de transition, avec échange de savoir-faire technique ou d'objets, mais aussi exercer une pression indirecte. Ils savaient que les autres étaient là.

Ces deux populations différentes, biologiquement et, probablement, socialement, devaient s'identifier clairement. Les objets de parure et d'art, rares dans les sociétés néanderthaliennes, le sont également dans les sites pré- et proto-aurignaciens. Les plus anciens éléments de parure découverts en Europe sont les deux dents percées, d'ours et de renard, de Bacho-Kiro (exhumées du niveau bachokirien, daté d'environ 34 800 ans BP). C'est peut-être ce besoin de différenciation qui a conduit à l'explosion de productions symboliques que l'on observe à cette période dans les deux groupes, et contraint Neanderthal à améliorer son équipement. Il est probable qu'avant cette période, les différents groupes néanderthaliens étaient suffisamment proches (peut-être reliés par des liens de parenté) pour ne pas avoir besoin de telles marques d'identité. La rencontre supposée entre Neanderthal et l'homme de type moderne demeure hypothétique. Si elle a parfois eu lieu, pourquoi alors n'envisager l'influence que dans un seul sens ? Certains savoir-faire de Neanderthal ont peut-être apporté des changements, voire des améliorations, dans le mode de vie des hommes modernes. D'autre part, si, comme le prétendent certains tenants de la théorie de l'acculturation, il y a eu des échanges, cela sous-entend que Neanderthal avait quelque chose à échanger qui était susceptible d'intéresser l'homme moderne ! En effet, lorsque l'homme moderne quitte son berceau originel africain, il n'a pas encore acquis les nouveaux procédés techniques caractéristiques des cultures du Paléolithique supérieur[40]. C'est lors de ses migrations vers l'Europe, où il est confronté à un nouvel environnement et à un climat plus rigoureux, qu'il les assimile ; probablement parce qu'il doit très rapidement trouver des réponses techniques à ces contraintes extérieures. Cependant, de leur côté, un peu avant l'arrivée de l'homme moderne, certains Néanderthaliens font de même.

Un concours de circonstances ?

De multiples causes ont été invoquées pour expliquer la disparition de Neanderthal, même les moins crédibles, comme son infériorité intellectuelle. A-t-il été foudroyé par une épidémie ? Aucun indice ne l'atteste, en outre, il aurait fallu qu'elle touche l'Europe entière. A-t-il été exterminé par l'homme moderne ? Cette hypothèse est peu étayée par les faits archéologiques car il n'y a, à l'exception de celui de Saint-Césaire, aucun squelette, datant de cette période, qui porte les marques d'un choc violent. En outre, si cette jeune Néanderthalienne a bien reçu un coup meurtrier, rien ne prouve qu'il ait été porté par un homme moderne. Alors, Neanderthal a-t-il mal supporté les changements climatiques qui ont lieu à cette période ? Pas directement, car il a vécu sous divers climats et a toujours réussi à s'y adapter. Il est vrai qu'en Europe, entre 40 000 et 28 000 ans, d'importants changements climatiques ont lieu : à une phase relativement tempérée succèdent deux épisodes froids, entrecoupés d'une phase plus tempérée [41]. Lors des refroidissements, la superficie des territoires habitables diminue (à cause de la descente vers le sud de la calotte glaciaire et de l'extension des glaciers), provoquant la migration des grands herbivores à la recherche de pâturage et celle des hommes. Les territoires de subsistance, notamment de chasse, se réduisent, ce qui a pu entraîner une compétition territoriale entre Neanderthal et l'homme moderne [42]. Cela peut expliquer la présence tardive de Néanderthaliens dans des régions qui pour certaines sont devenues des isolats. Ainsi, ils auraient été « acculés » dans des zones « cul-de-sac » comme l'extrême pointe de la péninsule Ibérique et le sud de la Crimée [43]. Cependant, les fossiles de Vindija, en Croatie, attestent que la disparition de certains Néanderthaliens n'est pas liée uniquement à cette situation géographique particulière. La continentalisation du climat force Neanderthal à se déplacer plus souvent et sur de plus longues distances. Cette mobilité, que l'on peut qualifier d'excessive, a probablement provoqué l'augmentation du nombre des décès lors des trajets, notamment des individus les plus fragiles (enfants en bas âge, vieux, malades, handicapés, mais aussi femmes enceintes), ce qui a pu engendrer un problème démographique. La population humaine de l'époque n'a jamais atteint une densité assez élevée pour permettre l'existence de groupes locaux autosuffisants du point de vue démographique. Il était donc nécessaire de tisser un réseau relationnel très étendu entre les petits groupes dispersés sur un vaste territoire. Cette forte mobilité renforçait le caractère aléatoire des rencontres. En outre, plus la population est petite, plus la variation d'une génération à l'autre quant à la proportion entre sexes devient grande, d'où un déséquilibre néfaste à la survie du groupe[44]. Chez Neanderthal, on sait que la mortalité infantile était élevée, de même que celle des femmes enceintes ou parturientes ; les déplacements fréquents ont probablement accentué ce phénomène.

Mais Neanderthal n'a peut-être pas totalement disparu. En effet, quelques paléoanthropologues et préhistoriens soutiennent la théorie du métissage entre Neanderthal et les hommes modernes. Cependant, les fossiles qui pourraient attester de ce métissage font défaut. Les rares découvertes de restes humains présentant à la fois des traits caractéristiques des deux populations sont pour l'instant sujets à controverse. C'est le cas de la mandibule humaine trouvée, hors contexte archéologique, dans la grotte de Pestera Cu Oase au sud-ouest de la Roumanie, en 2002. Son étude n'est pas terminée. Particulièrement robuste, elle présenterait, pour certains chercheurs, une combinaison de traits *sapiens* et de caractères néanderthaliens qui caractériserait un métis[45]. Pour d'autres paléoanthropologues, datée entre 34 000 et 36 000 ans, elle appartiendrait non à un métis, mais à l'un des plus anciens hommes modernes européens. Un autre candidat potentiel aurait été trouvé au Portugal. Le site de Lagar Velho, dans la vallée de Lapedo, a en effet livré une sépulture, datée d'environ 24 500 ans, contenant le squelette d'un enfant, âgé de trois ans et demi à cinq ans, associé à une industrie gravettienne[46]. Les caractères morphométriques montreraient un mélange de caractères archaïques et modernes. Cet enfant serait donc, d'après les fouilleurs, le descendant de métis entre des

Néanderthaliens et les premiers hommes modernes qui apparaissent tardivement dans cette région. Mais cette assertion est réfutée par d'autres chercheurs. La question de la possibilité d'un métissage entre ces deux populations se pose également, pour la période antérieure, au Proche-Orient (notamment pour le squelette découvert dans le site de Tabun). D'après les données archéologiques actuelles, elle n'est pas résolue et l'existence de métis demeure très hypothétique. D'autant plus si Neanderthal appartient à une espèce différente de la nôtre, comme le laissent supposer les résultats des analyses génétiques récemment réalisées sur des squelettes néanderthaliens. Dans ce cas, même s'il y a eu accouplement entre des Néanderthaliens et des hommes modernes, leur descendance ne peut être que stérile.

Les Néanderthaliens n'ont pas tous disparu en même temps et au même endroit. Leur disparition résulte d'un processus relativement long et de la conjonction de plusieurs facteurs. L'hypothèse d'une démographie insuffisante paraît la plus convaincante ; ses conséquences ont été plus ou moins rapides selon les régions. Des raisons d'ordre social ou culturel peuvent également avoir eu une influence. L'arrivée d'une espèce qui lui ressemble a probablement bouleversé la conception qu'avait Neanderthal du monde qui l'entourait ; c'est le choc. Pour les hommes modernes, il en allait différemment : ils connaissaient, eux, au moins par transmission orale de génération en génération, l'existence d'autres hommes, notamment les Néanderthaliens du Proche-Orient. Comment Neanderthal a-t-il réagi ? Il a évité le conflit ! Or, lui étant plus fort et les premiers hommes modernes ni nombreux ni mieux armés, il aurait pu facilement chasser ces intrus de son territoire. Il a préféré s'éloigner, peut-être pour des raisons spirituelles – le meurtre étant, en liaison avec ses mythes, tabou. A-t-il parfois voulu ressembler aux « autres », en adoptant leurs comportements techniques et sociaux ? Ou bien encore le stress, provoquant une mortalité plus élevée, a-t-il accéléré une baisse démographique qui lui fut fatale ? Cependant, les Néanderthaliens du Proche-Orient ont également disparu. Alors ? Neanderthal, comme d'autres espèces avant lui, était-il arrivé au terme de son évolution biologique ?

Epilogue

Sit tibi terra levis.
« Que la terre te soit légère ».

Epitaphe romaine à des êtres chers.

Durant près de trois cent mille ans, en Europe et au Proche-Orient, Neanderthal a évolué dans différents biotopes et sous différents climats. Au fil du temps, grâce à son anatomie, son métabolisme, mais aussi et surtout ses aptitudes comportementales, il a su parfaitement s'adapter à des environnements parfois hostiles et aux changements climatiques, même de forte intensité. L'ancêtre de Neanderthal se situe parmi des migrants venus d'Afrique, des descendants d'*Homo ergaster*, il y a 700 000 ou 500 000 ans. C'est à partir de cette population ancestrale qu'au fil des générations les caractères propres aux Néanderthaliens se sont développés, peut-être à cause de cet isolat géographique que représente la partie occidentale de l'Europe. Aux alentours de 300 000 ans, seuls les Pré-Néanderthaliens vivent en Europe ; ils continueront d'évoluer et donneront naissance aux Néanderthaliens classiques.

Neanderthal nous ressemble, c'est indéniable. Pourtant, il diffère de nous sur bien des aspects, morphologiquement et peut-être génétiquement (*Homo neanderthalensis* et non *Homo sapiens neanderthalensis*). Si cette hypothèse est confirmée, Neanderthal, étant une espèce différente de la nôtre, ne pouvait pas avoir de relations interfécondes avec l'homme moderne, *Homo sapiens*. Neanderthal grandissait peut-être plus vite que nous, mais son espérance de vie était moindre qu'aujourd'hui. Beaucoup d'enfants mouraient en bas âge et de nombreuses jeunes femmes ne survivaient pas à leur accouchement. Comme nous, Neanderthal a été malade et accidenté. Certains, fortement handicapés, ont malgré tout vécu ; leurs congénères les ont aidés. Le volume du cerveau de Neanderthal, nettement plus important que celui de ses prédécesseurs, lui a permis de développer des activités plus complexes et de surmonter les difficultés.

En outre, Neanderthal a su exploiter les ressources naturelles, comme la pierre et le bois végétal, pour tailler ses outils et ses armes, construire son habitation, aménager son espace domestique ou alimenter son foyer. Neanderthal a su également dominer le feu. Il était capable d'innovations techniques et maîtrisait les différents concepts permettant d'élaborer des techniques de taille complexes. Cependant, la grande diversité des techniques et des outils est plus apparente que réelle. Cette pérennité traduit une stabilité qui reflète la puissance de son mode de vie et l'extrême souplesse adaptative de Neanderthal à des changements extérieurs (environnementaux) et intérieurs (au sein de ses sociétés). Toutes les industries néanderthaliennes témoignent de traits culturels communs, mais aussi de singularités. Neanderthal a développé des traditions régionales autonomes aux comportements culturels différents, ce qui pourrait traduire l'existence de groupes distincts qui ont maintenu, au fil du temps, leurs propres traditions. Il avait une gamme comportementale étendue qui atteste de nombreuses capacités, de prévision, de planification, de gestion et d'organisation de l'exploitation des ressources naturelles. Ses connaissances et ses savoir-faire traduisent ses aptitudes mentales, nombreuses et complexes. Ainsi, Neanderthal a su, au cours du temps, acquérir une plus grande indépendance vis-à-vis de son environnement. Nomade, pour se procurer les ressources nécessaires à sa vie, il se déplaçait fréquemment au sein de vastes territoires où il installait son habitat principal ou ses campements temporaires. Entre 300 000 et 200 000 ans, s'esquisse une occupation différentielle de l'Europe qui s'accentue à partir de 120 000 ans où l'on assiste à une véritable structuration territoriale et à une planification des déplacements. Face aux contraintes environnementales et à la nécessité de se reproduire, Neanderthal montre une grande flexibilité territoriale où la subsistance ne semble pas avoir été le seul moteur de cette mobilité, les rencontres et les échanges ayant également joué un rôle.

Pour développer un cerveau aussi volumineux, il a su exploiter les ressources alimentaires disponibles dans son environnement, notamment celles qui ont une grande capacité énergétique comme la viande. Neanderthal a pratiqué la cueillette, la collecte (y compris le « charognage »), la pêche et la chasse. Il a élaboré des « cartes mentales » de son environnement et pu ainsi localiser sa nourriture potentielle. Ses modalités d'acquisition de produits carnés ont varié en fonction de facteurs environnementaux, mais aussi des traditions culturelles et de la structure sociale du groupe. Mais Neanderthal était surtout un gros mangeur de viande. Parce que parfaitement adapté physiquement et mentalement, il a probablement été le plus grand chasseur de tous les temps. Ainsi, en fonction de ses besoins, il a pratiqué des chasses sélectives, choisi une espèce plutôt qu'une autre en fonction de son savoir-faire cynégétique, mais aussi de ses exigences culturelles, voire cultuelles. A cause d'un armement relativement rudimentaire, il lui a fallu déployer des stratégies élaborées, planifier et gérer son alimentation carnée selon les saisons. Neanderthal a chassé de grands mammifères, ce qui témoigne de ses nombreuses capacités cognitives et d'une certaine socialisation inhérente à cet acte (cohésion, communication orale ou gestuelle, coopération infra- et inter-groupe, partage). La pratique de la chasse et les conséquences sociales qui en découlent le distinguent de ses prédécesseurs et le rapprochent indéniablement de nous. Neanderthal considère l'animal comme un ensemble de ressources, alimentaires (viande, moelle osseuse, gras) et non alimentaires (peau, tendons, os). Il le dépouille, le dépèce, le désarticule et le décharne selon des modes opératoires identiques à ceux qui seront pratiqués par l'homme moderne (avec systématisation des gestes et des différents actes variant selon l'espèce, la taille et l'âge de l'animal, mais aussi les techniques et les traditions culturelles des groupes). Neanderthal a su gérer les périodes de pénurie alimentaire en adaptant ses stratégies d'acquisition et de traitement du gibier, notamment en installant son campement à des endroits propices, en sélectionnant ses proies, en les exploitant au maximum, jusqu'à la confection de « bouillons gras », et probablement en pratiquant un stockage limité dans le temps.

Neanderthal maîtrisait les techniques du travail de l'os, mais ce n'est que très tardivement qu'il a développé une véritable industrie osseuse, peut-être à cause de ses relations complexes avec l'animal. Les similitudes de comportements de subsistance entre Neanderthal et les hommes modernes sont ainsi plus importantes que les différences. De même, Neanderthal n'a que tardivement confectionné des objets de parure, sûrement pas par une déficience technologique, il maîtrisait en effet la plupart des techniques nécessaires et a même utilisé des techniques différentes de celles couramment employées par les hommes modernes. Neanderthal n'a donc pas copié mais innové. S'il a confectionné peu d'éléments de parure, on ne peut en déduire qu'il n'ornait pas son corps. Il a peut-être exprimé son identité à travers des ornementations qui ne sont pas parvenues jusqu'à nous, comme les peintures corporelles ou les objets sur matières périssables (peau, écorce).

Face à la nature, notamment aux animaux, et au cycle de la vie, il est plus que probable que Neanderthal a eu des comportements symboliques. Sa relation à l'animal dépassait celle qui existe entre un prédateur et sa proie. Dans la plupart des croyances anciennes (totémisme, chamanisme ou animisme), l'animal tient une place prépondérante. Aucune preuve archéologique ne permet de conclure à l'existence de ces croyances chez Neanderthal, ni *a contrario* de les exclure. Contrairement aux comportements techniques qui peuvent être appris par imitation, la transmission de la signification de ses symboles nécessite un langage. Neanderthal parlait, son langage était peut-être moins riche en vocabulaire que le nôtre et dépourvu de syntaxe. Comme l'atteste la diversité des rites funéraires pratiqués par Neanderthal, la mort suscitait chez lui émotion et réflexion. Il a enterré ses morts et pratiqué différents rites funéraires probablement parce qu'il a vécu durant une longue période, mais aussi parce que de nombreux groupes culturellement différents se sont succédé. Neandertal a parfois déposé des offrandes auprès du corps de ses morts, apparemment sans discrimination sexuelle ou d'âge, et allumé des feux lors de l'enterrement de l'un des siens. Ce qui démontre qu'il avait des aspirations spirituelles. Neanderthal prélevait, dans certains cas, le crâne de ses morts : en cela on peut considérer qu'il pratiquait le culte des ancêtres et que, peut-être, il en est l'initiateur ! Il a aussi pratiqué l'inhumation en deux temps. Parfois, il a également été cannibale, pratiquant un cannibalisme rituel (plutôt endo-cannibalisme) et alimentaire. La pratique de l'anthropophagie, comme de l'inhumation, implique que Neanderthal avait conscience de la vie et de la mort, de la sienne, mais aussi de celle des autres.

Les aptitudes physiques et mentales de Neanderthal façonnèrent ses comportements sociaux. Comme le démontre la diversité de ses comportements de subsistance et sociaux, il possédait de nombreuses capacités cognitives : capacités liées à la perception du temps et de l'espace, capacité d'abstraction, indispensable à la formation des concepts, à l'analyse, à la synthèse, à la généralisation et à l'invention et l'habileté manuelle. Neanderthal possédait donc la plupart des capacités cognitives typiquement humaines. Le partage des tâches et de la nourriture était pratiqué dans les sociétés de Neanderthal. Il existait des réseaux relationnels inter-groupes pour entretenir des rapports sur le plan génétique et culturel. En outre, les conflits intra- ou inter-groupes ne sont pas attestés. Pour des raisons en partie liées à ses traditions culturelles, il n'a pas accompli toutes les activités qui seront effectuées plus tard par les hommes modernes. Il a laissé très peu de traces symboliques, excepté les sépultures, peut-être parce que, étant nomade, à quoi bon des inscriptions permanentes dans des lieux fixes, surtout si l'on se croit seul ? Peut-être que Neanderthal n'éprouvait pas le besoin de s'approprier un lieu, de dominer la nature ou de marquer son passage.

Aujourd'hui, nous ne pouvons affirmer avec certitude que Neanderthal et l'homme moderne se sont rencontrés. Mais, si rencontre il y a eu, des échanges ont pu avoir lieu dans les deux sens. Neanderthal a pu lui aussi apporter certains savoir-faire. C'est lors de ses migrations vers l'Europe que l'homme moderne acquiert les nouveaux procédés techniques caractéristiques des cultures qu'il développera au cours du Paléolithique supérieur. Selon les régions, les comportements des derniers groupes néanderthaliens ont été différents. Certains ont conservé leurs modes de vie traditionnels, d'autres ont changé de comportements techniques et probablement sociaux (en innovant). Enfin, des Néanderthaliens, notamment des Balkans et d'Europe centrale, ont peut-être modifié leurs comportements sous l'influence des nouveaux migrants. Les Néanderthaliens n'ont pas tous disparu en même temps et au même endroit. Leur disparition résulte d'un processus relativement long et de la conjonction de plusieurs facteurs. Une démographie insuffisante, aux conséquences plus ou moins rapides selon les régions, paraît actuellement l'hypothèse la plus convaincante. C'est peut-être à l'arrivée d'une espèce qui lui ressemble, bouleversant la conception qu'avait Neanderthal du monde qui l'entourait, que le stress engendré alors a provoqué une mortalité plus élevée, accélérant ainsi une baisse démographique qui lui fut fatale. Cependant, les Néanderthaliens du Proche-Orient ont également disparu ; Neanderthal, comme d'autres espèces humaines avant lui, était-il alors arrivé au terme de son évolution biologique ?

Si, d'un point de vue génétique, rien ne permet aujourd'hui d'affirmer que Neanderthal appartienne à notre espèce, nous pouvons d'un point de vue comportemental lui attribuer le qualificatif donné, par le grand naturaliste Linné en 1758, à l'homme moderne : animal « doué de raison ». Nos sociétés ont changé ; ainsi, le regard porté sur les hommes qui nous ont précédés, notamment Neanderthal, a lui aussi évolué. On cherche dorénavant plus à connaître qu'à juger. La devise inscrite sur le temple d'Artémis à Delphes, « Connais-toi toi-même », ne se limite pas à la connaissance de soi ici et maintenant, mais aussi à celle de nos origines et de notre histoire. Dans l'avenir, les fouilles menées dans différentes régions de la planète livreront de nouveaux squelettes humains et matériels archéologiques. On se prend à rêver de la découverte d'un Néanderthalien conservé dans la glace, comme les mammouths en Sibérie. L'avancée technologique fournira de nouveaux moyens d'investigation qui permettront aux chercheurs d'affiner les analyses de ces témoins du passé, notamment de les dater avec précision. Les modes de vie de Neanderthal seront ainsi plus correctement appréhendés et sa personnalité mieux cernée. Peut-être saurons-nous alors, plus précisément, pourquoi lui a disparu et pas Cro-Magnon, notre ancêtre direct.

Notes

1. Bête ou homme ?

1. Fondation Albert-Ier, 1 rue René-Panhard, Paris XIIIe.

2. Le 3 août 1908 en Corrèze, les abbés Amédée et Jean Bouyssonie ainsi que Louis Bardon mirent au jour le squelette d'un homme de Neanderthal inhumé il y a environ cinquante-six mille ans. Lire aussi p. 20.

3. Boulevard Saint-Marcel, Paris XIIIe.

4. Tous les naturalistes, même les plus grands comme Ray, Linné, Buffon, Cuvier, étaient créationnistes et fixistes. Systématiciens, ils ont dressé des inventaires en considérant les espèces comme des éléments de création. Il faut attendre Jean-Baptiste de Monet, chevalier de Lamarck, pour voir apparaître la notion de transformisme. Ce concept sera repris et développé par Charles R. Darwin.

5. Charles Fraipont est le fils de Julien Fraipont, le découvreur et fouilleur de la grotte de Spy (Ch. Fraipont, 1936).

6. D'après J.L. Arsuaga (2001). Actuellement, le crâne de Gibraltar est considéré comme étant à la base de la lignée néanderthalienne ; il appartient à un Pré-Néanderthalien.

7. Le squelette de Feldhofer (Allemagne) est représenté par seize éléments anatomiques : une calotte crânienne, une clavicule, des fragments d'omoplate, deux humérus (le droit est robuste avec une grosse tête articulaire et une diaphyse avec de forts reliefs d'insertions musculaires ; le gauche, incomplet, est plus gracile), deux radius, deux cubitus (le gauche présente une cassure près de l'articulation du coude correspondant à une mauvaise soudure qui devait empêcher de plier le bras à moins de 90°, ce qui expliquerait que l'humérus et le cubitus gauches soient plus courts que leurs homologues droits et tordus), deux fémurs (robustes, fortement incurvés, avec de grosses articulations et des reliefs d'insertions musculaires forts), des fragments de bassin (notamment un iliaque gauche) et de côtes (épaisses).

8. La version anglaise est parue en 1861.

9. La notion d'évolution biologique ne prend corps qu'au début du XIXe siècle avec Lamarck (« Discours d'ouverture du cours », 27 floréal an X ; *Philosophie zoologique*, 1809). Mais ce n'est qu'en 1858, que deux naturalistes anglais, Charles R. Darwin et Alfred R. Wallace, proposèrent, après avoir effectué de nombreux longs voyages sous les tropiques et indépendamment l'un de l'autre, une théorie expliquant la genèse des nouvelles espèces, tant animales que végétales, par la filiation directe et continue. Pour eux, la sélection naturelle est l'agent formateur des nouvelles espèces (« *On the Tendance of Species to form Varieties, and the Perpetuation of Varieties and Species by Natural Selection* », texte de Darwin et Wallace présenté par C. Lyell et J. Hooker à la Linneaus Society of London).

10. La version française est parue cinq ans plus tard, en 1868.

11. La version écrite ne fut publiée qu'en 1864.

12. La mandibule du Trou de la Naulette (Belgique) était associée à un cubitus. En 1867, on découvrit une canine et un métacarpien. Ces trois restes furent attribués plus tard à un homme moderne.

13. Paul Broca fonda, en 1859, la Société d'anthropologie de Paris, puis, en 1876, il ouvrit l'Ecole d'anthropologie.

14. Les fouilles de l'abri supérieur du Moustier (Dordogne), menées en 1860 par Edouard Lartet et Henry Christy, livrèrent une abondante industrie que Gabriel de Mortillet dénomma « Moustérien » : Le Moustier devint le site éponyme du Moustérien. Neanderthal est l'artisan de cette industrie.

15. La mandibule de Sipka (République tchèque) est comparée à celle du Trou de la Naulette par P. Topinard (1886).

16. Mots wallons qui signifient « bec du rocher ».

17. Affluent de la Sambre.

18. L'attribution de la mandibule de Mauer (Allemagne) à *Homo heidelbergensis* a été faite par Otto Schoetensack (1908). Datée de 500 000 ans, elle est considérée aujourd'hui comme appartenant à la population ayant donné naissance aux Néanderthaliens.

19. Les données relatives aux découvertes de Krapina (Croatie) sont tirées de D. Gorjanovic-Kramberger (1913).

20. E. Piette (1871), E. Cartailhac (1889) et G. et A. de Mortillet (1910) abordèrent la question de la pratique ou non du cannibalisme par les hommes préhistoriques.

21. Les données relatives à l'abri inférieur du Moustier (Dordogne) sont issues de O. Hauser (1909).

22. Le squelette de La Chapelle-aux-Saints (Corrèze) étant en mauvais état lors de sa découverte, M. Boule le restaura (1911). Cette

première reconstitution se révéla fausse. J.-L. Heim, de 1984 à 1985, en fit une autre, plus proche de la réalité.

23. A la Ferrassie (Dordogne), après la découverte des deux premiers squelettes néanderthaliens, d'autres, dont des enfants, des nouveau-nés et des fœtus, seront exhumés.

24. La sépulture de la station amont de la Quina (Charente), était associée à des outils moustériens de type Quina, du nom du site. Le Dr L. Henri-Martin découvrit, en plus de ceux de la sépulture, de nombreux ossements de Néanderthaliens. Au total, dans ce site, vingt-sept individus, femmes, hommes et enfants, furent mis au jour (L. Henri-Martin, 1923).

25. Partie supérieure ayant conservé le frontal et une partie de la face.

26. Les données sur les fouilles de Tabun (Israël) sont tirées des travaux de D. Garrod et D. Bate (1937).

27. Les données relatives au site de Skhul (Israël) sont de T.D. Mc Cown et A. Keith (1939). Pour A. Thoma (1965), ces fossiles humains sont des métis. Aujourd'hui, ils sont classés parmi les Proto-Cro-Magnons.

28. Quatre crânes (Q3 à Q6) ainsi que les restes d'un autre individu (Q7).

29. A Shanidar (Irak), furent découverts : en 1953, un squelette d'enfant d'environ neuf mois, en 1957, trois adultes (S. 1, 2 et 3) et en 1960, un adulte (S. 5) et une série de sépultures ultérieurement numérotées S. 4, 6, 8 et 9.

30. Les données relatives au site d'Amud (Israël) sont de H. Suzuki et F. Takaï (1970).

31. Les squelettes, appartenant à huit individus (Q8 à Q15), découverts à Qafzeh (Israël) étaient accompagnés pour la plupart d'ocre et pour certains d'offrandes. Trois dents isolées (Q16 à Q18) ont également été trouvées.

32. L'hypothèse de l'existence de métis a été défendue notamment par M.F. Ashley Montagu, T. Dobzanski, A. Thoma. Cette question est encore largement débattue aujourd'hui.

33. D'après E.-B. Krause (2004), 400 ossements, appartenant à au moins 270 Néanderthaliens (environ un tiers d'enfants et jeunes et deux tiers d'adultes), auraient été découverts dans 130 sites.

34. Voir, notamment, celles réalisées, en 1981 par J. Matternes et ces dernières années par E. Daynes (dont celle reproduite en couverture).

2. Par tous les temps

1. La saynète a été réalisée à partir des données archéologiques de Spy (P. Haesaerts, 1984).

2. Dernière ère géologique comprenant Pléistocène et Holocène.

3. D'après l'étude des sédiments fluvio-glaciaires du bassin du Danube, durant le Quaternaire, quatre glaciations ont été identifiées : Günz, Mindel, Riss et Würm. Elles correspondent respectivement pour l'Europe du Nord, d'après l'analyse des sédiments de la calotte glaciaire scandinave, au Bavelien, à l'Elsterien, au Saalien et au Weichsélien (ou Vistulien en Europe orientale).

4. Les interglaciaires ont pour nom, selon la chronologie alpine ou d'Europe du Nord : Cromérien ou Günz-Mindel, Holsteinien ou Mindel-Riss, Eemien ou Riss-Würm.

5. Les données paléoenvironnementales et paléoclimatiques sur le Proche-Orient sont issues des travaux de E. Tchernov (1992).

6. Cette glaciation, équivalente en termes de chronologie alpine à celle de Mindel, a eu lieu entre 650 000 et 350 000 ans.

7. La glaciation de Saale (ou Riss) comprend trois phases froides séparées par deux interstades plus tempérés.

8. Sites de Rikhta, Zhitmir ou Khotylevo en Ukraine ; aujourd'hui, il y fait moins 10 °C en janvier.

9. La règle climatique d'Allen explique la présence d'extrémités distales relativement courtes chez les mammifères par une adaptation au froid (J.-J. Hublin, 1998). En outre, suivant la loi de Bergman, une réduction de la longueur du tronc entraîne une baisse du poids corporel qui elle-même implique une augmentation de l'indice céphalique (jusqu'à 5) par rapport aux espèces précédentes.

10. La masse corporelle de Neanderthal est supérieure à celle des hommes actuels,

11. Selon R.D. Martin (1996).

12. Selon H. Schwarcz et I. Tattersall (1996).

13. Espace d'autant plus nécessaire chez Neanderthal qui, à cause de sa tête aplatie et de son petit cou, a les cavités nasales très proches des artères qui amènent le sang au cerveau.

14. La théorie dite du radiateur a été proposée par C. Coon, 1962 (*in* E. Trinkaus et P. Shipman, 1996, p. 301).

15. D'après E. Trinkaus et P. Shipman (1996).

16. Pour J.-L. Heim (1997), c'est un processus biomécanique qui aurait permis à Neanderthal de maintenir sa lourde tête en équilibre au-dessus de la colonne vertébrale. Pour ce chercheur, c'est là une

preuve supplémentaire que Neanderthal n'appartient pas à la même espèce que nous.

17. Forêts de latifoliés, arbres à grandes feuilles caduques.

18. Chênes et autres arbres à feuilles caduques.

19. Notamment à pins et à épicéas.

20. Les chevaux sauvages étaient présents dans tout l'hémisphère nord durant le Paléolithique. Ils disparaissent d'Amérique du Nord lors du réchauffement climatique, au début de l'Holocène. Leur nombre régresse entre 10 000 et 4 000 ans BP à cause, notamment, de l'augmentation des espaces forestiers. Le seul vrai cheval sauvage actuel est *Equus przewalskii* de Mongolie. Les chevaux de Mosbach (*Equus mosbachensis)*, présents au Pléistocène moyen moyen, étaient de forte stature. Durant le Pléistocène moyen récent, on rencontre trois espèces caballines : *Equus steinheimensis*, *Equus piveteaui* et *Equus achenheimensis*, qui seront remplacées au Pléistocène supérieur par *E. taubachensis*, *E. caballus germanicus*, *E. caballus gallicus* (= *E. ferus*) et *E. caballus arcelini*. Trois équidés, de petite taille et à caractères asiniens, sont présents : *Equus altidens* (au Pléistocène moyen ancien), *E. wernerti* (au Pléistocène moyen récent) et *E. hydruntinus*.

21. Le bison des steppes, *Bison priscus*, s'éteint à la fin de la dernière glaciation.

22. D'origine américaine, les ancêtres des rennes européens actuels (*Rangifer tarandus*) arrivèrent en Europe au cours du Pléistocène moyen (au cours du Mindel où ils sont encore rares). Les rennes réapparaissent en Europe occidentale durant les phases froides de l'avant-dernière glaciation et sont extrêmement abondants durant le dernier glaciaire, surtout dans sa seconde partie, où ils atteignent la péninsule Ibérique, le nord de l'Italie et le sud de la Russie. Ils remontent vers le nord au début du réchauffement de l'Holocène. Il est probable que quelques petites hardes ont perduré dans les Alpes au Post-Glaciaire. Fait remarquable, contrairement à toutes les autres espèces de cervidés, les rennes femelles portent des bois.

23. Actuellement, on peut rencontrer, dans les steppes, de la mer Caspienne à la mer d'Aral, deux sous-espèces de saïga : en Russie, la *Saiga tatarica tatarica*, et en Mongolie, la *Saiga tatarica mongolica*. Au cours du Pléistocène, la saïga a fait au moins deux incursions en Europe occidentale. La première s'est produite à la fin du Saalien et la seconde, d'extension plus importante, durant le Weichsélien récent.

24. L'ovibos, ou bœuf musqué, est représenté actuellement par trois sous-espèces, qui vivent toutes dans la zone circumpolaire : le bœuf musqué d'Alaska (*Ovibos moschatus moschatus*), celui de Wager (*O. m. niphoecus*) et celui du Groenland (*O. m. wardi*). Les ovibos pénè-

trent en Amérique du Nord au cours du Saalien et persistent en Sibérie (troupeaux résiduels) jusque vers 4 000 ans BC. Ils étaient, lors de forts refroidissements, présents sous des latitudes méridionales (jusqu'au nord de l'Espagne).

25. *Coelodonta, antiquitatis ;* ce rhinocéros s'éteint vers 12 000 ans.

26. *Dicerorhinus hemitoechus* disparaît à la fin de la dernière glaciation. C'est le rhinocéros représenté à Lascaux (Dordogne) dans la scène du puits.

27. En Europe, existent *Mammuthus trogontherii* du milieu et de la fin du Pléistocène moyen, et *M. Primigenius* du Saalien et du Pléistocène supérieur.

28. *Bison schoetensacki*, espèce caractéristique du Pléistocène moyen.

29. Vers un million d'années, l'aurochs (*Bos primigenius*) migre de l'Inde en Europe, et il disparaît au XVIIe siècle en Pologne. Il fut domestiqué durant le septième millénaire en Turquie (Catal Hüyük, 6 200 BC), au Moyen-Orient (Irak) et en Inde. Il a fait l'objet de plusieurs tentatives de reconstitution génétique, les premières au zoo de Berlin et de Munich, il y a environ soixante ans.

30. Le cerf (*Cervus elaphus*) est appelé également cerf rouge ou cerf commun. Il peut supporter un froid rigoureux mais toujours sous un climat suffisamment humide. Les mâles jettent leur tête, les vieux en février, les plus jeunes en mars : ce sont alors des mulés. Ils portent deux bosses sur lesquelles du velours croît, il est présent sur la totalité du bois au début juillet. Pour faire tomber leur velours, les cerfs se frottent aux arbres et ils brunissent leurs bois en général tout juillet. Les mâles se cachent dans des buissons de terrains riches en végétaux pour refaire leur tête et leur graisse, et ce jusqu'à la fin août. Pendant leur première année, ils portent deux bosses (hère), la seconde, ils mettent bas leur tête et frayent, et, dès lors, peuvent engendrer (daguet). Un ou deux faons naissent entre fin mai et début juillet après neuf mois de gestation (faonner).

31. Les mégalocéros géants (*Megaloceros giganteus*) disparurent il y a environ onze mille ans. Mais pour certains auteurs quelques petites hardes auraient survécu, en Italie et en Europe centrale, jusqu'à 2 500 ans BC. Certains évoluèrent sous des formes naines (espèces endémiques), en Sicile, en Crète, à Malte, en Sardaigne et en Corse. En Corse du Sud, les derniers (*Megaloceros cazioti*) furent exterminés il y a environ neuf mille ans, lors de la colonisation de l'île. C'est le plus ancien exemple d'extermination par l'homme d'une espèce animale.

32. *Alces alces* n'apparaît qu'au Pléistocène supérieur. Au Pléistocène moyen vivait *Alces latifrons*, grande espèce ; l'envergure de ses bois peut atteindre quatre mètres.

33. Le chevreuil (*Capreolus capreolus*) est actuellement représenté par trois sous-espèces : une en Europe, une en Sibérie et une en Chine. Il apparaît à la fin du Pleistocène moyen ; sa taille diminue jusqu'à l'Holocène. Leurs bois portent généralement trois andouillers, beaucoup plus rarement quatre et plus. Les chevreuils les perdent en novembre-décembre, après le rut ; la repousse a lieu en février et la chute du velours en avril.

34. Il existe actuellement deux sous-espèces de daim : le daim européen (*Dama dama dama*) et le daim persan (*Dama dama mesopotamica*). Après le recul des glaciers, le daim européen émigre en Asie Mineure.

35. Le maître andouiller et le surandouiller en particulier.

36. Le sanglier d'Eurasie (*Sus scrofa*) a, actuellement, une vaste répartition géographique. Vers 7 000 ans, certains sangliers ont été domestiqués et ont donné naissance aux porcs.

37. *Dicerorhinus mercki* était présent dans toute l'Europe et au Proche-Orient jusqu'à la fin de la dernière glaciation. Il possédait des dents brachyodontes (dents à couronne basse) contrairement aux autres rhinocéros à dents hypsodontes, qui sont des mangeurs d'herbes.

38. En Europe occidentale, il existe actuellement deux espèces de bouquetins, celui des Alpes (*Capra ibex*) et celui des Pyrénées ou ibérique (*Capra pyrenaïca*). Le bouquetin des Pyrénées, apparu plus tardivement que celui des Alpes (il n'est présent, en France et en Espagne, qu'au début de la dernière glaciation), descendrait du tour du Caucase occidental (*Capra caucasica*). Les cornes des mâles possèdent une double flexure terminale de l'étui corné, alors que celles des bouquetins mâles des Alpes ont une section sub-triangulaire (ovalaire chez les femelles), une simple courbure, et sont parcourues par une succession de nodosités.

39. *Hemitragus bonali* et *Hemitragus cedrensis.*

40. *Capra caucasica.*

41. Actuellement, en France, il existe deux formes de chamois, celui des Alpes (*Rupicapra rupicapra rupicapra*) et celui des Pyrénées ou isard (*Rupicapra rupicapra pyrenaïca*). D'origine asiatique, le chamois apparaît à la fin du Pléistocène moyen, durant l'avant-dernière glaciation. Au début du dernier interglaciaire, il se réfugie dans les Alpes et l'isard dans les Pyrénées. Ce dernier est reconnaissable à une bande jugale foncée qui barre sa face depuis l'œil jusqu'à la narine ; de plus, durant les périodes hivernales, il se pare d'une écharpe, plus foncée que celle du chamois, qui s'étend de l'encolure au poitrail. Les grands

troupeaux mixtes, de chamois ou d'isards, ne se rencontrent qu'au moment du rut, de novembre à décembre.

42. Au Pléistocène moyen, un mouflon de grande taille, *Ovis antiqua*, vivait en Italie, en Espagne, en France. Il semble quitter nos régions à l'Holsteinien et disparaître au Saalien. Le mouflon ou argali vit actuellement en Eurasie, de l'Anatolie à la Sibérie méridionale, et en Amérique du Nord, dans les Rocheuses. Il y a plusieurs espèces de vrais mouflons et de nombreuses sous-espèces, certaines marronnes, dont celles de Corse, de Chypre, d'Arménie, d'Iran, à cornes circulaires, du Kara-Taou, de Marco Polo. Il existe également des mouflons en Afrique du Nord : ils appartiennent au genre *Ammotragus* et à l'espèce *A. lervia.*

43. La marmotte alpine (*Marmota marmota*) est présente dans les sites alpins dès l'avant-dernière glaciation. La marmotte bobac (*Marmota bobak*), elle, arrive d'Asie orientale en Europe centrale au cours de la dernière glaciation. Elle vit actuellement en Eurasie dans des régions plus froides que la marmotte alpine. Ses incisives possèdent une face externe blanche, alors qu'elle est jaune orangé chez les marmottes alpines.

44. Aujourd'hui, le loup (*Canis lupus*) se rencontre partout, sauf dans les déserts vrais et les forêts tropicales. Les premiers véritables loups apparaissent en Europe occidentale au début du Pléistocène moyen. Parmi eux se trouve l'ancêtre du chien.

45. Les dholes ou dohles (*Cuon priscus*, puis *Cuon alpinus*) ont vécu à la fin de l'avant-dernière glaciation et au Pleistocène supérieur. Il existait en Sardaigne une forme insulaire naine.

46. Le renard commun ou renard roux (*Vulpes vulpes*) compte aujourd'hui plusieurs sous-espèces en Europe, en Asie septentrionale et centrale et en Amérique du Nord. C'est au cours du Villafranchien que les renards prirent une grande extension et donnèrent naissance au fennec dans les régions arides, à l'isatis dans les régions polaires et au renard commun.

47. Les isatis ou renards polaires ou encore renards bleus (*Alopex lagopus*) vivent dans les régions arctiques des deux mondes. Le rut a lieu durant la seconde moitié de mars ; la femelle met au monde plusieurs renardeaux dans un terrier creusé dans une colline argilo-sableuse.

48. L'hyène des cavernes (*Crocuta crocuta*) arrive en Europe, une première fois, au début du Pléistocène moyen, sous la forme de la sous-espèce *C. crocuta praespelaea*. La seconde migration a lieu à l'Holsteinien, le genre *Crocuta* se rencontre alors dans nos régions sous l'aspect de *C. crocuta intermedia,* dont est issue l'hyène des cavernes

(*C. crocuta spelaea*). Cette sous-espèce typique du Pléistocène supérieur s'éteint au cours de la dernière glaciation. L'hyène des cavernes avait de puissantes carnassières allongées.

49. L'ours des cavernes appartient à la lignée spéléenne, phylum aujourd'hui bien connu : *U. etruscus – U. deningeri – U. spelaeus*. C'est à la fin du Pléistocène moyen que l'ours des cavernes apparaît avec tous ses caractères spécifiques. Il abonde dans la première partie du Pléistocène supérieur et disparaît, en Europe occidentale, à la fin de la dernière glaciation et au début de l'Holocène dans le Caucase. L'ours des cavernes était ubiquiste, il supportait très bien les climats rigoureux, mais il était sensible à l'élévation de température et à la sécheresse. L'ours brun (*Ursus arctos*), apparu en Chine au début du Pléistocène inférieur, arrive en Europe vers 900 000 ans, mais ne devient fréquent à partir de l'avant-dernière glaciation. L'ours noir du Tibet ou ours à collier (*Ursus thibetanus*) est venu en Europe occidentale au Pléistocène moyen ancien et en est reparti au début de la dernière glaciation. C'est un animal de milieu tempéré et d'environnement forestier.

50. Les « vraies » panthères (*Panthera pardus*) apparaissent vers 700 000 ans, abondent durant le dernier interglaciaire et le début du dernier glaciaire et semblent disparaître d'Europe vers 30 000 ans, mais persistent en Palestine jusqu'au début de l'Holocène. Actuellement les panthères ou léopards sont représentés par vingt-quatre sous-espèces réparties dans des habitats variés, en plaine comme en forêt tropicale, d'Eurasie et d'Afrique. A cette période, vivait également un autre félidé, le lynx. Il était représenté par deux espèces : le lynx boréal (ou grand lynx) et le lynx pardelle. Le lynx boréal (*Lynx lynx*) apparaît au début du dernier interglaciaire et le lynx pardelle (*Lynx pardina*) avant les grands lynx, au cours du Pléistocène moyen.

51. Le lion des cavernes (*Panthera [Leo] spelaea*) se rencontre en Europe dès le Pléistocène moyen, vers 450 000 ans. Ce grand félidé disparaît d'Europe occidentale à la fin de la dernière glaciation mais demeure, jusqu'aux périodes historiques, dans les Balkans et en Asie Mineure.

52. Le putois d'Europe (*Mustela [Putorius] putorius*) apparaît au Cromérien en Europe centrale et orientale, mais, en France, il ne se rencontre qu'à partir du Saalien et surtout au cours du Pléistocène supérieur. Il vit le long des cours d'eau où il peut trouver en abondance des poissons et des petits animaux (rongeurs, taupes, oiseaux, batraciens). Le putois des steppes (*Mustela [Putorius] eversmanni*) a fait quelques incursions en France durant les phases froides du Pléistocène moyen et supérieur. Il est actuellement présent dans toute l'Eura-

sie. Le furet (*Mustela furo*), apparu en Europe centrale et en Asie, est la forme domestique du putois des steppes. En Europe, au début du Pléistocène moyen, arrive *Gulo gulo schlosseri*, apparu en Béringie. Sa taille est inférieure à celle de *Gulo gulo gulo,* qui caractérise le Pléistocène supérieur et dont il est l'ascendant (différenciation lors de l'avant-dernière glaciation). Le glouton disparaît du sud de l'Europe occidentale à la fin de la dernière glaciation. Le blaireau (*Meles meles*) apparaît au début du Pléistocène moyen, mais il n'arrive en Europe occidentale qu'au cours de l'avant-dernière glaciation. Cet animal fouisseur, aux mœurs nocturnes, est omnivore ; il consomme environ deux tiers de végétaux et des charognes de petits vertébrés et d'invertébrés.

53. Originaire de l'Europe du Sud-Ouest et d'Afrique du Nord, le lapin de garenne (*Oryctolagus cuniculus*) est présent dès le Pléistocène moyen. Il est à l'origine des lapins domestiques (même espèce que la forme sauvage), dont l'élevage, pour sa viande et sa fourrure, va se développer sous les Romains. Le lièvre d'Europe (*Lepus europaeus*) est connu depuis le Pléistocène moyen. Il est proche du lièvre africain (*Lepus capensis*). Le nom latin du lièvre variable ou lièvre des neiges est *Lepus timidus.* Le lièvre siffleur (*Ochotona pusilla*) habite aujourd'hui la steppe à l'est de la Volga, au sud de l'Oural et (au nord du Kazakhstan). Ces pikas sont venus à plusieurs reprises en France lors de refroidissements climatiques, souvent en compagnie des lemmings et d'un petit campagnol (*Microtus anglicus*).

3. Qui est l'ancêtre de Neanderthal ?

1. A Dmanissi en Géorgie, l'outillage associé aux restes humains a été réalisé sur galets (Gabunia *et al.*, 2002).

2. La datation du site de la Gran Dolina (Sierra d'Atapuerca, Espagne) a été réalisée par C. Falguères *et al.* (1999).

3. L'hypothèse du polycentrisme est défendue, entre autres, par A. G. Thorne et M. H. Wolpoff (1981) ; M. Wolpoff (1991), F. Smith et E. Trinkaus (1991), et Wu Xinzhi (1991).

4. Certains fossiles de Chine (comme ceux de Dali et de Jinniu Shan) et d'Indonésie (comme ceux de Ngandong, Sambungmacan et Ngawi), datés entre 150 000 et 300 000 ans, présentent des caractères différents de ceux que l'on observe chez les *Homo erectus* classiques, notamment une capacité crânienne plus élevée, entre 1 000 et 1 260 centimètres cubes. Pour J.L. Arsuaga (2001), contrairement, notamment, à Wu Xinzhi (1991) qui voit une évolution locale, ce sont de

nouveaux migrants venus d'Afrique qui se seraient substitués aux *Homo erectus* locaux. Le débat reste ouvert !

5. Les outils trouvés en association avec les restes humains d'*Homo antecessor* sont archaïques (éclats, galets taillés) ; en outre, la pratique du cannibalisme a été envisagée (Carbonell *et al.*, 1995 ; J.L. Arsuaga, 2001).

6. Les données relatives au site de Ceprano en Italie sont tirées de A. Ascenzi *et al.* (1996).

7. Le site de Bilzingsleben (Thuringe, Allemagne), fouillé dès 1969 par D. Mania (D. Mania *et al.*, 1993), a livré à la base d'un complexe de travertins de nombreux outils en pierre (outils de petite taille à débitage non Levallois.) et en os (surtout d'éléphant et de cerf), des ossements d'animaux de climat tempéré et des restes humains (trente-neuf restes humains se rapportant à au moins trois individus et sept dents isolées dont une de juvénile). Pour l'anthropologue E. Vlcek (1978), ils appartiendraient à *Homo erectus bilsingslebensis*. Plusieurs datations du site ont été réalisées ; elles donnent des âges divergents, entre 173 000 et 350 000 ans. Les dates obtenues sont : 228 000 +17/– 12 000 ans (R.S. Harmon *et al.*, 1980) et 173 000-350 000 ans (K. Brunnacker *et al.*, 1983). Cependant, il est probable que la formation de la couche à Hominidés a eu lieu durant l'interglaciaire Mindel-Riss. En effet, la datation par RPE et U-Th donne un âge situé entre 280 000 et 415 000 ans. La formation serait donc contemporaine des stades isotopiques de l'oxygène 11 ou 9 (H. P. Schwarcz *et al.*, 1988).

Le gisement de Vértesszöllös (situé à cinquante kilomètres de Budapest, Hongrie), découvert lors de l'exploitation d'une carrière de travertins, a été fouillé de 1963 à 1968 par L. Vértes (M. Kretzoï et V.T. Dobosi (éds), 1990). Il comprend huit localités. Dans la localité I (appelée également *Homo erectus Campment*) située dans la vallée où coule la rivière Tata, ont été découverts des outils lithiques (d'une manufacture proche de celle des outils de Bilzingsleben) et osseux, des ossements d'animaux de climat tempéré, des os brûlés (qui attestent donc de la maîtrise du feu) et des restes humains. Il s'agit de quatre dents appartenant à un enfant âgé de six à sept ans. Dans la localité III (appelée également « Footsprint »), au contexte paléoécologique similaire à la précédente, un occipital d'adulte a également été exhumé. Dans les années 1960, A. Thoma (1966) avait attribué ces restes humains à une nouvelle espèce : *Homo palaeohungaricus*. Actuellement, ils sont considérés comme *Homo erectus*. Le travertin recouvrant le site a été daté entre 185 000-210 000 ans (par H.P. Schwarcz et A.G. Latham, 1990). D'après le contexte paléoécologique, les niveaux archéologiques se seraient formés durant une période très tempérée, probablement, d'après les âges absolus, celle de l'interglaciaire Mindel-Riss.

8. Les traits dérivés, ou caractères autapomorphes, n'apparaissent pas régulièrement (J.-J. Hublin et A.-M. Tillier, 1991).

9. Lors de l'interglaciaire Günz-Mindel.

10. Lors d'une oscillation tempérée de la glaciation Mindel, d'après le fossile de Mauer découvert en Allemagne. Cette glaciation aurait duré de 650 000 à 350 000 ans BP. Elle serait contemporaine des stades isotopiques de l'oxygène 17 à 11.

11. Qui serait donc le résultat d'un endémicité géographique (J.-J. Hublin, 1990).

12. Durant l'interglaciaire Mindel-Riss apparaissent les principaux caractères néanderthaliens. Cet interglaciaire, contemporain des stades isotopiques de l'oxygène 10 à 7, aurait duré de 350 000 à 250 000 ans BP. Les fossiles allemands de Steinheim et Reilingen, anglais de Swamscombe, espagnols de la Sima de los Huesos et français de Biache-Saint-Vaast (Pas-de-Calais) datent de cette période. Le squelette découvert dans la grotte d'Altamura en Italie serait également un Pré-Néanderthalien âgé de quatre cent mille ans (A. Dorozynski, 1993). La mise en place définitive de l'architecture crânienne des Néanderthaliens a lieu au cours du dernier interglaciaire, dénommé Riss-Wurm. Il est daté d'environ 130 000-120 000 ans. Les fossiles de Saccopastore en Italie et de Krapina en Croatie sont datés de cette période. Tous les caractères anatomiques typiques de l'espèce néanderthalienne sont présents au début de la dernière glaciation qui aurait duré de 115 000 à 10 000 ans BP et serait contemporaine des stades isotopiques de l'oxygène 5 à 2.

13. Pour certains chercheurs, il aurait entre 150 000 et 200 000 ans, pour d'autres, il serait plus ancien (peut-être 350 000 ans ; R. Grün, 1996).

14. A la Caune de l'Arago, les restes humains ont été découverts dans la partie inférieure de l'ensemble III. Le crâne Arago XXI, exhumé du sol G de cet ensemble, est daté aux alentours de 455 000 ans (Y. Yokohama et H.V. Nguyen, 1981).

15. Probablement contemporain du stade isotopique de l'oxygène 11.

16. Un occipital et deux pariétaux, un gauche et un droit.

17. Les données relatives aux fossiles trouvés à la Sima de los Huesos (Sierra d'Atapuerca, Burgos, Espagne) sont de J.L. Arsuaga *et al.*, 1998. Ces ossements dateraient d'au moins 350 000 ans (J. L. Bischoff *et al.*, 1997).

18. Cependant, son appartenance à une période plus récente, l'interglaciaire Riss-Würm, ne peut être totalement exclue (S. Condemi, 1996).

19. Les restes humains de Biache-Saint-Vaast (Pas-de-Calais) ont été découverts au sommet de l'ensemble des formations fluviatiles fines IIA, appartenant à une ancienne terrasse de la vallée de la Scarpe. Des datations ont été réalisées, elles fournissent pour cet ensemble les âges compris entre 175 000 et 263 000 ans (A. Tuffreau et J. Sommé éds., 1988).

20. Lors de leur exploitation, entre 1908-1909 et 1925, les carrières d'Ehringsdorf (Thuringe, Allemagne) livrèrent plusieurs ossements humains, de l'outillage moustérien et d'abondants restes de faune mammalienne pléistocène. L'ensemble inférieur des travertins se serait formé durant une phase tempérée de l'avant-dernière glaciation, correspondant au stade isotopique de l'oxygène 7 et l'ensemble supérieur durant le dernier interglaciaire. Mais ces dates sont controversées (B. Blackwell et H. P. Schwarcz, 1986).

21. Les restes humains de l'abri Suard (Charente) dateraient de la fin de la glaciation rissienne (S. Condemi, 2001). Ils étaient associés à une industrie rapportée au Moustérien typique ou au Moustérien type Ferrassie (A. Debénath, 1974). Les ossements humains de l'abri Bourgeois-Delaunay (Charente) étaient associés à une industrie attribuée au Moustérien typique ou Moustérien type Ferrassie. La couche 11 est datée de 151 000 +/– 15 000 BP (H. P. Schwarcz et A. Debénath, 1979).

22. Selon B. Vandermeersch (1989), S. Condemi (1992), O. Bar-Yosef et B. Vandermeersch (1991).

23. Des hommes de type moderne (les Proto-Cro-Magnons) ont été trouvés à Skhul et Qafzeh en Israël. Ils seraient présents en Palestine, d'après l'homme de Galilée à Zuttiyeh (Israël), depuis 150 000 ans environ.

24. Ce sont deux crânes qui dateraient du début du dernier interglaciaire, vers 130 000-125 000 ans (S. Condemi, 1992).

25. Pour l'ensemble du remplissage de Krapina (Croatie), un âge moyen de 130 000 +/– 10 000 BP est donné (W. J. Rink *et al.*, 1995). La pratique d'un cannibalisme, probablement rituel, a été suggérée (D. Gorjanovic-Kramberger, 1913 ; M. Patou-Mathis, 1997).

26. La mandibule humaine de Banolas (Catalogne, Espagne) est associée à des ossements de cerf et de cheval. Elle est datée de 110 000 ans par Y. Yokohama *et al.* (1987) et de 45 000 ans par R. Julia et J. L. Bischoff (1991).

27. Le nombre de sites européens ayant livré des restes de Néanderthaliens *sensu lato* est tiré de l'ouvrage de J.L. Arsuaga (2001).

4. Si semblable, si différent

1. Selon A.-M. Tillier (1988).

2. Pour S. E. Churchill (1998), les os compacts ne résulteraient pas seulement de causes biomécaniques mais aussi de processus endocrinologiques, provoqués par deux ordres de paramètres : nouvelles stratégies d'adaptation et ressources inédites, et hétérochronies.

3. Les données relatives au poids et à la taille des Néanderthaliens sont tirées de J.L. Arsuaga (2001) et celles sur le dimorphisme sexuel de J.-L. Heim (1988).

4. L'indice céphalique étant en moyenne de 4,8 chez les Néanderthaliens et de 5,3 chez les *Homo sapiens*. En données brutes, leur capacité cérébrale est, en moyenne, supérieure ou égale à la nôtre.

5. Le torus occipital est divisé en deux lèvres dans la région sagittale délimitant ainsi une petite fossette caractéristique des Néanderthaliens, dépression appelée fosse sus-iniaque. En outre, à l'arrière de l'oreille, l'apophyse mastoïde est petite et l'éminence juxtamastoïdienne grande.

6. La face très développée chez Neanderthal donne à l'indice crâniofacial une valeur élevée. Cet indice correspond au rapport entre le volume du neurocrâne et celui de la face, il croît au cours de la vie fœtale et de l'enfance pour atteindre sa valeur définitive à la puberté ; ces deux volumes sont élevés chez Neanderthal. En cela, il diffère notablement de celui des *Homo sapiens* fossiles et actuels (J.-L. Heim et J. Granat, 1999).

7. La partie antérieure de la mâchoire supérieure est à peu près plane alors que celle des hommes actuels est concave à cause notamment de la présence, sous les orbites, d'une fosse canine.

8. En outre, l'ouverture nasale est large et située très antérieurement par rapport aux côtés de la face.

9. Le torus sus-orbitaire est déjà présent chez *Homo habilis*, mais il est peu visible comme chez certains *Homo sapiens* âgés de 100 000 ans. Par contre, il est plus développé chez *Homo ergaster* où il est séparé en deux par une petite dépression (J.L. Arsuaga, 2001).

10. Les données relatives à la pneumatisation de la face sont tirées de J.L. Arsuaga (2001).

11. Généralement, le menton est absent, cependant, chez certains Néanderthaliens, notamment du Proche-Orient, il est ébauché. Il est

alors fuyant avec un trou mentonnier reculé par rapport à celui des *Homo sapiens*.

12. Les incisives ont un tubercule basal proéminent.

13. Cette pathologie existe également chez les hommes modernes.

14. Ces caractéristiques existent déjà chez les fœtus, ce sont donc des caractères génétiques.

15. L'os iliaque présente un grand trou obturateur, une hauteur de la symphyse importante et une angulation, entre le pubis et l'ilion, plus aiguë. L'acétabulum (ou cavité cotyloïde qui reçoit la tête du fémur) est de grande taille avec une grande échancrure sciatique, en forme de crosse chez les hommes et plus évasée chez les femmes (Y. Rak, 1990).

16. Les omoplates possèdent une gouttière au niveau du bord axillaire de la face dorsale (S.E. Churchill et E. Trinkaus, 1990).

17. Les données relatives aux mains sont issues des travaux de J.H. Musgrave (1971), I. Villemeur (1994) et J. Piveteau (1991).

18. La présence de l'asymétrie des hémisphères chez Neanderthal a été mise en évidence, entre autres, par J. Piveteau (1973).

19. Le fémur possède une ligne âpre peu développée et, sur la face postérieure de son extrémité distale (vers le tibia), une facette supplémentaire, correspondant à la poulie de l'astragale, qui prolonge le condyle vers l'avant. Ce dernier caractère est génétique.

20. Type euryinémique qui diffère du type platyinémique.

21. Ils sont légèrement plus plats que les nôtres. Les os de sa cheville, notamment l'astragale, diffèrent de ceux des hommes modernes.

22. Les données relatives aux empreintes de pieds découvertes à Vârtop en Roumanie sont tirées de B.P. Onac *et al.* (2005).

23. Les données anatomiques relatives aux Néanderthaliens du Proche-Orient sont issues des publications de J.L. Arsuaga (2001), O. Bar-Yosef et B. Vandermeersch (1991), J. Piveteau (1973), E. Trinkaus (1983) et B. Vandermeersch (1989).

24. Parmi les anthropologues gradualistes, F.H. Smith *et al.* (1989), et M. Wolpoff et R. Caspari (1997).

25. Pour J. Piveteau (1973), par exemple.

26. Cette théorie considère que l'apparition de l'homme moderne (*Homo sapiens*) aurait eu lieu en Afrique, vers 150 000 ans, et qu'ensuite, il aurait colonisé le reste du monde. Cette hypothèse est controversée par certains chercheurs.

27. Pour les travaux génétiques, voir les publications de M. Krings *et al.* (1997 ; 2000), D. Caramelli *et al.* (2003) et S. Pääbo (2003).

5. De la naissance à la mort

1. Chez l'homme actuel, l'ossification est complète seulement à vingt ans.

2. A l'adolescence.

3. Ces caractères sont directement en rapport avec le stade d'ossification incomplète du squelette.

4. C'est le cas de la morphologie basse de la voûte crânienne, région qui inclut l'occipital, les pariétaux et les temporaux.

5. Pour J. Piveteau (1973), F.V. Ramirez Rozzi et J.M. Bermudez de Castro (2004), et E. Trinkaus (1983), la croissance chez Neanderthal était plus rapide. J.-L. Heim et J. Granat observent une dyschronie de croissance entre les dents permanentes de Neanderthal et celles de l'homme moderne ; en outre, la calcification était plus précoce chez Neanderthal (J. Granat et J.-L. Heim, 2001 ; 2003).

6. La vitesse de la formation de la dent est caractérisée, lors de la croissance, par une succession de lignes transversales, visibles sur l'émail ; le nombre de ces stries et leur inclinaison donnent l'âge de la dent.

7. A partir de l'étude comparée des dents de Pré-Néanderthaliens (*H. antecessor*, 8 dents de 4 individus) et *H. heidelbergensis* (106 dents de 21 individus) – datés entre 800 000 et 100 000 ans –, de Néanderthaliens (datés entre 100 000 et 30 000 ans, d'Europe occidentale et centrale, 146 dents de 55 individus) et d'*H. sapiens* du Paléolithique supérieur (100 dents de 39 individus), F.V. Ramirez Rozzi et J.M. Bermudez de Castro (2004) démontrent que le développement dentaire était plus rapide chez Neanderthal.

8. Actuellement, l'homme devient adulte vers dix-huit, vingt ans.

9. L'hypophyse ou l'hypothalamus libéraient plus tôt les hormones de croissance (J.-L. Heim et J. Granat, 2001).

10. Hypothèse à laquelle souscrivit plus tard E. Trinkaus lui-même (E. Trinkaus et P. Shipman, 1996, p. 362).

11. Les stades d'accélération de l'augmentation du cerveau ont été suggérés par J.L. Arsuaga (2001).

12. Chez les plus anciens hominidés, comme *Australopithecus africanus*, il est de 440 centimètres cubes (J.L. Arsuaga, 2001).

13. Les données relatives au cerveau sont issues de R.D. Martin (1996 ; 1998) et J.L. Arsuaga (2001). A trois ans, le cerveau a dépassé les trois quarts de sa taille, ce qui implique que la croissance du cerveau se fait aux dépens de la mère qui fournit l'énergie nécessaire pendant la grossesse et l'allaitement (« programmation » du cerveau) ; le développement du quart restant se produit après le sevrage, ce qui

implique un développement prolongé des petits humains (R.D. Martin, 1996).

14. Le néocortex occupe, à la différence de toutes les autres espèces animales, exception faite des primates, chez les humains la plus grande partie du cerveau.

15. Situé dans le pôle postérieur du cerveau à l'intérieur du lobule occipital.

16. Chez un droitier, l'hémisphère gauche est projeté en arrière, et le droit en avant ; les chimpanzés sont ambidextres.

17. Cela peut s'expliquer par une diminution de la quantité d'énergie fournie par la mère.

18. L'hypothèse de l'effet réversif de l'évolution a été proposée par P. Tort, 1996.

19. Bandes transversales visibles radiologiquement au niveau des extrémités des os longs.

20. Un déficit en calcium a été constaté sur le Néanderthalien de Zafarraya (Espagne). Il peut résulter, soit d'un réel manque de calcium, soit de troubles dans sa fixation (T.D. White, 1991).

21. Comme l'hypervitaminose A, liée à la consommation habituelle de foie cru.

22. A Krapina, 269 dents présentent une hypoplasie de l'émail dentaire, soit 41,3 % de la population contre 35 % chez les Néanderthaliens d'Europe occidentale, 57 individus et 20 % chez les Néanderthaliens du Proche-Orient (E. Trinkaus, 1995).

23. Les sujets, n° V de Shanidar, de Guattari (Italie), de Bau de l'Aubesier (Vaucluse) (S. Lebel *et al.*, 2001) et un sujet de Krapina (L. Pales, 1930, p. 111) avaient des gingivites. Un sujet de Krapina (L. Pales, 1930, p. 165), le sujet 1 de la Ferrassie (Dordogne) et l'homme de La Chapelle-aux-Saints souffraient d'arthrite temporo-maxillaire.

24. Des fracturations ont été constatées : d'un avant-bras, chez un des Néanderthaliens de Krapina et celui de Feldhofer, d'un bras, la femme de vingt-cinq ans de la Quina (Charente) ou de côtes, l'homme de La Chapelle-aux-Saints et le sujet n° IV de Shanidar.

25. Les données relatives aux traumatismes observés sur des ossements de Néanderthaliens proviennent, pour Krapina de A. Montet-White (1996, p. 66), pour Shanidar d'A. Defleur (1993, p. 161 et p. 165) et E. Trinkaus (1983). D'après les données de T. Stewart, un coup aurait été porté, lors d'un combat, sur le côté gauche de l'orbite de Shanidar I, provoquant un écrasement de l'os (T. Stewart 1959, p. 476 *in* A. Defleur, 1993, p. 157). Le sujet a peut-être été amputé de l'avant-bras, juste au-dessus du coude (T. Stewart, 1974 et E. Trinkaus, 1991, pp. 557-558, *in* A. Defleur, 1993, p. 157).

26. Les sujets de Krapina et n[os] I et III de Shanidar.

27. Ils n'ont été découverts qu'en sépulture, car les os de leur squelette sont extrêmement fragiles.

6. Un artisan émérite

1. La reconstitution a été écrite d'après les données de J.-L. Piel-Desruisseaux, 2004.

2. Il existe une grande variabilité dans les chaînes opératoires mises en jeu lors du débitage : linéale, récurrente unipolaire, récurrente unipolaire convergente, récurrente centripète...

3. La technique Levallois est apparue à l'Acheuléen, vers 300 000 ans. Elle réapparaît de temps en temps dans des cultures plus récentes (A. Tuffreau, *in* André Leroi-Gourhan, sous la dir. de, 1988, p. 619). Ce type de débitage nécessite une abondante matière première.

4. La percussion a lieu soit directement, comme à l'époque de Neanderthal, soit par l'intermédiaire d'un « ciseau » ou « chasse-lame » ou « *punch* » qui permet d'appliquer la force en un point précis ; cette percussion indirecte est plus tardive.

5. Ou des outrepassages, lorsque trop de matière première était ôtée, ou au contraire des réfléchissements (pas assez de matière enlevée).

6. C'est la « multifonctionnalité » des outils lithiques. Il n'y a apparemment aucune relation claire entre type d'outil et fonction (S. Beyries, 1993).

7. Galets ou blocs taillés par percussion sur une (*chopper*) ou deux faces (*chopping-tool)* pour en dégager un tranchant en général partiel.

8. Le façonnage bifacial, présent très tôt dans l'Acheuléen africain, réalisé à partir d'éclats ou de galets, permet d'obtenir des bifaces mais également des hachereaux. Puis, à l'époque de Neanderthal, il coexiste en Europe avec les chaînes opératoires de production, dans les industries de faciès Micoquien oriental, le Moustérien de Tradition Acheuléenne (MTA), le Bohunicien et le Szélétien. Les bifaces taillés par Neanderthal sont de différents types : lancéolé, amygdaloïde, cordiforme, triangulaire, ovalaire, discoïde ou en limande (à pointe arrondie). Les bifaces sont taillés par retouche totale ou au moins envahissante faite au percuteur dur ou tendre (F. Bordes, 1961). Les bifaces moustériens ont entre douze et quinze centimètres de longueur maximale ; ils sont plus petits et plus plats que ceux de l'Acheuléen.

Ils sont particulièrement fréquents dans le Moustérien de Tradition Acheuléenne (MTA).

9. Des outils, il ne reste que ce qui se fossilise, la partie active en pierre, le reste (préhension, maniement) est en matière périssable (cuir, bois, col), l'analyse des microtraces résiduels de matières ou de travail permet de constater l'emmanchement et sa nature (S. Beyries, 1987b). Parfois les bifaces étaient emmanchés latéralement, comme ceux découverts à Corbiac et au Pech de l'Azé en Dordogne.

10. Les racloirs étaient souvent taillés à partir d'éclats obtenus par débitage Levallois. Il existe des racloirs simples (un seul tranchant retouché) et des racloirs doubles (les deux tranchants sont retouchés). Ces deux catégories renferment plusieurs types. Leur classification est basée sur le nombre unique ou multiple de tranchants, la forme et la position du tranchant par rapport à l'axe de l'éclat. Pour les racloirs simples, les tranchants peuvent être rectilignes, convexes ou concaves, qu'ils soient latéraux ou transversaux. Les racloirs doubles ont une classification plus complexe car la forme des deux tranchants n'est pas forcément identique et leur position relative variable : racloirs convergents, transversaux et déjetés. Les limaces sont des racloirs doubles plus épais, à retouche presque abrupte, comme si de nombreux réaffûtages successifs avaient été effectués.

11. La pointe dite de Châtelperron en est une variété de couteau à dos retouché. Les couteaux à dos retouché sont fréquents au Paléolithique supérieur, ceux ayant conservé du cortex sont appelés couteaux à dos naturel.

12. C'est le façonnage de deux bords convergents n'affectant essentiellement que son extrémité qui lui donne la forme d'une pointe.

13. Les coches (ou encoches) sont anciens. Ces outils sont obtenus par l'enlèvement, par percussion sur l'un des bords tranchants, soit d'un seul petit enlèvement large et profond (encoche clactonnienne) soit par de petites retouches généralement abruptes (encoches retouchées). Le denticulé est un outil, sur éclat ou sur lame, présentant sur un ou plusieurs bords non adjacents une série d'encoches contiguës ou presque, faites soit par petites retouches (denticulé retouché) soit par larges encoches (denticulé clactonien) (F. Bordes, 1979). La « denticulation » peut affecter un secteur limité d'un tranchant ou toute la périphérie d'une pièce. La pointe de Tayac est un denticulé convergent sur éclat épais (présent, par exemple, à la Micoque en Dordogne). Pour certains spécialistes, les denticulés sont des racloirs abandonnés en cours de fabrication (C. Verjux, 1988). Pour d'autres, la « denticulation » serait fortuite ; les denticulés correspondraient en fait à des éclats ayant été altérés par du piétinement (V. Deloze *et al.*, 1994).

14. L'extrémité ou front est dégagée par une retouche (Bordes, 1967, p. 34).

15. Il existe de nombreuses variétés de perçoirs définies en fonction de la longueur de la pointe, de son diamètre, de son orientation par rapport à l'axe de l'éclat ou de la lame, et selon l'étendue de la retouche qui l'a formée. A l'époque de Neanderthal, ils sont à façonnage restreint, distal ou proximal.

16. Des outils en obsidienne ont été découverts dans l'atelier de taille de Satani Dar en Arménie et en Slovaquie. Des outils en andésite ont été trouvés à Korolevo en Ukraine et en Slovaquie.

17. Les données relatives au mode d'approvisionnement en matières premières lithiques sont issues des travaux d'A. Tavoso (1984), J.-M. Geneste (1992), J. Féblot-Augustins (1997), P. Depaepe (2003).

18. Sur ces sites, on trouve en abondance des produits de débitage – éclats bruts, déchets de taille et surtout des nucléus –, mais peu d'outils.

19. Les données sur le site d'Hermies (Pas-de-Calais) proviennent des recherches de L. Vallin et B. Masson (1998).

20. Le site est alors très riche en déchets de taille et relativement plus pauvre en outils. Le pourcentage de la matière première utilisée est faible (1 à 5 %) (J.-M. Geneste, 1992).

21. Dans cette zone d'approvisionnement dite intermédiaire, la matière première utilisée est de 20 % en moyenne (J.-M. Geneste, 1992).

22. Dans ces sites, 75 à 100 % de la matière première a été utilisée (J.-M. Geneste, 1992). Ces campements sont très rares, souvent d'occupation unique et de très courte durée.

23. Comme dans la couche VIII de Vaufrey en Dordogne (J.-M. Geneste, 1992).

24. Le Moustérien tire son nom du gisement éponyme du Moustier en Dordogne. Il est présent au Proche-Orient et en Europe, surtout occidentale et orientale, dans des régions de plateaux. Les premières industries moustériennes apparaissent dès le stade 9, en France à Achenheim, sous le faciès Moustérien de type Ferrassie, et en Allemagne (à Ariendorf). Les sites datés de l'avant-dernière glaciation ont été découverts : en France, à Achenheim, en Belgique, à Hélin, en Allemagne, à Ariendorf, Schweinskopf, Wannen, Tönchesberg et Rheindahlen, en Tchéquie, à Beçov et Kulna, et en Pologne, à Ciemna et Piekary. L'une de ces anciennes industries moustériennes, trouvée à Biache-Saint-Vaast dans le Pas-de-Calais (dans un niveau daté de l'Holsteinien, contemporain du stade isotopique 7) et en Allemagne à

Rheindahlen (dans le niveau B3 daté de la glaciation de Saale), est rattachée au groupe Moustérien type Ferrassie. Le Moustérien type Ferrassie représente un des faciès du groupe appelé « Moustérien de tradition charentienne ». Ce Moustérien est un ensemble de formes comprenant de nombreux racloirs d'excellente facture, des pointes simples et doubles. Il comprend trois types, dont les différences se fondent principalement sur la technique de fabrication des éclats : Ferrassie, Quina et le Jabrudien identifié en Syrie. En Europe occidentale, le type Ferrassie perdure jusqu'à l'interstade d'Hengelo-Les Cottés, phase tempérée de la dernière glaciation. Dans les gisements, cette industrie est souvent interstratifiée avec le type Quina. D'un point de vue technologique, il se caractérise par un débitage sur éclats, Levallois ou non, l'utilisation de percuteurs durs et tendres et de retouchoirs en os, et par l'existence, à partir d'environ 90 000 ans, du débitage laminaire, Les outillages comprennent majoritairement des éclats retouchés en racloirs, en pointes et en denticulés, et parfois des bifaces et des outils de type Paléolithique supérieur comme les grattoirs. Le typo-techno-complexe Moustérien est subdivisé en huit groupes majeurs : le Krumlovien, le groupe moustérien de tradition charentienne (de type Quina, Ferrassie ou Charentien oriental), le Moustérien typique, le Moustérien de Tradition Acheuléenne (MTA), le Moustérien à denticulés, le Moustérien du Levant, le Moustérien à pointes foliacées (bifaciales ou à face plane) et le Moustérien à débitage laminaire (dénommé Rheindahlien). Le Rheindahlien est présent en Allemagne (à Rheindahlen-Westwand, Tönchesberg et Wallertheim), en France (à Seclin, Rozel, Rocourt, Saint-Germain-des-Vaux), en Pologne (à Piekary) et en Crimée (à Kabazi II). Il est plus tardif en Belgique (Couvin, daté de l'interstade des Cottés). Dans chaque site où il a été trouvé, l'outillage présente des particularités. Il y a quelques similitudes entre ce faciès et l'Amudien (en Palestine), l'Hummalien (en Syrie) et l'industrie de Howiessonspoort (en RSA), ceux-ci appartenant à peu près à la même époque (G. Bosinski, 2004). Dans ce faciès, les pointes dites de « Kostienki » présentent un amincissement probablement pour être emmanchées (G. Bosinski, 2004). Le Moustérien type Quina, apparu vers 200 000 ans, est un faciès du groupe moustérien de tradition charentienne, à débitage peu Levallois (utilisation de la technique « clactonienne »), très riche en racloirs. Les racloirs les plus typiques sont souvent simples, épais, convexes et retouchés. On note la présence de « racloirs Quina », racloirs transversaux scalariformes, de rares bifaces, d'encoches, de grattoirs à museau et l'absence de couteaux à dos (G. Bosinski, 2004). La grotte de Cova Negra en Espagne présente une des séquences les plus complètes du

Moustérien type Quina. Ce type semble absent du nord de la France et de la Bretagne. Le Moustérien typique est apparu durant l'avant-dernier glaciaire, il n'est fréquent que durant la dernière glaciation. Ce Moustérien est marqué par l'équilibre en nombre de tous les types d'outils moustériens et un débitage Levallois fréquent. Parmi l'outillage, les racloirs, déjetés et transversaux, peu épais et d'excellente facture, les pointes dont des Levallois abondent. Il n'y a pas de bifaces et peu ou pas de couteaux à dos. Deux faciès ont été distingués, un à indice de racloirs moyen et un autre à fort indice de racloirs (F. Bordes, 1953). Le Moustérien typique est abondant en Europe orientale, il a été découvert notamment en Roumanie (à Ripiceni-Izvor, dans des niveaux datés du stade 4 ou début 3, et à Cheia Tirgusor) et en Ukraine (sous deux faciès, Molodova-Ketrosy et Molodova-septentrional) et en Géorgie (sous le faciès Koudaro). L'extension géographique du Moustérien de Tradition Acheuléenne (MTA) est limitée aux côtes atlantiques, ibériques et françaises, jusqu'en Dordogne, à la Grande-Bretagne, au Bassin parisien, à la Belgique et à l'Allemagne occidentale (A. Ringer, 1995). Le MTA qui trouve probablement son origine dans l'Acheuléen supérieur se caractérise par la présence dans l'outillage de bifaces plats et réguliers de forme triangulaire ou de petits bifaces cordiformes, originellement emmanchés et la présence parfois du débitage Levallois. Le MTA est subdivisé en deux ensembles qui se succèdent, le type A et le type B (F. Bordes, 1953). Dans le MTA type A, plus répandu que le type B, on note l'abondance des bifaces et des racloirs minces sur éclats détachés des bifaces ; ils sont plus nombreux dans les sites de plein air qu'en grotte. Le MTA de type B est plus récent, il contient moins de bifaces (souvent petits et peu soignés) et de racloirs, et plus de formes du Paléolithique supérieur (nombreux couteaux à dos, abondance relative des denticulés, des grattoirs et des burins, présence de petits perçoirs). En Europe occidentale, le type A évolue sans rupture en Châtelperronien. On observe la même chose en Europe orientale avec le passage des industries à pointes foliacées au Szélétien ou au Sungirien (G. Bosinski, 2004). Pour A. Ringer (1995), le Micoquien d'Europe centrale et le Micoquien d'Europe orientale correspondraient, à l'est du Rhin, au MTA. Dans le Moustérien à denticulés, la technique de débitage utilisée est rarement Levallois. Présente partout en France, en Espagne, en Italie et peut-être en Russie, elle est particulièrement fréquente dans les grottes, notamment à ours des cavernes, de moyenne montagne de régions tempérées et péri-méditerranéennes (J.-M. Geneste, 1985). En Crimée, dans la phase récente du typo-techno-complexe moustérien, deux ensembles ont été identifiés, un « Moustérien occidental de Crimée », le Starocélien, et une industrie à débitage laminaire (à Kabazi II). Le Moustérien du Levant, identifié dans les sites israéliens de Tabun, Kebara, Skhül et Qafzeh, comprend trois phases distinctes (O. Bar-Yosef et B. Vandermeersch, 1991, p. 229). Le berceau des industries micoquiennes à pièces foliacées serait les piémonts des Alpes et des Carpates, le Bassin moyen du Danube et les plaines moraves, bavaroises et souabes. On le retrouve également en Ukraine (sous le faciès Samouillista) et en Crimée (sous les faciès Ak-Kaya et Kiik-Koba). Deux faciès ont été distingués, en Hongrie et en Slovaquie, le Babonyien et, dans les grottes ou les abris de Transdanubie, le Jankovichien. Le Babonyien, contemporain du dernier interglaciaire ou du début du dernier glaciaire, serait à l'origine du Szélétien ancien (A. Ringer, 1990). Le Jankovichien se rencontre dans des sites de cratères ou de plateaux d'Europe occidentale septentrionale ou à l'ouest de l'Europe centrale. Il semble apparaître durant le dernier interglaciaire et disparaître à la fin du premier pléniglaciaire wechsélien (A. Ringer, 1990). Enfin, pour Nicolas Rolland (1990b), il existe un véritable Moustérien oriental qui se caractérise entre autres par des matières premières aux dimensions souvent réduites, traduisant une grande mobilité liée à un comportement cynégétique typique au milieu continental. Ce faciès serait plus rare dans le complexe moustérien aux habitats plus stables et moins dispersés.

25. Le Micoquien, bien qu'il tire son nom d'un site de Dordogne (la Micoque), est surtout présent en Europe centrale et orientale. Ses caractéristiques majeures sont, d'une part, l'absence du débitage Levallois (à l'exception du site de Königsaue en Allemagne) et, d'autre part, la présence de bifaces dits micoquiens. Ces derniers sont allongés à base épaisse et à extrémité fine aux bords légèrement concaves. Les industries micoquiennes apparaissent en Europe centrale dès le dernier interglaciaire ; le premier foyer semble être le Jura souabe, entre l'Iller et l'Altmühl, le long du Danube. Leur origine est à rechercher dans l'Acheuléen supérieur. Elles abondent durant le début du dernier glaciaire. Les dernières industries micoquiennes ont été découvertes dans l'interstade d'Hengelo-Les Cottés. Le Micoquien renferme de nombreux faciès qui semblent être rattachés à des traditions régionales car, pour E. Boëda (1995), ces industries correspondraient à des courants techniques. On peut cependant dégager deux grands groupes d'industries, le Micoquien sans pointes foliacées (Micoquien *sensu lato*) et celui à pointes foliacées (G. Bosinski, 2004). Le complexe micoquien *sensu lato* comprend deux principaux groupes, le groupe d'Europe centrale, qui renferme de nombreux faciès dont le groupe Keilmesser (caractérisé par la présence de bifaces à dos, *Keilmesser*),

et le groupe d'Europe orientale. D'après les formes des outils, différents types rattachés au groupe Keilmesser ont été définis : en Allemagne, les types de Bockstein (le plus ancien), Klausennische, Schambach, Rörshain (le plus récent, stade isotopique 4), et en Pologne, l'horizon Pradnik. Dans ces deux pays, le Micoquo-Prondnikien aurait connu son apogée durant l'interstade de Brorüp et aurait disparu au début du premier pléniglaciaire. L'outillage comprend les « couteaux Pradnik », répandus dans la région de Cracovie (à Ciemma). Deux autres types d'industries se rapportent au Micoquien *sensu lato*, celui de Königsaue et celui de Lebenstedt. L'outillage du type Königsaue comprend des bifaces à dos épais et oblique, des racloirs et des pointes souvent Levallois, et celui du type Lebenstedt des bifaces à dos (« couteaux foliacés »), de grands bifaces et des outils sur éclats Levallois. En Europe orientale, le Moustérien à pièces bifaciales, appelé ainsi par les fouilleurs, est également dénommé, par les chercheurs étrangers, Micoquien d'Europe orientale.

26. Le Jungacheuléen et l'Epi-Acheuléen apparaissent durant l'interglaciaire holsteinien où ils sont contemporains de l'Acheuléen supérieur et perdurent, au moins, jusqu'à l'avant-dernière glaciation (G. Bosinski, 1967). Le Jungacheuléen, présent en Allemagne, a été découvert au nord du Danube (notamment à Rheindahlen, Vogelherd et Balver). Cette industrie se caractérise par la présence de nombreux éclats Levallois non retouchés, associés à des racloirs et à quelques bifaces amygdaloïdes ou cordiformes (C. Farizy, 1992). L'Epi-Acheuléen est surtout présent en France.

27. Le Taubachien (K. Valoch, 1984) a été retrouvé dans les travertins de sites de plein air, d'Allemagne (à Taubach et Weimar), de Slovaquie (à Ganovce, Beharovce, Besenova, Hranovica et Bojnice) et de Hongrie (à Tata), mais également en République tchèque, dans une grotte morave (Kulna) et dans des lœss de Bohême (à Praha-Ladvi). Il est présent à l'Eemien et peut-être à l'interstade de Brorüp, vers 60 000 ans (Tata) ; seul le site de Predmosti en République tchèque serait plus tardif, fin du stade 3, mais la datation est incertaine. Pour M. Oliva (1988), le Taubachien ne résulterait pas de facteurs technologiques ou écologiques, mais d'un choix culturel.

28. Le Krumlovien a été défini par K. Valoch ; les bifaces et les grattoirs y sont rares. A part les séries stratifiées de Moravsky Krumlov et de Vedrovice, ce sont tous des produits de ramassage de surface. Les sites sont datés du dernier interglaciaire ou du début dernier glaciaire. Pour J. Svoboda (1983), ce faciès pourrait être la plus ancienne manifestation de l'Aurignacien en Moravie.

29. Les industries dites de transition présentent, selon les régions, quelques différences au niveau de la composition de l'outillage et ont

donc été dénommées Ranisien-Jerzmanowicien en Allemagne et en Pologne ; Bohunicien en Moravie et en Pologne ; Szélétien en Hongrie, République tchèque, Slovaquie, Pologne et Ukraine et, en Europe orientale, Streletskien et Sungirien. Les sites à industrie szélétienne sont, à l'exception de Zeitlarn en Bavière, concentrés dans la partie orientale de l'Europe centrale. La technique Levallois n'est jamais présente dans les industries qui renferment des pièces dites « archaïques » (racloirs, pointes foliacées, bifaces micoquiens, bifaces foliacés et à dos, cette composante serait issue du Micoquien d'Europe centrale ou plus vraisemblablement du Babonyien (A. Ringer, 1995) et des pièces dites « évoluées » (grattoirs, lames, burins, composante considérée comme le résultat d'une acculturation du Micoquien en milieu aurignacien ou gravettien (K. Valoch, 1990a et 1990b). La plupart de ces industries sont des industries « cul-de-sac » (P. Allsworth-Jones, 1990 ; J. Kozlowski, 1988). L'Uluzzien, découvert dans une vingtaine de sites d'Italie centrale et méridionale (dont la grotte del Cavallo), correspond à une industrie à débitage de lames restreint et à outillage riche en grattoirs mais aussi en racloirs et denticulés (de facture moustérienne). Le Châtelperronien a été identifié en France dans plusieurs sites (notamment à Saint-Césaire, Quinçay et Arcy-sur-Cure). L'outillage comprend des racloirs, des denticulés, de petits bifaces et, ce qui est nouveau par rapport au Moustérien, du débitage de lames (ou d'éclats laminaires) dont un bord abattu, par des retouches abruptes et continues, forme un dos (ce sont les pointes, ou couteaux, dits de Châtelperron).

30. Proportions relatives de types d'outils entre eux ; indice de racloirs, indice Levallois,...

31. Réduction par rafraîchissement et modification des bords latéraux, affûtage. Par exemple, certains racloirs simples deviennent alors doubles puis convergents ; un racloir retouché latéralement devient transversal, comme à Sclayn en Belgique.

32. La distance des gîtes, les changements climatiques peuvent influer sur l'intensité d'occupation de l'habitat (H. Dibble et N. Rolland, 1992 ; N. Rolland, 1990a). La variabilité des outillages peut donc provenir de l'utilisation différentielle de matières premières différentes et de leur disponibilité (J.-M. Geneste, 1985 ; Meignen, 1988).

33. D'après W. Roebroeck, 1988.

34. Le débitage Levallois a été identifié à Mesvin en Belgique, site daté de 280 000 ans (D. Cahen et P. Haesaerts, 1984).

35. A propos de la variabilité des outillages, les datations absolues effectuées sur des matériels issus de nombreux sites (N. Mercier et H. Valladas, 1996, H. Valladas *et al.*, 1987, 1999) réfutent l'hypothèse

émise, entre autres, par P.A. Mellars (1989) : apparition successive du Moustérien type Ferrassie, puis type Quina, du MTA A et plus récemment du MTA B. Selon H. Laville (1973), la variabilité des industries serait liée aux changements climatiques, mais d'après L. Binford et S. Binford (1966), plutôt à la fonction des outils. Enfin, pour A. Turq (1989), les mêmes artisans ont appliqué des schémas de taille différents.

36. Selon la définition de F. Bordes, 1953.

37. La tracéologie consiste à comparer les microtraces d'utilisation observées sur la surface d'un outil lithique à celles présentes sur des pièces expérimentales ayant eu une fonction déterminée. D'après les travaux de la tracéologue Sylvie Beyries (1993), 65 % des outils analysés en tracéologie attestent du travail du bois, comme ceux de Corbehem (Pas-de-calais), Vaufrey et Combe-Grenal (Dordogne), Arcy-sur-Cure (Yonne), Pié-Lombard (Alpes-Maritimes) et Marillac (Charente). Le travail des plantes est également attesté d'après les travaux de L.-H. Keeley (1980). Les résultats des études tracéologiques au Proche-Orient, en particulier sur les outils de Kebara (Israël), sont fournis par H. Plisson et S. Beyries (1998).

38. Les données sont issues des travaux, pour Königsaue, de D. Mania et V. Toeffer (1973) et pour Kärlich, de G. Bosinski *et al.* (1995).

39. Les données utilisées pour la reconstitution relative au feu proviennent de différentes observations lors de fouilles archéologiques : présence de lits cendreux sur toute la surface d'une grotte (assainissement de la grotte), d'épieux à la pointe durcie au feu (comme à Lehringen, en Allemagne), de chaille rubéfiée (comme à Fontéchevade). La pierre lorsqu'elle est chauffée est plus facile à travailler (L. Coutier, 1929 ; H. Breuil, 1932). Par exemple, à Fontmaure dans la Vienne, du jaspe et du grès lustré ronds, inattaquables au percuteur, ont été trouvés (F. Bordes, 1958).

7. Nomade

1. La saynète a été reconstituée à partir des données archéologiques du site de Molodova I en Ukraine (R.G. Klein, 1973).

2. Ces déplacements vont devenir plus fréquents au début de la dernière glaciation.

3. Durant les phases froides, Neanderthal s'est installé principalement sur des lœss ou des sédiments glaciaires, et durant les phases de réchauffement, sur des paléosols, des sédiments fluviatiles. Certains

sites ont été découverts dans des dépôts volcaniques, Neanderthal campait aussi près de volcans. Durant le dernier interglaciaire, des sites, découverts dans des travertins ou calcaires d'eau douce, attestent de sa présence à proximité de sources thermales.

4. L'expression *embedded procurement,* correspondant à l'exploitation des ressources de proximité, a été définie par L. Binford (1979).

5. Plusieurs critères permettent de déterminer la nature d'un gisement : localisation, surface d'occupation disponible, densité et diversité du matériel, nature des activités, modalités de capture du gibier et de son traitement, agencement ou non de l'espace domestique (pavage, auvent, foyer et vidanges, aires d'activités). Les camps de base saisonniers ont été découverts notamment à Biache-Saint-Vaast (Pas-de-Calais), Mesvin (Belgique), Salzgitter-Lebenstedt et Ehringsdorf (Allemagne), Cracovie-Zwierzyniec et Dziezyslaw (Pologne), Kulna, Beçov, et Sipka (République tchèque), Subalyuk (Hongrie), Betalov Spodmol (Slovénie), Ripiceni-Izvor (Roumanie) et à Molodova, Ketrosy et Kiik Koba (Ukraine). Des campements temporaires ont été trouvés notamment à Mutzig, Ariendorf, Wannen, Schweinskopf et Tönchesberg (Allemagne), Ciemna (Pologne) et Tata (Hongrie). Beauvais-la-Justice, Baume des Peyrards (Vaucluse), Sclayn (Belgique), Plaidter Hummerich et Wallertheim (Allemagne) et les sites caucasiens à culture dite de Koudaro correspondent à des haltes de chasse. Des sites d'abattage, ou de charognage, et de boucherie sont connus : en France, à Arques (où dans le niveau supérieur, associé à d'autres restes fauniques, un squelette complet de mammouth a été découvert), et au Mont-Dol, en Pologne, à Zwolen et à Skaratki, en Allemagne, à Lehringen et à Gröbern et en Crimée, à Kabazi II. Les sites d'Hermies (Pas-de-Calais), Königsaue et Rheindahlen en Allemagne, Boritov en Tchéquie, Kichlianski Yar en Ukraine et les sites à industries bohunicienne et szélétienne de Moravie correspondent à des lieux d'exploitation de gîtes lithiques.

6. Les données relatives au site de Mutzig (Bas-Rhin) sont tirées de J. Sainty (1992), celles d'A. Champ-Paillard (Deux-Sèvres) de J.-L. Ricard et A. Delisle (1992) et celles de Dzierzyslaw en Pologne de J.K. Kozlowski et S.K. Kozlowski (1996).

7. Dans le niveau LD2 du site de plein d'Ariendorf, daté d'environ 200 000 ans, une structure, légèrement excavée, semi-circulaire et au profil en V, de deux mètres soixante-dix de diamètre, a été dégagée lors des fouilles (G. Bosinski *et al.*, 1983). Pour réaliser la toiture de cette habitation, Neanderthal a utilisé des côtes de mammouth et de rhinocéros. Pour se protéger du vent, à Ripiceni-Izvor en Moldavie, Neanderthal a élevé, à plusieurs reprises, des sortes de palissades sub-

circulaires en ossements de mammouth. Ces structures, mises en évidence dans tous les niveaux excepté le VI, correspondraient, d'après les fouilleurs, à des habitats non couverts. De nombreux foyers et ateliers de taille de la pierre y ont également été découverts. Les différentes occupations ont eu lieu entre 65 000 et 35 000 ans (A. Paunescu, 1989). A Molodova I, une structure de six mètres sur huit a été découverte dans la couche 4 datée d'environ 44 000 ans ; à l'intérieur de cette habitation, quinze foyers ont également été trouvés. (R.G. Klein, 1973). Le site de Molodova V est situé à un kilomètre de Molodova I. Dans la couche 12 (dont l'âge est proche de celui de la couche 4 de Molodova I) des vestiges de foyers et de structures d'habitation en ossements de mammouth ont également été découverts. A Kétrosy, des accumulations, sur douze mètres carrés, d'ossements de mammouth (principalement des défenses et des mandibules) et de pierres ont été découvertes dans la seconde concentration (N.K. Anissutkine, 1990).

8. Des aires de taille ont été mises en évidence à Königsaue, Kichlianski Yar ou Barakaev (Géorgie) ; certaines étaient situées autour de foyers comme à Tata et Betalov Spodmol. Des aires de stockage d'aliments ont été découvertes dans l'abri de Kiik-Koba en Crimée.

9. Les données relatives aux meules de la grotte du Renne à Arcy-sur-Cure (Yonne) sont issues d'A. Leroi-Gourhan, et A. Leroi-Gourhan (1964) et S. A. de Beaune (2003).

10. L'hypothèse de l'influence du climat continental sur l'étendue d'un territoire a été proposée par R.L. Keeley (1988).

11. Existence de biotopes diversifiés répartis sur une faible superficie.

12. La zone d'approvisionnement quotidien ou *foraging radius (*correspondant à une *foraging strategy)* a été définie par L. R. Binford (1980 ; 1982).

13. Qui correspond à un degré de mobilité élevé. Dans ce type de mobilité, appelé résidentiel, les déplacements sont multidirectionnels, en étoile ou rayonnants.

14. Le terme *logistically organized collectors* a été défini par L.R. Binford (1980). Dans la zone d'approvisionnement lointaine, *logistic radius*, les ressources sont dites allochtones (L.R. Binford, 1982).

15. La mobilité est alors de type logistique, seule une partie du groupe se déplace, soit pendant un jour, soit plus longtemps (M.R. Jarman, G.N. Bailey et H.N. Jarman, 1982).

16. La mobilité de type logistique a été attestée en Transdanubie (J. Féblot-Augustins, 1997).

17. D'après les données ethnographiques, cette zone a environ dix kilomètres de rayon, correspondant à environ deux heures de marche. La distance et la durée varient selon la topographie et la capacité de « portage ».

18. D'après des données ethnographiques, le déplacement est en moyenne de six heures, ou plus, de marche aller.

19. Les données relatives à l'exploitation des gîtes lithiques et aux déplacements des Néanderthaliens sont issues des travaux de J. Féblot-Augustins (1997 ; 1999). D'après ses recherches, dans les sites d'Europe occidentale, seulement 31,3 % des roches proviennent de gîtes situés à plus de vingt kilomètres. Les trajets s'inscrivaient dans une unité géographique au sens large et souvent, comme dans le sud-ouest de la France, Neanderthal se déplaçait au sein de zones écologiques identiques (J. Féblot-Augustins, 1999, p. 229). Dans les sites de Rhénanie, 44 % des roches sont exogènes et la distance maximale est de cent dix kilomètres. Dans les sites situés à l'est de l'Europe centrale, 53 % de roches sont exogènes. Par exemple, à Zwolen en Pologne, plus de 70 % des outils sont sur des roches provenant d'un gîte situé à quarante kilomètres. En Europe occidentale, les déplacements, proches du type conjoncturel, sont liés à une subsistance plutôt opportuniste qui pourrait correspondre au type de stratégie d'exploitation d'un territoire dans les milieux non contrastés (*foraging strategy* avec une mobilité de type résidentiel correspondant à des déplacements multidirectionnels à partir d'un camp de base) (J. Féblot-Augustins, 1999, p. 244). En Europe centrale et surtout orientale, la stratégie de subsistance est plutôt de type *logistically organized collectors*, avec une mobilité de type logistique correspondant à des déplacements linéaires sur un territoire de subsistance occasionnellement plus vaste. Ce contraste régional persiste au Paléolithique supérieur avec l'homme moderne.

20. C'est n'est qu'à partir du dernier interglaciaire et surtout du début de la dernière glaciation que le peuplement de cette région de l'Europe semble avoir eu lieu.

21. La démographie est estimée vers 300 000 ans à 1 million d'individus, et vers 30 000 ans, à 3,4 millions d'individus (A. Bocquet-Appel *in* J.L. Arsuaga, 2001).

22. Dans le site de Kulna, daté de la fin du dernier interglaciaire, plus de 85 % des outils sont sur matière première exogène, en outre, la faune ne permet pas de mettre en évidence des déplacements saisonniers sur de longues distances (K. Valoch, 1989). Chez les peuples traditionnels, l'échange de proche en proche est attesté pour des groupes spatialement distants (C. Renfrew, 1984).

8. Le plus grand des chasseurs

1. Saynète écrite d'après une chasse aux bisons par des Indiens des grandes plaines d'Amérique du Nord.

2. Les données relatives au métabolisme sont tirées de l'ouvrage, paru en 1995, du médecin et préhistorien Gilles Delluc, de la préhistorienne Brigitte Delluc et du médecin Martine Roques.

3. Les travaux de biogéochimie réalisés sur des ossements archéologiques ont été menés principalement par M. Fizet *et al.*, 1995 ; H. Bocherens, 1997.

4. D'après nos recherches, nous formulerons deux observations relatives à l'argumentation de L. Binford (1984) qui, se fondant sur la conservation des ossements d'animaux, suggère que Neanderthal n'aurait récupéré que les parties laissées par les prédateurs (les « bas morceaux »). Si certains carnivores, comme les lions, semblent choisir de préférence les parties riches en viande, après avoir consommé les viscères, d'autres comme les loups ou les hyènes n'appliquent pas ce principe d'une façon systématique, surtout si le gibier se fait rare. Le choix des parties consommées paraît plus aléatoire ; il est alors très difficile de dresser une liste-type des parties délaissées et potentiellement récupérables par les préhistoriques (méthode utilisée par, entre autres, cet auteur). En outre, les tracés des courbes de conservation des ossements retrouvés dans de nombreux sites du Paléolithique moyen ne correspondent pas à celles qu'aurait fournies un matériel résultant de l'action première d'un ou plusieurs carnassiers. De plus, certains ossements présentent des marques d'outils lithiques, résultant d'activités de dépeçage, de désarticulation et de dépouillage. Elles mettent en évidence un traitement intentionnel et souvent total de l'animal (récupération de la peau, des tendons...). Ce traitement ne peut avoir lieu que sur des bêtes entières et non sur des fragments de carcasses « abîmées » par le passage de carnivores (M. Patou, 1989 ; M. Patou-Mathis, 1993a). Par exemple, chez les Hadza (Tanzanie), les animaux « charognés » représentent 20 % de la totalité des espèces consommées (O'Connell *et al.*, 1988).

5. Comme le montrent les études réalisées sur les faunes de nombreux sites, Neanderthal a pratiqué la chasse et le « charognage », comme à la Cotte-Sainte-Brelade (Jersey), à Gröbern et à Lehringen en Allemagne, à Chokurcha en Crimée, à Skaratki et Krakow-Nowa Huta en Pologne (M. Patou, 1989 ; M. Patou-Mathis, 2000).

6. Dans certains sites, comme Gröbern et Lehringen en Allemagne, Chokurcha en Crimée, Skaratki et Krakow-Nowa Huta en Pologne, il est difficile de savoir si les animaux ont été chassés ou charognés. Les

animaux qui y ont été dépecés sont des Proboscidiens, éléphant antique ou mammouth.

7. Les rhinocéros (à Beauvais dans l'Oise, à Scladina, Spy et Mesvin IV en Belgique, à Salzgitter-Lebenstedt, Ariendorf, Schweinskopf, Lehringen en Allemagne, Zwolen en Pologne, Kulna en République tchèque, Tata en Hongrie, Krapina en Croatie) et les mammouths (à Beauvais, Scladina, Spy, Mesvin IV, Salzgitter-Lebenstedt, Ariendorf, Schweinskopf, Zwolen, Kulna) ont été consommés.

8. D'après F. Puech (1978).

9. De même, le surfonctionnement musculaire engendré par la pratique de certains mouvements répétitifs laisse des empreintes sur les os. En les observant, on peut donc retrouver le type d'activité qui est à l'origine de ces mouvements.

10. Plusieurs études ont montré l'aptitude au lancer de Neanderthal, par exemple dans le mouvement dorso-ventral glénohuméral (S.E. Churchill et E. Trinkaus, 1990 ; E. Trinkaus, 1977, 1983). Les insertions musculaires sur l'omoplate sont fortes afin de compenser les mouvements lors d'un lancer ou d'une poussée et de rendre ainsi possible un contrôle nuancé des mouvements du bras. D'après l'allongement de la clavicule, associé à d'autres caractères de l'omoplate, Neanderthal lançait avec puissance et précision (J.-L. Voisin, 2004). Ces aptitudes sont confirmées par la présence d'une courbure importante du radius et du cubitus (A. Hambucken, 1993). L'ampleur de la pronation et de la supination (encore renforcée par la position plus centrale du biceps brachial) et la rotation intérieure et extérieure de l'avant-bras étaient plus grandes chez Neanderthal que chez l'homme moderne (E. Trinkaus et S.E. Churchill, 1988). D'autres particularités anatomiques témoignent de ses aptitudes à la chasse comme l'attestent les travaux d'E. Trinkaus et de J. Granat et J.-L. Heim (2002).

11. Elles sont conçues, comme d'ailleurs le langage, dans la région pariétale du cerveau gauche. Les zones d'association et de coordination, situées au carrefour des aires auditives (hémisphère droit, vers l'arrière), du toucher (hémisphère droit) et de la vue (occipital), étaient également bien développées.

12. Les caractères inhérents au gibier sont d'ordre biologique, éthologique et écologique. Les analyses quantitatives et qualitatives des ossements, complétées par des données éco-éthologiques sur le gibier et sur l'environnement d'alors, fournissent les principales informations qui permettent de formuler des hypothèses comportementales.

13. Le site de Lehringen (Allemagne) fut découvert, en 1948, dans le bassin lacustre de la vallée de l'Aller, près du village de Lehringen proche de Verden. Le remplissage contenait huit niveaux attribués au

dernier interglaciaire. Dans le niveau V fut exhumé le squelette d'un éléphant antique avec, fichés entre ses côtes, des fragments d'un épieu en bois. Il était associé à une industrie attribuée au Micoquien ou Jungacheuléen et à des restes d'ours brun, de loup, de mégacéros, de chevreuil, de daim, de cerf, de cheval, d'*Equus hydruntinus,* de rhinocéros de Merck et de castor. Autour de la carcasse de cet éléphant antique ont été trouvés vingt-sept éclats qui portent des microtraces d'utilisation correspondant à des marques de dépeçage (H. Thieme et Veil, 1985 ; O. Sickenberg, 1969).

14. Neanderthal a tué des femelles gravides, par exemple à Biache-Saint-Vaast (P. Auguste, 1995) ou à Mutzig (M. Patou-Mathis, 1999).

15. Le site de Beauvais est daté du premier Pléniglaciaire weichsélien (J.-L. Locht et M. Patou-Mathis, 1998).

16. Des espèces sédentaires ont été chassées comme les rhinocéros, l'aurochs (tués à la fin de l'hiver) et l'ours brun (abattu en automne) à Biache-Saint-Vaast (P. Auguste, 1995), le chamois à Sclayn (tués à la fin de l'hiver, M. Patou-Mathis, 1998), le cerf au Lazaret, dans les Alpes-Maritimes, et aux Canalettes dans l'Aveyron (M. Patou-Mathis, 1993b). A Tönchesberg (Allemagne), site 1 couche A, les cerfs sont morts durant la période hivernale et les chevaux au printemps. Des animaux migrateurs et d'autres sédentaires se retrouvent parfois associés, par exemple, à Kiik-Koba, le mégacéros, espèce sédentaire, et le cheval et l'antilope saïga, espèces migratrices, ont été chassés.

17. Grâce aux découvertes archéologiques et aux études ethnologiques sur les peuples chasseurs-cueilleurs, nous pouvons connaître les armes, potentiellement ou réellement, employées par Neanderthal. De simples pierres plus ou moins sphériques étaient couramment utilisées par les peuples qui vivaient dans le nord du Pacifique et en Océanie. L'utilisation de bolas était fréquente en Sibérie orientale et en Alaska, notamment pour chasser les oiseaux. Chez les Tchouktches, esquimaux et Koriaks, les boules sont en pierre ou en ivoire de morse. Les Aléoutes chassent les canards à l'aide de bolas. En Amérique du Sud, les Indiens se servaient des boléadores pour capturer les lièvres, les cervidés, le nandou ou le guanaco. Les crosses de jet, proche du boomerang, étaient largement répandues en Afrique noire. Les boomerangs se retrouvent à la fois en Egypte ancienne, en Afrique noire, en Amérique du Nord, aux Nouvelles-Hébrides et en Australie. Chez les aborigènes d'Australie, il est utilisé pour tuer des oiseaux (lorsqu'ils sont en groupes) et lors des guerres. Certains boomerangs peuvent parcourir plus de deux cent trente mètres et percer le corps d'un homme. Seuls certains des boomerangs australiens reviennent à leur point de départ, ils sont alors considérés comme des jouets.

18. Les lances étaient confectionnées à partir d'un morceau de bois, souvent de conifère, appointées et d'une longueur variant entre 1,80 et 2,40 mètres, pesant environ deux kilos et qui avaient, contrairement aux épieux, leur centre de gravité situé près de la pointe. Quatre lances de ce type ont été découvertes à Schöningen en Allemagne (site daté entre 500 000 et 400 000 ans) ; elles ont été utilisées probablement pour chasser des chevaux (H. Thieme, 1997). Comme le prouve la présence sur l'omoplate d'un cheval d'une perforation correspondant à un impact d'arme punctéiforme en bois végétal, à Boxgrove (Sussex, Angleterre), il y a cinq cent mille ans, un Pré-Néanderthalien a tué un cheval à l'aide d'une lance simple en bois (M.B. Roberts *et al.*, 1994).

19. A Kebara, Unités IX-XIII ; Tabun I, II et IX ; Hayonim, Qafzeh (site à Proto-Cro-Magnons) et Tor Faraj C (site de boucherie), l'analyse tracéologique des outils montre une multifonction des pointes triangulaires (pointes Levallois, éclats triangulaires et subtriangulaires) (H. Plisson et S. Beyries, 1998 ; J. Shea, 1993).

20. Les preuves directes des techniques et méthodes de chasse utilisées par Neanderthal étant rares, c'est surtout grâce aux études archéozoologiques que nous pouvons les appréhender. Les analyses quantitatives et qualitatives des ossements complétées par des données éco-éthologiques sur le gibier et sur l'environnement d'alors, fournissent les principales informations qui permettent la formulation d'hypothèses (M. Patou, 1989, M. Patou-Mathis, 1993a, 2000). La présence, dans de nombreux gisements, de palimpsestes et non de sols bien individualisés dans le temps, rend parfois difficile la mise en évidence d'un mode de chasse. En effet, les espèces déterminées ont pu être chassées à des périodes différentes ; ce qui conduit alors à l'hypothèse, non pas d'une chasse orientée par exemple vers trois ou quatre espèces, mais à celle d'une chasse spécialisée, sur une seule de ces espèces, pratiquée à des périodes espacées dans le temps.

21. En Crimée, à Chokurcha, Buran Kaya, Starocelié et Kabazi II, Neanderthal pratiquait des chasses hyperspécialisées. Par exemple, dans tous les niveaux de Kabazi II, 90 % des restes osseux déterminés appartiennent à *Equus hydruntinus* (M. Patou-Mathis, 2000).

22. Les données sur les traces laissées par les animaux sont tirées principalement de l'ouvrage de Gaston Phebus (1389). Les empreintes de sabots ou de doigts sont appelées : voies pour les cerfs, traces pour les sangliers, les ours et les loups, pieds pour les rennes, les daims, les chevreuils et les lièvres et marches pour les bêtes puantes. Les traces laissées par les animaux sont les passées, les foulées (pour les cerfs), les erres et les routes. Les excréments sont dits fumées pour le cerf, le

renne, le daim, le bouc, le chevreuil ; les laissées pour les ours, les bêtes noires, comme le sanglier et les loups ; les crottes pour les lièvres et les lapins ; les fientes pour les renards, les blaireaux et autres bêtes puantes ; ou les épreintes pour les loutres.

23. Les études ethnologiques nous renseignent sur les méthodes de chasse utilisées par les peuples chasseurs-cueilleurs et sont susceptibles de l'avoir été par Neanderthal. Les Aléoutes, les Tchouktches, esquimaux et Koriaks, chassaient des oiseaux au collet. Les Aeta, Pygmées d'Asie du Sud-Est, organisaient des battues pour acculer le gros gibier, y compris les buffles sauvages, contre des palissades ou l'engager dans des trappes. Les aborigènes d'Australie, pour la chasse au wallaby, utilisent parfois des trappes. Pour capturer l'émeu, ils disposent des fosses, avec un javelot planté verticalement à l'intérieur, aux endroits où cet animal a l'habitude de manger. Les aborigènes d'Australie, pour la chasse au wallaby ou au kangourou, utilisaient parfois des filets et, pour capturer l'émeu, des rets. Les Lapons du littoral arctique chassaient aux filets les otaries et les phoques. Les Ioukaguirs, dans la partie nord de leur territoire, chassaient le renne, lors du passage des gués, à l'aide de filets d'une longueur d'environ deux mètres ; chaque famille en confectionnait un morceau, puis l'ensemble était cousu. Des palissades, de plusieurs kilomètres, étaient confectionnées au Canada par les Iroquois pour capturer les caribous. Chez les Pygmées de la forêt de l'Ituri et de la forêt équatoriale du bassin du Congo, la chasse du petit gibier se faisait à l'aide d'un filet en battue. Ces filets pouvaient couvrir plusieurs centaines de mètres, ils étaient attachés à des branches par leur base et par leur sommet.

24. Plusieurs critères d'analyses du matériel osseux permettent la mise en évidence de l'apport ou non d'animaux entiers au campement, notamment les indices de conservation des différents ossements. Par exemple, si la plupart des éléments du squelette sont présents dans le site, c'est que l'animal y a été ramené entier.

25. Dans cette équation entre également en ligne de compte le nombre de bouches à nourrir. Il faut encore envisager la possibilité d'un stockage de viande, l'apport calorique doit alors être plus important, ce qui nécessite, soit une proie plus grosse, soit l'abattage de plusieurs animaux, et donc sous-tend un choix de stratégies adaptées (par exemple un animal particulièrement « gras »).

9. Tout était bon dans l'animal !

1. Saynète écrite d'après les données archéologiques et l'ouvrage sur les Indiens des prairies de l'intérieur de l'Amérique du Nord de F. Parkman (*On the Oregon Trail*), et, pour la préparation du bouillon d'os, d'après les recherches expérimentales menées par C. Saint-Germain (1997).

2. Par exemple, des éclats à dos ont servi à découper des rennes à Beauvais (Oise, J.-L. Locht et M. Patou-Mathis, 1998) et des chamois à Sclayn (M.-H. Moncel, M. Patou-Mathis et M. Otte, 1998) et des lames ont été employées à Riencourt-lès-Bapaume (Pas-de-Calais), il y a quatre-vingt-quinze mille ans (S. Révillon, 1994).

3. Les données relatives à l'utilisation de certains outils pour découper un animal sont issues des travaux d'H. Plisson et S. Beyries (1998) pour Kébara, et de H. Kazaryan (1993) pour l'Arménie.

4. L'éviscération laisse peu de traces sur les os, seule la présence d'incisions sur les deux tiers supérieurs du corps de plusieurs côtes atteste de l'éviscération de la cage thoracique. Le retrait de la langue peut éventuellement laisser des incisions sur la partie médiane de la face linguale de la mandibule. Cette opération a souvent lieu lors de la désarticulation de la mandibule qui entraîne l'enlèvement du masséter, des ptérygoïdiens et de la langue. L'extraction de la cervelle peut laisser des traces d'impact de percussion sur les os du crâne, notamment au niveau des pariétaux et de l'occipital.

Le dépouillement, ou dépouillage, ou encore écorchement ou dépiautage pour les lapins ou lièvres, peut laisser des marques, qui correspondent au « point d'entrée » de l'outil, dans des zones où la surface osseuse est en contact direct avec la peau. La technique utilisée par les Sioux pour obtenir un cuir à partir de la peau d'un cervidé est la suivante : nettoyage à l'eau, étirement sur un cadre en bois, enlèvement des chairs restantes et des poils par raclage, passage de tan à base de cervelle, nouveau rinçage à l'eau, second étirement, grattage pour assouplir le cuir et pour l'« imperméabiliser », fumage (L. Belitz, 1991). Chez les !Kung Zu/Wasi (Botswana), les poils de la peau sont préalablement enlevés. Puis, après avoir séjourné deux jours dans la terre humide, la peau est fixée sur le sol. Afin de l'assouplir, elle est ensuite raclée à l'aide d'une pierre tendre ou dure selon l'animal. Pour la teindre, une fine poudre rouge foncé (écorces internes pilées de mokwa) est soigneusement étalée sur toute la surface de la peau des deux côtés (données personnelles recueillies lors d'un séjour de trois mois chez ce peuple). Neanderthal a récupéré des peaux, par exemple, de bouquetin et de cerf au Lazaret (Alpes-Maritimes), d'aurochs à

Biache-Saint-Vaast (P. Auguste, 1995), de renne à Beauvais (J.-L. Locht et M. Patou-Mathis, 1998), de chamois à Sclayn (M.-H. Moncel, M. Patou-Mathis et M. Otte, 1998) ou de castor à Krapina (M. Patou-Mathis, 1997). Il a récupéré les fourrures, entre autres, d'ours brun à Biache-Saint-Vaast, de loup au Lazaret, à Mutzig (M. Patou-Mathis, 1996a) et à Sclayn, ou d'hyène des cavernes à Tournal (Aude – M. Patou-Mathis, 1996a).

La désarticulation peut laisser des incisions, courtes et profondes, sur les os au niveau des articulations. Mais comme l'a écrit le docteur L. Henri-Martin (1909) : « Lorsque du premier coup, le silex sectionnant les ligaments et la capsule articulaire au niveau de l'interligne, il pénétrait dans l'articulation en laissant un minimum de traces sur les os. » Fréquemment, il séparait des tronçons de côtes, l'omoplate de l'humérus, l'humérus des radius-cubitus, ces os du carpe, le fémur du tibia et le tibia du tarse (cette opération nécessite que la patte soit mise en extension, en dedans).

En règle générale, les incisions qui résultent du décharnement sont longues, orientées longitudinalement (selon le grand axe de l'os) et situées au niveau des insertions musculaires. Elles sont plus fréquentes et plus nombreuses lors de l'enlèvement de viande crue.

5. D'après les analyses tracéologiques, Neanderthal a parfois utilisé deux types d'outils, de débitage sur éclats mais de morphologie des parties retouchées différentes.

6. Les os brûlés peuvent résulter d'autres actions que la cuisson : utilisation comme combustible, chute accidentelle dans un feu... Seuls les os décharnés sont uniformément brûlés. En outre, un os cuit à une faible température (inférieure à 300 °C) et/ou durant très peu de temps ne porte pas de marque visible à l'œil nu.

7. Les données relatives au four à coupole de Cracovie-Zwierzyniec (Pologne) sont tirées de J.K. Kozlowski et S.K. Kozlowski (1996). Le niveau où il a été découvert est attribué au dernier interglaciaire.

8. Pour confectionner leur arme de jet, les aborigènes d'Australie se servaient de nerfs qu'ils fixaient avec de la gomme. Par exemple, avant de faire cuire un kangourou, ils détachaient soigneusement les nerfs de sa queue et les enroulaient autour d'une massue afin qu'ils puissent être utilisés ultérieurement comme matériel de couture.

9. Les données sur Kiik-Koba (Crimée, Ukraine) sont tirées de G.A. Bonch-Osmolovski, 1940, *in* V. Chabaï, A.E. Marks et A. Yevtushenko (1995).

10. Les stigmates correspondant à fracturation sont ceux résultant d'une percussion (force dynamique provoquant des bords de fracture

lisses) exercée sur un os frais (angle de fracture oblique et profil courbe).

11. D'après N. Noe-Nygaard (1977).

12. Les données sur les techniques de la taille des ossements sont tirées des travaux d'A. Leroi-Gourhan (1971), A. Vincent (1993) et A. Averbouh (1991-1992).

13. Des racloirs ont été découverts à la Ferrassie, à Rigabe (A. Defleur, 1985, 1988) et aux Cèdres dans le Var (A. Defleur, 1989), à Néron en Ardèche (M. Veyrier et J. Combier, 1952), à Kulna (K. Valoch, 1988 ; A. Vincent 1993) et à Meszmaïa en Géorgie (L.V. Golovanova *et al.*, 1999). Pour le site de Rhede, voir G. Tromnau, 1983. Des pointes ont été trouvées à Caours dans la Somme (sur une diaphyse distale de métacarpien de boviné – H. Breuil et L. Barral, 1955), à Rigabe (A. Defleur, 1985), à la Quina (L. Henri-Martin, 1932), à El Castillo en Espagne (H. Breuil et L. Barral, 1955) et à Salzgitter-Lebenstedt en Allemagne (sur côtes de cheval ou de bison, dont une pointe triangulaire – S. Gaudzinski, 1999). A Chokurcha (Crimée) a été découverte une pointe en os, parfaitement lisse, de huit centimètres de long et un centimètre et demi d'épaisseur (G.F. Barychnikov et J.F. Hoffecker, 1994). En outre, des outils en os sans dénomination précise ont également été exhumés : au Lazaret, à la Quina (dont sur cavités cotyloïdes), à Buhlen et Königsaue en Allemagne, à Kulna (plus de soixante-dix pièces), à Cueva Morin (plusieurs sur diaphyses d'os longs d'ongulés) et Pena Miel en Espagne et au Portugal à Columbeira, Mealhada, Sierra dos Molianos et Furninna (M. Patou-Mathis, 1999). Des poinçons ont été découverts à Néron (courts et massifs avec polis d'utilisation, M. Veyrier et J. Combier, 1952) et en Dordogne, à Vaufrey, Combe Grenal, Camiac et Pech de l'Azé I (F. d'Errico *et al.*, 2003). Un poinçon et trois perçoirs ont été exhumés à Prolom II en Crimée (V. N. Stepanchuk, 1993). Les outils sur os de proboscidiens ont été trouvés à Casal del' Pazzi en Italie et en Crimée, dans les sites à industrie de type Ak-Kaya (M. Patou-Mathis, 1999). En plus de la pièce de Rigabe, un outil (à la fonction indéterminée) sur côte de cerf, façonné par abrasion, a été identifié aux Canalettes dans l'Aveyron (M. Patou-Mathis, 1993). A Montgaudier, dans l'abri Lartet (Charente) deux fragments de côtes portent des marques de raclage (A. Debénath et L. Duport, 1971). En France, des pièces présentant des marques de sciage, de raclage, ou des entailles ont été découvertes sur bois de renne : sept à Néron, à la Quina, deux à Isturitz (Pyrénées-Atlantiques), sur bois de cerf, aux Canalettes (une sur un andouiller basilaire) ; et sur bois de cerf ou de daim : à Fontéchevade, plusieurs à Montmaurin (Haute-Garonne) et à Caours (M. Patou-Mathis, 1999).

Des fragments de bois de cerf découverts dans les grottes du Prince et de l'Observatoire portent des marques d'abrasion ou de raclage (H. Breuil et L. Barral, 1955). Des fragments de bois de chute de renne découverts dans le deuxième niveau de la grotte d'Engihoul présentent des traces d'abrasion ou de raclage (M. Ulrix-Closset, 1975). Plusieurs bois de renne, découverts à Grosse Grotte II, Vogelherd VI et Plaider Hummerich, ont des marques d'abrasion ou de raclage (M. Patou-Mathis, 1999).

14. De nombreux retouchoirs ont été identifiés : en France à Biache-Saint-Vaast et à la Quina, en Belgique à Engihoul (plus de mille), en Géorgie à Barakaev (cent neuf sur fragment d'os longs de bison) et Meszmaïa (L.V. Golovanova *et al.*, 1998).

15. Des percuteurs en bois de cerf ont été découverts à Taubach en Allemagne. A Boxgrove en Angleterre, des bois de cerf et de mégacéros ont été modifiés en percuteurs (M.B. Roberts *et al.*, 1994). A Kulna, un andouiller de mégacéros porte des stries d'utilisation. De même, à Sempigny dans l'Oise, des bois de cerf semblent avoir été utilisés (M. Patou-Mathis, 1999).

16. Des accumulations de bois de cervidés ont été découvertes à Saint-Césaire, Fontéchevade, Roc-en-Pail (Maine-et-Loire), et en Allemagne à Tönchesberg 2B et Plaidter Hummerich.

17. Notamment dans la grotte du Renne à Arcy-sur-Cure (Yonne), à Brassempouy (Landes), à Châtelperron (Allier), à Roc-de-Combe (Lot), à la Roche au Loup (Yonne), au Trou de la Chèvre (Dordogne).

18. D'après F. d'Errico, D. Baffier et M. Julien (1998a), à Arcy-sur-Cure (Yonne), Neanderthal réalise l'extraction de baguettes osseuses par rainurage longitudinal.

19. Les trois techniques différentes de la taille des poinçons en os utilisées dans les sites uluzziens sont décrites d'après F. d'Errico, D. Baffier et M. Julien (1998a). Quatre outils en os ont été découverts dans le niveau uluzzien de la grotte de Castelcivita en Italie (Gambassini, 1997, *in* F. d'Errico *et al.*, 1998b).

20. D'après M. Otte, 1996.

21. Le gras chez les éléphants est particulièrement abondant au niveau de l'arche plantaire, du creux au-dessus de l'œil, des intestins et, en certaines saisons, du péritoine. Le gras, s'il est obtenu par bouillage des os, peut se conserver plusieurs mois sans rancir. Un pied gras correspond à plusieurs semaines d'alimentation ; il doit être impérativement préparé dans les trois ou quatre heures qui suivent la mort de l'animal.

22. Les défenses correspondent aux deux incisives supérieures qui, comme chez beaucoup de proboscidiens, étaient particulièrement

développées. Elles avaient, en moyenne, pour les mâles deux mètres cinquante de longueur pour un poids de quarante-cinq kilos chacune et pour les femelles, un mètre cinquante pour dix kilos.

23. Le mammouth disposait de quatre molaires, une par demi-mâchoire qui à l'âge adulte peuvent mesurer jusqu'à vingt-trois centimètres de long. Leur structure est constituée de dix à vingt-neuf lames transversales d'émail, séparées les unes des autres et maintenues ensemble par du cément et de la dentine.

24. A cause d'une chute dans une crevasse ou une fondrière, tués par d'autres prédateurs comme les grands carnivores, tel le lion des cavernes, ou morts à la suite d'un événement catastrophique, par exemple un stress environnemental conduisant à un manque de matière nutritive fondamentale, comme l'eau ou les sels minéraux.

10. *Homo symbolicus* ?

1. Le modèle « gradualiste » de l'origine de l'art est défendu notamment par M. Lorblanchet (1999).

2. D'après M. Cipriani-Crauste, psychosociologue au Centre d'ethnologie française (N.G. Jablonski et G. Chaplin, 2000).

3. En Afrique, à Twin Rivers, cent soixante-seize fragments de colorants de cinq couleurs différentes portent des traces d'utilisation (L.S. Barham, 1998).

4. Des colorants ont été découverts : à Ambrona (Espagne), au Moustier et au Pech de l'Azé I (Dordogne), sous forme de bâtons d'ocre de différentes couleurs, à Terra Amata (Alpes-Maritimes) et à Zaskalnaya VI (Crimée, V. Chabaï, A.E. Marks et A. Yevtushenko, 1995). Des colorants ont été trouvés associés à du matériel de broyage, dans la grotte Raj (Pologne, J. Kozlowski et S. Kozlowski, 1996), à des meules en quartzite à Beçov (République tchèque), à des godets en calcite à Cioarei (Roumanie – M. Carciumaru et M. Ulrix-Closset, 1995-1996), à des pilons-broyeurs en grès à Barakaev (Géorgie – V.P. Lioubine, 1998), à des sépultures, comme à La Chapelle-aux-Saints. Une plaque d'ivoire de mammouth a été découverte à Tata en Hongrie. C'est une lamelle de molaire qui a été biseautée et qui présente sur une face un poli d'utilisation et sur l'autre face une coloration à l'ocre rouge. Dans le niveau X, châtelperronien, de la grotte du Renne à Arcy-sur-Cure, dix-huit kilos d'ocre rouge ont été trouvés, associés à vingt-quatre éléments de parure.

5. D'après F. d'Errico *et al.* (sous presse).

6. Par pression, de l'intérieur du coquillage, près de la lèvre (F. d'Errico et *al.*, sous presse).

7. Dans la grotte du Renne ont également été trouvés : dans les niveaux moustériens une galène, une pyrite, un polypier et un gastéropode fossile (F. Poplin, 1988) ; et, dans un niveau châtelperronien, une rhynchonelle et un crinoïde perforés (A. et A. Leroi-Gourhan, 1965). A Bedford en Angleterre ont été découverts des fossiles aux orifices naturels modifiés et noircis. Un oursin fossile taillé a été exhumé de la grotte de la Roche au Loup dans l'Yonne (F. Poplin, 1988).

8. Les données relatives au site de Tata sont issues de L. Vèrtes *et al.* (1964).

9. D'après M. Otte, 1996.

10. D'après L.H. Keeley, 1980.

11. Les pièces de Bocksteinschmiede (Allemagne), considérées comme « amulettes », ont été découvertes dans un niveau daté de 110 000 ans (R. Wetzel et G. Bosinski, 1969). Elles sont douteuses pour F. d'Errico et P. Villa (1997). De même, ces auteurs, après avoir réexaminé les deux petites perles, la phalange percée de renne et canine, présentant un début de perforation, d'un jeune renard, trouvés à la Quina (Charente) ainsi que l'os percé du Pech de l'Azé les ont exclus en tant qu'éléments façonnés. Les perforations seraient d'origine naturelle.

12. Des coquillages percés ont été trouvés à Cauna Belvis (Aude) et dans la grotte du Renne ; des dents perforées à Châtelperron (Allier), à Quinçay (Charente), dans la grotte du Renne (canines de loup et de renard, incisives d'artiodactyles et perles en ivoire), à la Roche au Loup (Yonne) et à Roc-de-Combe (Lot) ; des fossiles marins et des os dans la grotte du Renne.

13. Première culture du Paléolithique supérieur.

14. D'après F. d'Errico *et al.*, 2003.

15. Des pièces gravées ont été découvertes : à L'Ermitage (L. Pradel et J.-H. Pradel, 1955), au Petit-Puymoyen (sur un fragment d'os long d'ongulé), à La Chaise, abri Suard (sur deux os – Debénath et Duport, 1971), au grand abri de la Ferrassie (D. Peyrony, 1934), à Cueva Morin en Espagne (J. Gonzalez Echegaray et Freeman L.G., 1971), au Valle Radice et dans l'abri Tagliente en Italie (P. Leonardi, 1988) et à Prolom II en Crimée (sur quatre os, V.N. Stepanchuk, 1993). A Bacho-Kiro en Bulgarie, dans la couche moustérienne (C12) datée de 43 000 ans, un fragment d'os est gravé d'un zigzag.

16. Le site moustérien du Levant, Quneitra (Israël), situé sur le plateau du Golan, est daté entre 54 000 et 53 000 ans. On ne connaît pas

l'auteur des gravures, ce peut être un Néanderthalien ou un homme moderne (N. Goren-Inbar éd., 1990 et A. Nowell A. *et al.*, 2001, *in* F. d'Errico *et al.*, 2003).

17. L'omoplate peinte a été trouvée dans la couche 2 de Molodova I (F. David et C. Farizy, *in* A. Leroi-Gourhan, 1988, p. 701). Pour certains préhistoriens, dont D. Vialou, l'attribution de cette pièce à cette couche moustérienne est peu vraisemblable. Elle serait plutôt à rattacher à un niveau gravettien comme il en existe à Molodova V par exemple. La pierre anthropomorphe découverte dans un niveau moustérien de la Roche Cotard daté de 32 100 ans a la forme d'un visage ; deux os ont été ajoutés à l'emplacement des yeux (J.-C. Marquet et M. Lorblanchet, 2003).

18. D'après M. Lorblanchet, 1999.

19. D'après P. Binant et E. Boëda, 2000.

20. Cela nécessite un grand savoir-faire technologique (P. Binant et E. Boëda, 2000).

21. Extrait de l'ouvrage chinois, le *Livre des rites*.

22. L'animisme était très fréquent en Afrique.

23. La première hypothèse est soutenue, entre autres, par M. Lorblanchet qui s'appuie sur le caractère construit de l'art des cavernes et la seconde par, notamment, J. Clottes.

24. Par exemple, son crâne et ses pattes étaient souvent conservés et ses os, contrairement à ceux des autres proies, ne devaient jamais être fracturés (A.N. Hallowell, 1926 ; E. Lot-Falk, 1953).

25. Emile Bächler (1940), à la suite de son étude de grottes alpines où des industries moustériennes étaient associées à des ossements d'ours des cavernes, émit l'hypothèse de la pratique du culte de l'ours par les Néanderthaliens. Celle-ci fut rejetée notamment par F.E. Koby (1953) et A. Leroi-Gourhan (1964). Mais ce sont les recherches menées par J.-P. Jéquier (1975) sur ce fameux « Moustérien alpin » et son corollaire, la chasse à l'ours des cavernes, qui sonnèrent le glas de cette hypothèse.

26. Seuls deux os d'ours des cavernes découverts dans des sites italiens présentent des incisions faites par un outil lithique : à Madonna del Arma, une mandibule porte des stries correspondant à l'enlèvement de la fourrure (P. Valensi, *in* J. Quilès, 1998) et à Fate, c'est une phalange (J. Quilès, 1998). Les incisions présentes sur la tête de fémur de Moncenans (Peteaux, 1886, *in* P. Auguste, 2003) et la mandibule de Montgaudier (Charente, L. Duport, 1988) ont une origine douteuse. Elles peuvent résulter non d'une intervention anthropique, mais d'un charriage à sec par des ours (M. Patou-Mathis, 1988). Une nouvelle analyse de ces pièces s'impose.

27. Sorte de cimetières.

28. L'ours de Deninger est l'ancêtre direct de l'ours des cavernes.

29. L'ours brun a été chassé à Biache-Saint-Vaast, Pas-de-Calais (P. Auguste, 2003) et à Taubach en Allemagne (B. Bratlund, 1999).

30. D'après F. David.

11. Il parlait !

1. Leur enchaînement forme des morphèmes, unité linguistique minimale ayant un sens ou dont la combinaison crée des mots.

2. Sens correspondant à chaque élément du lexique – ensemble des mots d'une langue – et à chaque phrase possible.

3. Les données relatives aux reconstitutions du système phonatoire et du langage des Néanderthaliens sont issues des travaux de P. Lieberman et E.S. Crelin (1971) ; P. Lieberman (1998) et J.L. Arsuaga (2001). J.-L. Heim, L.-J. Boë et C. Abry (2002) ont également réalisé une reconstruction de la position estimée du larynx et du conduit vocal. Pour eux, contrairement à Lieberman et Crelin, le larynx en position basse n'est pas indispensable. Pour I. Martinez, spécialiste du langage, le larynx chez Neanderthal était déjà descendu (J.L. Arsuaga, 2001).

4. Os relié à la langue, en position basse chez l'homme actuel, il permet de manœuvrer le pharynx et d'émettre des sons.

5. Espace supra-laryngé (AVS).

6. D'après B. Arensburg *et al.* (1989).

7. Les deux rangées dentaires sont divergentes ; elles sont parallèles chez les grands singes.

8. Pour P. Tobias (1967) et D. Falk (1975), à 1,8 million d'années, l'aire de Broca est déjà bien développée.

9. D'après D. Purves, 1999.

10. D'après S. Pääbo, 2003.

11. D'après D. Bickerton, 1990 ; 1995.

12. D'après L.-J. Boë, 2003.

13. D'après A. Leroi-Gourhan, 1964 ; réédition 1983, pp. 162-164.

14. Pour certains cognitivistes classiques, la pensée serait une fonction mentale distincte du langage, qui pourrait opérer en l'absence de celui-ci (Ray S. Jackendoff cité par C. Fuchs, 2002, p. 40).

12. Une mort ritualisée

1. Le *ka* des Egyptiens, le *rephaïm* des Hébreux, l'*eilodon* des Grecs, le *genuis* des Romains.

2. D'après J.L. Arsuaga *et al.*, 1998.

3. En Europe, 21 sépultures ont été découvertes dans 10 gisements – en France 16 dans 7 sites, en Belgique 2/1, en Géorgie 1/1 et en Ukraine 2/1 –, 1 en Ouzbékistan et 14 dans 5 sites du Proche-Orient.

4. Pour les datations des sites du Proche-Orient, voir les publications : pour Amud, de H. Valladas *et al.* (1999) ; pour Tabun, de F. Mac Dermott *et al.* (1993) et N. Mercier *et al.* (1995) ; pour Kebara, de H. Valladas *et al.* (1987) ; pour Shanidar, de Vogel et Waterbolk, 1963, *in* E. Trinkaus (1991). La plus ancienne sépulture serait Tabun I, datée entre 98 000 et 119 000 BP (F. Mac Dermott *et al.*, 1993), et la plus récente, celle de Shanidar 1, datée de 46 900 +/– 1 500 BP (Vogel et Waterbolk, 1963, *in* E. Trinkaus, 1991).

5. La Chapelle-aux-Saints, datée de 56 000 +/– 4 000 BP, serait la plus ancienne sépulture néanderthalienne d'Europe (J.-P. Raynal et Y. Pautrat, 1990) et celle de Saint-Césaire, datée de 36 300 +/– 2 700 BP, la plus récente (N. Mercier *et al.*, 1991). La sépulture découverte en Asie occidentale Teshik Tash, est datée de 44 000 +/– 1 000 BP (H.L. Movius, 1953).

6. A industrie Kiik-Koba, de faciès micoquien de type Bockstein.

7. Environ 61 % des sépultures au total (70 % au Proche-Orient et 50 % en Europe) renfermaient un individu masculin. Ce sont des chiffres à prendre avec prudence car beaucoup d'individus ne sont pas sexuellement déterminés. Cette dominance semble s'accentuer au Paléolithique supérieur avec *Homo sapiens*. Environ 37 % des sépultures au total (50 % en Europe et 20 % au Proche-Orient) contenaient des enfants âgés d'un à dix ans. Un peu plus de 40 % des enfants ont moins de un an : la Ferrassie et le Moustier 2 en Dordogne et Shanidar VII en Irak. Les enfants âgés de un à dix ans ont été découverts à la Ferrassie (F. 3), au Roc de Marsal (Dordogne), à Kiik-Koba (Crimée, Ukraine), à Mezmaïskaya (Géorgie), à Teshik-Tash (Ouzbékistan), peut-être à Shanidar (S. IX) et 2 en Syrie.

8. Tabun I, Shanidar VI et VIII, la Quina, Saint-Césaire et Spy 2 ont livré des sujets féminins âgés entre seize et trente ans. Trois hommes appartiennent à cette classe d'âge : Kébara 2, Amud 1 et Shanidar II. Les adultes âgés de plus de trente ans, que des hommes, ont été exhumés à Shanidar (S. I et S. IV) et ceux ayant dépassé quarante ans, à la Ferrassie (F.1), Shanidar (S. III et V) et, peut-être, à La Chapelle-aux-Saints.

9. La saynète introductive a été reconstituée d'après les données sur la Ferrassie (Dordogne) de D. Peyrony (1934). Les âges des squelettes des enfants sont tirés de la publication de J. Granat et J.-L. Heim (2003).

10. De 1,45 mètre de longueur, de 1,20 mètre à 0,40 mètre de largeur et de 0 à 0,35 mètre de profondeur.

11. Le site de la Ferrassie est le site éponyme du Moustérien de type Ferrassie.

12. Au Paléolithique supérieur, il existe quelques sépultures doubles et même multiples.

13. Apparemment en remplacement des deux tibias humains. Mais cette information est à prendre avec circonspection au vu des conditions de découverte.

14. Les données relatives à la sépulture du Regourdou (Dordogne) sont issues des recherches d'E. Bonifay, *in* A. Defleur, 1993, p. 100.

15. Les données sur le Roc de Marsal (Dordogne) sont tirées de F. Bordes et J. Lafille, 1962 ; celles sur le site du Moùstier (Dordogne) d'O. Hauser, 1909 et celles sur Shanidar II (Irak) d'A. Defleur, 1993, p. 159.

16. Composé de soixante-quatorze pièces lithiques ; tout autour du crâne, ont été retrouvés quarante-cinq fragments osseux, surtout de bovinés, dont quelques-uns brûlés, et certains peut-être humains.

17. La position accroupie au sens strict n'a pas été retrouvée.

18. A cause de la rigidité cadavérique (*rigor mortis*).

19. Autour du corps de l'individu n° 1 de la Ferrassie, de nombreuses grandes esquilles d'os, de cervidés et de grands bovidés, ont été trouvées. Quelques-unes sont brûlées et d'autres présentent des traces de martelage correspondant à des retouchoirs. Un os avec des « entailles » parallèles entre elles et perpendiculaires à l'axe de l'os a également été retrouvé. Au Regourdou, sur la dalle posée directement sur le corps, on note la présence d'un humérus d'ours brun et, au-dessus, sur les pierres de petit tumulus, des os d'ours bruns et un bois de cerf. A la Quina, ont été découvertes des incisives de renne et, autour de la tête, des esquilles d'os longs de grands mammifères, certaines avec des impressions (retouchoirs) ou des marques de décharnement.

20. A la Ferrassie, en surface des deux fosses des individus n°s 3, 4 et 4 bis, de très beaux outils de silex, des pointes et des racloirs, ont été trouvés. Au-dessus de la sépulture de l'individu n° 5 étaient disposés, bien à plat, trois racloirs en silex et sur le corps de l'individu n° 6 une pointe et deux racloirs en silex. Un racloir, deux éclats et un

nucléus en silex ont été retrouvés sur la dalle qui recouvrait directement le corps du sujet du Regourdou.

21. L'homme de quarante, quarante-cinq ans de la Ferrassie (F. 1) avait une pierre plate sur le crâne et deux autres au niveau des bras. Deux pierres plates superposées étaient déposées sur la fosse contenant les corps du nouveau-né de trois mois (F. 4 bis) et du fœtus à terme (ou tout jeune nouveau-né, F. 4). Le squelette de l'enfant de trois ans (F. 6) était protégé par une dalle calcaire marquée, sur sa face reposant sur la sépulture, de petites cupules groupées par deux et d'une grande cupule d'origine anthropique.

22. Dans la même zone de l'abri de la Ferrassie où ont été exhumés les individus n°s 4 et 4 bis, les fouilleurs ont mis au jour trois fosses remplies d'os d'animaux et d'outils en os et en pierre.

23. Les données relatives à Shanidar sont tirées des travaux de R. Solecki (1971, p. 151, pp. 166-169 et p. 171), Arl. Leroi-Gourhan (1968), E. Trinkaus (1991, p. 557) et A. Defleur (1993, pp. 165-166).

24. Les données sur Teshik-Tash sont tirées de H. L. Jr Movius (1953), P. Binant (1991), A. Defleur (1993, pp. 189-190) et J. Granat et J.-L. Heim (2003). Le crâne de a été reconstitué par Gerassimov.

25. Ossature qui soutiennent les étuis cornés.

26. Cette récupération de l'animal est ici matérielle (les quartiers de viande ou les ossements), plus tard, avec l'homme moderne, elle le sera par l'image.

27. Ce squelette (S. V), partiellement en connexion anatomique, a sans doute été bouleversé par les occupations ultérieures (d'animaux ou d'hommes).

28. L'individu n° VII de Shanidar a été trouvé entre deux lits de cendres. On note la présence de cendres sous et sur la fosse dans la sépulture du Regourdou et dans les sépultures des individus n°s 3, 4 et 4 bis de la Ferrassie. Des charbons de bois ont été retrouvés sur toute la surface fouillée du site de Kiik-Koba en Crimée.

29. Les données sur la sépulture de Kébara (Israël) sont issues d'Arensburg *et al.* (1985. Figure 12 p. 244, *in* O. Bar-Yosef et B. Vandermeersch, 1991) et d'A. Defleur (1993, p. 177).

30. Naissance, guerre, famine, grande chasse, mariage, deuil.

31. Rêves, gestes, babillage de nouveau-nés, événements naturels extraordinaires.

32. D'après A. Defleur (1993, p. 215), lorsqu'un seul os a été découvert, dans 64,5 % des cas c'est un crâne. Pour l'ensemble des os isolés, hormis les dents, 61,5 % appartiennent au squelette céphalique. Spécialiste de la taphonomie, nous ne pouvons expliquer ce résultat par

l'action d'agents taphonomique non anthropiques et nous sommes en parfait accord avec les écrits d'A. Defleur (1993, p. 215).

33. Des couches 1, 2, 5, 7 et 8 de Krapina (M. Patou-Mathis, 1997).

34. Les données sur les marques présentes sur le sujet de Marillac sont issues des recherches de F. Le Mort (1988, p. 48). Le crâne d'un enfant néanderthalien, découvert à Engis en Belgique, porte également des incisions de décharnement (F. Le Mort, *ibid.*, p. 49). Leur interprétation est plus délicate.

35. S. VIII a été découvert lors du nettoyage, par T. Stewart, des ossements de S. VI.

36. Le crâne, deux humérus, deux cubitus, deux radius, un coxal, deux fémurs, une rotule, deux tibias, deux péronés et des os des mains et des pieds ont été retrouvés.

37. Les Néanderthaliens ne sachant pas que des corps étaient déjà enterrés, l'espace disponible étant relativement limité : c'est celui de la grotte, soit cinquante-trois mètres de long sur vingt-cinq de large.

38. F. Le Mort a effectué une analyse comparative des marques présentes sur les os humains et de rennes. Elle constate un traitement différent des carcasses de rennes et d'hommes, et écarte ainsi l'hypothèse du cannibalisme (F. Le Mort, 1988 ; 1989).

13. Cannibale ?

1. D'après C.G. Turner II et J.A. Turner, 1992.

2. Les généralités concernant le cannibalisme chez les peuples traditionnels sont issues des articles de C. Lévi-Strauss (1962), B. This (1988) et L.-V. Thomas (1980).

3. Telle catégorie de personnes a droit, ou non, à tels organes.

4. En référence au cru (nature) et au cuit (culture) de l'anthropologue structuraliste Claude Lévi-Strauss (1964).

5. En 1871, à propos des restes humains de Gourdan (Haute-Garonne).

6. Des chercheurs ont envisagé la pratique du cannibalisme par les hommes préhistoriques : F. Weidenreich (1943) à propos des restes de Sinanthropes (*Homo erectus)* de Choukoutien (Chine), R. et S. de Saint-Périer (1952) à propos des restes humains d'*Homo sapiens* d'Isturitz (Pyrénées-Atlantiques), G. Henri-Martin (1957) et H.V. Vallois (1958), à propos des restes humains de Fontéchevade (Charente) et H. de Lumley *et al.* (1972) à propos des restes humains de l'Hortus (Hérault).

7. Des chercheurs ont proposé des critères permettant de caractériser la pratique du cannibalisme : J.-M. Bouvier (1971), M.C. Botella (1973), D. Ferembach et M. Lechevalier (1973), D. H. Ubelaker (1974), W.M. Bass et T.W. Phenice (1975) et H. Duday (1976). D'autres ont effectué des analyses taphonomiques : F. Le Mort (1981, 1986, 1987, 1988 et 1989), A. Leroi-Gourhan, P. Villa *et al.* (1986a et b), H. Duday et P. Sellier (1990), D. Spennermann (1990), P. Villa et E. Mahieu (1991), T.D. White et N. Toth (1991), F. Le Mort et D. Gambier (1992), C.G. Turner II et J.A. Turner (1992), F. Le Mort et R. Rabinovich (1994), F. Valentin et F. d'Errico (1995) et M. Patou-Mathis (1997).

8. Les données relatives au Monte Circeo en Italie sont issues de M.-C. Stiner (1991) ; T. D. White et N. Toth (1991).

9. Les données relatives à la Gran Dolina d'Atapuerca en Espagne sont tirées de Y. Fernandez-Jalvo (1996, *in* A. Defleur *et al.*, 1999).

10. Les données relatives à Bodo en Ethiopie sont issues de T. D. White (1986).

11. Les données relatives au site de Krapina en Croatie sont tirées de D. Gorjanovic-Kramberger (1913) ; M. Malez (1970). L'hypothèse de la pratique du cannibalisme est défendue par U. Herbert (1978), A. Leroi-Gourhan (1964), F.H. Smith (1976), K. Tomic-Karovic (1970), H. Ullrich (1978), T. White, 1992) et M. Patou-Mathis (1997). L'hypothèse de l'inhumation en deux temps est soutenue par : M. D. Russell (1987) et F. Le Mort (1988). Pour E. Trinkaus (1985), les cadavres ont été enterrés volontairement ou accidentellement, lors de l'éboulement du plafond. J. Maringer (*in* C. Perlès, 1977) considère que ces restes humains proviennent d'une ancienne sépulture collective remaniée accidentellement.

12. Dans les couches situées au-dessous d'un dépôt durant lequel a eu lieu l'éboulement du plafond ; ces deux couches sont séparées l'une de l'autre par un niveau stérile.

13. Dans la couche 3 de Krapina, cinq restes d'animaux ont été retrouvés : deux dents de rhinocéros de Merck, une dent de cheval et peut-être un reste de chevreuil et un reste de daim. Dans la couche 4, douze ossements ont été dégagés : ils appartiennent à un castor, un cerf et peut-être un chevreuil. L'industrie lithique de Krapina est rapportée au Moustérien charentien d'Europe sud-orientale ou au Moustérien typique enrichi en racloirs. L'outillage a été réalisé à partir de galets d'origine locale, venant de la rivière Krapinica (J. Simek, 1991). Les racloirs dominent largement devant les pièces à coches et denticulés, les couteaux à dos naturel et les éclats Levallois. Les racloirs présentent un seul rang d'écaillures et les bords sont rarement repris,

ce qui signifierait, d'après H. Dibble (1987), que les Moustériens ont peu utilisé ces outils ; ce qui attesterait de la brièveté de leurs séjours dans la grotte. Les datations radiométriques par ESR et uranium, sur émail dentaire, donnent un âge moyen de 130 000 +/– 10 000 ans (H.P. Schwarcz, F.H. Smith et J. Radovcic, 1995).

14. Sur les 896 ossements humains de Krapina que nous avons étudiés, 431, dont 196 dents isolées, appartiennent au squelette crânien (M. Patou-Mathis, 1997). D'après nos observations et le catalogue de Radovcic *et al.* (1988), ces restes appartiendraient à au moins 40 individus, dont 26 adultes (dont au moins 3 hommes et 3 femmes), 1 enfant de moins de 4 ans, 9 jeunes âgés entre 5 et 13 ans, 4 adolescents (de 14-16 ans). Lors de son étude, M.H. Wolpoff (1979), a retrouvé 650 os et 282 dents qu'il a attribués à 75-82 adultes et jeunes. Il a estimé que 90 % des individus avaient 18 ans au plus, ce qui ne correspond pas à une population naturelle. En outre, pour lui, la moyenne d'âge se situe autour de 13 ans. Pour E. Trinkaus (1978), ces ossements appartiendraient à au moins 43 adultes et adolescents de plus de 14 ans, plus de nombreux enfants. Les enfants en bas âge représentent 25 % de cette population, ceux de 5 à 9 ans 39 %, ceux de 10 à 18 ans 26 %, les jeunes adultes de 18 à 20 ans 6 %, et les adultes de 20 à 27 ans (âge maximal du sujet le plus vieux) 4 %.

15. Tous les os du squelette, à l'exception des os du sacrum, du coccyx et pour les jeunes, des mains et des pieds, ont été retrouvés.

16. Il est nécessaire de rappeler que le matériel de Krapina provient de fouilles anciennes, ce qui sous-entend : absence de tamisage (donc perte des petits ossements) ; matériel incomplet (récolte et/ou conservation partielle ?) ; utilisation de la dynamite, de la pelle et de la pioche (surface osseuse altérée, fragmentation récente, perte de matériel...). Ces observations nous obligent à modérer nos interprétations, toutefois une analyse taphonomique approfondie de l'ensemble des ossements, d'animaux et humains, nous a permis de déduire certaines informations nouvelles. Ossements déterminés et indéterminés ont été étudiés, la présence de ces derniers suggère que les ouvriers ont récolté tout ou une grande partie du matériel osseux « visible » sans distinction anatomique ou spécifique. Ce constat tempère légèrement les réflexions précédentes. Cependant, d'autres raisons peuvent expliquer la présence uniquement de fragments de crâne : l'absence de marquage d'un nombre important d'ossements (l'attribution à une couche étant alors impossible), les techniques de fouilles utilisées, une récolte sélective, la destruction des éléments fragiles et la perte dans certaines couches soumises à des phénomènes climato-édaphiques importants (ruissellement, décarbonatation), et pour les couches 2, 7, 8 et 9, l'action de prédateurs carnivores (hyène et loup).

17. Pour l'ensemble des couches, seuls cinq os humains ont été rongés par des carnivores, probablement des loups : deux fragments de côtes, un cubitus (découvert dans la couche 9), un fémur et un tibia.

18. Après les restes crâniens, les os des membres antérieurs puis ceux de l'épaule et des membres postérieurs sont les mieux représentés. Le bassin, le thorax, et surtout les pieds et les mains sont plus rares.

19. Nous avons observé des incisions sur vingt et un os humains de Krapina, ce qui représente 3 % de la totalité des os humains (M. Patou-Mathis, 1997). Elles correspondent à des marques de désarticulation et de décharnement produites par un outil lithique tranchant. Nous avons observé des incisions sur cinq crânes et sur un fragment de plan nucal. Elles sont situées au niveau du frontal, du temporal ou du pariétal, et sont proches de celles qui ont été observées sur un crâne découvert à Slip Rock Creek ; incisions faites lors du prélèvement du scalp (S. Olsen et P. Shipman, 1994). Des incisions ont été observées sur deux humérus droits, un métacarpien II et sur un astragale gauche, et attestent de la désarticulation d'au moins deux adultes. D'autres incisions sont présentes sur trois clavicules et deux omoplates (elles correspondent à l'enlèvement du trapèze, du deltoïde et du sous-épineux) ; sur trois côtes (enlèvement du grand pectoral ou du grand dentelé ou des muscles intercostaux) ; sur un cubitus, un fémur et un tibia. Ces stries résultent du prélèvement de muscle sur au moins deux adultes, dont une femme, et un enfant (M. Patou-Mathis, 1997).

20. Les stigmates correspondant à une fracturation volontaire des os longs des hommes de Krapina ont été repérés sur onze fémurs et trois tibias, soit sur 2 % de la totalité des os humains, (M. Patou-Mathis, 1997). En outre, un des tibias présente une fracturation identique à celle qui a été retrouvée sur un tibia humain provenant de Fontbrégoua (Var), site néolithique où la pratique du cannibalisme a été attestée (P. Villa et E. Mahieu, 1991).

21. Quatorze os humains de Krapina sont brûlés : cinq fragments de crânes, deux fragments de côtes, une omoplate, une clavicule, un radius, un cubitus, un fémur et deux rotules, soit 2 % de la totalité des os humains (M. Patou-Mathis, 1997).

22. Sur un fragment de diaphyse proximale d'un fémur d'adulte, d'une longueur maximale de 96,3 millimètres, a été observée une concentration de petites incisions, courtes, parallèles entre elles et perpendiculaire au grand axe de l'os. Le retouchoir était utilisé pour retoucher, par percussion, un outil lithique.

23. Les restes humains de la Baume de Moula-Guercy, en Ardèche, ont été découverts dans le niveau XV daté, d'après les mammifères associés, entre 120 000 et 100 000 ans. La faune et l'industrie, attribuée à un Moustérien type Ferrassie, sont abondantes. Un aménagement de l'espace a été repéré lors des fouilles, un mur de pierre et trois foyers. Les espèces les mieux représentées sont le cerf élaphe (39 % des restes), l'homme (16 % des restes) et un capridé (A. Defleur *et al.*, 1999). L'étude de la conservation, des marques de découpe et de la fracturation des ossements humains et de cerfs a permis de constater des similitudes de traitement. Comme chez le cerf, des incisions et des stigmates de percussion ont été observés sur les ossements humains, ils résultent sans conteste d'interventions anthropiques (désarticulation, décharnement des corps et extraction de la cervelle et de la moelle). De plus, les restes humains et de cerfs présentent une même distribution spatiale, les remontages de fragments d'os humains, du crâne et d'un fémur, montrent un déplacement sur trois mètres (A. Defleur *et al.*, 1999).

24. A Fontéchevade, par exemple, G. Henri-Martin (1957) opte pour le cannibalisme rituel alors que H.V. Vallois (1958) y voit un cannibalisme alimentaire

25. Fontbrégoua (Var) est un site du Néolithique ancien daté d'environ 4 000 ans av. J.-C. Une analogie étroite, entre le traitement des animaux et celui des hommes, a été remarquablement démontrée. P. Villa, J. Courtin et *al.* (1986) ont utilisé pour mettre en évidence la pratique du cannibalisme quatre critères principaux : le contexte (ici de dépotoir), la présence sur les os humains de stries de boucherie (les mêmes que sur les restes d'animaux), la fracturation des os humains dans le but d'en extraire la moelle et la cuisson (os brûlés intentionnellement). Les auteurs concluent, d'une part, à la pratique du cannibalisme par les Néolithiques de Fontbrégoua et, d'autre part, qu'en l'absence de certaines conditions, il est difficile de choisir entre la pratique d'une sépulture en deux temps et celle du cannibalisme. En effet, pour ces auteurs, il est nécessaire que les restes humains étudiés soient issus d'une fouille moderne (répartition spatiale possible), fassent l'objet d'une analyse taphonomique approfondie, soient associés à des restes d'animaux et que le contexte archéologique soit non perturbé (P. Villa, J. Courtin *et al.*, 1986).

26. Chez les Wotjobaluk d'Australie, par exemple, l'homme qui enlève une femme prohibée par la loi d'exogamie est mangé (C. Lévi-Strauss, 1962, p. 97).

27. Le protestant Jean de Léry, qui a vécu au XVIe siècle chez les mêmes Indiens que plus tard Claude Lévi-Strauss, accusait déjà les

catholiques d'anthropophagie lors de l'eucharistie (dans *Histoire d'un voyage en la terre du Brésil*).

28. Le lien entre la nourriture et la sexualité est très fort, universel et probablement ancestral (C. Lévi-Strauss, 1962, pp. 129-130).

29. Le cannibalisme est attesté au Paléolithique supérieur à Prédmosti en République tchèque (F. Le Mort, 1986), au Placard en Charente (F. Le Mort et D. Gambier, 1992), à Isturitz ; au Mésolithique, au Cuzoul de Gramat dans le Lot (R. Lacam, A. Niederlander et H.V. Vallois, 1944) et au Néolithique, à Höhlestein et Jungfernhöhle en Allemagne, Gardon dans l'Ain, Perrat en Charente (Boulestin et Gomez de Soto, 1995) et à Fontbrégoua (P. Villa, J. Courtin *et al.*, 1986).

30. Sur cinquante-quatre tribus cannibales d'Amérique du Sud, seules vingt sont des chasseurs-cueilleurs et sur ces vingt tribus, quatorze pratiquent l'endo-cannibalisme et six, l'exo-cannibalisme (R.E. Leakey et R. Lewin, 1979).

14. *Cogito, ergo sum...*

1. Les généralités concernant la cognition et les capacités cognitives typiquement humaines sont issues des travaux de R. Holloway (1983), W. Goodenough (1990), J.-F. Richard (1990), R.W. Deacon (1992), T. Wynn (1993), S.L. Kuhn (1992), W. Noble et I. Davidson (1991) et A. Belfer-Cohen et N. Goren-Inbar (1994). Pour R.W. Deacon, certaines capacités cognitives sont déjà présentes chez les primates. T. Wynn évalue l'intelligence des anciens Hominidés d'Olduvai (Tanzanie) à la lumière de l'épistémologie génétique de J. Piaget (1970). Ainsi, les stades de développement des Hominidés seraient analogues à ceux que franchit l'enfant. Pour W. Noble, I. Davidson, A. Belfer-Cohen et N. Goren-Inbar, l'évolution des capacités cognitives n'a pas eu lieu, ils défendent l'hypothèse de l'« ignorance instrumentale ». Pour R. Holloway et W. Goodenough, les outils ont joué un rôle majeur dans l'évolution des capacités cognitives.

2. Les modèles cognitifs utilisés pour l'homme moderne sont applicables aux hommes préhistoriques pour P. Mellars (1989), J. Pelegrin (1993), L. Schepartz (1993) et I. Saillot, M. Patou-Mathis et M. Otte (2000-2001). Les idées de S. Mithen (1998), qui s'inspirent du modèle de fonctionnement cognitif proposé par le « modularitariste » J. Fodor (1986), se situent à mi-chemin entre une position identitaire ou quasi identitaire, pour laquelle cognition et paléocognition seraient iden-

tiques, et une position dichotomique comme celle de L.R. Binford (1988).

3. Capacité cognitive liée à la perception du temps et de l'espace.

4. A la différence des autres primates, notamment des chimpanzés.

5. Pour G.M. Edelman et G. Tononi (2000, pp. 234-235), la chasse aux grands mammifères nécessite un langage.

6. Notamment pour J.G. Rozoy, 2003.

7. Alors que depuis vingt mille ans, la taille du cerveau humain cessa de grandir et qu'elle se réduit de façon régulière (avec diminution concomitante de la taille corporelle). Pour P. Tort (1996), c'est dû à l'effet réversif de l'évolution, qui met au premier plan la solidarité sociale.

8. Pour Dean Falk (2000), le début du langage et de la musique aurait eu lieu vers 2,5-3 millions d'années (dès les Australopithèques graciles), avec une palette de sons très étendue.

9. De même que la flûte trouvée dans la grotte de Haua Fteah (Libye), où une mandibule de Néanderthalien a également été exhumée, faute d'une origine stratigraphique claire.

10. D'après F. d'Errico *et al.* (1998).

11. Détermination de Spearman (J.G. Rozoy, 2003).

12. Les caractères anatomiques qui démontrent les aptitudes physiques de Neanderthal sont issus des travaux de J. Granat et J.-L. Heim (2002), J. Piveteau (1973), E. Trinkaus (1992), I. Villemeur (1994) et J.L. Arsuaga (2001).

13. Comme le montrent les facettes de frottement observées sur ses fémurs, tibias et astragales.

14. Avec une rétroversion de la tête du tibia, une taille importante de la rotule, un muscle quadriceps fémoral légèrement déplacé vers l'avant.

15. L'orientation de la troisième phalange du pouce met en évidence une meilleure adaptation à l'opposition du pouce. En outre, une orientation différente des facettes articulaires du carpe (os du poignet) amène une plus grande ouverture de la paume de la main. Enfin, la relative courte longueur des premières phalanges favorisait une flexion métacarpo-phalangienne plus puissante,

16. D'après l'orientation du troisième métacarpien avec son apophyse styloïde relative courte, la région du poignet était relativement fragile.

17. Un droitier commencera toujours la découpe de l'animal par le côté gauche, ce qui implique plus d'incisions sur les os gauches. A la Quina, par exemple, le (ou les) boucher était droitier car 95 % des os portant des incisions sont des os gauches (L. Henri-Martin, 1909).

18. Voir la controverse à propos de l'hypothèse de la grand-mère dans J.L. Arsuaga, 2001 (pp. 180-186).

19. De plus, d'après les analyses génétiques sur des populations actuelles, le chromosome Y est beaucoup plus local, plus enraciné dans la géographie, ce qui implique que les hommes ont moins bougé au cours du temps que les femmes ; c'est l'hypothèse « Women on the move » (S. Pääbo, 2003).

20. « Je soutiendrais volontiers que le recours à de pareilles explications, quand il s'agit de traiter des femmes, traduit la persistance d'une tradition phallocratique au sein des sciences humaines » (A. Testart, 1986, p. 87).

21. Chez les Aléoutes et les Eskimo Copper, les Micmac du Canada subarctique, les Commanches des plaines d'Amérique du Nord, les Siriono d'Amérique du Sud tropicale.

22. Lors des différentes activités, d'un point de vue technique, les hommes utilisent principalement les percussions lancées linéaires et punctiformes et les femmes les percussions posées diffuses (A. Testart, 1986).

23. C'est une fourchette moyenne ; elle varie selon les régions et les ethnies.

24. Le clan est constitué de la famille et des « amis », la tribu est numériquement supérieure au clan.

25. D'après R. Dubar, 1998.

26. A Fontéchevade, site daté du dernier interglaciaire, ont été trouvés des ossements d'animaux, une industrie attribuée au Tayacien et deux restes humains (un frontal – Homo 1 – et la calotte crânienne – Homo 2).

27. C'est la reconstitution par ordinateur du crâne de Saint-Césaire qui a mis en évidence la présence d'une cicatrice osseuse (nette, rectiligne, longue de 6,8 centimètres) sur la partie droite avant de la voûte crânienne, près de la suture des deux pariétaux (C. Zollikofer *et al.*, 2002).

28. L'analyse des traumatismes observés sur les squelettes de Shanidar a été réalisée par E. Trinkaus, 1983.

15. La rencontre !

1. D'après O. Bar-Yosef et B. Vandermeersch, 1991.

2. Tous les chercheurs ne sont pas d'accord avec cette hypothèse, voir *infra*.

3. Le site de Zafarraya (Malaga, Espagne) a été fouillé et étudié par J.-J. Hublin et collaborateurs (J.-J. Hublin et coll., 1995).

4. La couche contenant le squelette de Saint-Césaire (Charente-Maritime) a été datée par N. Mercier *et al.* (1991). Dans la grotte du Renne à Arcy-sur-Cure (Yonne), la couche châtelperronienne qui contenait les restes humains est datée de 33 820 +/– 720 ans BP pour J. Zilhao (1999, *in* F.H. Smith *et al.*, 1999) ou de 33 860 +/– 250 ans BP et de 33 500 +/– 400 ans BP pour D. Vialou (éd. 2004).

5. Les restes humains de Vindija (Croatie) ont été trouvés dans la couche G1 (F.H. Smith *et al.*, 1999).

6. A Amud (Israël), les restes humains ont été découverts dans la couche B1 ; elle est datée de 48 000 +/– 600 ans LU et 43 000 +/– 5 000 ans EU et, par TL, de 57 600 +/– 3 700 ans BP (H. Valladas *et al.*, 1999).

7. A Gruta Nova da Columbeira (Portugal), la datation effectuée sur des sédiments carbonatés de la couche qui contenait la dent humaine est peut-être trop récente. Ces Néanderthaliens seraient les derniers d'Europe (J. Zilhao et F. d'Errico, 1999).

8. La mandibule de Sipka (République tchèque) était associée à une industrie de transition, le Sipkien ; elle serait contemporaine du stade isotopique 4 ou 3 (F.H. Smith, p. 162, *in* F.H. Smith et F. Spencer éds, 1984). Cette mandibule entre dans la variabilité des populations néanderthaliennes (A.-M. Tillier *et al.*, 2003).

9. Le squelette de Mezmaiskaya (Géorgie) a été découvert, vers l'entrée de la grotte, à la base d'une couche moustérienne (couche 3) datée de plus de 45 000 ans, sans fosse ni contexte archéologique (L.V. Golovanova *et al.*, 1999). Il était en position fléchie, étendu sur le côté droit (V. Barriel et A.-M. Tillier, 2002).

10. Les restes humains d'Istallosko (Hongrie) ne peuvent être attribués avec certitude à l'homme moderne (A.-M. Tillier *et al.*, sous presse). Deux ensembles ont été dégagés. L'inférieur contenait une industrie définie par Vértes comme olchévienne, industrie de transition, datée 31 540 +/– 600 ans BP (L. Vértes, 1955, *in* D. Vialou éd., 2004). L'ensemble supérieur renfermait deux couches aurignaciennes (IV et V) datées de 29 120 +/– 310 ans BP (L. Vértes, 1955, *in* D. Vialou éd., 2004) et de 30 900 +/– 600 (V. Gabori-Csank, 1970, *in* F.H. Smith *et al.*, 1999).

11. En Espagne : Cova Negra (Valence), Cova Beneito (Alicante), la Carihuela (ou Cariguela, Grenade, avec présence de restes de Néanderthaliens dans le niveau V), et au Portugal : Figueira Brava (couche 2 datée de 30 930 +/– 700 ans BP), Fos do Enxarrique (couche C datée entre 34 000 et 31 000 ans BP), Lapa dos Furos (couche 4 datée

de 34 580 + 1 010/– 1 160 ans BP), Pedreira das Salemas (couche 2 datée de 29 890 + 1 130/– 980 ans BP) et Gruta do Caldeirao (Tomar, à industrie indéterminée du Paléolithique moyen, le sommet de la couche K est daté de 27 600 +/– 600 BP (J. Zilhao, 1998).

12. Dans la péninsule Ibérique, pour J. Zilhao (1998), il n'y a pas de gisements aurignaciens d'âge supérieur à 30 000 ans. Les plus anciens sont : Pedro do Diabo au Portugal (couche 2b datée de 28 120 + 860/– 780 ans BP), Gorham's à Gibraltar (couche D datée de 27 860 +/– 300 et de 28 700 +/– 200 ans BP) et Mallaetes (couche 2/XII datée de 29 690 +/– 560 ans BP).

13. En Crimée, les couches 1A à 7B de Kabazi II sont datées de 32 000 ans BP et le dernier niveau à Micoquien type Kiik-Koba de Buran Kaya III de 28 520 ans +/– 460 ans BP (V. Chabaï *et al.*, 2004).

14. Comme le Ranisien-Jerzmanowicien, l'Altmühlien, l'Olchévien, le Bohunicien, le Szélétien, le Streletskien, le Gorodsovien et le Sungirien. Le Ranisien, l'Altmühlien, le Streletskien, le Gorodsovien et le Sungirien ont des affinités micoquiennes (M. Otte, 2000 ; J. Kozlowski, 2005). Le Szélétien et le Jerzmanowicien résulteraient d'une acculturation en milieu aurignacien (M. Otte, 2000), mais certains chercheurs pensent que le Szélétien a des affinités avec le Micoquien. Parmi ces industries de transition d'Europe centrale et orientale, le Szélétien est daté entre 43 000 et 36 500 ans BP, le Jerzmanowicien entre 38 000 et 30 000 ans, le Bohunicien, entre 42 900 et 38 200 ans, le Streletskien entre 36 700 et 32 200 ans et le Gorodsovien entre 35 000 et 27 300 ans (J. Kozlowski et M. Otte, 2000). En Europe centrale, les sites à industrie de transition correspondent à des camps de chasses de courte durée (J. Kozlowski, 2005).

15. La couche X de Roc-de-Combe (Lot) est datée de 38 000 +/– 2 000 et 31 000 +/– 750 ans BP (J. Zilhao et F. d'Errico, 2000). Le Lincombien a été découvert au Royaume-Uni et en Belgique, il est daté d'environ 38 000 ans BP. L'Uluzzien, trouvé en Italie, persiste jusqu'à 32 000 ans. Le Châtelperronien et l'Uluzzien ont un fond moustérien (J. Kozlowski, 2005). Par exemple, les couteaux à dos du Moustérien de Tradition Aurignacien auraient donné les pointes à dos du Châtelperronien (K. Valoch, 1971). Les sites à industrie châtelperronienne sont, par exemple, en Espagne, Valena I (38 000 ans BP) et en France la grotte du Renne à Arcy-sur-Cure (couche X : 33 820 +/– 720 ans BP), Saint-Césaire, Quinçay, Combe-Saunière (Dordogne, couche X : 38 100 +/– 1 000 ans BP), la grotte XVI (Dordogne, couche B : 38 100 +/– 1 670 BP et 35 000 +/– 1 200 ans BP) (J. Zilhao et F. d'Errico, 2000).

16. Les tubes en os de Buran Kaya III ont été découverts dans le niveau C, à industrie streletskienne, daté entre 32 350 +/– 650 ans BP et 36 700 +/– 1 500 ans BP (F. d'Errico et V. Laroulandie, 1999). Ce niveau est surmonté de deux niveaux de Micoquiens, eux-mêmes sous-jacents à trois niveaux aurignaciens datés d'environ 28700 ans (V. Chabaï *et al.*, 2004).

17. Pour certains préhistoriens, les dents découvertes à Remete-Felsö (Hongrie) seraient associées à de l'Aurignacien et non au Szélétien. En outre, elles peuvent appartenir à Neanderthal comme à *Homo sapiens* (A.-M. Tillier *et al.*, sous presse). La dent humaine de Széléta (Hongrie) a été découverte associée à une industrie szélétienne ; pour A. Thoma (1967), elle appartiendrait à un Néanderthalien.

18. Neanderthal a des proportions corporelles de type « froid » (hyperactique) et le teint clair, correspondant à une évolution sous moyennes latitudes, alors que les premiers hommes modernes appartiennent au type « chaud », proches des habitants actuels de l'Afrique de l'Ouest (J.-J. Hublin, 1999).

19. La théorie dénommée « phase néanderthalienne » ou « hypothèse multirégionale » est défendue principalement par L. Brace et M.H. Wolpoff (d'après leurs études des squelettes de Skhul, Quafzeh, Solo en Indonésie, Broken Hill en Zambie et Petralona en Grèce). Pour J.C. Ahren *et al.* (2002), les Néanderthaliens de Vindija dériveraient d'une population néanderthalienne plus ancienne et seraient à l'origine des premiers hommes modernes de cette région.

20. Les squelettes de Mladec (République tchèque), détruits pendant la guerre, étaient associés, d'après l'industrie osseuse, à de l'Aurignacien typique de la région qui daterait peut-être de 32 000 ans. Le type gracile a été identifié à partir des ossements appartenant aux deux femmes (Mladec 1 et 2) et le type plus robuste, à partir de ceux des deux hommes (Mladec 5 et 6) (D. Gambier, 1992). Le crâne de Mladec 1, long et large, possède une région postérieure étirée en un chignon ; ces caractéristiques le rapprocheraient de Cro-Magnon I (homme moderne découvert à l'abri Cro-Magnon en Dordogne, qui serait probablement, d'après les récentes datations, un Gravettien et non un Aurignacien (D. Henry-Gambier, 2000).

21. La mandibule d'enfant de Bacho-Kiro (Bulgarie) a été trouvée dans la partie supérieure du niveau 11 daté de 34 800 +/– 1 150 ans BP (J. Zilhao et F. d'Errico, 2000).

22. A Kent's Cavern (Devon, Royaume-Uni), le maxillaire d'homme moderne serait associé au Lincombien pour R.M. Jacobi (1990, *in* D. Vialou éd., 2004) ou à l'Aurignacien, daté de 30 900 +/– 900 BP, pour C.B. Stringer (1990, *in* F.H. Smith *et al.*, 1999).

23. Le crâne trouvé à Brno en République tchèque (Brno I) pourrait être aurignacien et avoir un âge d'environ 32 000 ans (J.L. Arsuaga, 2001).

24. L'os frontal de Hahnöfersand (Allemagne) est daté de 36 300 +/– 600 ans BP et le calvarium de Kelsterbach (Allemagne) de 31 200 +/– 600 ans BP (G. Bräuer, 1980 et Protsch et Semmel, 1978, *in* F.H. Smith *et al.*, 1999).

25. A Vogelherd (Allemagne), les dates des niveaux aurignaciens V et IV sont de J. Hahn (1983, *in* F.H. Smith *et al.*, 1999) et celles des restes humains de N. Conard *et al.* (2004).

26. Le frontal humain de Velika Pecina (Croatie) a été découvert dans la couche J, à industrie olchévienne (datée, selon M. Malez, 1974, de 33 000 ans) ou aurignacienne (selon F.H. Smith *et al.*, 1999).

27. L'Aurignacien serait apparu en Europe, au plus tôt, à 36 500 ans (J. Zilhao et F. d'Errico, 2000). En outre, pour ces auteurs, il n'y aurait pas d'interstratification entre les niveaux à industries de transition et ceux à Aurignacien ; en Europe occidentale, le Châtelperronien et l'Uluzzien seraient, dans les remplissages archéologiques, toujours sous l'Aurignacien.

28. Les gisements les plus anciens d'Europe occidentale ayant livré du Proto-Aurignacien ou de l'Aurignacien ancien sont, en France : la Ferrassie (Dordogne), Caminade (Dordogne), Castanet (Dordogne), Combe Saunière (Dordogne), le Flageolet I (Dordogne), Roc-de-Combe (Lot) et Isturitz (Pyrénées-Atlantiques) ; en Italie : Abri Mochi (environ 35 000 ans BP), Fumane et en Espagne : l'Arbreda (Catalogne), Mollet, Romani (Catalogne) et La Vina (Asturies). A Reclau Viver (Catalogne), le niveau aurignacien inférieur (5,20-5,40) a été daté aux alentours de 40 000 ans (J. Maroto, 1994). Cette date est mise en doute par J. Zilhao et F. d'Errico (2000). En Europe de l'Ouest, notamment dans le sud-ouest de la France, l'Aurignacien apparaît tardivement sous sa forme typique (J. K. Kozlowski et M. Otte, 2000). Comme plus tard les premiers porteurs de la culture néolithique, les Aurignaciens seraient arrivés en Europe de l'Ouest en empruntant le corridor du Danube (J. Hahn, 1977).

29. Le Pré-Aurignacien de Geissenklösterle (Allemagne) est daté d'environ 38500 ans et l'Aurignacien d'environ 33 000 BP (J. Hahn, 1996). Les datations du niveau 2 de Willendorf II (Autriche), Pré-Aurignacien, ont donné des âges de 41 700 + 3 700/– 2 500 ans BP et 39 500 + 1 500/–1 200 ans BP (D. Vialou éd., 2004) et celle du niveau 3 de 37 930 +/– 750 ans BP (J. Zilhao et F. d'Errico, 2000). Le niveau pré-aurignacien Krems-Hundssteig (Autriche) est daté de 35 500 +/– 2 000 ans BP (D. Vialou éd., 2004).

30. En Bulgarie, à Temnata, pour le niveau TD-II, VI, cinq dates donnent des âges compris entre 36 900 +/– 1 300 ans BP et 39 100 +/– 1 800 ans BP et pour le niveau TD-I, 4 : 38 200, 38 800 et 39 100 ans BP (J. Zilhao et F. d'Errico, 2000). A Bacho-Kiro, le niveau IV c 11 (Bacho-Kirien) est daté de 43 000 ans par TL et entre 39 000 et 38 000 ans BP par radiocarbone et le Bacho-Kirien de la partie supérieure du niveau 11 de 34 800 +/– 1 150 ans BP (J. Zilhao et F. d'Errico, 2000). En Bulgarie, il n'y a pas de continuité entre les industries locales et le Bacho-Kirien (J.K. Kozlowski et M. Otte, 2000).

31. En Europe orientale, de l'Aurignacien a été trouvé dans le niveau VII de Apiancha (Géorgie). A Siuren I, la couche la plus ancienne contenant de l'Aurignacien est datée de 29 950 +/– 700 ans BP (J.K. Kozlowski et M. Otte, 2000).

32. Selon L. Bourguignon (2000), au Proche-Orient, l'Aurignacien n'a aucun rapport avec les cultures antérieures (sites de Ksar Akil au Liban ; niveaux XIII et XII datés entre 35 000 et 32 000 ans, d'Hayonim D et de Kébara D en Israël, d'Ummel-Tlell, en Syrie) et possède une filiation commune avec l'Aurignacien occidental.

33. D'après J. K. Kozlowski et M. Otte (2000), l'origine de l'Aurignacien serait à rechercher du côté de la zone steppique de l'Asie centrale (un niveau aurignacien a été découvert dans le site d'Ust-Karakol, dans l'Altaï, daté de 35 000 ans BP, il est directement sus-jacent à un niveau moustérien) ou de la région du Zagros (dans le site de Shanidar en Irak, le niveau à caractère aurignacien est daté entre 33 000 et 27 000 ans) ou bien encore en Turquie (le site de Karaïn a livré dans le niveau B, des pièces à caractères aurignaciens, directement sur du Moustérien, il débuterait vers 35 000 ans).

34. Le Pré-Aurignacien, en Europe centrale, et le Proto-Aurignacien, en Europe méditerranéenne, seraient donc contemporains des dernières cultures micoquiennes et moustériennes et de certaines industries de transition comme le Szélétien, le Bohunicien, le Jerzmanowicien, le Châtelperronien en Espagne et l'Uluzzien en Italie (tableau IV, p. 11, *in* J.K. Kozlowski et M. Otte, 2000).

35. Pour J.K. Kozlowski et M. Otte (2000), il y a eu acculturation des derniers Néanderthaliens notamment des artisans du Châtelperronien et de ceux du Szélétien et du Jerzmanowicien. Pour d'autres chercheurs, dont F. d'Errico, J. Zilhao, M. Julien, D. Baffier, J. Pelegrin (1998), les comportements techniques des Néanderthaliens ont évolué ; il n'y a pas acculturation mais innovation.

36. Des caractéristiques stylistiques propres ont été constatées : Moustérien charentien limité vers l'est, Micoquien d'Europe centrale limité vers l'ouest, groupe autonome polonais (Prondnik) et hongrois

(Jankovicien) (M. Otte, 1996). Cette souplesse adaptative se retrouve également à travers la variabilité de ses industries qui présentent une même technologie générale avec des traditions culturelles distinctes, souvent régionales (M. Otte, 1990).

37. A Gruta do Caldeirao (Tomar, Portugal), des industries du Paléolithique moyen indéterminées ont été découvertes au sommet de la couche K (datée de 27 600 +/– 600 BP) et dans la couche Jb, datée de 26 020 +/– 320 BP (J. Zilhao, 1998 ; F. d'Errico *et al.*, 2003).

38. D'après M. Otte, 2000.

39. L'Aurignacien est absent des zones septentrionales de l'Europe. Ces industries, datées entre 46 000 et 38 000 ans, n'ont livré ni industrie osseuse ni objets de parure, et une seule dent humaine (Couvin, Belgique) qui appartiendrait peut-être à un Néanderthalien (M. Otte 1990).

40. Pour le paléoanthropologue espagnol Juan Luis Arsuaga (2001), Neanderthal serait l'inventeur du mode technique moderne (du Paléolithique supérieur) ; Cro-Magnon l'aurait imité.

41. A l'interstade tempéré d'Hengelo, entre 39 000 et 36 000 ans BP (T.H. Van Andel et P.C. Tzedakis, 1996), succèdent deux épisodes froids, un vers 36 000 et un autre vers 30 000 ans BP. Ce dernier marque le début du deuxième Pléniglaciaire de la dernière glaciation (K. Taylor, 1999).

42. L'hypothèse d'un refroidissement climatique ayant entraîné la diminution de la superficie des territoires de subsistance et ainsi provoqué une compétition entre les derniers Néanderthaliens et les hommes modernes est soutenue, entre autres, par J.-J. Hublin (1999).

43. D'après les données, pour l'Espagne, de J.-J. Hublin (1999) et J. Zilhao (1998), pour la Crimée, de V. Chabaï *et al.* (2004) et pour le site de Vindija, de F.H. Smith *et al.* (1999)

44. Plus une population est petite, plus la variation d'une génération à l'autre quant à la proportion entre sexes devient grande, d'où un déséquilibre néfaste à la survie du groupe (J.-P. Bocquet-Appel, 1985).

45. Pour E. Trinkaus *et al.* (2003), la mandibule d'un homme trouvée dans la grotte de Pestera Cu Oase (Roumanie) serait celle d'un métis résultant de l'hybridation entre un Néanderthalien et un homme moderne.

46. L'enfant de Lagar Velho au Portugal serait le descendant de métis entre des Néanderthaliens et les premiers hommes modernes (C. Duarte *et al.*, 1999), assertion réfutée par I. Tattersall et J. H. Schwarcz (1999).

ANNEXE

PRINCIPAUX SITES AYANT LIVRÉ DES RESTES DE NÉANDERTHALIENS DANS LE MONDE

I. LES NÉANDERTHALIENS CLASSIQUES EN EUROPE

En France

La Chapelle-aux-Saints (Beaulieu, Corrèze)

C'est une petite cavité (la *bouffia* ou le terrier de renard de Bonneval) constituée d'une entrée basse, en forme de voûte, qui s'ouvre face au Nord-Ouest et d'une salle, subcirculaire, de 6 m de long, entre 2,5 et 4 m de large pour une hauteur moyenne de 1,5 m. Elle s'ouvre sur la rive gauche de la Soudoire, à 150 m d'altitude. En 1905, les abbés A. et J. Bouyssonie y entreprennent des fouilles. Ils dégagent trois niveaux dont un seul, le 1, renferme un matériel archéologique. À sa base, ils découvrent de nombreux ossements de mammifères, notamment de rennes et de bisons, 2 300 pierres taillées attribuées au Moustérien de type Quina (avec de nombreux racloirs, quelques bifaces et des pointes) et de l'argile. En 1908, ils trouvent à 3 mètres de l'entrée, sous des blocs, une fosse contenant un squelette humain à peu près complet. M. Boule fit une première reconstitution de l'homme de La Chapelle-aux-Saints qui porta un coup fatal à l'image de Neanderthal. Plus tard, en 1984-1985, le paléoanthropologue J.-L. Heim en réalisa une autre beaucoup plus juste. Cet habitat néanderthalien est daté de : de 56 000 +/– 4 000 et 47 000 +/– 3 000 BP par RPE et de 35 000 et 20 000 ans par TL.

Bibliographie : M. Boule (1911-1913) ; J.-P. Raynal et Y. Pautrat (1990).

Combe Grenal (Domme, Dordogne)

Le vaste abri-sous-roche de Combe Grenal, actuellement effondré, fut fouillé principalement par F. Bordes de 1953 à 1965. Le remplissage, de plus de 10 m d'épaisseur, a livré 64 niveaux archéologiques qui couvrent l'avant-dernière glaciation et la première partie de la dernière (120 000 à 39 000 ans). Il contenait trois ensembles comprenant plusieurs niveaux à industries acheuléennes et moustériennes. Des fosses, des foyers, des aires d'activités et un trou de poteau ont été découverts dans l'ensemble supérieur (Moustérien). Les restes d'au moins six individus (3 enfants, un adolescent et au moins 2 adultes) ont été exhumés. Ce sont des dents, deux fragments de mandibules, un fragment de frontal et un fragment d'humérus. Combe Grenal III porte de traces de décharnement. Combe Grenal I est âgé de 4 ans 1/2.

Bibliographie : F. Bordes (1972) ; A. Turq (1992) ; D. Vialou (sous la dir. de) (2004).

La Ferrassie (Savignac-de-Miremont, Dordogne)

Gisement, situé au débouché de deux petits vallons, qui comprend trois sites : au Nord, le petit abri, qui contenait un petit niveau moustérien ; au centre, la grotte dite de Couyol, sans matériel archéologique, et au Sud, le grand abri qui contenait des niveaux moustériens, châtelperronien, aurignaciens et gravettiens. Dans le grand abri, de 1899 à 1919, D. Peyrony et L. Capitan entreprennent des fouilles et découvrent, en 1909, un premier squelette (entre 1909 et 1921, ils en exhumeront 7 au total). Elles seront suivies, de 1968 à 1975, par celles de H. Delporte. Il exhuma le 8e squelette en 1973. Le remplissage de 7 m d'épaisseur a permis de dégager, sur un front de 22 m, 20 niveaux archéologiques. C'est dans les niveaux moustériens C et D des fouilles Peyrony, que des restes humains ont été découverts. Entre les deux niveaux, un dallage, formant un rectangle de cinq mètres sur deux, avait été installé par les Néanderthaliens. Les outils découverts dans ces deux niveaux ont été attribués au Moustérien type Ferrassie (beaucoup de racloirs et de pointes et peu de denticulés). En C, prédominent les restes de bovinés, puis ceux de chevaux et de cerf ; en D, les ossements de chevaux deviennent plus nombreux. Dans ces niveaux, des morceaux d'ocre rouge, de manganèse, avec des traces d'utilisation, de nombreux retouchoirs en os et des os utilisés (pointes) ont également été retrouvés. Au total, huit individus ont été exhumés dont 7 au moins étaient en contexte sépulcral. La sépulture 1 a été découverte à la base du niveau C et la sépulture 2 dans la moitié inférieure de ce même niveau, à 0,5 mètre de la précédente, en position tête-bêche et à 1,5 m de la paroi. Les sépultures 3 et 4-4 bis, retrouvées à la base du niveau moustérien et à 4 m à l'est de la sépulture 1, à gauche d'un groupe de 8 « monticules » situés au centre de l'abri. Dans cette zone de l'abri, on note également la présence de 3 fosses sans restes humains : une avec des os brisés de boviné, des retouchoirs en os, des pointes, des racloirs et des disques moustériens ; une autre, parallèle à la précédente, (orientée Est-Ouest), au contenu quasi identique à la précédente et une 3e, à 1,25 m de la 1re, orientée Nord-Sud, au même contenu. S'agit-il d'un témoignage de rituels liés aux sépultures ? La sépulture 5 a été trouvée à la base du monticule le plus proche de la paroi et la sépulture 6 dans l'une des six cuvettes, très évasées de formes irrégulières, repérées à l'Ouest de l'abri. Enfin, la sépulture 8 a été découverte entre le monticule correspondant à la sépulture 5 et la paroi.

Bibliographie : D. Peyrony (1934) ; H. Delporte (éd.) (1984).

L'Hortus (Valflaunès, Hérault)

La grotte de l'Hortus est une longue galerie de 200 m qui s'ouvre, en pied de falaise, à 260 m au-dessus du Terrieu. Les fouilles les plus importantes furent dirigées par H. de Lumley de 1960 à 1964. Le remplissage du Paléolithique moyen daterait du Würm II. L'industrie est rapportée au Moustérien typique. De nombreux restes, notamment crâniens, de Néanderthaliens classiques ont été découverts. Ils appartiennent à au moins 20 et au plus 36 individus. Ce sont majoritairement des adultes âgés entre 15 et 30 ans, mais on note également la présence d'enfants. Il y aurait deux populations différentes, une robuste qui aurait occupé la grotte durant une phase tempérée et une plus gracile (méditerranéen ?) durant une période de refroidissement. La présence de ces nombreux restes humains mélangés à des ossements d'animaux a conduit les fouilleurs à proposer l'hypothèse de la pratique d'un cannibalisme rituel.

Bibliographie : H. de Lumley *et al.* (1972).

La grotte du Loup (Arcy-sur-Cure, Yonne)

Le site d'Arcy-sur-Cure correspond à un complexe de grottes dont 10 contenaient du matériel archéologique attribué au Paléolithique moyen. À l'ouest de la grotte du Bison, la grotte du Loup est une petite cavité, exposée plein Sud, qui à l'époque des Néanderthaliens mesurait 4 m sur 3. En 1946, André Leroi-Gourhan y dégage six niveaux dont le I renfermant du Châtelperronien, le II stérile, le III à Moustérien à denticulés (87 pièces lithiques proches de celles des niveaux supérieurs de la grotte de l'Hyène), le IV stérile, le V à rares silex et le VI ayant livré quelques éclats. Dans la zone ouest du niveau III, présent sur la totalité de la cavité, une fosse, contenant, parmi des blocs, des restes d'un corps humain (trois dents humaines, deux fragments de crâne), a été trouvée. Dans ce niveau ont également été déterminés des ossements d'aurochs, de chevaux, de rennes, de cerfs, de loups et d'ours des cavernes.

Bibliographie : Arl. et A. Leroi-Gourhan (1964).

Marillac (Angoulême, Charente)

Gisement fouillé, de 1967 à 1980, par B. Vandermeersch. Daté du Würm II, il renfermait une industrie attribuée au Moustérien de type Quina. De nombreux restes humains (fragments crâniens et dents isolées) y ont été découverts. Un arrière-crâne porte des marques de décharnement.

Bibliographie : B. Vandermeersch (1980) ; L. Meignen (1988).

Montgaudier (Montbron, Charente)

Le gisement de Montgaudier est composé de plusieurs grottes et abris qui s'ouvrent dans une falaise dominant la Tardoire. Sous le grand porche, dans le locus 2, associée à une industrie moustérienne, une mandibule néanderthalienne, reposant sur un plancher stalagmitique, a été découverte par L. Duport. Elle daterait de 80 000 ans.

Bibliographie : L. Duport et B. Vandermeersch (1976).

Le Moustier (Dordogne)

Le gisement du Moustier est situé près du confluent de la Vézère et du Vimont. Il comprend deux abris, le supérieur, dit classique (site éponyme du Moustérien) et l'inférieur. L'abri inférieur fut fouillé, en 1907, par O. Hauser, puis par D. Peyrony en 1910. Dans la couche J, ont été découverts des outils attribués au Moustérien typique (nombreux racloirs), des restes de faune, où domine le renne, et deux sépultures. Elle est datée de 40 300 +/− 2 600 BP. La sépulture 1 a été découverte par O. Hauser en 1908 et la sépulture 2 a été exhumée par D. Peyrony en 1914. Les deux sont-elles contemporaines ? La question demeure.

Bibliographie : O. Hauser (1909) ; F. Bordes F. (1970) ; H. Valladas *et al.* (1987).

Pech de l'Azé I (Carsac, Dordogne)

Le Pech de l'Azé I, une des quatre grottes de ce gisement, fut fouillé tout particulièrement par F. Bordes entre 1940 et 1950. Auparavant, en 1909, L. Capitan et D. Peyrony y découvrirent le crâne d'un enfant de 18 mois 1/2. L'industrie, présente dans les 7 couches du remplissage, est rapportée au Moustérien de Tradition Acheuléenne A et B. C'est le seul cas d'association de restes humains avec ce type d'industrie. Ce site, occupé au Würm II, a également livré un foyer et des fragments de colorants.

Bibliographie : F. Bordes (1955) ; D. Vialou (sous la dir. de) (2004).

Petit-Puymoyen (Charente)

La grotte du Petit-Puymoyen s'ouvre dans une falaise calcaire de la vallée des Eaux-Claires, à 6 km au sud d'Angoulême. Lors de fouilles, en 1905-1908, A. Favraud exhuma deux fragments de mandibule et un maxillaire appartenant à trois Néanderthaliens âgés de 14 ans et 4 mois, 15 ans 1/2 et 15 ans et 8 mois. L. Duport y reprit des recherches en 1958. L'industrie est rapportée au Moustérien type Quina et la faune est dominée par le renne. Les occupations, d'après l'âge des jeunes rennes, ont eu lieu au printemps et en été.

Bibliographie : L. Duport et B. Vandermeersch (1961-1962).

La Quina (Gardes-le-Pontaroux, Charente)

Le gisement, situé sur la rive droite du Voultron, comprend deux principaux sites. Celui en amont, abri effondré, contient plusieurs niveaux moustériens, dont un à Moustérien de type Quina (site éponyme). Le second, en aval, a livré une couche châtelperronienne et plusieurs occupations aurignaciennes. Le gisement fut d'abord fouillé par G. Chauvet, l'aval en 1872 et l'amont en 1882, puis, de 1905 à 1936 par le Dr L. Henri-Martin, de 1953 à 1965 par G. Henri-Martin et, à partir de 1986, par A. Jelinek et A. Debénath. De nombreux restes, souvent très fragmentaires, de Néanderthaliens ont été découverts dans le site amont, notamment dans les tranchées B, C, M des fouilles Henri-Martin. Ils appartiennent à au moins vingt-sept individus, adultes et jeunes. Le squelette féminin quasi entier (la Quina 5) est le plus connu. Le crâne d'un enfant de 5 ans (la Quina 18) a été parmi les premiers Néanderthaliens étudiés. Les âges moyens des couches moustériennes du site amont (datation par TL sur des silex chauffés découverts lors des fouilles récentes) sont de : 43 000 +/– 3 600 BP (couche 6a) et 48 800 +/– 600 BP (couche 8).

Bibliographie : L. Henri-Martin (1923) ; N. Mercier (1992).

Le Regourdou (Montignac, Dordogne)

C'est une grotte circulaire, à la voûte effondrée, située à 300 m de la grotte de Lascaux. En 1954, le propriétaire R. Constant y entreprend quelques recherches et découvre, en 1957, des vestiges archéologiques dont une sépulture néanderthalienne. Des fouilles ont lieu, la même année par E. Bonifay, puis en 1961 et 1962, par E. Bonifay er B. Vandermeersch. Dans les couches 3 à 7 ont été trouvés une industrie pauvre, attribuée au Moustérien de type Quina par E. Bonifay, et des restes fauniques appartenant à l'ours brun mais également à des cervidés, bovinés, castor, sanglier et lagomorphes. Elles sont datées du Wurm I par E. Bonifay. Plusieurs fosses, remplies ou recouvertes de pierres (grandes dalles ou blocailles), entourées de murs en pierres sèches ou de tas de pierres (nommés pierriers), de sédiments meubles ou de cendres de foyers (appelés tumulus), ont également été découvertes. Dans le tumulus 4A, reposait, sur un dallage composé d'un lit de pierres plates, un corps humain. Des datations C14 sur charbons de bois donnent un âge de 45,5 +/– 1,8 Kans. Dans le tumulus 4B, deux crânes d'ours bruns et un crâne de cerf reposaient sur un dallage de pierres recouvrant « un coffre » au sol dallé. Il était construit en pierre avec sur 3 de ses côtés un alignement de cailloux et sur le 4e une dalle verticale fichée en terre. Certains des os présentent des marques de découpe bouchère. Dans le tumulus 4C, dans une fosse (similaire à celle du tumulus B), le squelette d'un ours brun a été trouvé avec d'autres os d'ours. Cette fosse était recouverte d'une dalle calcaire de 2 m sur 2. Dans le pierrier D, trouvé sur un tumulus dans la couche 7, des os d'ours ont également été dégagés. S'agit-il d'un même ensemble comprenant : un pierrier (4D), une fosse (4C), un autre pierrier (4B) et un tumulus (4A) ?

Bibliographie : J. Piveteau (1963) ; G. Delibrias et M. Fontugne (1990) ; D. Vialou (sous la dir. de) (2004).

Le Roc-de-Marsal (Campagne, Le Bugue, Dordogne)

C'est une petite grotte, exposée au sud-est, composée d'une salle profonde de 9 m et large, à l'ouverture, de 5,5 m. Elle a été découverte en 1953 et fouillée par J. Lafille de 1954 à 1969. Le remplissage comportait 14 couches moustériennes : I à III : Moustérien à denticulés, IV à VII : Moustérien typique riche en racloirs, VIII à XIV : Moustérien type Quina. En 1961, J. Lafille découvre dans la couche I le squelette d'un enfant néanderthalien de 29 mois. La faune associée caractérise une phase climatique tempérée (cerf, chevreuil, cacabis). Pour F. Bordes, ce sont les Néanderthaliens de la couche V (artisans du Moustérien typique riche en racloirs) qui ont inhumé l'enfant durant une période froide (faune riche en ossements de rennes).

Bibliographie : F. Bordes et J. Lafille (1962) ; M. Madre-Dupouy (1990) ; A. Turq (1992).

La Roche-à-Pierrot (Saint-Césaire, Charente-Maritime)

Ce vaste abri-sous-roche, situé à 10 km de Saintes, fut fouillé de 1976 à 1987 par F. Lévêque. Le remplissage archéologique est important. Il renfermait à la base, des niveaux moustériens (12 à 10, Moustérien riche en denticulés), puis des niveaux châtelperroniens (9 à 7) et enfin des niveaux aurignaciens. En 1979, dans le niveau châtelperronien 8 (couche Ejop supérieur), le squelette incomplet d'un adulte, avec quelques connexions anatomiques, a été découvert. Il s'agit d'une jeune femme néanderthalienne (proche de la Quina 5). Ce niveau a été daté par Thermoluminescence de 36 300 +/– 2 700 ans. Les niveaux moustériens sous-jacents datent entre 40 000 et 42 000 ans et le premier niveau du Paléolithique supérieur (Protoaurignacien, niveau 6) de 32 000 ans.

Bibliographie : N. Mercier *et ali.* (1991) ; F. Lévêque, A.M. Backer et M. Guilbaud (éds) (1993).

En Suisse

Saint-Brais II (Berne)

Une dent humaine fut découverte dans la grotte de Saint-Brais II. Elle daterait du début de la dernière glaciation. C'est le seul reste de Néanderthalien découvert en Suisse.

En Belgique

Engis (Province de Liège)

La deuxième grotte d'Engis, rebaptisée grotte Schmerling, s'ouvre à 20 m au-dessus d'un ravin situé à l'ouest du vallon des Awirs sur la rive gauche de la Meuse. Elle fut fouillée, de 1829 à 1830, par le médecin naturaliste belge Ph. Ch. Schmerling. Il exhuma, en 1833, plusieurs restes humains dont deux calottes crâniennes, l'une (Engis 1) appartient à un *Homo sapiens*, l'autre à un enfant néanderthalien âgé de 5-6 ans (Engis 2). Cette dernière fut trouvée en même temps qu'un fragment de malaire droit, de maxillaire et de six dents isolées. Elle était probablement associée à l'industrie attribuée au Moustérien typique à débitage Levallois et à des restes de mammifères, dont certains éteints (rhinocéros, ours et hyènes des cavernes...). Ce n'est qu'en 1936, qu'Engis 2 fut identifié, par Charles Fraipont comme appartenant à un Néanderthalien. Proche de l'individu Quina H18, Engis 2 daterait de l'interstade d'Hengelo Les Cottés.

Bibliographie : Ch. Fraipont (1936) ; M. Ulrix-Closset (1975) ; A. M. Tillier (1983).

Spy (Betche-al-Rotche, Province de Namur)

Cette vaste grotte, située sur la rive gauche de l'Orneau, affluent de la Sambre, s'ouvre à 18 m au-dessus de la rivière. Elle se compose d'une terrasse, d'une salle principale de 25 m^2 et de deux galeries qui, partant du côté droit, aboutissent à une petite salle. Plusieurs campagnes de fouilles eurent lieu à partir de 1879 jusqu'en 1954. La partie supérieure du remplissage, notamment en terrasse (premier niveau ossifère, B) contenait du matériel archéologique attribué au Gravettien. En dessous, le 2e niveau ossifère (C) était riche en charbons de bois, en ossements d'animaux, en industries osseuse et lithique caractéristiques de l'Aurignacien typique (elle est en partie remaniée (présence de poteries et pointes moustériennes). Les couches D, E et F du 3e niveau ossifère, renfermaient, de haut en bas, un niveau à Moustérien évolué ou type Quina (D), un Moustérien type charentien (E) et à la base un Moustérien de Tradition Acheuléenne (F). Un niveau à pointes foliacées (pointes de Spy) a également été retrouvé à la base de la couche aurignacienne. En terrasse, dans le 3e niveau ossifère, probablement dans la couche E, deux squelettes néanderthaliens ont été découverts, en 1886, par M. de Puydt, M. Lohest et J. Fraipont.

Bibliographie : Ch. Fraipont et S. Leclercq (1932) ; M. Ulrix-Closset (1975).

Au Royaume-Uni

La Cotte-Saint-Brelade (Jersey)

Le site de la Cotte-Saint-Brelade se présente comme une large fissure dans un sol granitique. Les fouilles les plus importantes eurent lieu, entre 1961 et 1978, par C. B. M. Burney. P. Callow et J. M. Cornford étudièrent le matériel archéologique. En 1910 (lors des fouilles de R. R. Marett), treize dents d'un Néanderthalien furent exhumées d'un niveau moustérien (du début du Weichsélien). À partir de leur étude, l'anatomiste anglais Keith mit en évidence le taurodontisme (c'est un agrandissement de la cavité pulpaire accompagné d'une tendance à la fusion des racines) des dents néanderthaliennes.

Bibliographie : P. Callow et J. M. Cornford (1986).

En Espagne

La Carigüela ou Carihuela (Pinar, Andalousie)

La grotte de La Carigüela renferme, entre autres, un épais remplissage du Paléolithique moyen (61 niveaux). Les premières fouilles furent réalisées par J. Ch. Spahni en 1954 et 1955. L'industrie est rapportée au Moustérien typique. Les niveaux moustériens ont livré des restes de Néanderthaliens (notamment deux fragments de pariétaux d'adultes dans les couches 6, 7 et un frontal d'enfant âgé de 6 ans dans la 9) et des ossements d'*Homo sapiens* de type archaïque (dans les couches 2 et 3).

Bibliographie : D. Vialou (sous la dir. de) (2004).

Cova Negra (Gaianes, Valence)

Dans la Cova Negra, lors des premières fouilles, de 1928 à 1933, G. Vines découvrit, associé à du Moustérien, un fragment de pariétal néanderthalien.

Bibliographie : V. Villaverde Bonilla et O. Bernat Marti (1984).

Zafarraya (Alcaucin, Malaga)

La cavité de Zafarraya s'ouvre sur le flanc de la Sierra de Alhama, à 1100 m d'altitude. Les fouilles, effectuées au début des années 1980 par J.J. Hublin et collaborateurs, livrèrent, dans le niveau D, de nombreux restes humains (dont une mandibule d'un homme, jeune adulte, bien conservée qui porte des marques de calcination ayant été trouvée à l'intérieur d'un foyer) associés à une industrie rapportée au Moustérien typique et à des ossements d'animaux, principalement de bouquetins. Les âges obtenus pour ce niveau sont compris entre 30 000 et 35 000 ans

Bibliographie : J.-J. Hublin *et al.* (1995).

Au Portugal

Lagar Vehlo

L'abri de Lagar Vehlo, situé dans la vallée du Lapedo, a été fouillé, en décembre 1998 et janvier 1999, par J. Zilhao. Sous le niveau Protosolutréen, est découverte une sépulture renfermant le squelette d'un enfant âgé de 3,5 ans (en décubitus dorsal). Il résulterait d'un métissage entre Neanderthal et *Homo sapiens*. Les ossements étaient recouverts d'ocre rouge et, près d'une des vertèbres cervicales, des coquilles et des dents perforées ont été retrouvées. Des datations ont fourni les âges suivants : 24 860 +/– 200 BP (sur charbons de bois) et 24 660 +/– 240 BP (sur os de cervidés).

Bibliographie : C. Duarte *et al.* (1999) ; J. Zilhao et E. Trinkaus (1999).

En Italie

Guattari (Mont Circé, Latium, Italie)

Sur le Mont Circé, s'ouvrent de nombreuses grottes dont celle de Guattari qui a livré, en 1939, divers niveaux à industries moustériennes et un crâne de Néanderthalien. Il s'agit d'un homme d'environ 40 ans. Il reposait au centre d'un cercle de pierres et le trou occipital semblait avoir été élargi volontairement, certains chercheurs y ont vu la preuve de la pratique d'un rite funéraire voire d'un cannibalisme rituel. Aujourd'hui, ces hypothèses sont abandonnées. Ce crâne a probablement été apporté dans la grotte par une hyène des cavernes.

Bibliographie : G. Giacobini et M. Piperno (1991) ; D. Vialou (sous la dir. de) (2004).

Fate (Finale, Ligurie)

La caverne de Fate est située à 5 km de Finale. Les premières fouilles eurent lieu en 1891, par G.B. Amerano, puis G. Giacobini et A. Echassoux y poursuivirent des recherches de 1983 à 1987. Dans les collections d'Amerano, reprises pour étude, on découvrit des restes de Néanderthaliens, deux mandibules (une gauche, d'un enfant de 9-10 ans, peut-être le même individu que I, II et une droite avec la M3 d'un adulte de 40-50 ans, III), un frontal (d'un enfant de 8-10 ans, I) et des dents isolées. Les deux mandibules ont été datées par spectrométrie gamma non destructive ; les âges obtenus sont : 83 000 + 35/– 24 ans et 76 000 + 18/– 13 ans.

Bibliographie : G. Giacobini et M.-A. de Lumley (1983) ; Y. Yokohama *et al.* (1988).

Archi (Calabre)

Dans le gisement de plein air d'Archi fut découverte fortuitement, en 1970, la mandibule d'un enfant âgé de 2 1/2 ans. Elle daterait de la dernière glaciation (Würm).

Bibliographie : A. Ascenzi et A.G. Segre (1971).

En Allemagne

Feldhofer (Neander, Westphalie, Allemagne)

Des carriers découvrent, en 1856, des os humains fossiles dans la petite grotte de Feldhofer située au-dessus de la rivière Düssel (maintenant vallée de Neander), à 13 km à l'Est de Düsseldorf. Celle-ci fut vidée de son contenu par les exploitants de la carrière de calcaire. Le squelette incomplet fut envoyé pour analyse à J.K. Fuhlrott, professeur de lycée Elberfeld et naturaliste. Il reconnut qu'il s'agissait d'ossements appartenant à un être humain très ancien disparu. W. King proposa de créer, pour ce fossile, une nouvelle espèce celle d'*Homo neanderthalensis,* d'où le nom de Néanderthalien. De nouvelles recherches ont permis de proposer un âge d'environ 40 000 ans pour ce fossile.

Bibliographie : D. Vialou (sous la dir. de) (2004).

En République tchèque

Kulna (Moravie)

La grotte de Kulna est située à une trentaine de kilomètre de Brno. Dès 1961, K. Valoch y entreprit des fouilles importantes. Dans la couche micoquienne, 7a (C14 : 45 660 + 2 850/– 2 200 BP et RPE, 48 +/– 5 Ka, LU ESR 50 +/– 5 Ka), un fragment de maxillaire, de pariétaux et des décidIuales ont été exhumés.

Bibliographie : K. Valoch (éd.) (1988).

Sipka (Stramberk, Moravie)

Dans la grotte de Sipka, un fragment de mandibule, comportant six dents, d'enfant néanderthalien âgé d'environ neuf ans, a été mis au jour en 1880 par Karel Maska. Ce reste a été trouvé dans une couche datant du début du Würm. Bien que plus gracile que la majorité des enfants néanderthaliens, il entre dans la variabilité des populations néanderthaliennes. Certains paléoanthropologues l'ont déterminé comme Néanderthalien progressif voire même premier homme moderne ancien (F.H. Smith, 1984).

Bibliographie : K. Valoch (1965) ; A.-M. Tillier, B. Arensburg, I. Pap et M. Chech (2003).

Svéduv stul (Ochoz, Moravie)

Dans la grotte de Svéduv stul furent découverts des ossements isolés de Néanderthaliens et, en 1905, une mandibule d'adulte. Ces restes peuvent être associés soit au niveau interglaciaire (Émien), soit à l'interstadiaire d'Hengelo Les Cottés.

Bibliographie : B. Klima et *al.* (1961) ; K. Valoch (1996).

En Slovaquie

Ganovce

A Ganovce dans une formation de travertins datant du dernier interglaciaire, ont été découverts, en 1926, par J. Petrbok, des moulages naturels d'un crâne (endocrâne), d'un radius gauche et d'un péroné gauche de Néanderthalien. Des restes d'animaux et des outils taubachiens ont également été trouvés.

Bibliographie : K. Valoch (1996).

Sala

En 1961, dans le lit de la rivière Vah, située près de Sala, fut découvert fortuitement un frontal humain d'adulte. Il appartiendrait peut-être à une femme. La faune associée (rhinocéros de prairie, bison, mégalocéros) daterait du début Weichsélien.

Bibliographie : K. Valoch (1996).

En Croatie

Vindija

La grotte de Vindija s'ouvre à 275 m au-dessus d'un affluent de la Voca. Des fouilles y furent menées, d'abord par S. Vukovic (en 1935, 1949 et 1961), puis par M. Malez (à partir de 1970). Des restes humains (essentiellement crâniens) ont été découverts dans la couche moustérien G3. Ils appartiendraient à des Néanderthaliens évolués Ce sont des adultes entre 18 et 25 ans qui souffraient d'hypoplasie. Ils seraient contemporains du début du stade isotopique 3. Dans la couche G1, à industrie olchévienne, deux dents, un fragment de pariétal et une hémi-mandibule ont également été trouvés. Ils sont attribués à des Néanderthaliens. La présence dans ce niveau d'une sagaie à base fendue, typique de l'Aurignacien, soulève de nombreuses questions.

Bibliographie : J.C Ahren., S-H Lee et J.D Hawks (2002).

En Hongrie

Subalyuk (Hagnor)

La grotte de Subalyuk est située au sud des monts Bükk. Elle fut fouillée par J. Dancza (1932), puis par O. Kadic. Dans la couche 11 de l'ensemble supérieur (datée d'environ 60 000 ans) des restes de Néanderthaliens furent découverts associés à un Moustérien type Quina. Ils appartiennent à un adulte (peut-être une femme) de 25-35 ans (SI) et à un enfant de 3-4 ans (S II).

Bibliographie : L. Kordos (1993) ; A.-M. Tillier, B. Arensburg, I. Pap et M. Chech (2003).

En Ukraine

Kiik-Koba (La grotte des bouquetins, Kipchak, Crimée)

En pied de falaise, dans la vallée de la Zouia, à 25 km à l'est de Simféropol, s'ouvre plein sud, à 460 m d'altitude et à 200 m au-dessus du thalweg, l'abri-sous-roche de Kiik-Koba. Il mesure 12 m de long, 5 m de profondeur et 7 m de haut. Situé à 100 m d'une source pérenne, il fut un lieu récurrent d'habitation pour les Néanderthaliens. Les premières fouilles furent entreprises par G. A. Bonch-Osmolovski de 1924 à 1926. Il distingue dans 1 m d'épaisseur, six couches archéologiques dont deux (4 et 6 séparées par une couche stérile) renferment du matériel du Paléolithique moyen. La couche 4, qui reposait sur le substratum, renfermait un foyer, de nombreux ossements d'animaux et outils attribués à une industrie à affinités micoquiennes, dite de Kiik-Koba. La couche 6, également riche en vestiges archéologiques (foyer, gros morceau de charbons de bois, ossements d'animaux et outils lithiques) avec une industrie correspond également à un Micoquien, mais de type différent (de Bockstein), dénommée Kiik-Koba supérieur. Lors de la fouille, G. A. Bonch-Osmolovski a dégagé six fosses, dont cinq renfermaient de nombreux ossements d'animaux. Elles auraient servi à stocker de la nourriture. Des restes très fragmentaires d'un Néanderthalien ont été exhumés de la 6e fosse probablement creusée par les occupants de la couche 6. Une deuxième sépulture, celle d'un enfant, a été découverte dans la couche 4.

Bibliographie : V. Chabaï *et al.* (1995).

Zaskalnaya (Belogorsk, Crimée)

C'est un ensemble d'abris situé dans l'Est de la Crimée, au nord du massif d'Ak-Kaya. La grande grotte de Zaskalnaya V a été fouillée par J.-G. Kolosov entre 1970 et 1978. Dans un niveau à industrie microlithique Ak-Kaya et à faune dominée par l'antilope saïga, ont été exhumés un occipital et un métacarpien de Néanderthalien. À côté, la grotte de Zaskalnaya VI a livré, dans les niveaux 3 et 3A, des restes humains associés à une macro-industrie (type Ak-Kaya), des foyers et des concentrations d'os de mammouth. Ces restes appartiennent à cinq enfants d'âges variés ; ils sont contemporains du stade isotopique 3.

Bibliographie : V. Chabaï *et al.* (1995).

En Géorgie

Dzhruchula

Dans la couche inférieure de la grotte Dzhruchula fut découverte une première molaire supérieure humaine. L'industrie associée est attribuée à un Moustérien riche en racloirs et présence de denticulés.

Mezmaiskaya (Maïkop)

Dans la grotte de Mezmaiskaya, un squelette d'un fœtus de 7 mois ou d'un nouveau-né de 2 mois a été découvert dans la couche 3 (vers l'entrée de la grotte). Il a été daté directement de 29 195 +/– 965 ans BP. Il reposait en position fléchie côté droit, apparemment hors contexte sépulcral. Son attribution à un Néanderthalien fait débat.

Bibliographie : L.V. Golovanova *et al.* (1999) ; V. Barriel et A.-M. Tillier (2002).

EN ASIE OCCIDENTALE

Teshik-Tash (Baisun, Ouzbékistan)

La grotte de Teshik-Tash est le site le plus oriental qui ait livré des restes de Néanderthaliens. Cette grotte est située près de la frontière afghane, à une centaine de kilomètre au sud de Samarkande et à 18 km au nord de Baisun. Elle s'ouvre, à 1 500 m d'altitude, sur la rive gauche des gorges étroites de l'affluent du Chirab-Daria, la Turgan-Daria. Des fouilles, dirigées par A.P. Okladnikoff, ont eu lieu en 1938 et 1939. Il a dégagé, dans 1,50 m de remplissage sédimentaire, cinq couches archéologiques, séparées par des niveaux argileux stériles. Le site est daté par U234 de 44 000 + /– 1 000 BP. La couche B (ou I), la plus riche, contenait trois foyers avec autour une concentration d'outils rapportés au faciès sud-oriental du Moustérien type Quina. La faune est dominée par le bouquetin de Sibérie. La couche C (25-30 cm sous la base de B), stérile, renfermait une sépulture bouleversée (probablement par un carnivore) d'un enfant néanderthalien âgé de 7 ans 1/2. Découverte en 1938 près de la paroi nord-ouest de la grotte, cette sépulture a sans doute été creusée par les occupants de la couche B.

Bibliographie : H.L. Movius (1953a et b).

AU PROCHE-ORIENT

Ksar Akil (Beyrouth, Liban)

Dans l'abri-sous-roche de Ksar Akil, situé à 2 km du littoral actuel, des ossements d'un « Néanderthaloïde » ont été découverts au sommet de la séquence à Moustérien du Levant (niveau XXVI, daté au plus 44 000 ans).

Bibliographie : J.F. Ewing (1963).

Amud (Kineret, Israël)

La grotte d'Amud s'ouvre sur la rive droite du canyon du Wadi Amud, près de la mer Morte, à 150 m d'altitude et 35 m au-dessus du thalweg. Située à environ 50 km au nord-est du Mont Carmel (aux environs de Zuttiyeh), elle est presque circulaire et comprend une salle de 10 m de large, de 12 m de profondeur et de 5,5 m de hauteur. Elle est précédée d'une terrasse inclinée, quatre fois plus large. Les fouilles, dirigées par H Suzuki et F. Takai (Suzuki et Takai, 1970) ont eu lieu en 1961 et en 1964, puis par E. Hovers et Rak à la fin des années 1980. Elles ont permis de dégager, en grotte et en terrasse, deux niveaux archéologiques principaux, Amud A (subdivisé en deux couches) qui contenait du matériel archéologique allant de l'Âge du Bronze à l'actuel et Amud B (subdivisé en 4 couches). Amud B a livré : une industrie attribuée au Moustérien du Levant (de type Tabun D pour A. Jelinek et de type Tabun C pour E. Hovers), une faune dominée par la gazelle puis le daim et des restes humains isolés appartenant à quatre individus et une sépulture, découverte en 1961 dans la partie supérieure du niveau B. Les ossements retrouvés sont : un maxillaire droit d'un adulte (Amud II), un maxillaire gauche incomplet d'un enfant d'environ 4 ans (Amud III), la pyramide temporale d'un enfant d'environ 3 ans (Amud IV) et une 2e molaire définitive (Amud V). La sépulture contenait un squelette (Amud I) dont le crâne, très allongé, présente une ébauche de chignon, une voûte crânienne haute, une capacité crânienne élevée (1 740 cm^3), une légère dépression maxillo-malaire, une arcade zygomatique droite, des orbites type moderne, une ébauche de menton et une mandibule robuste. Tous ces restes humains appartiennent au groupe des Néanderthaliens du Proche-Orient (dit également du Levant) et sont datés, par TL, entre 50 et 70 Ka et par ESR de 42 +/– 3, 41 +/– 3 (EU) et 49 +/– 4, 50 +/– 4 (LU).

Bibliographie : R Grün et CB Stringer (1991) ; Y. Rak et coll. (1994) ; H. Valladas *et al.* (1999).

Kebara (Hadera, Israël)

La grotte de Kebara (ou Mugharet-el-Kebarah) est située sur le flanc occidental, dans partie sud, du Mont Carmel à 60 m au-dessus du niveau de la mer. Elle comprend un large porche et une salle de forme irrégulière de 26 m de profondeur et de 20 m de large.

En 1927, puis en 1930, des sondages, par M. Stekelis puis D. Garrod et T. McCown, ont lieu. Ils se révèlent très prometteurs et entraînent des fouilles importantes qui seront dirigées d'abord par F. Turville-Petre en 1931, puis entre 1951 et 1968 par M. Stekelis. Il découvre les premiers restes humains, un crâne en 1957, quelques os isolés, et, en 1965 dans l'unité VII, une sépulture d'un nouveau-né d'environ 7 mois (Kébara 1). L'unité VII est datée, par TL, de 51 900 +/– 3 500 ans. À partir de 1982,

B. Vandermeersch et O. Bar-Yosef y poursuivent des recherches qui vont apporter d'importantes informations sur les comportements et l'anatomie des Néanderthaliens du Levant. Cette grotte a en effet livré de nombreux niveaux paléolithiques notamment du Paléolithique moyen et du Paléolithique supérieur (niveaux E-D, Aurignacien). Les niveaux du Paléolithique moyen (niveau F, unités VII à XIII des fouilles récentes), constitués de couches cendreuses, contenaient des foyers, des industries Levalloiso-moustériennes, une faune dominée par les gazelles et les daims (les aurochs et les rhinocéros y sont abondants), et des restes humains. En 1983, les fouilleurs dégagent de l'unité XII (à industrie rapportée au Moustérien de type « B ») des os et dents isolés humains et la sépulture d'un jeune homme adulte (Kebara 2). Ce dernier est rattaché au groupe des Néanderthaliens du Levant. Cette unité est datée, par TL, de 59 900 +/– 3 500 ans.

Bibliographie : B. Arensburg *et al.* (1985) ; O. Bar-Yosef et B. Vandermeersch (1991) ; N. Mercier *et al.* (1995).

Shanidar (Kurdistan, Irak)

La vaste grotte de Shanidar s'ouvre sur le Grand Zab, rivière sur les contreforts des monts Zagros, à 745 (730 m) m d'altitude. Elle est composée d'une entrée large de 25 m et haute de 8 m, d'une salle de 53 m de profondeur et de 13 m de hauteur maximale, à proximité d'une source pérenne. Des fouilles, dirigées par Ralph Solecki, ont lieu entre 1953 à 1960. Dans les 14 m de remplissage, quatre couches archéologiques sont identifiées dont la D. C'est la plus ancienne, de 8,5 m d'épaisseur, elle est composée de lentilles cendreuses. Elle renfermait, en son milieu, de gros foyers, une industrie moustériennne de petite taille, de débitage non Levallois (riche en racloirs et pointes) et des ossements d'animaux et humains. Les chèvres aegragrus et les mouflons dominent la faune où des sangliers, des cerfs, des chevreuils et des tortues sont également présents. Les restes de neuf Néanderthaliens (7 adultes et 2 enfants) gisaient au milieu (Shanidar 2, 4, 6, 7, 8 et 9) et au sommet (Shanidar 1, 3 et 5) de la couche D. En 1953, eut lieu la découverte du squelette d'un enfant (Shanidar 7). Il fut trouvé dans une lentille cendreuse, c'est probablement le plus ancien. En 1957, trois squelettes furent exhumés (Shanidar 1, 2 et 3). Puis, en 1960, Shanidar 5 et une série de 2 ou 3 sépultures (Shanidar 4, 6, 8 et 9) sont mises au jour. Shanidar 4 daterait de 60 000 ans, Shanidar 5 de 50 600 +/– 3 000 BP et Shanidar 1 de 46 900 +/– 1 500 (par C14 sur charbons, limite de la méthode). Pour le découvreur, quatre de ces individus seraient morts à cause d'éboulements (Shanidar 2, 3, 5 et 7) et les cinq autres auraient été inhumés (au moins en deux phases). Ils appartiennent tous au groupe des Néanderthaliens du Proche-Orient, cependant, Shanidar 1 semble plus proche des Néanderthaliens classiques que Tabun I.

Bibliographie : E. Trinkaus (1983 et 1991).

Tabun (Hadera, Israël)

La vaste grotte d'El Tabun (grotte du four), située sur le mont Carmel, s'ouvre, dans une falaise calcaire de la rive gauche du Wadi, à 63 m d'altitude et 19 m au-dessus du thalweg. Elle comporte une arche d'entrée de 5,5 m de haut et 4,6 m de large, une petite chambre de 5,7 m X 5,7 m qui remonte vers le fond et, côté gauche, un passage donnant sur une autre salle ouverte vers le ciel (dénommée cheminée). Les fouilles entreprises, entre 1929 à 1934, par D. A. Garrod, puis par A. Jelinek, de 1967 à 1972, ont permis de dégager un remplissage sédimentaire de 23 m. Les couches archéologiques ont livré des industries attribuées à différentes cultures. Dans les couches moustériennes, A. Jelinek note la décroissance brutale de l'épaisseur des éclats des couches C D à E puis F ; pour lui cela correspond à la transition Neanderthal/ Homme moderne. Les couches, G, F, E de D. Garrod (unités X et XI, XII, XIII et XIV de A. Jelinek), sont composées de sables dunaires (datant, pour A. Jelinek, du dernier Interglaciaire, il y a environ 100 000 ans). Dans la couche E, une industrie rapportée au Micoquien ou à de l'Acheuléo-Jabroudien a été récoltée ainsi que deux restes humains, une diaphyse de fémur et une molaire inférieure. Les couches D (unités II à IX) et C (unité Ibase) sont formées de lœss correspondant à un refroidissement (daté d'environ 75 000 ans pour A. Jelinek). La couche D contenait une industrie Levalloiso-Moustérien ou Moustériren inférieur (de type « D »). La couche C (I de A. Jelinek) a livré de l'outillage rapporté au Moustérien inférieur (de type « C »), un squelette féminin en contexte sépulcral (Tabun I), une mandibule (Tabun II) et quelques os isolés humains. Les datations donnent des âges très différents selon la méthode utilisée : entre 110 000 et 166 000 ans pour la couche D et entre 98 000 et 119 000 ans pour la couche C (par U-Th SMIT et RPE) et de 263 000 +/– 27 000 ans pour D et de 171 000 +/– 17 000 ans pour C (par TL sur silex chauffés). La couche B (unité I) renfermait une industrie attribuée à du Moustérien supérieur, un fragment de maxillaire d'enfant et dents isolées. Elle est datée entre 55 000 et 40 000 ans. Tabun I appartient au groupe des Néanderthaliens du Proche-Orient. Par contre, la mandibule, Tabun II, qui présente un espace rétromolaire et une ébauche de menton, est plus proche de celle des *Homo sapiens*. Pour certains chercheurs, la sépulture de Tabun I aurait été le fait des occupants de la couche B. Si les dates anciennes sont confirmées, les Néanderthaliens de Tabun seraient plus anciens que les hommes modernes de Skhul et de Qafzeh.

Bibliographie : R. Grün et coll. (1990) ; R Grün et CB Stringer (1991) ; McDermott et coll. (1993) ; N. Mercier *et al.* (1995).

II. LES PRÉNÉANDERTHALIENS

En France

Biache-Saint-Vaast (Pas-de-Calais)

Le site de plein air de Biache-Saint-Vaast est situé sur une ancienne terrasse de la vallée de la Scarpe affluent de l'Escaut. Les fouilles, sur plus de 1 000 m², dirigées par A. Tuffreau, de 1976 à 1982, ont permis de dégager 11 niveaux archéologiques. Au sommet, l'ensemble des formations fluviatiles fines IIA a livré de nombreux artefacts lithiques et osseux dont des restes humains (un fragment de crâne, découvert en 1976, puis un second en 1986, Auguste, 1995). Il s'agirait de Pré-Néanderthaliens aux caractères les positionnant entre le crâne de Swanscombe et ceux des Néanderthaliens classiques. Des datations ont été réalisées, elles fournissent pour cet ensemble les âges suivants : 175 000 +/– 13 000 BP (par TL sur silex brûlés) et 182 000 + 46 000/ – 31 000 ans BP et 263 000 + 53 000/– 37 000 ans BP (par U-Th). L'outillage associé est rapporté au Moustérien de type Ferrassie.

Bibliographie : A. Tuffreau et J. Sommé (1988) ; P. Auguste (1995).

La Caune de l'Arago (Tautavel, Pyrénées-Orientales)

La Caune de l'Arago, à 25 km de la Méditerranée, s'ouvre dans une falaise calcaire à une centaine de mètres au-dessus du Verdouble. Depuis 1964, H. de Lumley et collaborateurs y mènent d'importantes fouilles. La partie inférieure de l'ensemble III (principalement le sol G) a livré plus de 100 restes humains appartenant à au moins 26 individus, dont au moins 50 % d'enfants. Ce sont des Pré-Néanderthaliens engagés sur la lignée néanderthalienne. Le crâne Arago XX,I exhumé du sol G, est daté aux alentours de 455 000 ans. L'industrie est rapportée, selon les sols, au Tayacien ou au Proto-Charentien.

Bibliographie : Yokohama et Nguyen (1981) ; H. de Lumley et coll. (1984, 2000 *in* D. Vialou, 2004).

La Chaise à Vouthon (Charente)

Le site de La Chaise à Vouthon, situé sur les rives de la Tardoire, comprend trois abris : Bourgeois-Delaunay, Suard et Duport. Des fouilles, qui débutèrent dès 1850, livrèrent de nombreux restes humains. Dans l'abri

Suard, P. David et Debénath exhumèrent 52 restes crâniens, d'adultes et d'enfants, appartenant à des Néanderthaliens en cours de différenciation. Ils étaient associés à une industrie rapportée au Moustérien typique ou au Moustérien type Ferrassie et dateraient du Riss III. A. Debénath, lors des fouilles à l'abri Bourgeois-Delaunay mit au jour 22 restes crâniens et post-crâniens d'adultes et d'enfants dans les couches 11 et 12, à industrie Moustérien typique ou Moustérien type Ferrassie. Ces couches sont datées du début du dernier Interglaciaire (151 000 +/– 15 000 ans BP pour la couche 11), Ces restes humains appartiennent à des Pré-Néanderthaliens presque classiques.

Bibliographie : A. Debénath (1974) ; H.P. Schwarcz et A. Debénath (1979) ; S. Condemi (2001).

Fontéchevade (Montbron, Charente)

La grotte de Fontéchevade s'ouvre, au-dessus de la Tardoire, à 120 m d'altitude. Plusieurs fouilles y furent faites et ce dès 1870. Mais, c'est à G. Henri-Martin que l'on doit l'étude la plus complète suite aux fouilles qu'elle dirigea de 1937 à 1954. Au sommet de la couche E, à industrie tayacienne et faune tempérée (du Riss-Würm), ont été trouvés : une calotte crânienne et un fragment de frontal. La calotte porte la marque d'un choc violent ayant pu entraîner la mort.

Bibliographie : G. Henri-Martin (1957) ; H. Vallois (1958).

Malarnaud-Soulabé (Montseron, Ariège)

La cavité Malarnaud, qui appartient au réseau karstique de Malarnaud-Soulabé, a livré fortuitement, en 1888, la mandibule d'un jeune âgé de 11 ans et 2 mois. Elle daterait, d'après la faune associée, du dernier Interglaciaire C'est la plus ancienne découverte de restes de Néanderthaliens en France.

Bibliographie : D. Vialou (sous la dir. de) (2004).

Montmaurin (Haute-Garonne)

Les cavités karstiques de Montmaurin (Haute-Garonne) s'ouvrent sur quatre niveaux dans la falaise qui domine la Seygouade. De 1945 à 1959, L. Méroc y entreprend des fouilles. Dans la grotte de La Niche, niveau moyen (28 m au-dessus de la rivière), en 1949, sont découverts dans la couche 3, une mandibule, une vertèbre cervicale et un tibia, d'un individu âgé de 15 ans et demi. Cette couche daterait de la fin de l'avant-dernière glaciation. La grotte de Coupe-Gorge, également dans le niveau moyen, communique avec celle de La Niche. Dans la couche 3, à industrie du Paléolithique moyen ancien (proche du Micoquien), les restes d'un enfant de 3 ans et 10 mois ont été trouvés. Cette couche se serait formée durant la fin de l'avant-dernière glaciation et au dernier interglaciaire.

Bibliographie : A. Tavoso et coll. (1990).

En Belgique

La Naulette (Province de Namur)

Dans le Trou de la Naulette, grotte située sur la rive gauche de la Lesse, près de Dinant, le géologue belge Édouard Dupont découvre des restes humains : en 1866, une mandibule fracturée (associée à un cubitus), puis, en 1867, une canine et un métacarpien. La mandibule était associée à des restes de mammifères dont le mammouth et le rhinocéros laineux. D'après le contexte, elle daterait du dernier interglaciaire.

Bibliographie : E. Dupont (1867).

Au Royaume-Uni

Swanscombe (Kent, Angleterre)

À Swanscombe, dans la carrière Barnfield Pit, plusieurs fragments (occipital, pariétal gauche et droit) crâniens appartenant peut-être à un même individu, ont été découverts entre 1935 et 1955. Ces restes dateraient du Mindel-Riss.

Bibliographie : D. Vialou (sous la dir. de) (2004).

En Allemagne

Ehringsdorf (Thuringe)

Le site d'Ehringsdorf correspond à un ensemble de carrières de travertins situé près de Weimar. Lors de leur exploitation, entre 1908 et 1925, elles livrèrent plusieurs ossements humains, de l'outillage moustérien et d'abondants restes de faune mammalienne pléistocène. L'ensemble inférieur des travertins, à horizons charbonneux et ossements d'animaux (éléphant antique, rhinocéros des steppes...), se serait formé durant une phase tempérée correspondant au stade isotopique 7 et l'ensemble supérieur durant le dernier interglaciaire. Mais cette position chronologie est controversée. Les ossements humains, découverts dans l'ensemble inférieur, appartiennent à au moins six individus (cinq adultes et un enfant). Ils ont été rapportés, selon les paléoanthropologues, à des Pré-Néanderthaliens ou à des Néanderthaliens.

Bibliographie : D. Vialou (sous la dir. de) (2004).

Mauer (Bade-Wurtemberg)

La mandibule de Mauer, découverte en 1907, par Joseph Rosch, dans sa carrière de graviers située près de Heidelberg, fut étudiée par le professeur Otto Schoetensack. Il en fit une nouvelle espèce fossile, *Homo heidelbergensis*. Datée de 500 000 ans, elle est considérée aujourd'hui comme appartenant à la population ayant donnée naissance aux Néanderthaliens.

Bibliographie : D. Vialou (sous la dir. de) (2004).

Steinheim (Stuttgart, Bade-Wurtemberg)

À Steinheim, un crâne humain a été mis au jour en 1933 par K. Sigrist. Il provient d'un niveau à faune interglaciaire (contemporain du stade isotopique 11). Il est un des représentants anciens de la lignée néanderthalienne.

Bibliographie : D. Vialou (sous la dir. de) (2004).

En Italie

Saccopastore (Rome, Latium)

Dans la localité de Saccopastore, deux crânes ont été fortuitement découverts dans une carrière : S1, en 1929, et S2 en 1935, lors de la visite du site par l'abbé H. de Breuil. Ils appartiennent à des Pré-Néanderthaliens et dateraient du début du Riss-Würm.

Bibliographie : S. Condemi (1992).

En Espagne

Banolas (Gérone, Catalogne)

À Banolas, en 1887, dans la deuxième terrasse de travertins d'une cuvette lacustre située à 17 km de Gérone, a été trouvée, associée à des ossements de cerf et de cheval, une mandibule humaine appartenant à une femme de 50 ans. Les datations donnent, selon les méthodes utilisées, des âges différents : 110 000 ans ou 45 000 +/– 4 000 ans.

Bibliographie :Y. Yokohama et coll. (1987) ; R. Julia et J.L. Bischoff (1991).

La Sima de los Huesos (Sierra d'Atapuerca, Burgos)

C'est un gisement exceptionnel qui a livré, jusqu'à aujourd'hui, plus de 3 000 ossements humains appartenant à au moins 32 individus Des caractères néanderthaliens et plus archaïques ont été observés sur ces restes, ils ont été attribués à *Homo heidelbergensis*. Des datations récentes ont fourni un âge minimal de 350 000 ans. La faune est exclusivement composée de carnivores et les outils sont acheuléens.

Bibliographie : L. Arsuaga et coll. (1998) ; J.L. Bischoff et coll. (1997).

À Gibraltar

Forbe's Quarry

De la carrière de pierres Forbe, située sur le rocher de Gibraltar, un crâne humain fut exhumé fortuitement. Il est le premier crâne complet de Néanderthalien découvert en Europe. Il s'agit probablement d'une femme adulte.

Bibliographie : D. Vialou (sous la dir. de) (2004).

Devil's Tower

L'abri-sous-roche de Devil's Tower s'ouvre dans une falaise calcaire à proximité de la carrière Forbe. Il a été fouillé par D.A. Garrod en 1925 et 1926. Dans la couche moustérienne 4, les restes d'un crâne d'enfant âgé de 5 ans (pour certains anthropologues, ces fragments correspondraient à deux crânes d'individus différents).

Bibliographie : A.-M. Tillier (1982).

En Grèce

Petralona

Un crâne humain complet et très bien conservé a été découvert fortuitement en 1959 dans la grotte de Petralona. Il s'agirait d'un Pré-Néanderthalien. Pour certains chercheurs, il aurait environ 200 000 ans, pour d'autres, il serait plus ancien.

Bibliographie : R. Grün (1996) ; D. Vialou (sous la dir. de) (2004).

En Croatie

Krapina

La grotte de Krapina est située au nord-ouest de la Croatie à 400 km de la mer Adriatique. Elle s'ouvre, sur la colline Husnjakovo, à 120 m au-dessus de la rivière Krapinica. D. Gorjanovic-Kramberger y entrepris des fouilles de 1899 à 1905. De nombreux restes humains ont été découverts, principalement dans les couches moustériennes 3 et 4. Pour E. Trinkaus, ils appartiendraient à au moins 43 adultes et adolescents de plus de 14 ans et à de nombreux enfants. Pour M. Wolpoff, les 650 os et les 282 dents proviendraient de 75 à 82 individus (adultes et jeunes). Pour l'ensemble du remplissage, un âge moyen de 130 000 +/– 10 000 ans est donné. La pratique d'un cannibalisme, probablement rituel, a été suggérée.

Bibliographie : D. Gorjanovic-Kramberger (1913) ; M. Wolpoff (1979) ; E. Trinkaus (1985) ; Schwarcz H. P., Smith F.H. et Radovcic J. (1995) ; M. Patou-Mathis (1997).

BIBLIOGRAPHIE

Arsuaga J.L. (2001). – *Le collier de Neandertal, Nos ancêtres à l'ère glaciaire.* Paris, Odile Jacob.

Bonjean D. (éd.). – *Neandertal.* Andenne (Belgique), Archéologie Andennaise.

Guérin C. et Patou-Mathis M. (sous la direction de) (1996). – *Les grands mammifères plio-pléistocènes d'Europe.* Paris, Masson.

Hublin J.-J. et Tillier A.-M. (sous la dir. de) (1991). – *Aux origines d'Homo sapiens.* Paris, PUF, Nouvelle encyclopédie Diderot.

Jacquard A. (1978). – *Éloge de la différence. La génétique et les hommes.* Paris, Éds du Seuil, Points Sciences.

Jelinek J. (1989). – *Sociétés de chasseurs.* Prague, Gründ.

Jordan P. (1999). – *Neanderthal. Neanderthal man and the stiry of human origins.*Sutton Publishing.

Krause E.-B. (sous la dir. de) (1999). – *Les hommes de Néandertal. Le feu sous la glace, 250 000 ans d'histoire européenne.* Paris, Errance, coll. Des Hespérides.

Lee R. B. et Daly R. (1999). – *The Cambridge encyclopedia of hunters and gatherers.* Cambridge University Press.

Leroi-Gourhan A. (sous la dir. de) (1988). – *Dictionnaire de la Préhistoire.* Paris, PUF.

Mellars P. (1996). – *The Neandertal legacy : an archaeological perspective from Western Europe.* Princeton NY, Princeton University Press.

Otte M. (1996). – *Le Paléolithique inférieur et moyen en Europe.* Paris, Armand Colin / Masson, Civilisations U.

Page J. W. (1941). – *Les derniers peuples primitifs.* Paris, Payot, Bibliothèque scientifique.

Patou-Mathis M. (sous la dir. de), 1997. - *L'Alimentation des Hommes du Paléolithique, Approche pluridisciplinaire.* Liège, ERAUL 83.

Trinkaus E. et Shipman P. (1996). – *Les hommes de Néandertal.* Paris, Seuil, Science ouverte.
Vialou D. (sous la dir. de), 2004. – *La préhistoire : histoire et dictionnaire.* Paris, Robert Laffont, Bouquins.

Chapitre 1 : Bête ou homme ?

Boule M. (1911-1913). – *L'homme fossile de la Chapelle-aux-Saints.* Paris, Annales de Paléontologie, 6.
Broca P. (1866). – Discussion sur la mâchoire humaine de La Naulette (Belgique). Paris, *Bulletin de la Société d'Anthropologie de Paris,* 1, IIe série, pp. 584-603.
Cartailhac E. (1889). – *La France préhistorique d'après les sépultures et les monuments.* Paris, Alcan.
Cohen C. (1999). – *L'Homme des origines. Savoirs et fictions en préhistoire.* Paris, Seuil.
Elliot Smith G. (1928). – Neanderthal Man as a distinct species. Londres, *Nature,* 121, p. 141.
Fraipont Ch. (1936). – *Les Hommes fossiles d'Engis.* Paris, Masson, Archives de l'I.P.H., Mémoire 16.
Garrod D.A.E. et Bate D.M.A. (1937). – *The Stone Age of Mount Carmel, Volume 1 : Excavations at the Wadi Mughara.* Oxford, Clarendon Press.
Gorjanovic Kramberger D. (1913). – *Zivot it kultura diluvijalnoga covjekaiz Krapina u Hrvatskoj.* Zagreb, Djela Jugoslavenske akademije znanosti i unyetnosti, 23.
Hauser O. (1909). – Découverte d'un squelette de type du Neandertal sous l'abri inférieur du Moustier. Paris, *L'Homme préhistorique,* 7, 1, pp. 1-9.
Henri-Martin L. (1923). – *L'homme fossile de la Quina (Anatomie).* Paris, Archives de morphologie générale et expérimentale, 15.
Howell F C (1951). – The place of Neanderthal man in human evolution. New York, *American Journal of Physical Anthropology,* 9, 4, pp. 379-416.
Mac Cown TD et Keith A. (1939). – *The stone age of Mount Carmel. Volume II : The Fossil Human remains from the Levalloiso-Mousterian.* Oxford, Clarendon Press.
Mortillet G. et A. (1910). – *La Préhistoire.* Paris, Ed. Schleicher Frères (rééd.).
Piette E. (1871). – Les grottes de Gourdan, Haute-Garonne. Paris, *Bull. de la Soc. d'Anthropologie de Paris,* 2e série, 6, pp. 247-263.
Schotensack O. (1908). – *Der Unterkiefer des « Homo heidelbergensis » aus den Sanden von Mauer bei Heidelberg.* Leipzig, Wilhelm Englemann.
Suzuki H. et Takaï F. (1970). – *The Amud man and his cave site.* Tokyo, Academic Press of Japan.
Thoma A. (1965). – La définition des néanderthaliens et la position des hommes fossiles de Palestine. Paris, *L'Anthropologie,* 69, 5-6, pp. 519-533.

Tillier A. M. (1983). – Le crâne d'enfant d'Engis 2 : un exemple de distribution des caractères juvéniles, primitifs et néanderthaliens. *Bull. de la Soc. Royale Belge d'Anthropologie et de Préhistoire,* 94, pp. 51-75.

Topinard P. (1886). – Les caractères simiens de la mâchoire de la Naulette. Paris, *Revue d'Anthropologie*, 2e série, 9, pp. 395-431.

Trinkaus E. (1983). – *The Shanidar Neandertals*. New York, Academic Press.

Vandermeersch B. (1981). – *Les Hommes Fossiles de Qafzeh (Israël).* Paris, Éds du CNRS, Cahiers de Paléontologie, Paléoanthropologie.

Weidenreich, F. (1928). – Entwicklungs-und Rassetypen des *Homo primigenius. Sonderdruck aus Natur und Museum,* I, pp. 1-13 et 51-62.

Chapitre 2 : Par tous les temps

Andel T. H. van et Tzedakis C. (1996). – European Palaeolithic landscapes : 140,000-30,000 years ago- A summary *in The Lower and Middle Palaeolithic* (O. Bar-Yosef, L.L. Cavalli-Sforza, R.J. March , M. Piperno éds). Colloquium IX et X, Edizioni, A.B.A.C.O. pp. 191-204.

Haseaerts P. (1984). – Aspects de l'évolution du paysage et de l'environnement en Belgique au Quaternaire *in Peuples chasseurs de la Belgique préhistorique dans leur cadre naturel (*D. Cahen et P. Haseaerts éds). Bruxelles, Patrimoine de l'Institut royal des Sciences naturelles de Belgique, pp. 27-39.

Heim J.-L. (1997). – Ce que nous dit le nez du Néanderthalien. Paris, *La Recherche*, 294, pp. 66-70.

Hublin J.-J. (1998a). – Climatic changes, Paleogeography ad the evolution of the Neandertals *in Neandertals and Modern Humans in Western Asia* (T. Akazawa, K. Aoki et O. Bar-Yosef éds). New York et Londres, Éd. Plenum Press, pp. 295-310.

Martin R.D. (1996). – Scaling of the Mammalian brain : the Maternal energy hypothesis. *News in Phylosiological Sciences*, 11, pp. 149-156.

Schwarcz H. P. et Tattersall I. (1996). – Significance of some previously unrecognized apomorphies in the nasal region of *Homo neanderthalensis*. USA, *PNAS,* 93, p. 10852.

Tchernov E. (1992). – Biochronology, Paleoecology, and Dispersal. Events of Hominids in the Southern Levantin *in The evolution and dispersal of modern humans in Asia* (T. Akazawa, K. Aoki et T. Kimura éds). Tokyo, Hokussen-Sha, pp. 149-188.

Chapitre 3 : Qui est l'ancêtre de Neanderthal ?

Arsuaga J.L. et *al.* (1998). – Los fossiles humanos de la Sima de los Huesos (Sierra de Atapuerca) : su significado en la evolucion humana *in Atapuerca y la evolucion humana* (E. Aguirre éd.). Madrid, Centro de estudios Ramon Areces, pp. 171-192.

Ascenzi A. et *al.* (1996). – A calvarium of late *Homo erectus* from Ceprano, Italy. Londres, *Journal of Human Evolution*, 31, pp. 409-423.

Bar-Yosef O. et Vandermeersch B. (1991). – Premiers hommes modernes et néanderthaliens au Proche-Orient : chronologie et culture *in Aux origines d'Homo sapiens* (J-J Hublin et A-M Tillier, sous la dir. de). Paris, PUF, pp. 217-250.

Bischoff J.L. et *ali.* (1997). – Geology and premilary dating of the hominid-bearing sedimentary fill of the Sima de los Huesos, Sierra de Atapuerca, Burgos, Spain. Londres, *Journal of Human Evolution,* 33, pp. 129-154.

Blackwell B. et Schwarcz H.P. (1986). – U-series analyses of the lower travertine at Ehringsdorf, DDR. New York, *Quaternary Research*, 25, pp. 215-222.

Brunnacker K. et *al.* (1983). – Radiometrische Untersuchungen zur Datierung mitteleuropälischer Travertinvorkommen. Berlin, *Ethnographisch-Archäologische Zeitschrift,* 24, pp. 217-266.

Carbonell E. et *ali.* (1995). – Lower Pleistocene Hominids and artifacts from Atapuerca-TD6 (Spain). Washington D.C., *Science*, 269, pp. 826-830.

Condemi S. (2001). – *Les Néanderthaliens de La Chaise*. Paris, CTHS, Documents Préhistoire, 15.

Condemi S. (1996). – Does the Human Fossil Specimen from Reilingen (Germany) belong to the *Homo erectus* or to the Neanderthal Lineage ? Brno, *Anthropologie*, 24, 1-2, pp. 69-78.

Condemi S. (1992). – *Les hommes fossiles de Saccopastore et leurs relations phylogénétiques*. Paris, CNRS Éditions, Cahiers de paléoanthropologie.

Debénath A. (1974). – *Recherches sur les terrains quaternaires des Charentes et les industries qui leur sont associées*. Thèse de doctorat d'État ès sciences naturelles, Université de Bordeaux I.

Dorozynski A. (1993). – Découverte d'Altamura. Cet inconnu est-il notre aïeul ? Paris, *Science et Vie,* 915, pp. 64-66.

Falguères C. *et al.* (1999). – Earliest humans in Europe : the age of TD6 Gran Dolina, Atapuerca, Spain. Londres, *Journal of Human Evolution,* 37, pp. 343-352.

Gabunia L. *et al.* (2002). – Découverte d'un nouvel hominidé à Dmanissi (Transcaucasie, Géorgie). Paris, *CRAS*, 1, pp. 243-253.

Grün R. (1996). – A re-analysis of electron spin resonance dating results associated with the Petralona hominid. Londres, *Journal of Human Evolution*, 30, pp. 227-241.

Harmon R.S. *et al.* (1980). – 230 Th/234 U dating of travertine from Bilzingsleben archaeological site. Londres, *Nature*, 234, pp. 132-135.

Hublin J.-J. (1990). – Le passage du Paléolithique moyen au Paléolithique supérieur en Europe : un point de vue paléogéographique *in Paléolithique moyen récent et Paléolithique supérieur ancien en Europe* (Farizi C.

éd.). Nemours, Mémoire du Musée de Préhistoire d'Ile-de-France, 3, pp. 29-38.

Hublin J.-J. et Tillier A.-M. (1991). – L'*Homo sapiens* en Europe occidentale : gradualisme et rupture *in Aux origines d'Homo sapiens* (J-J Hublin et A-M Tillier, sous la dir. de). Paris, PUF, pp. 291-327.

Julia R. et Bischoff J. L. (1991). – Radiometric datingof Quaternary deposits and the Hominid mandible of lake Banyolas, Spain. Londres, *Journal of Archaeological Science*, 18, pp. 707-722.

Kretzoï M. et Dobosi V.T. (éds) (1990). – *Vértesszöllös, Site, Man and Culture*. Budapest, Akadémiai Kiado.

Mania D. *et al.* (1993). – Zu den Funden der Hominiden-Reste aus dem mittelpleistozänen Travertin von Bilzingsleben von 1987-1993. Berlin, *Ethnographisch-Archäologische Zeitschrift*, 34, pp. 511-524.

Patou-Mathis M. (1997). – Analyses taphonomique et palethnographique du matériel osseux de Krapina (Croatie) : nouvelles données sur la faune et les restes humains. Liège, *Préhistoire européenne*, 10, pp. 63-90.

Rink W.J. et *ali.* (1995). – ESR ages for Krapina hominids. Londres, *Nature*, 378, p. 24.

Schwarcz H.P. et Debénath A. (1979). – Datation absolue des restes humains de La Chaise-de-Vouthon (Charente) au moyen du déséquilibre des séries d'uranium. Paris, *CRAS*, 228, série D, pp. 1155-1157.

Schwarcz H.P. et *ali.* (1988). – The Bilzingsleben archaeological site : new dating evidence. Oxford, *Archaeometry*, 30, pp. 5-17.

Schwarcz H.P. et Latham A.G. (1990). – Absolute age determination of travertines from Vertesszöllös *in Vértesszöllös, Site, Man and Culture* (M. Kretzoï et V.T. Dobosi éds). Budapest, Akadémiai Kiado, pp. 549-552.

Smith F.H. et Trinkaus E. (1991). – Les origines de l'homme moderne en Europe centrale : un cas de continuité *in Aux origines d'Homo sapiens* (J.-J. Hublin et A.-M. Tillier, sous la dir. de). Paris, PUF, pp. 251-290.

Thoma A. (1966). – L'occipital de l'homme mindélien de Vértesszöllös. Paris, *L'Anthropologie*, 70, 5-6, pp. 495-534.

Thorne A.G. et Wolpoff M.H. (1981). – Regional continuity in Australasian Pleistocene hominid evolution. *American Journal of Physical Anthropology*, 55, p. 337-349.

Trinkaus E. (1986). – Neandertals and modern human origins. *Annual Review of Anthropology*, 15, pp. 193-218.

Tuffreau A. et Sommé J. (éds) (1988). – *Le gisement paléolithique moyen de Biache-Saint-Vaast (Pas-de-Calais), vol. 1 : Stratigraphie, environnement, études archéologiques* (1re partie). Paris, *Mémoire de la SPF*, 21.

Vandermeersch B. (1989) – L'extinction des Néanderthaliens *in Homme de Neandertal*. Liège, ERAUL, 7, pp. 11-21.

Vlcek E. (1978). – A new discovery of *Homo erectus* in Central Europe. Londres, *Journal of Human Evolution*, 7, pp. 239-251.

Wolpoff M.H. (1991). – *Homo erectus* et les origines de la diversité humaine *in Aux origines d'Homo sapiens* (J.-J. Hublin et A.-M. Tillier, sous la dir. de). Paris, PUF, pp. 97-155.

Xinzhi Wu (1991). – Continuité évolutive des hommes fossiles chinois *in Aux origines d'Homo sapiens* (J.-J. Hublin et A.-M. Tillier, sous la dir. de). Paris, PUF, pp. 157-179.

Yokohama Y. et Nguyen H.V. (1981). – Datation directe de l'homme de Tautavel par la spectrométrie gamma non destructive, du crâne humain fossile Arago XXI. Paris, *CRAS*, 292, pp. 927-930.

Yokohama Y. *et ali.* (1987). – Datation du travertin de Banyoles à Gérone, Espagne. Gérone, *Cypsela,* 6, pp. 145-149.

Chapitre 4 : Si semblable, si différent

Caramelli D. et *ali.,* (2003). – Evidence for a genetic discontinuity between Neandertals and 24,000-year-old anatomically modern Europeans. USA, *PNAS*, 100, 11, pp. 6593-6597.

Churchill S. E. (1998). – Cold adaptation, heterochrony, and neandertals. *Evolutionary Anthropology,* 7, pp. 46-61.

Churchill S. E. et Trinkaus E. (1990). – Neandertal Scapular Morphology. New York, *American Journal of Physical Anthropology,* 83, pp. 147-160.

Heim J.-L. (1988). – *De l'animal à l'homme.* Paris, Le Rocher, Science et découvertes.

Heim J.-L. et Granat J. (1999). – Les relations biométriques du neurocrâne et de la face : l'indice cranio-faciale de volume en paléontologie humaine. *Biom. Hum. et Anthropol.,* 17, 3-4, pp. 93-117.

Krings M. et *al.* (2000). – A view of Neandertal genetic diversity. *Nature Genetics*, 26, pp. 144-146.

Krings M. et *al.* (1997). – Neandertal DNA Sequences and the origin of modern humans. *Cell*, 90, pp. 19-30.

Martinez I. et al., (2004). – Auditory capacities in Middle Pleistocene humans from the Sierra de Atapuerca in Spain. USA, *PNAS*, 101, 27, pp. 9976-9981.

Musgrave J.H. (1971). – How dextrous was Neanderthal man. Londres, *Nature*, 233, pp. 538-541.

Onac B.P. *et al.* (2005). – U-Th ages constraining the Neanderthal footprint at Vârtop cave, Romania. *Quaternary Science Reviews,* 24, pp. 1151-1157.

Pääbo S. (2003). – The mosaic that is our genome. Londres, *Nature,* 421, 6921, pp. 409-412.

Piveteau J. (1991). – *La main et l'Hominisation*. Paris, Éd. Masson, Histoire.

Piveteau J. (1973). – *Origine et destiné de l'homme.* Paris, Masson.

Rak Y. (1990). – On the differences between two pelvises of Mousterian context from the Qafzeh and Kebara caves, Israël. New York, *American Journal of Physical Anthropology*, 81, pp. 323-332.

Smith F.H., Falsetti A.B. et Donelly S.M. (1989). – Modern Human Origins. *Yearbook of Physical Anthropology*, 32, pp. 35-68.

Tillier A.-M. (1988). – A propos des séquences phylogénétique et ontogénique chez les Néanderthaliens *in L'Homme de Neandertal, vol. 3 : L'Anatomie*. Liège, ERAUL, 30, pp. 125-135.

Trinkaus E. (1981). – Neanderthal limb proportions and cold adaptation *In Aspects of human evolution* (C.B. Stringer éd.). Londres, Taylor et Francis Éds, pp. 187-224.

Villemeur I. (1994). – *La main des Néanderthaliens : comparaison avec la main des hommes de type moderne. Morphologie et mécanique.* Paris, CNRS Editions, Cahiers de Paléoanthropologie.

Wolpoff M.et Caspari R. (1996). – *Race and Human Evolution.* New York, Simon et Schuster Éds.

Chapitre 5 : De la naissance à la mort

Defleur A. (1993). – *Les sépultures moustériennes*. Paris, CNRS.

Dubar R. (1998). – The social brain hypothesis. *Evolutionary Anthropology*, 6, pp. 178-190.

Granat J. et Heim J.-L. (2001). – Croissance dentaire chez l'Homme de Néandertal. Élaboration d'une nouvelle méthode d'estimation de l'âge dentaire, *Biom. Hum. Et . Antropol.,* 19, 3-4, pp. 205-215.

Granat J et Heim J-L (2003). – Nouvelle méthode d'estimation de l'âge dentaire des Néanderthaliens. Paris, *L'Anthropologie*, 107, pp. 171-202.

Heim J.-L. et Granat J. (2001). – Croissance osseuse chez les enfants néanderthaliens. *Biom. Hum. et Antropol.,* 19, 3-4, pp. 217-224.

Lebel S. et *ali.* (2001). – Comparative morphology and paleobiology of Middle Pleistocene Human remains from the Bau de l'Aubesier, Vaucluse, France. USA, *PNAS*, 98, p. 11097-11102.

Martin R.D. (1998). – Comparative aspects of humainj brain evolution : scaling, energy costs and confounding variables *In The origin and diversification of language* (NG Jablonski et LC Aiello éds). California Academy of Sciences, pp. 35-68.

Montet-White A. (1996). – *Le Paléolithique en ancienne Yougoslavie*. Grenoble, Jérôme Million.

Pales L. (1930). – *Paléopathologie et pathologie comparative*. Paris, Masson.

Patou-Mathis M. (1995-96). – Stress biologiques et comportements de subsistance au Paléolithique moyen et au Paléolithique supérieur en Europe *in Nature et Culture* (M. Otte éd.). Liège, ERAUL, 68, pp. 445-452.

Patou-Mathis M. et Giacobini G. (1997). – L'alimentation de l'homme préhistorique : préambule *in L'alimentation des hommes du paléolithique. Approche pluridisciplinaire* (M. Patou-Mathis, sous la dir. de). Liège, ERAUL, 83, pp. 11-21.

Ramirez Rozzi F.V. et Bermudez de Castro J.M. (2004). – Suprisingly rapid growth in neanderthals. Londres, *Nature*, 428, 6986, pp. 936-939.

Tillier A.-M. (1986). – Quelques aspects de l'ontogénèse du squelette crânien des Néanderthaliens *in Fossils Man ; New Facts, New ideas* (V.V. Novotny et A. Mizerova éds). Brno, Anthropos, pp. 207-218.

Tort P. (sous la dir.) (1996). – *Dictionnaire du darwinisme et de l'évolution*. Paris, PUF, 3 tomes, 4862 p.

Trinkaus E. (1992). – Morphological contrasts between Near Earstern Qafzeh-Skhul and late archaic human sample : grounds for a behavioral difference ? *In The Evolution and Dispersal of Modern Humans in Asia* (T. Akazawa, K. Aoki et T. Kimura éds.). Tokyo, Hokusen-sha, pp. 277-294.

Trinkaus E. (1995). – Neanderthal mortality patterns. *Journal of Archaeological Science*, 22, pp. 121-142.

White T.D. (1991). – *Human osteology*. Londres, Academic Press.

Chapitre 6 : Un artisan émérite

Allsworth-Jones P. (1990). – Les industries à pointes foliacées d'Europe Centrale. Questions de définitions et relations avec les autres technocomplexes *in Paléolithique moyen récent et Paléolithique supérieur ancien en Europe* (C. Farizy éd.). Mémoires du Musée de Préhistoire d'Ile-de-France, 3, pp. 79-93.

Beyries S. (1993). – L'importance du travail du bois en préhistoire in *Traces et fonction : les gestes retrouvés, vol. 1*. Liège, ERAUL, 50, pp. 283-285.

Beyries S. (1987a). – *Variabilité de l'industrie lithique au Moustérien Approche fonctionnelle sur quelques gisements français*. BAR International Series, 32 8, 204 p.

Beyries S. (1987b). – Quelques exemples de stigmates d'emmanchements observés sur des outils du Paléolithique moyen *in La Main et l'Outil : manches et emmanchements préhistoriques*. Lyon, TMO 15, pp. 55-62.

Binford L.R. et Binford S.R. (1966). – A preliminary analysis of functional variability in the Mousterian and Upper Paleolithic. *American Anthropologist*, 68, pp. 236-295.

Boëda E. (1995). – Caractéristiques techniques des chaînes opératoires lithiques des niveaux micoquiens de Kulna (Tchécoslovaquie) *In Les industries à pointes foliacées d'Europe centrale. Paléo*, suppl. I, pp. 57-72.

Bordes F. (1953). – Essai de classification des industries « moustériennes ». Paris, *BSPF*, 50, pp. 457-466.

Bordes F. (1958). – CR de l'article de K.P. Oakley : Fire as Paleolithic Tool and Weapon. Paris, *L'Anthropologie*, 61, 3-4, pp. 314-317.

Bordes F. (1961). – *Typologie du Paléolithique ancien et moyen*. Bordeaux, Delmas Imprimerie, Publications de l'Institut de Préhistoire de l'Université de Bordeaux.

Bordes F. (1967). – Considérations sur la typologie et les techniques dans le Paléolithique. *Quartär,* 18, pp. 25-55.

Bordes F. (1979). – Comments on M.Y. Ohel, « The Clactonian ». Chicago, *Current Anthropology*, 20, 4, p. 714.

Bordes F. (1981). – Vingt-cinq ans après : le complexe moustérien revisité. Paris, *BSPF*, 78, 3, pp. 77-87.

Bosinski G. (1967). – *Die mittelpaläolithischen Funde in westlichen Mitteleuropa*. Cologne, Fundamenta, serie A, 4.

Bosinski G., Street M. et Baales M. (1995). – The Palaeolithic and the Mesolithic of the Rhineland *in Quaternary Field Trips in Central Europe* (W. Schimer éd.). Munich, Pfeil, pp. 831-899.

Breuil H. (1932). – Le feu et l'industrie de pierre et d'os dans le gisement du « *Sinanthropus* » à Chou Kou Tien. Paris, *L'Anthropologie*, 42, pp. 1-17.

Cahen D. et Haesaerts P. (1984). – *Peuples chasseurs de la Belgique préhistorique dans son cadre naturel*. Bruxelles, Institut royal des sciences naturelles de Belgique.

Collina-Girard J. (1998). – *Le feu avant les allumettes*. Paris, Maison des Sciences de l'Homme.

Coutier L. (1929). – Expériences de taille pour retrouver les anciennes techniques paléolithiques. Paris, *BSPF*, XXVI, 3, pp. 174-176.

Deloze V. *et al.* (dirs) (1994). – *Le Paléolithique moyen dans le nord du Sénonais (Yonne) : contexte géomorphologique, industries lithiques et chronostratigraphies*. Paris, MSH, DAF 47.

Depaepe P. (2003). – L'utilisation des matières premières au Paléolithique moyen dans la vallée de la Vanne (France) *In Les matières premières lithiques en Préhistoire* (F. Surmely, dir.). Préhistoire du Sud-Ouest, supplément 5, pp. 123-130.

Dibble H. et Rolland N. (1992). – On assemblage variability in the Middle Paleolithic of western Europe, perspectives and a new synthesis, *in The Middle Paleolithic : adaptation, behavior, and variability* (H.L. Dibble et P. Mellars éds). Philadelphia, University Museum Symposium Series IV, The University Museum Monograph 78, pp. 29-43.

Farizy C. (1992). – L'Europe et l'Asie septentrionale *In La Préhistoire dans le monde* (J. Garanger, sous la dir. de). Paris, Nouvelle Clio, Livre 3, Chapitre 2, pp. 295-357.

Féblot-Augustins J. (1997). – *La circulation des matières premières au Paléolithique : synthèse des données perspectives comportementales.* Liège, ERAUL, 75.

Geneste, J.-M. (1985). – *Analyse lithique d'industries moustériennes du Périgord : une approche technologique du comportement des groupes humains au Paléolithique moyen*. Thèse de l'Université de Bordeaux I.

Geneste J.-M. (1992). – L'approvisionnement en matières premières dans les systèmes de production lithique : la dimension spatiale de la technologie *in Technologia y Cadenas Operativas Liticas* (R. Mora et coll., éds). Treballs d'Arqueologia, 1, pp. 1-36.

Keeley L.H. (1980). – *Experimental Determination of Stone Tool Uses : a Microwear Analysis*. Chicago, University of Chicago Press.

Kozlowski J.K. (1988). – Transition from the Middle to the Early Upper Palaeolithic in Central Europe and Balkans. *BAR, Int. Series*, 437, pp. 193-237.

Laville H. (1973). – The relative position of Mousterian industries in the climate chronology of the Early Würm in the Périgord. *WA*, 4, pp. 323-329.

Mania D. et Toeffer V. (1973). – Königsaue, Berlin. Halle, *Veröffentlichungen des Mandmuseums für Vorgeschichte in Halle*, 26, pp. 42-51.

Meignen L. (1988). – Un exemple de comportement technologique différentiel selon les matières premières : Marillac, couches 9 et 10 *in L'Homme de Néandertal, vol. 4, La Technique*. Liège ERAUL, 31, pp. 71-79).

Mellars P.A. (1989). – Chronologie du Moustérien du Sud-Ouest de la France : actualisation du débat. Paris, *L'Anthropologie*, 93, 1, pp 53-72.

Mercier N. et Valladas H. (1996). – Gif Laboratory TL dates for some middle palaeolithic sites in The Lower and middle Palaeolithic. Coloquium X *: The origin of Modern Man*, pp. 117-123.

Oliva M. (1988). – Pointes foliacées et technique Levallois dans le passage Paléolithique moyen/Paléolithique supérieur *In L'Homme de Néandertal*, vol. 8 : La mutation. Liège, ERAUL, 35, pp. 125-131.

Perlès C. (1977). – *Préhistoire du feu*. Paris, Masson.

Piel-Desruisseaux J.-L. (2004). – *Outils préhistoriques du galet au bistouri d'obsidienne*, Paris, Éd. Dunod, 5e éd.

Plisson H. et Beyries S. (1998). – Pointes ou outils triangulaires ? Données fonctionnelles dans le Moustérien levantin. *Paléorient*, 24, 1, pp 5-24.

Ringer A. (1990). – Le Szélétien dans le Bükk en Hongrie. Chronologie, origine et transition vers le Paléolithique supérieur *In Paléolithique moyen récent et Paléolithique supérieur ancien en Europe* (C. Farizy éd.). Mémoires du Musée de Préhistoire d'Ile-de-France, 3, pp. 107-109.

Ringer A. (1995). – Les industries à pièces foliacées en Europe centrale : proposition de synthèse. Les Eyzies, *Paléo*, Suppl. 1, pp. 15-18.

Roebroeck W. (1988). – *From find scatters to Early Hominid Behaviour : a study of Middle Palaeolithic Riverside Settlements at Maastricht-Belvédère (The Netherlands)*. Leyde, University of Leiden, Publications of the Institute of Prehistory, 21.

Rolland N. (1990a). – Variabilité du Paléolithique moyen : nouveaux aspects in *Paléolithique moyen récent et paléolithique supérieur ancien en Europe* (C. Farizy éd.). Mémoires du Musée de Préhistoire d'Ile-de-France, 3, pp. 60-76.

Rolland N. (1990b). – Existe-t'il un moustérien oriental ? in *Feuilles de pierre : les industries à pointes foliacées du Paléolithique supérieur européen*. Liège, ERAUL, 42, pp. 95-112.

Svoboda J. (1984). – Cadre chronologique et tendances évolutives du Paléolithique tchécoslovaque. Essai de synthèse. Paris, *L'Anthropologie*, 88, pp. 169-192.

Tavoso A. (1984). – Réflexions sur l'économie des matières premières au Moustérien. Paris, *BSPF*, 81, 3, pp. 79-82.

Turq A. (1989). – Approche technologique et économique du faciès Moustérien de type Quina : étude préliminaire. Paris, *BSPF*, 86, 8, pp. 244-256.

Valladas H. *et al* (1987). Datations par la thermoluminescence de gisements moustériens du sud de la France. Paris, *L'Anthropologie*, 91, 1, pp. 211-226.

Valladas, H. *et al.* (1999) – Contribution des méthodes nucléaires à la chronologie des cultures paléolithiques entre 300 000 et 35 000 ans. Paris, *Gallia Préhistoire*, 41, pp. 153-166.

Vallin L. et Masson B. (1998). – Hermies, "Le Champ Bruquette" : a site of specialized lithic production from the weichselian Middle Palaeolithic. *Actes du XIIIe Congrès de l'UISPP*, session 5, sous-session "Caractères et variabilité des complexes lithiques du Paléolithique moyen", pp. 227-238.

Valoch K. (1984). – Le Taubachien, sa géochronologie, paléoécologie et paléoetnologie. Paris, *L'Anthropologie*, 88, pp. 192-208.

Valoch K. (1990a). – La Moravie il y a 40 000 ans *in Paléolithique moyen récent et Paléolithique supérieur ancien en Europe* (C. Farizy éd.). Mémoires du Musée de Préhistoire d'Ile-de-France, 3, pp. 115-124.

Valoch K. (1990b). – Le Szélétien en Moravie *In Feuilles de pierre* (J.K. Kozlowski éd.). Liège, ERAUL, 42, pp. 213-221.

Verjux C. (1988).- Les denticulés moustériens *in L'Homme de Neandertal. Vol. 4 : La technique.* Liège, ERAUL 31, pp. 197-201.

Chapitre 7 : Nomade

Auguste P. (1995). – *Cadres biostratigraphique et paléoécologique du peuplement humain de la France septentrionale durant le Pléistocène. Apports de l'étude paléontologique des grands mamifères de Biache-Saint-Vaast (Pas-de-Calais)*. Paris, Thèse de 3e cycle du MNHN.

Anissutkine N.K. (1990). – Le Moustérien du sud-ouest de l'URSS. Paris, *L'Anthropologie,* 94, 4, pp. 713-738.

Beaune S. A. de (2003). – Du grain à moudre sur les néanderthaliens. Paris, *La Recherche*, 360, pp. 56-59.

Binford L.R. (1979). – Organization and formation process : looking at curated technologies. *Journal of Anthropological Research,* 35, pp. 255-273.

Binford L.R. (1980). – Willow Smoke and dog's tails : Hunter-Gatherer settlement system and archaeological site formation. *American Antiquity*, 45, 1, pp. 4-20.

Binford L.R. (1982). – The archaeology of place. *Journal of Anthropological Archaeology*, 1, pp. 5-31.

Bosinski G., Brunnacker K et Turner E. (1983). – Ein Siedlungsbefund des Frühen Mittelpaläolithikums von Ariendorf, Kr Neuwied. Mayence, *Archäologisches Korrespondenzblatt*, 13, pp. 157-169.

Delpech F. (1989). – L'environnement animal des magdaléniens *In Le Magdalénien en Europe, la structuration du Magdalénien*. Liège, ERAUL, 38, pp. 5-30.

Depaepe P. (2004) – Fonctions des sites et gestion du territoire : le Paléolithique moyen récent de la vallée de la Vanne (France). *In Settlement Dynamics of the Middle Paleolithic and Middle Stone Age II* (N.J. Conard éd.). Tübingen, Publications in Prehistory, pp. 273-293.

Féblot-Augustins J. (1999). – La mobilité des groupes paléolithiques. Paris, *Bull. et Mém. De la Société d'Anthropologie de Paris*, n.s.t. 11, 3-4, pp. 219-260.

Jarman M.R., Bailey G.N. et Jarman H.N. (1982). – *Early european agriculture. Its foundation and development*. Cambridge University Press.

Keekey R.L. (1988). – Hunter-gatherer economic complexity and « population pressure » : a cross-cultural analysis. *Journal of Anthropological Archaeology*, 7, pp. 373-411.

Klein R.G. (1973). – *Ice-Age Hunters of the Ukraine*. Chicago, The University of Chicago Press.

Kozlowski J. K. et Kozlowski S. K. (1996). – *Le Paléolithique en Pologne*. Grenoble, Jérôme Million, L'Homme des origines, Série Préhistoire d'Europe, 2.

Leroi-Gourhan A. et Leroi-Gourhan A. (1965). – Chronologie des grottes d'Arcy-sur-Cure. Paris, *Gallia Préhistoire*, 7, pp. 1-64.

Lévi-Strauss C. (1955). – *Tristes tropiques*. Paris, Plon.

Paunescu A. (1989). – Structures d'habitat moustériennes mises au jour dans l'établissement de Ripiceni-Izvor (Roumanie) et quelques considérations concernant le type d'habitat Paléolithique moyen de l'Est des Carpates *In L'Homme de Néandertal, Vol. 6 : La Subsistance*. Liège, ERAUL, pp. 127-143.

Renfrew C. (1984). – Trade as action at distance *in Approaches to social Archaeology* (C. Renfrew éd.). Cambridge, Harvard University Press, pp. 86-134.

Ricard J.-L. et Delisle A. (1992). – Comportement opportuniste ou comportement structuré des hommes du paléolithique moyen ? Les premiers éléments de réponse du site de Champ-Paillard (Deux-Sèvres). Paris, *BSPF*, 89, 7, pp. 198-199.

Sainty J. (1992). – Mutzig : un exceptionnel gisement du quaternaire alsacien. Première partie : le gisement et l'atelier de taille. Strasbourg, *Cahiers alsaciens d'archéologie, d'art et d'histoire*, 35, pp. 5-14.

Testart A. (1982). – *Les Chasseurs-Cueilleurs ou l'origine des inégalités*. Paris, Société d'Ethnographie.

Valoch K. (1989). – Flint and rock crystal *in* the Moravian Palaeolithic *in « Northern » (erratic and jurassic) flint of south polish origin in the upper Palaeolithic of central Europe* (Kozlowski J. K. éd.). University of Kansas, Lawrence/Jagellonian Universiity Cracovie, pp. 71-73.

Valoch K. (1995). – Territoire d'implantation, contacts et diffusions des sociétés du Paléolithique supérieur dans l'ancienne Tchécoslovaquie. Paris, *L'Anthropologie*, 99, pp. 593-608.

Chapitre 8 : Le plus grand des chasseurs

Auguste P. (1995). – *Cadres biostratigraphique et paléoécologique du peuplement humain de la France septentrionale durant le Pléistocène. Apports de l'étude paléontologique des grands mamifères de Biache-Saint-Vaast (Pas-de-Calais)*. Paris, Thèse de 3e cycle du MNHN.

Bahn P. (1995). – Flight into pre-history. Londres, *Nature*, 373, 6515, p. 562.

Bahuchet S. (1997). – Le comportement alimentaire des hommes peut-il aider a reconstituer celui des hommes du Paléolithique ? *In L'alimentation des hommes du Paléolithique. Approche pluridisciplinaire* (M.Patou-Mathis, sous la dir. de). Liège, ERAUL 83, pp. 59-69.

Binford L.R. (1984). – *Faunal remains from Klasies River Mouth*, New York, Academic Press.

Binford L.R. (1978). – *Nunamiut Ethnoarchaeology*. New York, Academic Press, 504 p.

Bocherens H. (1997). – L'apport de la biogéochimie isotopique à la connaissance des comportements de subsistance des chasseurs cueilleurs anciens *in L'Alimentation des Hommes du Paléolithique. Approche pluridisciplinaire* (M. Patou-Mathis éd.) Liège, ERAUL, 83, pp. 235-264.

Christy, C. (1952). – *La grande chasse au pays pygmées*. Traduction de R. Thevenin. Paris, Payot, bibliothèque Géographique.

Coudart A. (1992). – Sur l'analogie ethnographique et ethnoarchéologique et sur l'histoire des rapports entre archéologie et ethnologie *in Préhistoire dans le Monde* (J. Garanger, sous la dir. de). Paris, PUF, pp. 248-263.

Daly P. (1969). – Approaches to faunal analysis in archaeology. *American Antiquity*, 34, pp. 146-153.

Darwin Ch. (1891). – *La descendance de l'homme et la sélection sexuelle*. Traduction de E. Barbier. Paris, Reinwald.

Delluc G., Delluc B. et Roques M. (1995). – *La nutrition préhistorique*. Périgueux, Pilote 24.

Dutour O. (1993). – Les marqueurs d'activités sur l'os humain fossile. Une tracéologie paléoanthropologique in *Traces et fonction : les gestes retrouvés*. Liège, ERAUL, 50, vol. 1, pp. 59-66.

Edelman G.M. et Tononi G.(2000). – *Comment la matière devient conscience*. Paris, Éds Odile Jacob.

Fischler C. (1993). – *L'Homnivore*. Paris, Éd. Jacob, Points.

Fizet M. et *ali.* (1995). – Effect of the diet, physiology and climate on carbon and nitrogen stable isotopes of collagen in a late Pleistocene anthropic paleoecosystem (France, Charente, Marillac). *Journal of Archaeological Science*, 22, pp. 67-79.

Granat J. et Heim J.-L. (2002). – Le sport aux temps préhistoriques, mythe ou réalité ? *Biom. Hum. Anthropol.*, 20, 1-2, pp. 139-149.

Hambucken A. (1993). – Variabilité morphologique et métrique de l'humérus, du radius et de l'ulna des Néanderthaliens. Comparaison avec l'Homme moderne. Thèse de Doctorat de l'Université Bordeaux I.

Jeannin A. (1947). – *L'éléphant d'Afrique : zoologie, histoire, folklore, chasse, protection*. Paris, Payot, bibliothèque Scientifique.

Lindner K. (1941). – *La chasse préhistorique*. Paris, Payot, Bibliothèque scientifique.

Locht J.-L. et Patou-Mathis M. (1998). – Activités spécifiques pratiquées par les Néanderthaliens : le site de "La Justice" à Beauvais (Oise, France). *Actes du XIII*[e] *Congrès IUSPP*, vol. 2, pp. 165-187.

Patou M. (1989). – Subsistance et approvisionnement au Paléolithique moyen *in L'Homme de Néandertal, vol. 6 : La subsistance.* Liège, ERAUL, 33, pp. 11-18.

Patou-Mathis M. (1993a). – Les comportements de subsistance au Paléolithique inférieur et moyen en Europe Centrale et Orientale, *in Exploitation des animaux sauvages à travers le temps*. Antibes, APDCA, pp. 15-28.

Patou-Mathis M. (1993b) – Etude taphonomique et palethnographique de la faune de l'Abri des Canalettes *In L'Abri des Canalettes* (sous la direction de L. Meignen). Valbonne, CNRS, Monographie du CRA, 10, pp. 199-237.

Patou-Mathis M. (1998). – Les espèces chassées et consommées par l'Homme en C5 *in Recherches aux grottes de Sclayn, vol. 2 : L'Archéologie* (Otte, Patou-Mathis et Bonjean Eds.). Liège, ERAUL, 79, pp. 297-310.

Patou-Mathis M. (1999) – A New middle Paleolithic site in Alsace : Mutzig I (Bas-Rhin). Subsistence behaviour *In The role of early Humans in the accumulation of European Lower and Middle Palaeolithic bone assemblages*, Mainz, Monographien des Römisch-Germanischen Zentralmuseum, 42, pp. 325-341.

Patou-Mathis M. (2000). – Neandertal subsistence behaviours in Europe. *International Journal of Osteoarchaeology*, vol. 10, Issue 5. John Wiley et Sons Ed. pp. 379-395.

Phebus G. (1389 rééd.1986). – *Le livre de la chasse.* Philippe Lebaud Éditeur.
Puech P.F. (1978). – L'alimentation de l'homme préhistorique. Paris, *La Recherche*, 94, 9, pp. 1029-10031.
Pujol R. (1992). – Intérêt de l'ethnozoologie : exemples choisis à la lumière de quelques thèmes. *Ecologie et Ethologie Humaine*, 1.
Roberts M.B., Stringer C.B. et Parfitt S.A. (1994). – A hominid tibia from Middle Pleistocene sediments at Boxgrove, UK. Londres, *Nature*, 369, pp. 311-313.
Robinson J.T. (1954). – Prehominid dentition and hominid evolution. *Evolution, 8*, pp. 324-334.
Shea J. (1993). – Lithic use-wear evidence for hunting in the levantine middle paleolithic, *in Traces et fonction : les gestes retrouvés, vol. 1*. Liège, ERAUL, 50, pp. 21-30.
Sickenberg O.(1969). – Die Säugetierfauna der Kalkmergel von Lehringen (Krs. Verden/Aller).im Rahmen der eemzeitlichen Faunen Nordwestdeutschlands. *Geologisches Jahrb*uch, 87, pp. 551-564.
Testart A. (1986). – *Essai sur les fondements de la division sexuelle du travail chez les chasseurs-cueilleurs*, Paris, Ed. École des Hautes Etudes en Sciences Sociales.
Thieme H. (1997). – Lower Paleolithic hunting spears from Germany. Londres, *Nature*, 385, pp. 807-810.
Thieme H. et Veil S. (1985). – Neue untersuchungen zum eemzeitlichen Elefanten-Jagdplatz, Lehringen, Ldkr, Verden. *Die Kunde* N.F. 36, pp. 11-58.
Trinkaus E. (1977). – A fonctional interpretation of the axillary border of the Neandertal scapula. Londres, *Journal of Human Evolution*, 6, pp. 231-234.
Trinkaus E. et Churchill S.E. (1988). – Neandertal radial tuberosity orientation. *American Journal of Physical Anthropology*, 75, pp. 15-21.
Voisin J.-L. (2004). – Clavicule : approche architecturale de l'épaule et réflexions sur le staut systématique des Néandertaliens. Paris, *C.R. Palevol.*, 3, pp. 133-142.
Walker A.C. (1981). – Dietary hypotheses and human evolution. *Philosophical Transactions of the Royal Society of London, 292*, pp. 57-64.
White L. (1949). – *The Science of Culture*. New York, Free Books.

Chapitre 9 : Tout est bon dans l'animal !

Averbouh A. (1991-1992). – *Le travail des matières osseuses au Paléolithique : évolution technique et chronologique.* Paris, Documents de Travaux Dirigés, École du Louvre.
Baryshnikov G. F. et Hoffecker J. F. (1994). – Mousterian hunters of the NW Caucasus : Preliminary results of recent investigations. *Journal of Field Archaeology*, 21, pp. 1-14.

Belitz L. (1991). – *Brain Tanning the Sioux Way.* Hot Springs (S.D., USA), Srep-by-step, Pine Ridge Indian Reservation.

Breuil B. et Barral L. (1955). – Bois de Cervidés et autres os travaillés sommairement au Paléolithique ancien du Vieux M onde et au moustérien des grottes de Grimaldi et de l'Observatoire de Monaco. *Bulletin du Musée d'Anthropologie préhistorique de Monaco*, fasc. 2, pp. 3-26.

Chabaï V., Marks A.E. et Yevtushenko A. (1995). – Views of the Crimea middle Paleolithic past and present. Liège, *Préhistoire Européenne*, 7, pp. 59-80.

Debénath A. et Duport L. (1971). – Os travaillés et os utilisés de quelques gisements préhistoriques charentais (Paléolithique ancien et moyen). *Mémoires de la Société Archéologique et Historique de la Charente*, pp. 189-202.

Defleur A. (1985). – Présentation de quelques outils en os de la grotte de Rigabe (Artigues, Var) *in Outillage peu élaboré en os et bois de Cervidés I* (M. Patou, sous la dir. de). Treignes (Belgique), Édition du CEDA, Artefacts 1, pp. 47-50.

Defleur A. (1988). – Contribution à la connaissance de l'industrie osseuse du Paléolithique moyen. Paris, *B.S.P.F.,* 85, 5, pp. 138-141.

Defleur A. (1989). – Un racloir en os de la grotte des Cèdres (Plan d'Aups, Var) *in Outillage peu élaboré en os et bois de Cervidés III* (M. Patou, sous la dir. de). Treignes (Belgique), Édition du CEDARC, Artefacts 7, pp.33-34.

D'Errico F., Baffier D. et Julien M. (1998a). – Les inventions des derniers Néanderthaliens. Paris, *Pour la Science*, 254, pp. 80-83.

D'Errico F., Zilhao J., Julien M., Baffier D. et Pelegrin J. (1998b). – Neanderthal acculturation in Western Europe ? A critical review of the evidence and its interpretation. *Current Anthropology*, 39, pp. 1-22.

D'Errico F. *et al.* (2003). – Archaeological Evidence for the emergence of language, symbolism, and music-an alternative multidisciplinary perspective. *Journal of World Prehistory,* 17, 1, pp. 1-70.

Gaudzinski S. (1999). – Middle Paleolithic bone tools from the open-air site of Salzigitter-Lebenstedt (Germany). *Journal of Archaeological Science*, 26, pp. 125-141.

Golovanova L.V. *et al.* (1998). – Un site micoquien est européen du Caucase du Nord (Résultats préliminaires de l'étude de la grotte Mezmaiskaya, les fouilles des années 1987-1993). Paris, *L'Anthropologie*, 102, 1, pp. 45-66.

Henri-Martin L. (1907-1910). – *Recherche sur l'évolution du moustérien dans le gisement de La Quina (Charente), vol. 1 : l'industrie osseuse.* Paris, Schneicher.

Henri-Martin L. (1909). – Désarticulations de quelques régions chez les Ruminants et le Cheval à l'époque moustérienne. Paris, *Bull. de la S.P.F.*, pp. 303-310.

Henri-Martin L. (1932). – Sur un épieu en os de l'époque moustérienne trouvé à La Quina. Paris, *L'Anthropologie*, 42, pp. 681-682.

Kazaryan H. (1993). – Butchery knives in the Mousterian sites of Armenia *in Traces et fonction : les gestes retrouvés, vol. 1*. Liège, ERAUL 50, pp. 79-85.

Leroi-Gourhan A. (1971). – *L'homme et la matière*. Paris, Albin Michel, Sciences d'aujourd'hui, 2e éd.

Lévi-Strauss C. (1964). – *Mythologiques : Le Cru et le Cuit*. Paris, Plon.

Moncel M-H, Patou-Mathis M. et Otte M. (1998). – Halte de chasse au chamois au Paléolithique moyen : la couche 5 de la grotte Scladina (Sclayn, Namur, Belgique) in *Économie préhistorique : les comportements de subsistance au Paléolithique* (J.-P. Brugal, L. Meignen et M. Patou-Mathis, sous la dir. de). Antibes, Sophia-Antipolis, APDCA, pp. 291-308.

Noe-Nygaard N. (1977). – Butchering and marrow fracturing as a taphonomic factor in archaeological deposits. *Paleobiology*, 3, pp. 218-237.

Patou-Mathis M. (1993). – Étude taphonomique et palethnographique de la faune de l'abri des Canalettes *in L'abri des Canalettes, un habitat moustérien sur les grands Causses (Nant, Aveyron)* (L. Meignen, sous la dir. de). Paris, CNRS, CRA, 10, pp. 199-237.

Patou-Mathis M. (1996a). – Techniques d'acquisition et de traitement des grands mammifères par les néanderthaliens européens : exemple de « chaînes opératoires ». Rome, *Quaternaria Nova*, VI, pp. 187-203.

Patou-Mathis M. (1999). – Les outils osseux du Paléolithique inférieur et moyen en Europe. Problème, méthodes et résultats préliminaires *in Préhistoire d'os*. Aix-en-Provence, Publications de l'Université de Provence, pp. 49-57.

Patou-Mathis M. (sous la dir. de) (2002). – *Retouchoirs, compresseurs, percuteurs, ... Os à impressions et éraillures*. Paris, SPF, Fiches de la Commission de nomenclature sur l'industrie de l'os préhistorique, Cahier X.

Révillon S. (1994). – *Les industries laminaires du Paléolithique moyen en Europe septentrionale*. Lille, Publications du CERP, 5, 187 p.

Saint-Germain C. (1997). – The production of bone broth : a study in nutritional exploitation. Paris, *Anthropozoologica*, 25-26, pp. 153-156.

Stepanchuk V. N. (1993). – Prolom II, a Middle Palaeolithic cave site in the Eastern Crimea with non-utilitarian bone artefacts. *Prehistory Society*, 59, pp. 17-37.

Tromnau G. (1983). – Ein Mammutknocken-Faustkeil aus Rhede, Kreis Borken (Westfallen). *Archölogisches Korrespondenzblatt*, 13, pp. 287-289.

Ulrix-Closset M. (1975). – *Le Paléolithique moyen dans le Bassin mosan en Belgique*. Liège, Bibliothèque de la Fac. de Philo. et Lettres de l'Univ. de Liège, Publications exceptionnelles, 3.

Valoch K. (sous la dir. de) (1988). – *Die Erforschung der Kulna-Höle 1961-1976*. Brno, Anthropos, 24, n.s.16, 318 p.

Veyrier M. et Combier J. (1952). – L'industrie osseuse moustérienne de la grotte Néron à Soyons (Ardèche). Paris, *L'Anthropologie*, 56, pp. 383-385.

Vincent A. (1993). – *L'outillage osseux au Paléolithique moyen : une nouvelle approche*. Paris, Thèse de 3e cycle de l'Université de Paris X (Nanterre).

Chapitre 10 : Homo symbolicus ?

Auguste P. (2003). – La Chasse à l'ours au Paléolithique moyen : mythes, réalités et état de la question, *in Le rôle de l'environnement dans les comportements des chasseurs-cueilleurs préhistoriques* (M. Patou-Mathis et H. Bocherens éds). BAR, International series 1105, pp. 135-142.

Bächler E. (1940). – *Das alpine Paläolithikum der Schweiz im Wildkirchli, Drachenloch und Wildenmannlisloch*. Basel, Monographien zur Ur-und Frühgeschichte der Schweiz, Schweizerische Gesellschaft für Ur-und Frühgeschichte, 2.

Barham L.S. (1998). – Possible early pigment use in south-central Africa. *Current Anthropology*, 39, 5, pp. 703-710.

Binant P. et Boëda E. (2000). – L'outil est-il un objet d'art. Paris, *La recherche*, H.S., 4, p. 53.

Bratlund B. (1999). – Taubach revisited. Mainz, *Jahrbuch des Römisch-Germanischen Zentralmuseums,* 46, pp. 61-174.

Carciumaru M. et Ulrix-Closset M. (1995-96). – Paléoenvironnement et adaptation culturelle des Néanderthaliens de la grotte Cioarei à Borosteni *in Nature et Culture* (M. Otte éd.). Liège, ERAUL, vol. 1, pp. 143-160.

David F. (2002). – Les ours du Châtelperronien de la grotte du Renne à Arcy-sur-Cure (Yonne) *in L'ours et l'Homme* (T. Tillet et L. Binford, éds). Actes du Colloque d'Auberives-en-Royans, 1997. Liège, ERAUL 100, pp. 185-191.

Coppet de D. (1988). – Totem et totémisme. Paris, *Encyclopaedia Universalis* 18, pp. 104-106.

Duport L. (1988). – La grotte de Montgaudier. Association des Archéologues, DRAC Poitou-Charentes, *Bull. de liaison,* 17, pp. 18-20.

d'Errico F. et Villa P. (1997). – Holes and grooves : the contribution of microscopy and taphonomy to the problem of art origins, Londres, *Journal of Human Evolution,* 33, pp. 1-31.

d'Errico F. et Laroulandie V. (2000). – Bone technology at the Middle-Upper Paleolithic transition. The case of the worked bones from Buran-Kaya III level C (Crimea, Ukraine) *in Neanderthals and Modern Humans. Discussing the transition : Central and eastern Europe from 50 000-30 000 BP.* (J. Orschiiedt et G.C. Weniger éds.). Mettmann, Neanderthal Museum, pp. 227-242.

d'Errico F., Henshilwood C., Vanhaeren M. et Niekerk van K. (sous-presse). – *Nassarius kraussianus* shelle beads from Blombos cave : evidence for symbolic behaviour in the Middle Stone Age. Londres, *Journal of Human Evolution,* 22 p.

Goren-Inbar N. (1990). – *Quneitra : A Mousterian site on the Golan Heigthts.* With contributions by P. Goldberg, S. Belitzky, A. Heimann et al. Jerusalem, The Hebrew University of Jerusalem, Qedem, 31.

Gonzalez Echegaray J. et Freeman L.G. (1971). – *Cueva Morin : Excavaciones 1966-1968.* Santander, Patronato de las cuevas prehistoricas, Publicationes, 6.

Hallowell A.N. (1926). – Bear ceremonialism in Northern Hemisphere. *American Anthropologist*, n.s. 28.

Jablonski N.G. et G. Chaplin (2000). – The evolution of human skin coloration. Londres, *Journal of human evolution*, 39, 1, pp. 57-106.

Jéquier J.-P. (1975). – *Le Moustérien Alpin. Révision critique.* Yverdon, Eburodunum II, Cahier d'Archéologie romande.

Koby F.E. (1953). – Les paléolithiques ont-ils chassé l'ours des cavernes ? *Actes de la Soc. Jurassienne d'Émulation*, 57, pp. 1-48.

Lajoux J.-D. (1996). – *L'homme et l'ours.* Grenoble, Glénat.

Leonardi P. (1988). – Art paléolithique mobilier et pariétal en Italie. Paris, *L'Anthropologie*, 92, 1, pp. 139-202.

Leroi-Gourhan A. (1964, rééd. 1986). – *Les religions de la préhistoire. Paléolithique.* Paris, PUF.

Lioubine V.P. (1998). – La grotte moustérienne de Barakevskaïa (Nord Caucase). Paris, *L'Anthropologie,* 102, 1, pp. 67-90.

Lorblanchet M. (1999). – *La naissance de l'art. Genèse de l'art préhistorique.* Paris, Errance.

Lot-Falk E. (1953). – *Les rites de chasse chez les peuples sibériens.* Paris, Gallimard.

Marquet J.-C. et Lorblanchet M. (2003). – A Neanderthal face ? The protofigure from La Roche-Cotard, Langeais (Indre-et-Loire, France). Cambridge, *Antiquity*, 77, 298, pp. 661-670.

Patou-Mathis M. (1988). – Consommation courante de l'ours des cavernes en Europe occidentale durant le Paléolithique moyen : mythe et réalité. *In L'animal dans l'alimentation humaine : les critères de choix.* Paris, Anthropozoologica, n° spécial 2, pp. 17-20.

Patou-Mathis M. (1996a). – Les relations Homme-Animal *in Les grands mammifères plio-pléistocènes d'Europe* (C. Guérin et M. Patou-Mathis, sous la dir. de). Paris, Ed. Masson, pp. 257-282.

Peyrony D. (1934). – La Ferrassie. Moustérien, Périgordien, Aurignacien. Paris, *Préhistoire*, 3, pp. 1-92.

Poplin F. (1983). – L'animal et l'os devant l'archéologie, Paris, *Les Nouvelles de l'Archéologie,* 11, pp. 7-11.

Poplin F. (1988). – Aux origines néanderthaliennes de l'art. Matière, forme, symétries. Contribution d'une galène et d'un oursin fossile taillé de

Merry-sur-Yonne (France) *in L'Homme de Neandertal, vol. 5 : La Pensée.* Liège, ERAUL, 32, pp. 109-116.

Pradel L. et Pradel J.-H. (1955). – Le Moustérien évolué de l'Ermitage. Paris, *L'Anthropologie*, 58, 5-6, pp. 433-443.

Quilès J. (1995). – *L'ours des cavernes en Ligurie et dans les Alpes-Maritimes.* Paris, Mémoire de DEA, MNHN, IPH.

Taborin Y. (1990). – Les prémices de la parure *in* (C. Farizy Ed.) *Paléolithique moyen récent et Paléolithique supérieur ancien en Europe (C. Farizi éd.).* Mémoires du Musée de Préhistoire d'Ile-de-France, 3, pp. 335-344.

Vèrtes L. *et al.* (1964). – *Tata, eine mittelpaläolithische Travertin-Siedlung in Ungarn.* Budapest, Akadémiai Kiado.

Wetzel R. et Bosinski G. (1969). – *Die Bocksteinschmiede im Lonetal.* Stuttgart, Miller et Gräff Kommissionsverlag, Reihe A Heft 15.

Chapitre 11 : Il parlait !

Arensburg B. *et al.* (1989). – A Middle Palaeolithic human hyoid bone. Londres, *Nature*, 338, pp. 758-760.

Bickerton D . (1990). – *Language and species.* Chicago, University of Chicago Press.

Bickerton D. (1995). – *Language and human behavior.* Seattle, University of Washington Press.

Boë L.-J. (2003). – Langue unique et parole de Neandertal : deux erreurs fondamentales. *Journée Cognisud : Origine du langage : une approche pluridisciplinaire*, Marseille, Septembre 2003, résumé.

Cavalli-Sforza L. L. (1996). – *Gènes, peuples et langues.* Paris, Éds Odile Jacob.

Chomsky, N. (2001). – *Le langage et la pensée.* Paris, Payot et Rivages, Petite Bibliothèque Payot.

Duchin L. E. (1990). – The evolution of articulate speech : Comparative anatomy of the oral cavity in pan and Homo. Londres, *Journal of Human Evolution*, 19, pp. 687-697.

d'Errico F. et Vanharen M. (2004). – Les proto-langues revisitées par l'archéologie, *Science et vie*, H.S. 227, pp 110-115.

Falk D. (1975). – Comparative anatomy of the larynx in man and the chimpanzee : implications for language in the Neanderthal. *American Journal Physical Anthropology*, 42, pp. 123-132.

Fuchs C. (2002). – Les langues entre universalisme et relativisme. Paris, *Sciences Humaines*, Hors-Série, 35, p. 38-41.

Granat J. et Peyre E. (2004). – La situation du larynx du genre Homo. Données anatomiques, embryologiques et physiologiques. *Biom. Hum. et Anthropol.* 22, 3-4, pp. 139-161.

Heim J.-L., Boë L.-J. et Abry C. (2002). – La parole à la portée du conduit vocal de l'homme de Neandertal. Nouvelles recherches, nouvelles perspectives. Paris, *C.R. Palevol* 1, pp. 129-134.

Leroi-Gourhan A. (1964, Réédition 1983). – *Le geste et la parole ; tome 1 : technique et langage*. Paris, Albin Michel.
Lieberman P. (1998). – *Eve spoke : Human language and Human evolution*. University of California Press.
Lieberman P. et Crelin E.S. (1971). – On the speech of the Neanderthal man. *Linguistic Inquiry*, 2, 2, pp. 203-222.
Purves D. (1999) – *Neurosciences*. Paris, Bruxelles, De Boek University.
Ruhlen M. (1996). – *L'origine des langues*. Paris, Belin, Débats.
Takahata N. et Satta Y. (1997). – Evolution of the primate lineage leading to modern humans : phylogenetic and demographic inferences from DNA sequence. USA, *PNAS*, 94, pp. 4811-4815.
Tobias P. V (Ed.), (1967). – *Olduvai Gorge, volume 2 : The Cranium and maxillary dentition of Australopithecus (Zinjanthropus) boisei*. Cambridge, Cambridge University Press.
Vauclair J. (1997). – *Homo habilis* est le premier à parler. Paris, *Historia spécial*, 50, pp 54-58.

Chapitre 12 : Une mort ritualisée

Arensburg B. et al. (1985). – Une sépulture néanderthalienne dans la grotte de Kebara (Israël). Paris, *CRAS*, 300, série II, n° 6, pp. 227-230.
Arsuaga J L *et al.* (1998). – Los fosiles humanos de la Sima de los Huesos (Sierra de Atapuerca) : su significado en la evolucion humana. *in Atapuerca y la evolucion humana* (E. Aguirre dir.). Madrid, Centro de estudios Ramon Areces, pp. 171-192.
Binant P. (1991). – *La préhistoire de la mort*. Paris, Errance.
Bordes F. et Lafille J. (1962). – Découverte d'un enfant moustérien dans le gisement du Roc-de-Marsal, commune de Campagne du Bugue (Dordogne). Paris, *CRAS*, 254, 714-715.
Bouyssonie A. et J. et Bardon L. (1908). – Découverte d'un squelette humain moustérien à la Bouffia de la Chapelle-aux-Saints (Corrèze). Paris, *L'Anthropologie,* 19, pp. 513-518.
Breuil H. (1921). – Remarque sur les sépultures moustériennes. Paris, *L'Anthropologie*, 31, pp. 342-345.
Defleur A. (1993). – *Les sépultures moustériennes*. Paris, CNRS.
Freud S. (1913). – *Totem et tabou.* Paris, Payot, rééd. 1988, Petite bibliothèque Payot, 77.
Le Mort, F. (1988). – Le décharnement du cadavre chez les Néanderthaliens : quelques exemples *in L'Homme de Neandertal, vol. 5 : La Pensée.* Liège, ERAUL, 32, pp. 43-55.
Le Mort F. (1989). – Traces de décharnement sur les ossements néanderthaliens de Combe-Grenal (Dordogne). Paris, *BSPF*, 86, 3, pp. 79-87.
Leroi-Gourhan Arl. (1968). – Le Neanderthalien 4 de Shanidar. Paris, *BSPF*, 65, pp. 79-83.

Mac Dermott F. et *ali.* (1993). – Mass-spectrometric U-series dates for israeli Neanderthal/early modern hominid sites. Londres, *Nature,* 363, pp. 252-255.

Mercier N. et *ali.* (1991). – Thermoluminescence dating of the late Neanderthal remains from Saint-Césaire. Londres, *Nature*, 351, pp. 737-739.

Mercier N. et ali. (1995). – TL dates of burnt flints from Jelinek's excavations at Tabun and their implications. Londres, *Journal of Archaeological Science*, 22, pp. 495-509.

Movius H. L. Jr (1953). – The mousterian cave of Teshik-Tash, South-Eastern Uzbekistan, Central Asia. *Bull. of american School of Prehistoric Research*, 17, pp. 11-71.

Otte M. (1993). – *Préhistoire des religions*. Paris, Masson, Préhistoire.

Patou-Mathis, M. (1997). – Analyses taphonomique et palethnographique du matériel osseux de Krapina (Croatie) : nouvelles données sur la faune et les restes humains. Liège, *Préhistoire européenne,* 10, pp. 63-90.

Peyrony D. (1934). – La Ferrassie. Moustérien, Périgordien, Aurignacien. Paris, *Préhistoire*, 3, pp. 1-92.

Raynal J.-P. et Pautrat Y. (1990). – *La Chapelle-aux-Saints et la préhistoire en Corrèze*. Limoges, Association pour le recherche archéologique en Limousin.

Rufié J. (1986). – *Le sexe et la mort.* Paris, Éd. O. Jacob, Points.

Solecki R. (1971). – *The first flower people*. New-York, Éditeur A. Knopf.

Tillier A-M (1982). – Les inhumations d'enfants au Paléolithique ancien et moyen *in La mort dans la préhistoire*. Dossier Archéologia, 66, pp. 19-22.

Trinkaus E. (1991). – Les hommes fossiles de la grotte de Shanidar, Irak : Evolution et continuité parmi les hommes archaïques tardifs du Proche-Orient. Paris, *L'Anthropologie,* 95, pp. 535-572.

Valladas H. *et al.* (1987). – Termoluminescence dates for the Neanderthal burial site at Kebara in Israël. Londres, *Nature,* 330, pp. 159-160.

Valladas H. *et al.* (1999). – TL dates for Neanderthal site of the Amud Cave, Israël. *Journal of Archaeological Science*, 26, pp. 259-268.

Chapitre 13 : Cannibale ?

Arens W. (1979). – *The Man-eating Myth*. New York, Oxford University Press.

Bahn P. (1996). – *The Cambridge illustrated history of archaeology.* Cambridge University Press, 386 p.

Bass W.M. et Phenice T.W. (1975). – Prehistoric human skeletal material from three sites in North and South Dakota. Appendix C *in The Sonata Complex and associated sites on the Northern Great Plains* (R.W. Neuman éd.). Nebraska State Historical Society, Anthropology, 6, pp. 106-140.

Botella M.C. (1973). – Restos humanos eneolithicos con incisiones de la provincia de Granada. *Anales del Desarollo,* 17, pp. 401-423.

Boulestin B. et Gomez de Soto J. (1995). – Cannibalisme néolithique : quelques hypothèses. Paris, *Les Nouvelles de l'Archéologie*, 59, pp. 35-36.

Bouvier J.-M. (1971). – *Les mandibules humaines du Magdalénien français*. Paris, thèse de 3ᵉ cycle.

Defleur A. *et al.* (1999). – Neanderthal cannibalism at Moula-Gercy, Ardèche, France. Washington DC, *Science*, 286, pp. 128-131.

Dibble H. (1987). – The interpretation of Middle Palaeolithic scraper morphology. *American Antiquity*, 52, pp. 109-117.

Duday H. (1976). – Les sépultures des hommes du Mésolithique *in La Préhistoire Française,* Tome 1 (sous la dir. de H. de Lumley). Paris, CNRS éds, pp. 734-740.

Duday H. et Sellier P. (1990). – L'archéologie des gestes funéraires et la taphonomie. Paris, *Les Nouvelles de l'Archéologie*, 40, pp. 12-14.

Ferembach D. et Lechevalier M. (1973). – Découvertes de deux crânes surmodelés dans une habitation du VIIᵉ millénaire à Beisamoun, Israël. *Paléorient*, 1, pp. 223-230.

Gibbons A. (1997). – Archaeologists rediscover cannibals. Washington DC, *Science*, 277, pp. 635-637.

Henri-Martin G. (1957). – *La grotte de Fontéchevade*. Paris, *Archives de l'I.P.H.*, 28.

Herbert U. (1978). – Cannibalism and dismemberment of corpses with the Neanderthals from Krapina.*In : Krapinski Pracovjeh i evolucija Hominida.* Zagreb, *Jugislavenska akademija Znanosti I Umjetnosti*, pp. 317-318.

Lacam R., Niederlander A. et Vallois H.V. (1944). – *Le gisement mésolithique de Cuzoul de Gramat*. Paris, *Archives de l'I.P.H.*, 21.

Leakey R.E. et Lewin R. (1979). – *Les origines de l'Homme.* Paris, Arthaud.

Le Mort F. (1981). – *Dégradations artificielles sur des os humains du Paléolithique*. Paris, Thèse de 3ᵉ cycle de l'Université P. et M. Curie (P VI), 2 Tomes.

Le Mort F. (1986). – Le décharnement du cadavre au Paléolithique. *Bull. de la Société d'Anthropologie du Sud-Ouest*, XXI, 4, pp. 205-215.

Le Mort F. (1987). – Incisions volontaires sur un arrière-crâne de Néanderthalien de Marillac (Charente) *in Préhistoire de Poitou-Charentes. Problèmes actuels.* Actes du 111ᵉ Congrès National des Sociétés Savantes, Poitiers, 1986, pp. 151-156.

Le Mort F. et Gambier D. (1992). – Diversité du traitement des os humains au Magdalénien : l'exemple du gisement du Placard *in Le peuplement magdalénien. Paléogéographie physique et humaine*. Paris, CTHS Ed, pp. 29-40.

Le Mort F. et Rabinovich R. (1994). – L'apport de l'étude taphonomique des restes humains à la connaissance des pratiques funéraires : exemple du site chalcolithique de Ben Shemen (Istraël). *Paléorient*, 20/1, pp. 69-98.

Lévi-Strauss C. (1962). – *La Pensée sauvage*. Paris, Librairie Plon, Agora.

Lumley H. de *et al.* (1972). – Haltes et campements de chasseurs néanderthaliens dans la grotte de l'Hortus *in La grotte moustérienne de l'Hortus.* Marseille, Université de Provence, Études Quaternaires, Mémoire 1, pp. 527-623.

Malez M. (1970). – A new look at the stratigraphy of the Krapina prehistoric site *In Krapina 1899-1969.* Zagreb, Izdavacki zavod Jugoslavenske akademije znanosti i umjetnosti, pp. 40-44.

Olsen S. L. et Shipman P. (1994). – Cutmarks and perimortem treatment of skeletal remains on the Northern plains *in Skeletal biology in the great plains* (D. W. Owsley et R. L. Jantz Ed.). Washington et Londres, Smithsonian Institution Press, pp. 377-387.

Radovcic J. *et al.* (1988). – *The Krapina Hominids an illustrated Catalog of skeletal collection.* Zagreb, Croatian Natural History Museum.

Russell M. D. (1987a). – Mortuary Practices at the Krapina Neandertal site. *American Journal of Physical Anthropology*, 72, pp. 381-397.

Saint-Périer R. et S. de (1952). – *La grotte d'Isturitz III.* Paris, Archives de l'I.P.H., Mémoire 25.

Schwarcz H. P., Smith F.H. et Radovcic J. (1995). – ESR ages for Krapina hominids. Londres, *Nature*, 378, p. 24.

Simek J. (1991). – Stone tool assemblages from Krapina (Croatia), a descriptive and comparative study in (A. Montet-White et S. Holen eds), *Raw material economies among prehistoric hunter-gatherers.* Lawrence, University of Kansas Publications in Anthropology, 19, pp. 59-72.

Smith F.H. (1976). – *The Neandertal remains from Krapina. A descriptive and comparative study.* Knoxville, University of Tennesse. Report of investigations, 15, 329 p.

Stiner M.-C. (1991). – The faunal remains from Grotta Guattari : a taphonomic perspectives. *Current Anthropology*, 32, 2, pp. 103-117.

This B. (1988). – Cannibalisme. Paris, *Encyclopaedia Universalis*, Corpus 4, pp. 152-155.

Thomas L.-V. (1980). – *Le cadavre de la biologie à l'anthropologie.* Bruxelles, Complexe.

Tomic-Karovic K. (1970). – Krapinski neandertalac i kanibalizan *in Krapina 1899-1969.* Zagreb, Izdavacki zavod Jugoslavenske akademije znanosti i umjetnosti, pp. 183-187.

Trinkaus E. (1978). – Functional Implications of the Krapina Neandertal lower limb remains *in Krainski Pracovjek i evolucija Hominida* (M. Malez éd.). Zagreb, J. A. Z. U., pp. 155-192.

Trinkaus E. (1985). – Cannibalism and burial at Krapina. Londres, *Journal of Human Evolution*, 14, pp. 203-216.

Turner C. G. II et Turner J. A. (1992). – The first claim for cannibalism in the Southwest : Walter Hough's 1901 Discovery at Canyon Butte Ruin 3, Northeastern Arizona. *American Antiquity*, 57, 4, pp. 661-682.

Ubelaker D.H. (1974). – *Reconstruction of demographic profiles from ossuary skeletal samples : a case study from the tidewater potomac.* Washington, Smithsonian Contributions to Anthropology, 18.

Ullrich H. (1978). – Kannibalismus und Leichenzerstückelung beim Neandertaler von Krapina *in Krapinski Procovjeki Evolucija Hominida* (M. Malez éd.). Zagreb, Jugislavenska akademija Znanosti I Umjetnosti, pp. 293-318.

Valentin F. et d'Errico F. (1995). – Brief communication : skeletal evidence of operations on cadavers from Sens (Yonne, France) at the end of the XVth Century. *American Journal of Physical Anthropology*, 98, pp. 375-390.

Vallois H.V. (1958). – *La grotte de Fontéchevade. IIe partie : anthropologie.* Paris, *Archives de l'I.P.H.*, 29, pp. 17-84.

Villa P. *et al.* (1986). – Un cas de cannibalisme au Néolithique. Boucherie et rejet de restes humains et animaux dans la grotte de Fontbrégoua à Salernes (Var). Paris, *Gallia Préhistoire*, 29, 1, pp. 143-171.

Villa P. et Mahieu E. (1991). – Breakage patterns of human long bones. Londres *Journal of Human Evolution*, 21, pp. 27-48.

Weidenreich F. (1943). – The skull of *Sinanthropus pekinensis*. Pékin, *Paleontologia Sinica*, n.s.d., 10, pp. 184-190.

White T D (1986). – Cutmarks on the Bodo cranium : a case of prehistoric defleshing. New-York, *American Journal of Physical Anthropology*, 69, pp 503-509.

White T. D (1992). – *Prehistoric cannibalism at Mancos 5MTUMR-2346.* Princeton, Princeton University Press, 462 p.

White T. D. et Toth N. (1991). – The question of ritual cannibalism at Grotta Guattari. *Current Anthropology*, 32, 2, pp. 118-124.

Wolpoff M.H. (1979). – The Krapina dental remains. *American Journal of Physical Anthropology*, 50, pp. 67-113.

Chapitre 14 : Cogito, ergo sum...

Belfer-Cohen A. et Goren-Inbar N. (1994). – Cognition and communication in the levantine Lower Paleolithic. *World Archaeology*, 26, 2, pp. 144-157.

Binford L.R. (1988). – Facts and fiction about Zinjanthropus floor : data, arguments and interpretations. *Current Anthropology*, 29, pp. 123-135.

Deacon R.W. (1992). – The neural circuitry underlying primate calls and human language *in Language Origin : A multidisciplinary approach* (J. Wind *et al* éd.). Dordretch, Kluwer Academic Publishers, pp. 121-162.

d'Errico F., Villa P., Pinto Llona A.C. et Ruiz Idarraga R. (1998). – La flûte de Divje Babe et les accumulations naturelles d'ossements d'ours des cavernes in *Économie préhistorique : les comportements de subsistance au Paléolithique* (J.-P. Brugal, L. Meignen et M. Patou-Mathis Eds.). Sophia-

Antipolis, XXVIIIe Rencontre internationales d'Archéologie et d'Histoire d'Antibes, APDCA, pp. 85-104.

Falk D. (2000). – L'Australopithèque gracile était-il musicien ? Paris, *La Recherche*, H.S. 4, pp. 78-81.

Fodor J. (1986). – *La modularité de l'esprit*. Paris, Minuit.

Goodenough W. (1990). – Evolution of the human capacity for beliefs. *American Anthropologist*, pp. 590-612.

Hawkes K., O'Connel J. et Blurton Jones N. (1997). – Hadza women's time allocation, offspring provisioning and the evolution of long postmenopausal life spans. *Current Anthropology*, 38, pp. 551-577.

Holloway R. (1983). – Human Brain evolution : a search for units, models and synthesis. *Canadian Journal of Anthropology*, 3, pp. 215-230.

Kuhn S.L. (1992). – On planning and curaded technologies in the Middle paleolithic. *Journal of Anthropological Research*, 48, 3, pp. 185-214.

Mellars P. (1989). – Major issues on the emergence of modern humans. *Current Anthropology*, 30, 3, pp. 332-335.

Mithen S. (1998). – A creative explosion ? Theory of mind, language, and the disembodied mind of the Upper Palaeolithic *in Creativity in Human Evolution and Prehistory* (S. Mithen, éd.). Londres, Routledge, pp. 165-191.

Noble W. et Davidson I. (1991). – The evolutionary emergence of modern human behaviour : Language and its archaeology. *Man : Journal of the Royal Anthropological Institute,* 26, pp. 223-253.

Pelegrin J. (1993). – A framework for analysis prehistoric stones tools manufacture and a tentative application to some early stone *industry in The use of tools by humans and non-human primates* (A. Berthelet et J. Chavaillon, éds). Oxford, Clarendon Press, pp. 301-317.

Piaget J. (1970). – *L'épistémologie génétique*. Paris, PUF.

Richard J.F. (1990). – *Les activités mentales.* Paris, Armand Colin.

Rozoy J.G. (2003). – L'évolution du cerveau se poursuit. Paris, *L'Anthropologie*, 107, pp. 645-687.

Saillot I. et Patou-Mathis M. (2002). – Comparaison paléocognitive des niveaux moustérien et magdalénien de la grotte Tournal (Bize, Aude). Paris, *L'Anthropologie*, 102, pp. 399-409.

Schepartz L. (1993). – Language and modern human origin. *Yearbook of Physical Anthropology,* 36, pp. 91-126.

Wynn T. (1993). – Layers of thinking in tool behavior *in Tools, language and cognition in human evolution* (K. Gibson et T. Ingold éds). Cambridge, Cambridge University Press, pp. 389-406.

Zollikofer C.P.E., Ponce de Léon M., Vandermeersch B. et Lévêque F. (2002). – Evidence for interpersonl violence in the St Césaire Neanderthal. USA, *PNAS*, 99, 9, pp. 6444-6448.

Chapitre 15 : La rencontre !

Ahren J.C., Lee S-H et Hawks J.D. (2002). – The late Neandertal supraorbital fossils from Vindija Cave, Croatia : a biased sample ? Londres, *Journal of Human Evolution*, 43, pp. 419-432.

Barriel V. et Tillier A-M (2002). – L'enfant de Mezmaiskaya (Caucase) examiné dans une double perspective paléogénétique et paléoanthropologique. Paris, *Bull. et Mém. De la Société d'Anthropologie de Paris*, n.s., 14, 1-2, pp. 163-191.

Bocquet-Appel J-P (1985). – Small populations : demography and paleoanthropological inferences. Londres, *Journal of Human Evolution*, 14, pp. 683-691.

Bourguignon L. (2000). – Innovations et constantes techniques durant la période charnière de 45 000 ans à 35 000 ans au Proche Orient. Paris, *Annales de la Fondation Fyssen*, 15, pp. 63-81.

Chabaï V., Monigal K. et Marks A. E. (éds. 2004). *The Middle Paleolithic and Early Upper Paleolithic of Eastern Crimea.* Liège, ERAUL 104.

Conard N.J., Grootes P.M. et Smith F.H. (2004). – Unexpectedly recent dates for human remains from Vogelherd. Londres, *Nature*, 430, pp. 198-201.

Duarte C. *et al.* (1999). – The early Upper Paleolithic human skeleton from the Abrigo do Lagar Velho (Portugal) and modern human emergence in Iberia. USA, *Proceedings of the National Academy of Science (PNAS)*, 96, pp. 7604-7609.

Gambier D. (1992). – Origine de l'homme moderne en Europe : comparaison des données crâniennes en Europe centrale et occidentale *in Cinq millions d'années d'évolution humaine* (M. Toussaint éd.). Liège, ERAUL, 56, pp. 269-284.

Golovanova L.V. *et al.* (1999). – Mezmaiskaya cave : a Neanderthal occupation in the Northern Caucasus. *Current Anthropology*, 40, 1, pp. 77-86.

Hahn J. (1977). – *Aurignacien, Das ältere Jungpaläolithikum in Mittel- und Osteuropa.* Cologne, Böhlau, Fundamenta, Monographien zur Urgeschiste, Reihe A, Bd 9.

Hahn J. (1996). – Le Paléolithique supérieur en Allemagne méridionale (1991-1995) *in Le Paléolithique supérieur européen. Bilan quinquennal, 1991-1996* (M. Otte éd.). Liège, ERAUL, 76, pp. 181-186.

Henry-Gambier D. (2000). – Les fossiles de Cro-Magnon (Les Eyzies de Tayac, Dordogne) : nouvelles données sur leur position chronologique et leur attibution culturelle. *Bull. et Mémoires de la Société Anthropologique de Paris*, nouvelle série 1', 1/2, pp. 89-114.

Hublin J.-J. (1999). – Derniers Néanderthaliens et premiers Européens modernes in *Les origines de l'Humanité*. Paris, Dossier *Pour la Science*, H.S., Janvier 1999, pp. 110-118.

Hublin J.-J. (1990). – Le passage du Paléolithique moyen au Paléolithique supérieur en Europe : un point de vue paléogéographique in *Paléoli-*

thique moyen récent et Paléolithique supérieur ancien en Europe (Farizi C. éd). Nemours, Mémoire du Musée de Préhistoire d'Ile-de-France, 3, pp. 29-38.

Hublin J.-J. *et al.* (1995). – The mousterian site of Zafarraya (Andalucia, Spain) : dating and implications on the peopling processes of western Europe. Paris, *CRAS,* 321, Iia, pp. 931-937.

Kozlowski J.K. (2005). – La notion du territoire dans le Paléolithique *in* Comportements des Hommes du Paléolithique moyen et supérieur en Europe :Territoires et Milieux (D. Vialou, J. Renault-Miskovsky et M. Patou-Mathis éds.) ». Actes du Colloque du GDR 1945, Paris, 8-9 Janvier 2003. Liège, *ERAUL* 111, pp. 101-106.

Kozlowski J.K. et Otte M. (2000). – La formation de l'Aurignacien en Europe. Paris, *L'Anthropologie,* 104, pp. 3-14.

Malez M. (1974). – Novii rezultati istrazivanija paleolitika u Velikoj pecini, Veternica, i Sandalji. Zagreb, *Arheoloski Radovi i Rasprave,* 7, pp 7-44.

Otte M. (1990). – Les processus de transition du Paléolithique moyen au supérieur *in Paléolithique moyen récent et Paléolithique supérieur ancien en Europe*. Mémoire du Musée de Préhistoire d'Ile de France, 3, pp 145-149.

Otte M. (2000). – La formation de l'Aurignacien en Europe. Paris, *L'Anthropologie,* 104, pp. 3-15.

Smith F.H. et Spencer F. (Éds) (1984). – *The Origins of Modern Humans. A world Survey of the Fossil Evidence*. New York, AT. Liss, Inc, p. 162.

Smith F.H. *et al.* (1999). – Direct radiocarbon dates for Vindija G1 and Velika Pecina Late Pleistocene hominid remains. *USA, PNAS,* 96, 22, pp. 12281-12286.

Tattersall I. et Schwarcz J. H. (1999). – Commentary : Hominids and hybrids : The place of Neandertals in human evolution. USA, *PNAS,* 96, pp. 7117-7119.

Taylor K. (1999). – Rapide climate change. New Haven, *American Scientist,* 87, pp. 320-327.

Tillier A-M, Arensburg B., Pap I. et Chech M. (2003). – À propos des Néanderthaliens tardifs du Sud-Est de l'Europe centrale : l'exemple des enfants de Subalyuk et de Sipka *in Changements biologiques et culturels en Europe de la fin du paléolithique moyen au Néolithique* (J. Bruzek, B. Vandermeersch et M.D. Garralda éds). Prague, Actes du colloque international en Hommage à Jan Jelinek, pp. 87-98.

Tillier A-M, Mester Z., Henry-Gambier D., Pap I., Ringer A. et Gyenis G. (sous-presse). – The Middle-Upper Palaeolithic transition *in Hungary : an anthropological perspective.*Acts of the International Colloquium « El Centenario de la Cueva de El Castillo : el ocaso de los neandertales », Santonia 18-20 sep. 2003, ed. V. Cabrera de Valdes.

Thoma A. (1967). – Human teeth from the lower Palaeolithic of Hungary. Stuttgart, *Zeitschrift für Morphologie und Anthropologie,* 58, pp. 152-180.

Trinkaus E. *et al.*, (2003). – Early modern human cranial remains from the Pestera cu Oase, Romania. Londres, *Journal of Human Evolution*, 45, 3, pp. 245-253.

Valoch K. (1971). – Rapports entre le Paléolithique moyen et le Paléolithique supérieur en Europe centrale. Colloque UNESCO. *Origine de l'homme moderne. Écologie et conservation*, 3, pp. 161-171.

Zilhao J. (1998). – The extinction of Iberian Neandertals and its implications for the origins of Modern Humans in *Europe. XIII UISPP, Congress Proceeedings*, vol. 2, pp. 299-312.

Zilhao J. et d'Errico F. (1999). – The chronology and taphonomy of the earliest Aurignacian and its implications for the understanding of Neandertal extinction. New York, *Journal of World Prehistory,* 13, pp. 1-68.

Zilhao J. et d'Errico F. (2000). – La nouvelle "bataille aurignacienne". Une révision critique de la chronologie du Chatelperronien et de l'Aurignacien ancien. Paris, *L'Anthropologie*, 104, pp. 17-50.

BIBLIOGRAPHIE ANNEXE

Ascenzi A. et Segre A.G. (1971). – Anew Neanderthal Child Mandible from an Upper Pleistocene Site in Southern Italy. Londres, *Nature,* 233, pp. 280-282.

Bordes F. (1955). – Le gisement du Pech de l'Azé (Dordogne). Paris, *L'Anthropologie*, 59, pp. 1-33.

Bordes F. (1970). – Le Moustier. Paris, *Gallia Préhistoire*, 13, 2, pp. 492-494.

Callow P. et Cornford J.M. (1986). – *La Cotte de Saint-Brelade, 1961-1978. Excavations by C.B.M. McBurney*. Norwich, Geo Books.

Delibrias G. et Fontugne M. (1990). – Datations des gisements de l'Aurignacien et du Moustérien, en France *in Paléolithique moyen récent et Paléolithique supérieur ancien en Europe, rupture et transitions* (C. Farisy, éd.). Nemours, APRAIF, Mémoires du musée de Préhistoire d'Ile-de-France, 3, pp. 39-42.

Delporte H. (éd.) (1984). – *Le Grand Abri de la Ferrassie, fouilles 1968-1973.* Marseille, Laboratoire de Paléontologie humaine et de préhistoire, Étude Quaternaire, 7, 277 p.

Duport L. et Vandermeersch B. (1961-1962). – *Les gisements préhistoriques de la vallée des Eaux-claires. Le gisement du Petit-Puymoyen, étude archéologique.* Angoulême.

Duport L. et Vandermeersch B. (1976). – La mandibule moustérienne de Montgaudier (Montbron, Charente). Paris, *CRAS,* 283, pp. 1161-1164.

Ewing J.F. (1963). – A probable Neanderthaloid from Ksâr Aqil, Lebanon. New York, *American Journal of Physical Anthropology*, 21, pp. 101-104.

Fraipont Ch. et Leclercq S. (1932). – La faune des niveaux inférieurs de Spy. Liège, *Fédération des cercles d'archéologie et d'histoire de Belgique*, 29e session, IV, p. 103.

Giacobini G. et Lumley M.-A. de (1983). – Restes humains néanderthaliens de la caverna delle Fate (Finale, Ligurie italienne). Paris, *L'Anthropologie*, 87, pp. 142-144.

Giacobini G. et Piperno M. (1991). – Considerazioni tafonomiche sul cranio neandertaliano Circeo 1. Morfologia di superficie del cranio umano in relazione ala caracteristiche di conservazione dei resti faunistici della paleosuperficie in Il Cranio neandertaliano Circeo 1. Rome, *Studi e documenti,* Istituto Poligrafico e Zecca dello Stato.

Henri-Martin L. (1923). – *L'homme fossile de la Quina*. Paris, Archives morphologiques générales expérimentales, 15, 260 p.

Kordos L. (1993). – Paleoanthropology in Hungary in *Before the Wall Fell : The Science of Man in Socialist Europe* (B.A. Sigman éd.). Toronto, Canadean Scholars Press Inc., pp. 101-121.

Lévêque F., Backer A.M. et Guilbaud M. (éds) (1993). – Context of a Late Neandertal. Madison, Wisconsin, Prehistory Press, Monographs in World Archaeology, 16.

Madre-Dupouy M. (1990). – *L'enfant du Roc de Marsal. Étude analytique et comparative*. Paris, CNRS Éd., Cahiers de Paléoanthropologie.

Mercier N. (1992). – *Apport des méthodes radionucléaires de datation à l'étude du peuplement de l'Europe et du Proche-Orient au cours du Pléistocène moyen et supérieur.* Thèse de Doctorat de l'Université de Bordeaux I.

Mester Z. (1990). – La transition vers le Paléolithique supérieur des industries moustériennes de la montagne du Bükk (Hongrie) *in Paléolithique moyen récent et Paléolithique supérieur ancien en Europe, rupture et transitions* (C. Farisy, éd.). Nemours, APRAIF, Mémoires du musée de Préhistoire d'Ile-de-France, 3, pp. 111-113.

Piveteau J. (1963). – La grotte du Regourdou (Dordogne). Paris, *Annales de paléontologie* (Vertébrés), 49, 2, pp. 285-304.

Rak Y. et coll. (1994). – A Neandertal infant from Amud cave, Israel. Londres, *Journal of Human Evolution,* 26, pp. 313-324.

Tavoso A. et coll. (1990). – La grotte de la Niche à Montmaurin (Haute-Garonne). Nouvelles données biostraigraphiques et approche taphonomique. Paris, *CRAS*, 310, 2, pp. 95-100.

Tillier A. M. (1983). – Les enfants néanderthaliens de Devil's Tower (Gibraltar). Stuttgart, *Zeitschrift für Morphologie und Anthropologie*, 73, 2, pp. 125-148.

Turq A. (1992). – *Le paléolithique inférieur et moyen entre les vallées de la Dordogne et du Lot.* Bordeaux, Thèse de Doctorat de l'Université de Bordeaux I, 782 p.

Valoch K. (1996). – *Le Paléolithique en Tchéquie et en Slovaquie*. Grenoble, J. Million, L'Homme des origines, 3.

Vandermeersch B. (1980). Informations archéologiques du Poitou-Charente. Paris, *Gallia Préhistoire,* 23, 2, pp. 302-303.

Villaverde Bonilla et Bernat Marti O. (1984). – Paleolitic i Epipaleolithic : Les Societats caçadores de la Prehistoria Valenciana. Diputacio de Valencia, *Servei d'Investigacio Prehistorica.*

Yokohama Y. et *al.* (1988). – Direct dating of Neandertalian remains and animal bones by the non-destructive gamma-ray spectrometry in *L'homme de Neandertal, vol. 1*. ERAUL, 28, pp. 135-141.

Zilhao J. et Trinkaus E. (1999). – An early Upper Paleolithic burial from the abrigo do Lagar Velho, Portugal. Brno, *Anthropologie,* 37, 1, pp. 98.

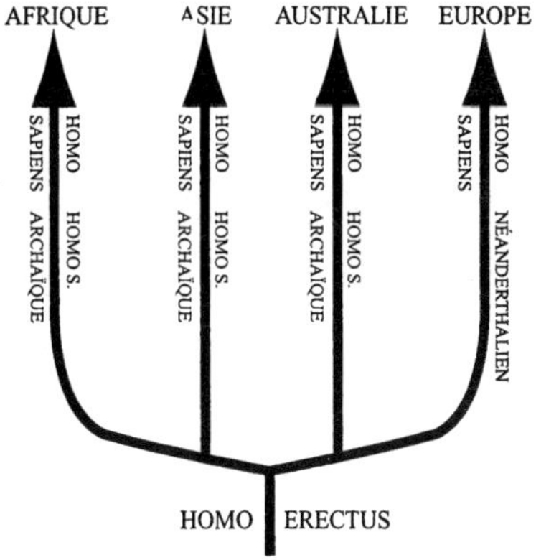

THÉORIE DU CANDÉLABRE

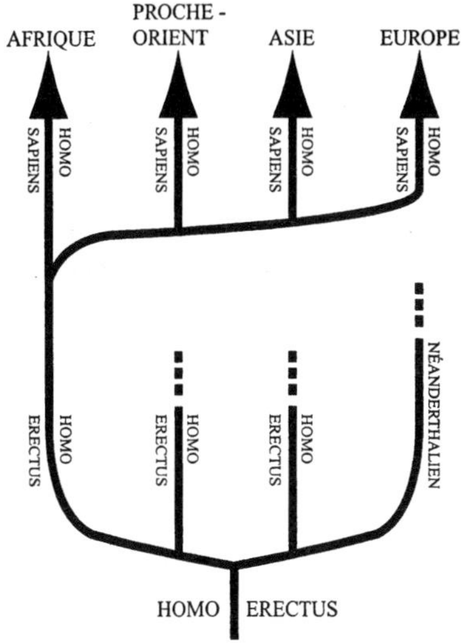

THÉORIE DE L'ARCHE DE NOÉ
(actuellement préférée par la majorité des chercheurs)

Remerciements

Que mon amie Véronique Desroches trouve ici l'expression de mes remerciements les plus sincères pour sa relecture critique et ses conseils judicieux.

Merci à Patrick Pollet de m'avoir aidée à dresser la bibliographie.

TABLE

D'autres ouvrages sur la préhistoire à découvrir chez Perrin

Nouvelle Histoire de l'homme,
Pascal Picq (2005)

Cro Magnon,
Marcel Otte (2008)

Mangeurs de viande,
Marylène Patou-Mathis (2009)

collection tempus
Perrin

DÉJÀ PARU

80. *La Libération de la France* – André Kaspi.
81. *L'empire des Plantagenêt* – Martin Aurell.
82. *La Révolution française* – Jean-Paul Bertaud.
83. *Les Vikings* – Régis Boyer.
84. *Examen de conscience* – August von Kageneck.
85. *1905, la séparation des Églises et de l'État.*
86. *Les femmes cathares* – Anne Brenon.
87. *L'Espagne musulmane* – André Clot.
88. *Verdi et son temps* – Pierre Milza.
89. *Sartre* – Denis Bertholet.
90. *L'avorton de Dieu* – Alain Decaux.
91. *La guerre des deux France* – Jacques Marseille.
92. *Honoré d'Estienne d'Orves* – Étienne de Montety.
93. *Gilles de Rais* – Jacques Heers.
94. *Laurent le Magnifique* – Jack Lang.
95. *Histoire de Venise* – Alvise Zorzi.
96. *Le malheur du siècle* – Alain Besançon.
97. *Fouquet* – Jean-Christian Petitfils.
98. *Sissi, impératrice d'Autriche* – Jean des Cars.
99. *Histoire des Tchèques et des Slovaques* – Antoine Marès.
100. *Marie Curie* – Laurent Lemire.
101. *Histoire des Espagnols*, tome I – Bartolomé Bennassar.
102. *Pie XII et la Seconde Guerre mondiale* – Pierre Blet.
103. *Histoire de Rome*, tome I – Marcel Le Glay.
104. *Histoire de Rome*, tome II – Marcel Le Glay.
105. *L'État bourguignon 1363-1477* – Bertrand Schnerb.
106. *L'Impératrice Joséphine* – Françoise Wagener.
107. *Histoire des Habsbourg* – Henry Bogdan.
108. *La Première Guerre mondiale* – John Keegan.
109. *Marguerite de Valois* – Éliane Viennot.
110. *La Bible arrachée aux sables* – Werner Keller.
111. *Le grand gaspillage* – Jacques Marseille.
112. *« Si je reviens comme je l'espère » : lettres du front et de l'Arrière, 1914-1918* – Marthe, Joseph, Lucien et Marcel Papillon.
113. *Le communisme* – Marc Lazar.
114. *La guerre et le vin* – Donald et Petie Kladstrup.
115. *Les chrétiens d'Allah* – Lucile et Bartolomé Bennassar.
116. *L'Égypte de Bonaparte* – Jean-Joël Brégeon.

117. *Les empires nomades* – Gérard Chaliand.
118. *La guerre de Trente Ans* – Henry Bogdan.
119. *La bataille de la Somme* – Alain Denizot.
120. *L'Église des premiers siècles* – Maurice Vallery-Radot.
121. *L'épopée cathare*, tome I, *L'invasion* – Michel Roquebert.
122. *L'homme européen* – Jorge Semprún, Dominique de Villepin.
123. *Mozart* – Pierre-Petit.
124. *La guerre de Crimée* – Alain Gouttman.
125. *Jésus et Marie-Madeleine* – Roland Hureaux.
126. *L'épopée cathare*, tome II, *Muret ou la dépossession* – Michel Roquebert.
127. *De la guerre* – Carl von Clausewitz.
128. *La fabrique d'une nation* – Claude Nicolet.
129. *Quand les catholiques étaient hors la loi* – Jean Sévillia.
130. *Dans le bunker de Hitler* – Bernd Freytag von Loringhoven et François d'Alançon.
131. *Marthe Robin* – Jean-Jacques Antier.
132. *Les empires normands d'Orient* – Pierre Aubé.
133. *La guerre d'Espagne* – Bartolomé Bennassar.
134. *Richelieu* – Philippe Erlanger.
135. *Les Mérovingiennes* – Roger-Xavier Lantéri.
136. *De Gaulle et Roosevelt* – François Kersaudy.
137. *Historiquement correct* – Jean Sévillia.
138. *L'actualité expliquée par l'Histoire.*
139. *Tuez-les tous ! La guerre de religion à travers l'histoire* – Élie Barnavi, Anthony Rowley.
140. *Jean Moulin* – Jean-Pierre Azéma.
141. *Nouveau monde, vieille France* – Nicolas Baverez.
142. *L'Islam et la Raison* – Malek Chebel.
143. *La gauche en France* – Michel Winock.
144. *Malraux* – Curtis Cate.
145. *Une vie pour les autres. L'aventure du père Ceyrac* – Jérôme Cordelier.
146. *Albert Speer* – Joachim Fest.
147. *Du bon usage de la guerre civile en France* – Jacques Marseille.
148. *Raymond Aron* – Nicolas Baverez.
149. *Joyeux Noël* – Christian Carion.
150. *Frères de tranchées* – Marc Ferro.
151. *Histoire des croisades et du royaume franc de Jérusalem*, tome I, *1095-1130, L'anarchie musulmane* – René Grousset.
152. *Histoire des croisades et du royaume franc de Jérusalem*, tome II, *1131-1187, L'équilibre* – René Grousset.
153. *Histoire des croisades et du royaume franc de Jérusalem*, tome III, *1188-1291, L'anarchie franque* – René Grousset.

154. *Napoléon* – Luigi Mascilli Migliorini.
155. *Versailles, le chantier de Louis XIV* – Frédéric Tiberghien.
156. *Le siècle de saint Bernard et Abélard* – Jacques Verger, Jean Jolivet.
157. *Juifs et Arabes au XXe siècle* – Michel Abitbol.
158. *Par le sang versé. La Légion étrangère en Indochine* – Paul Bonnecarrère.
159. *Napoléon III* – Pierre Milza.
160. *Staline et son système* – Nicolas Werth.
161. *Que faire ?* – Nicolas Baverez.
162. *Stratégie* – B. H. Liddell Hart.
163. *Les populismes* (dir. Jean-Pierre Rioux).
164. *De Gaulle, 1890-1945,* tome I – Eric Roussel.
165. *De Gaulle, 1946-1970,* tome II – Eric Roussel.
166. *La Vendée et la Révolution* – Jean-Clément Martin.
167. *Aristocrates et grands bourgeois* – Eric Mension-Rigau.
168. *La campagne d'Italie* – Jean-Christophe Notin.
169. *Lawrence d'Arabie* – Jacques Benoist-Méchin.
170. *Les douze Césars* – Régis F. Martin.
171. *L'épopée cathare,* tome III, *Le lys et la croix* – Michel Roquebert.
172. *L'épopée cathare,* tome IV, *Mourir à Montségur* – Michel Roquebert.
173. *Henri III* – Jean-François Solnon.
174. *Histoires des Antilles françaises* – Paul Butel.
175. *Rodolphe et les secrets de Mayerling* – Jean des Cars.
176. *Oradour, 10 juin 1944* – Sarah Farmer.
177. *Volontaires français sous l'uniforme allemand* – Pierre Giolitto.
178. *Chute et mort de Constantinople* – Jacques Heers.
179. *Nouvelle histoire de l'Homme* – Pascal Picq.
180. *L'écriture. Des hiéroglyphes au numérique.*
181. *C'était Versailles* – Alain Decaux.
182. *De Raspoutine à Poutine* – Vladimir Fedorovski.
183. *Histoire de l'esclavage aux Etats-Unis* – Claude Fohlen.
184. *Ces papes qui ont fait l'histoire* – Henri Tincq.
185. *Classes laborieuses et classes dangereuses* – Louis Chevalier.
186. *Les enfants soldats* – Alain Louyot.
187. *Premiers ministres et présidents du Conseil* – Benoît Yvert.
188. *Le massacre de Katyn* – Victor Zaslavsky.
189. *Enquête sur les apparitions de la Vierge* – Yves Chiron.
190. *L'épopée cathare,* tome V, *La fin des Amis de Dieu* – Michel Roquebert.
191. *Histoire de la diplomatie française,* tome I.
192. *Histoire de la diplomatie française,* tome II.
193. *Histoire de l'émigration* – Ghislain de Diesbach.
194. *Le monde des Ramsès* – Claire Lalouette.

195. *Bernadette Soubirous* – Anne Bernet.
196. *Cosa Nostra. La mafia sicilienne de 1860 à nos jours* – John Dickie.
197. *Les mensonges de l'Histoire* – Pierre Miquel.
198. *Les négriers en terres d'islam* – Jacques Heers.
199. *Nelson Mandela* – Jack Lang.
200. *Un monde de ressources rares* – Le Cercle des économistes et Erik Orsenna.
201. *L'histoire de l'univers et le sens de la création* – Claude Tresmontant.
202. *Ils étaient sept hommes en guerre* – Marc Ferro.
203. *Précis de l'art de la guerre* – Antoine-Henri Jomini.
204. *Comprendre les Etats-unis d'aujourd'hui* – André Kaspi.
205. *Tsahal* – Pierre Razoux.
206. *Pop philosophie* – Mehdi Belahj Kacem, Philippe Nassif.
207. *Le roman de Vienne* – Jean des Cars.
208. *Hélie de Saint Marc* – Laurent Beccaria.
209. *La dénazification* (dir. Marie-Bénédicte Vincent).
210. *La vie mondaine sous le nazisme* – Fabrice d'Almeida.
211. *Comment naissent les révolutions.*
212. *Comprendre la Chine d'aujourd'hui* – Jean-Luc Domenach.
213. *Le second Empire* – Pierre Miquel.
214. *Les papes en Avignon* – Dominique Paladilhe.
215. *Jean Jaurès* – Jean-Pierre Rioux.
216. *La Rome des Flaviens* – Catherine Salles.
217. *6 juin 44* – Jean-Pierre Azéma, Philippe Burrin, Robert O. Paxton.
218. *Eugénie, la dernière impératrice* – Jean des Cars.
219. *L'homme Robespierre* – Max Gallo.
220. *Les Barbaresques* – Jacques Heers.
221. *L'élection présidentielle en France, 1958-2007* – Michel Winock.
222. *Histoire de la Légion étrangère* – Georges Blond.
223. *1 000 ans de jeux Olympiques* – Moses I. Finley, H. W. Pleket.
224. *Quand les Alliés bombardaient la France* – Eddy Florentin.
225. *La crise des années 30 est devant nous* – François Lenglet.
226. *Le royaume wisigoth d'Occitanie* – Joël Schmidt.
227. *L'épuration sauvage* – Philippe Bourdrel.
228. *La révolution de la Croix* – Alain Decaux.
229. *Frédéric de Hohenstaufen* – Jacques Benoist-Méchin.
230. *Savants sous l'Occupation* Nicolas Chevassus-au-Louis.
231. *Moralement correct* – Jean Sévillia.
232. *Claude Lévi-Strauss, le passeur de sens* – Marcel Hénaff.
233. *Voyage d'automne* – François Dufay.
234. *Erbo, pilote de chasse* – August von Kageneck.
235. *L'éducation des filles en France au XIXe siècle* – Françoise Mayeur.
236. *Histoire des pays de l'Est* – Henry Bogdan.

237. *Les Capétiens* – François Menant, Hervé Martin, Bernard Merdrignac, Monique Chauvin.
238. *Le roi, l'empereur et le tsar* – Catrine Clay.
239. *Neanderthal* – Marylène Patou-Mathis.
240. *Judas, de l'Évangile à l'Holocauste* – Pierre-Emmanuel Dauzat.
241. *Le roman vrai de la crise financière* – Olivier Pastré, Jean-Marc Sylvestre.
242. *Comment l'Algérie devint française* – Georges Fleury.
243. *Le Moyen Âge, une imposture* – Jacques Heers.
244. *L'île aux cannibales* – Nicolas Werth.
245. *Policiers français sous l'Occupation* – Jean-Marc Berlière.
246. *Histoire secrète de l'Inquisition* – Peter Godman.
247. *La guerre des capitalismes aura lieu* – Le Cercle des économistes (dir. Jean-Hervé Lorenzi).
248. *Les guerres bâtardes* – Arnaud de La Grange, Jean-Marc Balencie.
249. *De la croix de fer à la potence* – August von Kageneck.
250. *Nous voulions tuer Hitler* – Philipp Freiherr von Boeselager.
251. *Le soleil noir de la puissance, 1796-1807* – Dominique de Villepin.
252. *L'aventure des Normands, VIIIe- XIIIe siècle* – François Neveux.
253. *La spectaculaire histoire des rois des Belges* – Patrick Roegiers.
254. *L'islam expliqué par* – Malek Chebel.
255. *Pour en finir avec Dieu* – Richard Dawkins.
256. *La troisième révolution américaine* – Jacques Mistral.
257. *Les dernières heures du libéralisme* – Christian Chavagneux.
258. *La Chine m'inquiète* – Jean-Luc Domenach.
259. *La religion cathare* – Michel Roquebert.
260. *Histoire de la France*, tome I, *1900-1930* – Serge Berstein, Pierre Milza.
261. *Histoire de la France*, tome II, *1930-1958* – Serge Berstein, Pierre Milza.
262. *Histoire de la France*, tome III, *1958 à nos jours* – Serge Berstein, Pierre Milza.
263. *Les Grecs et nous* – Marcel Detienne.
264. *Deleuze* – Alberto Gualandi.
265. *Le réenchantement du monde* – Michel Maffesoli.
266. *Spinoza* – André Scala.
267. *Les Français au quotidien, 1939-1949* – Éric Alary, Bénédicte Vergez-Chaignon, Gilles Gauvin.
268. *Teilhard de Chardin* – Jacques Arnould.
269. *Jeanne d'Arc* – Colette Beaune.
270. *Crises, chaos et fins de monde.*
271. *Auguste* – Pierre Cosme.
272. *Histoire de l'Irlande* – Pierre Joannon.
273. *Les inconnus de Versailles* – Jacques Levron.

274. *Ils ont vécu sous le nazisme* – Laurence Rees.
275. *La nuit au Moyen Âge* – Jean Verdon.
276. *Ce que savaient les Alliés* – Christian Destremau.
277. *François Ier* – Jack Lang.
278. *Alexandre le Grand* – Jacques Benoist-Méchin.
279. *L'Égypte des Mamelouks* – André Clot.
280. *Les valets de chambre de Louis XIV* – Mathieu Da Vinha.
281. *Les grands sages de l'Égypte ancienne* – Christian Jacq.
282. *Armagnacs et Bourguignons* – Bertrand Schnerb.
283. *La révolution des Templiers* – Simonetta Cerrini.
284. *Les crises du capitalisme.*
285. *Communisme et totalitarisme* – Stéphane Courtois.
286. *Les chasseurs noirs* – Christian Ingrao.
287. Averroès – Ali Benmakhlouf.
288. *Les guerres préhistoriques* – Lawrence H. Keeley.
289. *Devenir de Gaulle* – Jean-Luc Barré.
290. *Lyautey* – Arnaud Teyssier.
291. *Fin de monde ou sortie de crise?* – Le Cercle des économistes (dir. Pierre Dockès et Jean-Hervé Lorenzi).
292. *Madame de Montespan* – Jean-Christian Petitfils.
293. *L'extrême gauche plurielle* – Philippe Raynaud.
294. *La guerre d'indépendance des Algériens* (prés. Raphaëlle Branche).
295. *La France de la Renaissance* – Arlette Jouanna.
296. *Verdun 1916* – Malcolm Brown.
297. *Lyotard* – Alberto Gualandi.
298. *Catherine de Médicis* – Jean-François Solnon.
299. *Le XXe siècle idéologique et politique* – Michel Winock.
300. *L'art nouveau en Europe* – Roger-Henri Guerrand.
301. *Les salons de la IIIe République* – Anne Martin-Fugier.
302. *Lutèce* – Joël Schmidt.
303. *Les aventurières de Dieu* – Elisabeth Dufourcq.
304. *Chiisme et politique au Moyen-Orient* – Laurence Louër.
305. *La chute ou l'Empire de la solitude 1807-1814* – Dominique de Villepin.
306. *Louis II de Bavière* – Jean des Cars.
307. *L'Égypte des grands pharaons* – Christian Jacq.
308. *La Deuxième Guerre mondiale* – John Keegan.
309. *Histoire du libertinage* – Didier Foucault.
310. *L'affaire Cicéron* – François Kersaudy.
311. *Les Gaulois contre les Romains* – Joël Schmidt.
312. *Le soufre et le moisi* – François Dufay.
313. *Histoire des Étrusques* – Jean-Marc Irollo.
314. *Le plaisir au Moyen Âge* – Jean Verdon.
315. *Cro Magnon* – Marcel Otte.

316. *La ligne de démarcation* – Éric Alary.
317. *Histoires de Berlin* – Bernard Oudin, Michèle Georges.
318. *Histoire de l'armée allemande* – Philippe Masson.
319. *La guerre de Cent Ans* – Georges Minois.
320. *La santé de Louis XIV* – Stanis Perez.
321. *La mémoire des pieds-noirs* – Joëlle Hureau.
322. *Pascal* – Francesco Paolo Adorno.
323. *Dictionnaire culturel de la Bible.*
324. *Levinas* – François-David Sebbah.
325. *Histoire de la réforme protestante* – Bernard Cottret.
326. *Chronologie commentée de la Seconde Guerre mondiale* – André Kaspi.
327. *Chronologie commentée du Moyen Âge français* – Laurent Theis.
328. *Histoire de l'ordre de Malte* – Bertrand Galimard Flavigny.
329. *Histoire ignorée de la marine française* – Étienne Taillemite.
330. *Erich von Manstein* – Benoît Lemay.
331. *L'argent des Français* – Jacques Marseille.
332. *Leclerc* – Jean-Christophe Notin.
333. *Radio Londres* – Aurélie Luneau.
334. *Louis XII* – Didier Le Fur.
335. *Le chouan du Tyrol* – Jean Sévillia.
336. *Cléopâtre* – Jacques Benoist-Méchin.
337. *Les noirs américains* – Nicole Bacharan.
338. *Que sont les grands hommes devenus ?* – Jacques Julliard.
339. *La cour de Versailles aux XVIIe et XVIIIe siècles* – Jacques Levron.
340. *Simon de Montfort* – Michel Roquebert.
341. *Les deux terres promises* – Michel Abitbol.
342. *Histoire des instituteurs et des professeurs* – Béatrice Compagnon, Anne Thévenin.
343. *Baudouin IV de Jérusalem* – Pierre Aubé.
344. *Monet* – Pascal Bonafoux.
345. *La moisson des dieux* – Jean-Jacques Fiechter.

À PARAÎTRE

La Terre est plate – Thomas L. Friedman.
La société d'indifférence – Alain-Gérard Slama.
Gaston Fébus – Claudine Pailhès.
La France perd la mémoire – Jean-Pierre Rioux.

Composition Nord Compo
Villeneuve-d'Ascq

Impression réalisée par

BRODARD & TAUPIN

La Flèche (Sarthe), le 01-09-2011
pour le compte des Éditions Perrin
76, rue Bonaparte
75006 Paris

N° d'édition : 2635 – N° d'impression : 66090
Dépôt légal : septembre 2010
Imprimé en France